Gerhard Leutert

Fallschirmjäger der NVA

Gerhard Leutert

Fallschirmjäger der NVA

30 Jahre Fallschirmdienst –
Geschichte und Geschichten

steffen verlag

Inhaltverzeichnis

Vorwort

Ich gehöre zu der Generation, der im Leben infolge der katastrophalen Ereignisse des Zweiten Weltkriegs sehr wenig geschenkt wurde. 1936 in Schlesien geboren, den Vater im Krieg an der Ostfront verloren und 1945 die Heimat verlassen müssen: Wir haben als Kinder die fürchterlichen Geschehnisse und die Folgen, die der Krieg mit sich gebracht und uns hinterlassen hat, in ganzem Ausmaß zu spüren bekommen.

Von 1950 bis 1953 erlernte ich den Beruf eines Landwirts. Im August 1954 begann meine Offizierslaufbahn, in der ich sportlich stets aktiv blieb. Am 1. März 2010 jährte sich zum 50. Mal der Tag, an dem ich nach Prora/Rügen versetzt und mit der Aufgabe meines Lebens betraut wurde: Ich hatte das große Glück dabei zu helfen, die Fallschirmjäger-Einheiten der NVA aufzubauen. Der 10. August 1960 war für mich der Beginn der Faszination *Fallschirmspringen*. Ich wurde Offizier für Fallschirmdienst und war verantwortlich für die Ausbildung der Fallschirmspringer und für deren Ausrüstung. So begannen die entscheidenden Jahre meines beruflichen Lebens.

Im Februar 1968 wurde ich in das Ministerium für Nationale Verteidigung versetzt und Leiter der Arbeitsgruppe Fallschirmdienst, 1972 wechselte ich mit in das neu gebildete Kommando der Landstreitkräfte nach Geltow bei Potsdam. Hier zeichnete ich bis zur Auflösung der NVA für den Fallschirmdienst der Einheiten der NVA verantwortlich, die nach dem Fallschirmabsprung eine Gefechtsaufgabe zu erfüllen hatten.

Die dazu erforderliche Fallschirmsprungausrüstung wurde in der DDR im Fallschirmwerk Seifhennersdorf entwickelt und produziert und vor der Einführung in die NVA auf ihre Eignung erprobt. Dabei absolvierte ich von meinen insgesamt 1050 Fallschirmsprüngen nach den Einträgen in meinem Sprungbuch mehr als 200 Erprobungssprünge, die nicht immer problemlos verliefen. Es gab in meinem verantwortungsvollen Beruf auch Situationen, bei denen leider Menschenleben zu beklagen waren, Unglücke, die man sein ganzes Leben lang nicht vergisst.

Ich danke an dieser Stelle allen Angehörigen des Fallschirmdienstes, den Kameraden in den Luftstreitkräften, die uns für das Handeln die Grundlagen im Fallschirmspringen vermittelt haben, ich danke meinen Mitarbeitern in der Arbeitsgruppe Fallschirmdienst, den Offizieren für Fallschirmdienst im FJB/LStR, an der FJAB, in den FuFuTAB der Militärbezirke und im KSK-18 der VM, die mich in meiner Verantwortung stets gestärkt und unterstützt haben.

Ganz besonders danke ich den vielen Fallschirmwarten/Ausbildern, die letztlich die Ausbildung in den Einheiten verantwortungsvoll vornahmen und die Fallschirmtechnik stets im einsatzbereiten Zustand hielten.

Ihnen allen gebührt Dank dafür, dass wir auf diesem speziellen Gebiet des Einsatzes *vom Himmel – auf die Erde – ins Gefecht* auf kreative Jahre unseres gemeinsamen Handelns zurückschauen können und unsere Fallschirme zum Teil noch heute – nach 20 Jahren – im Seifhennersdorfer Fallschirmwerk produziert und in vielen Ländern und Armeen verwendet werden.

Ich danke dem Kameraden und ehemaligen Fallschirmjäger Oberstleutnant der NVA a. D. Günther Ballentin, der mir als Dipl.-Journalist beim Redigieren des Textes zur Seite stand und den vielen Kameraden die mich mit Bildern für dieses Buch unterstützt haben. Ebenso danke ich dem Steffen Verlag für die gute förderliche Zusammenarbeit.“

Besuch der Offiziersschulen Döbeln und Plauen 1954 bis 1957

Nach Beendigung der Grundschule 1950 erlernte ich in drei Jahren den Beruf eines Landwirtschaftlichen Facharbeiters auf dem Volksgut Oberreinsberg im Kreis Freiberg in Sachsen.

Mein Ziel war es, diesem Beruf treu zu bleiben und ab September 1953 die Landwirtschaftliche Fachschule zu besuchen. Ich meldete mich zur Aufnahmeprüfung in Reinhardtsgrimma bei Dippoldiswalde in Sachsen. Nach 14 Tagen erhielt ich das Ergebnis der Aufnahmeprüfung und die Entscheidung in Sachen Zulassung zum Studium. Die Prüfung hatte ich in Feldwirtschaft mit „gut" und in Viehwirtschaft sogar mit „sehr gut" bestanden. Das übertraf meine Erwartungen; die folgenden Sätze gaben mir jedoch zu denken: „Leider dürfen wir Sie erst zum Studium zulassen, wenn Sie Ihren Ehrendienst in der Kasernierten Volkspolizei (KVP) abgeleistet haben. Wir würden uns freuen, wenn Sie sich danach bei uns zum Studium wieder melden würden."

Zu meiner Zeit gab es noch keine Wehrpflicht. Die Mindestdienstzeit bei der KVP war drei Jahre und jeder, der studieren wollte, hatte erst seinen Ehrendienst zu absolvieren. Mein Lehrbetrieb, in dem ich weiter arbeiten durfte, musste zur Einführung von *Technisch begründeten Arbeitsnormen (TAN)* einen Betriebsangehörigen nach Naumburg delegieren. Mein Betriebsleiter redete mir zu und ich ging vom 1. September 1953 bis 29. Januar 1954 dorthin. Mit 17 Jahren war ich natürlich der Jüngste des gesamten Lehrgangs.

Ich habe diesen Lehrgang als TAN-Sachbearbeiter erfolgreich beendet und ging voller Optimismus an die Arbeit.

Jedoch war es äußerst schwer, die auf diesem Lehrgang erworbenen theoretischen Kenntnisse bei der Umsetzung in die Praxis mit der Wirtschaftlichkeit des Betriebs in Einklang zu bringen. Jedenfalls spürte ich zunehmend, dass ich der Prellbock zwischen der Betriebsleitung und der Belegschaft wurde. Ich hatte dadurch viel Ärger und sah darin nicht meine weitere Zukunft.

Nun wurde ich langsam volljährig und bekam öfters Besuch von Männern in Uniform. Sie sprachen mit mir und überzeugten mich, und ich erklärte mich bereit, drei Jahre *freiwillig* in der KVP zu dienen.

Wenn ich auf die Landwirtschaftsschule gehen wollte, waren eben drei Jahre meinem Staat zu dienen Pflicht!

Ende Juli 1954 wurde ich zum Einstellungsgespräch nach Freiberg bestellt. Bei diesem Gespräch wurde festgelegt, wo ich in der KVP eingesetzt werden konnte.

An erster Stelle stand der Besuch einer Offiziersschule. Ich gab dazu mein Einverständnis und man bestellte mich Anfang August nach Karl-Marx-Stadt (heute Chemnitz) ins Wehrbezirkskommando.

Zu dieser Vorladung waren hohe Offiziere als Mitglieder der Einstellungskommission erschienen, die mit jedem Bewerber einzeln über seine Ausbildung an einer Offiziersschule sprachen.

Man hatte die Möglichkeit, zur Artillerieschule nach Dresden, zur Marineschule nach Stralsund oder zu den Schulen der *Allgemeinen Truppenkommandeure* nach Naumburg,

Döbeln oder Erfurt zu gehen. Für die letztgenannten Schulen wurde vorrangig geworben. Mir wurde die *Offiziersschule in Döbeln* vorgeschlagen, wo ich mich am 14. August 1954 zu melden hatte. Ich war froh, nur knappe 30 km von zu Hause entfernt zu sein und stellte mir öfters Wochenendurlaub vor. Deshalb fiel mir der Abschied gar nicht so schwer.

Bereits bei der Ankunft auf dem Bahnhof wurden wir von Offiziersschülern empfangen und marschierten in die Kaserne. Bis zum Abend waren wir mehr als 100 Mann. Untergebracht wurden wir alle in einem großen Schlafsaal. Jeder hatte ein Bett, einen Nachtschrank und einen Hocker. Die Zwischenräume der Betten betrugen gerade mal einen Meter. Kleiderschränke gab es noch nicht. Ja es gab nicht einmal Uniformen. In meinem besten Anzug machte ich die erste Woche Dienst.

Die Offiziersschüler des 2. Dienstjahres, die bei uns als Gruppenführer fungierten, machten uns von 6:00 Uhr bis 22:00 Uhr den Arsch warm – wie man im militärischen Jargon sagte. Nach der ersten Woche gab es die Drillichuniform, bestehend aus Hose und Jacke, dazu ein Paar Soldatenschulterstücke, Koppel, Knobelbecher, das waren die Stiefel, und ein Käppi als Kopfbedeckung. Nun waren wir auch vom Bild her fast richtige Soldaten.

Wie gesagt, die ersten vier Wochen Grundausbildung waren kein Zuckerlecken.

Der Abschluss war das Schießen mit dem Karabiner K-98, Entfernung 100 m, drei Schuss auf eine Ringscheibe. Nun war ich kein großer Kerl, sondern wurde in den Zug der *Mündungsschoner*, der Kleinen, eingegliedert. Beim Abschuss hatte der Karabiner einen deftigen Rückschlag. Mich setzte es, trotz richtigem Einziehen des Kolbens in die Schulter, bei jedem Schuss fast 5 cm zurück. Aber ich war stolz, denn ich hatte die Übung mit *gut* erfüllt.

Nach der Grundausbildung wurden wir neu formiert und in kleinen Zimmern mit vier bis sechs Mann untergebracht. Auch erhielten wir die Schulterstücke der Offiziersanwärter mit den Gurkenschalen wie Unteroffiziere und dazu mit einem Balken als 1. Lehrjahr. Auf dem freien Raum in der Mitte war ein *A* zur Kennzeichnung als Offiziersanwärter genäht.

Nun durften wir Sonnabend oder Sonntag auch Ausgang einreichen.

Nach einer den militärischen Gepflogenheiten entsprechenden Kontrolle durch den Hauptfeldwebel der Kompanie erhielt man Ausweis und Ausgangskarte. Wurden bei der Kontrolle jedoch Mängel in der Anzugsordnung oder Sauberkeit festgestellt, waren diese kurzzeitig zu beseitigen, oder der Ausgang wurde gestrichen.

Im Winterhalbjahr war es noch schwieriger herauszukommen, weil wir nur einen Mantel und keinen Felddienstanzug für die Taktikausbildung hatten. Unser Taktiklehrer, ein Hauptmann, nahm bei der Ausbildung im feuchtschmierigen Gelände auch am Sonnabend keine Rücksicht und ließ uns Schützenmulden bauen, oder wir übten die Bewegungsarten *Kriechen* oder *Gleiten* mit dem einzigen Khaki-Mantel.

Unter heutigen Bedingungen kann man sich das gar nicht mehr vorstellen, aber so war es. Natürlich sollten wir im 1. Lehrjahr zu gut ausgebildeten Soldaten erzogen werden, aber die Härten, die man uns ohne vernünftige Ausrüstung auferlegt hatte, waren schon gewaltig und ab den 1970er-Jahren in der NVA undenkbar.

Nachdem ich ein Vierteljahr nicht zu Hause war, und, wie schon genannt, nur knapp 30 km entfernt lebte, meldete sich ohne vorherige Ankündigung meine Mutter vor dem Kasernentor mit der Bitte, mich besuchen zu wollen. Man wird es heute nicht glauben, aber Besuch zu empfangen war zu der Zeit nicht üblich. Die Besucherzimmer wurden erst später eingerichtet. Jedenfalls ließ sich meine Mutter nicht abweisen. Mein Kompaniechef, Oberleutnant Hackel, wurde geholt, und es kam fast zu einer Auseinandersetzung. Meine Mutter konnte nicht verstehen, was ihr der Kompaniechef klar machen wollte: dass es auf dieser Lehranstalt in der Regel nur dreimal Urlaub gibt. Entweder Weihnachten oder Silvester und Ostern oder Pfingsten, und nach der Lehrjahresprüfung der zustehende Jahresurlaub.

Ich erwähne es deshalb, weil sich das niemand von der jüngeren Generation, die später gleichfalls in der NVA die Offizierslaufbahn wählte, das überhaupt vorstellen konnte.

In der Regel waren wir im 1. Lehrjahr einmal in der Woche dran, Wache zu stehen. Zu dieser Zeit war die KVP noch mit der Mpi-41 ausgerüstet. Diese Maschinenpistole wurde 1941 während des 2.Weltkriegs in die Rote Armee eingeführt. Das Trommelmagazin konnte 70 Patronen aufnehmen. Ich kannte diese Waffe noch als Kind von den Soldaten der Roten Armee 1945. So zuverlässig diese Mpi auch war, so gefährlich konnte sie werden. Wegen des Masseverschlusses mit festem Schlagbolzen genügte es schon, die Waffe ungesichert mit dem Kolben hart aufzusetzen und schon löste sich mindestens ein Schuss. Deshalb hatte man beim Umgang äußerst vorsichtig zu sein. Ich erinnere mich noch daran, wie sich der Standposten vor der Wache von seinem Freund, der gerade seine Waffe reinigte, mit dem Ladestock schnell seinen Lauf ebenfalls reinigen ließ. Mit dem Hineinschieben des Ladestocks in den Lauf wurde der Masseverschluss zurückgeschoben und beim schnellen Herausziehen des Ladestocks wurde eine Patrone in das Patronenlager eingeführt und gezündet. Diesem Offiziersschüler hat das Geschoss den Ladestock durch die Hand in den Unterarm getrieben.

Im 2. Lehrjahr lief vieles schon leichter, man war nicht mehr der blutjunge Anfänger oder Bettenbauer, der noch die Finger krumm hatte vom Koffertragen. Im 1. Lehrjahr wurde man von allen Seiten beobachtet, zurückgepfiffen, korrigiert und vorgeführt, ja manchmal sogar beleidigt. Schließlich wurden wir zu pflichtbewussten, vorbildlichen und gehorsamen Soldaten erzogen. Jeder Offiziersschüler des 1. Lehrjahres hatte jeden Vorgesetzten zu grüßen. Gefiel dem Schüler des 2. Lehrjahres der Gruß nicht, wurdest du angehalten, musstest sieben Schritte zurück- und noch mal an dem *Vorgesetzten* vorbeigehen, in aufrechter Haltung und fünf Schritte vor ihm die Hand zum Gruß führen und dabei den zu Grüßenden frei gerade ins Gesicht sehen. Da kommt Freude auf! Aber das war nun mal so im Soldatenrock. Man hatte sich halt unterzuordnen, was heute, so glaube ich, den jungen Menschen als Soldat kaum noch abverlangt wird.

Jeder Offiziersschüler musste auch das Kommandieren erlernen und hatte ab dem 2. Lehrjahr auch mal *Zugdienst*: Als Diensthabender des Zugs hatte man eine Viertelstunde eher aufzustehen, den Zug zu wecken und ihn den ganzen Tag zu führen. Das begann mit dem Frühsport und endete mit dem Stubendurchgang um 21:45 Uhr. Frühsport begann mit Gymnastik, Dehn-, Streck- und Kraftübungen von etwa acht Minuten, danach wurden in der Regel 3000 m in Stiefeln, Hosen und freiem Oberkörper gelaufen.

Wir konnten nicht fett werden und hatten alle eine *gute Kondition!*

Im zeitigen Frühjahr 1956, es muss im Februar gewesen sein, nahmen Teile der Offiziersschule auf dem Truppenübungsplatz in Nochten bei Niesky-Muskau an einer großen Übung teil. Dort erfuhr ich das erste Mal, wie der Winter einem Menschen zu schaffen machen kann. Ich wurde als Gruppenführer bei einer sMG-Gruppe eingesetzt und erlebte mit richtigen Soldaten, die nicht Offizier werden wollten, wie schwer doch Truppenführung sein kann. Wir hatten etwa 10 cm Schnee, der am Tag taute und nachts wieder gefror. Den ganzen Tag wurde in einer Breite von bis zu 3 km der Angriff geübt. Die Füße waren völlig durchnässt, man konnte die Fußlappen (Strümpfe oder Socken wurden in Stiefeln nicht getragen) auswinden oder auswringen. Nachts gab es keine Unterkunft. Wir mussten in vorderster Stellung verbleiben und durften kein Feuer machen. In dieser Situation dachte ich oft an meinen Vater und an die unvergleichbaren Verhältnisse, die Menschen, besonders an der Ostfront kämpfend, durchmachen mussten. *Krieg ist doch das Verwerflichste, was es auf der Welt gibt!*

Wir spielten Krieg ja nur mit Platzpatronen. Wenn aber das Eisen tatsächlich durch die Luft fliegt und sich die Reihen neben dir lichten und du denkst: „Wann bin ich an der Reihe!", dann war unsere Übung im Vergleich dazu nur ein Kinderspiel. Jedenfalls haben wir es die erste Nacht im Graben ohne Feuer ausgehalten, bei etwa minus fünf Grad Kälte. Am folgenden Tag spielten die Soldaten nicht mehr mit. Sie zitterten am ganzen Körper und waren willenlos. Erst als zum Angriff getrieben wurde und sich die ganze Breite der Front langsam vorwärts schob, bekam ich die Soldaten aus dem Graben. Mit *Kommandieren* ging da gar nichts mehr, nur mit persönlichem Vorbild war es möglich, die Soldaten zu bewegen. Natürlich lag dann auch die Hauptlast, das sMG zu bewegen, bei mir. Bei dieser Übung rückte die KVP mehr in den politischen Mittelpunkt, denn die BRD ist der NATO im Mai 1955 beigetreten, die Einheit Deutschlands wurde damit absolut unmöglich und der *Kalte Krieg* von allen Seiten angeheizt.

Mit dem nachfolgenden Beitritt der DDR zum Warschauer Vertrag stand die Gründung der NVA am 1. März 1956 unmittelbar bevor. Deshalb nahmen an der Übung Vertreter der Regierung der DDR teil, an der Spitze Otto Grotewohl. Nach ihm wurde dann auch der Hügel benannt, auf dem die hohe Abordnung stand. Auf jeden Fall, und das ist für den Soldaten am wichtigsten, durften wir die folgende Nacht in den Gräben Feuer machen und unsere nassen Sachen trocknen. An Schlafen war beim besten Willen nicht zu denken.

Im Sommer 1956 musste jeder, das gehörte zum Ausbildungsprogramm, für vier Wochen zum Praktikum in eine Einheit, um an der Basis als Gruppen- und Zugführer zu arbeiten.

Ich wurde an eine Unteroffiziersschule nach Prenzlau kommandiert, damals Kommandoschule genannt.

Diese Zeit brachte mir große Lorbeeren ein. Wir gehörten zu den ersten, die in der *Trefferwahrscheinlichkeitsberechnung* und *im Anschießen von Waffen* ausgebildet wurden. Nun konnte man sein Wissen an den Mann bringen. Das ging so weit, dass ich eine Zeitlang während meines Praktikums vor Offizieren unterrichten durfte. Die hauptsächlichen Themen waren: Berechnen des mittleren Treffpunkts oder wie viel Schuss Munition sind mit welcher Waffe nötig, um ein Ziel auf eine bestimmte Entfernung außer Gefecht zu setzen. Dieses Auftreten brachte mir in der Beurteilung des Schulkommandeurs sehr gute Noten ein. Jedenfalls konnte ich mit einer guten Einschätzung und Belobigung des Kommandeurs zurückfahren.

Die größte Freude bereitete mir der Sportunterricht, vor allem das Turnen. Damals gab es noch Übungen an den einzelnen Geräten, die geturnt und benotet wurden. Reck, Barren und Pferd waren meine Lieblingsgeräte. Da meine Ergebnisse wirklich gut waren, wurde ich im September 1956 zu einer Vorführung kommandiert, die in Potsdam vorbereitet wurde.

Es stand ein Jubiläum des großen Arbeitersportlers *Werner Seelenbinder* in der nach ihm benannten Sporthalle in Berlin bevor und an dieser sportlich-turnerischen Maßnahme durfte ich teilnehmen. Als Anerkennung erhielt jeder Teilnehmer eine Ehrenmedaille und durfte sie stolz an die Uniform heften.

Zurück ging es nicht mehr nach Döbeln. In der Zwischenzeit war unsere Schule mit Mann und Maus verlegt worden, wie es der *Kleine Soldatensender* bereits verkündet hatte. Nach Plauen in das schöne Vogtland.

Im Zuge der Aufstellung der NVA wurden die drei Offiziersschulen für allgemeine Truppenkommandeure Naumburg, Döbeln und Erfurt zur *Infanterieschule Plauen* zusammengeführt. Wie das so bei den Streitkräften üblich ist, wird erst alles so durcheinander gewürfelt, dass von den alten, sich bereits gebildeten Kollektiven nicht viel übrig bleibt. Das nun schon 3. Lehrjahr, in das ich aufrückte, verfügte mit der Zusammenlegung der Schulen über die 6., 7. und 8. Infanteriekompanie, die 9. Granatwerferkompanie und die 10. MG-Kompanie. Ich hatte mich wie die Mehrheit meiner Freunde zur Granatwerferkompanie gemeldet.

Im November 1956 erhielt der gesamte Personalbestand der Infanterieschule Plauen die neuen Uniformen der NVA. Bei einem großen Appell wurde der Personalbestand offiziell vereidigt und in die NVA übernommen.

Der Dienst und die Ausbildung am Granatwerfer 82 mm waren gegenüber einem Mot.-Schützen doch anstrengender. Zu einer Granatwerferbedienung gehörten der Gruppenführer, der Richtschütze, der Ladeschütze und der Munitionsschütze. Ich hatte als Richtschütze das Rohr – es wog 18 kg –, und den Richtkreis zu tragen, der Ladeschütze das Zweibein mit 20 Kilo Masse und der Munitionsschütze die Bodenplatte mit 22 Kilo. Dazu gehörte noch die Mpi, die ebenfalls mit musste. Das zu jedem Feuerdienst, und der Übungsplatz war mindestens 3 km entfernt. Selten einmal durften wir die Mpi *im Stall* lassen. Das Schießen war eindeutig anders als mit Handfeuerwaffen. Das Schießen im direkten Richten, also das Ziel direkt sehen und anrichten, wurde sehr selten angewandt, weil die Bekämpfung des Granatwerfers und dessen Bedienung durch gegnerische Handfeuerwaffen möglich wäre. Es wurde im indirekten Richten geschossen: Man schoss über ein Hindernis, sei es ein Haus, ein Berg oder ein Wald, in der oberen Winkelgruppe, ohne das Ziel zu sehen. Die Kunst dabei war, trotzdem zu treffen. Das Feuer wurde aus einer Beobachtungsstelle (B-Stelle) geleitet, und die Werfer standen in Deckungen dahinter oder seitlich und konnten sogar in einer Senke vor der B-Stelle stehen. Die Entfernung zu den Werfern nannte man Basis. Das Feuer wurde nun mittels Winkelfunktionen berechnet und geführt, so dass man auch tatsächlich traf.

Unser Ziel war es, in diesem knappen Jahr zu lernen, die Werfer zu bedienen, Feuerstellungen und B Stellen zu vermessen und das Feuer auf unbewegliche Ziele von der B-Stelle aus treffsicher zu leiten. Die Technik der Feuerführung erlernten wir im Schießpolygon. Das war ein kleiner Schießgarten, in dem maßstabsgerecht ein Gelände nachgebildet war, jedoch hundertfach verkleinert. Geschossen wurde mit einem Karabiner, der, fest auf einem Richtgestell montiert, in Höhe und Seite in Stricheinteilung verstellt werden konnte. Die größte Kunst bei diesen vorbereitenden Übungen war die richtige Beobachtung der Einschläge und die Korrektur des Feuers. Die seitliche Abweichung vom Ziel wurde mit einem Doppelglas oder Scherenfernrohr mit Stricheinteilung gemessen.

Nach dem Training im Schießgarten wurden Imitationsgranaten mit Granatwerfern geschossen. Das waren Granaten, die sich äußerlich kaum von scharfen Granaten unterschieden. Sie hatten nur einen Rauchzünder, der ihren Einschlag durch Rauch markierte, und keine Sprengladung. Sie wurden nur mit der Grundladung bis maximal 500 m verschossen, da man sonst die Einschläge auf weitere Entfernung nicht mehr beobachten konnte. Die Granaten gruben sich beim Einschlag bis zu 30 cm tief in die Erde und rauchten etwa fünf bis zehn Sekunden lang. Nach dem Schießen mussten die Granaten gesucht und ausgegraben werden. Das war sehr zeitaufwendig und geschah außerhalb des Dienstes auf freiwilliger Basis.

Kurz vor der Ernennung zum Offizier begann man verstärkt, mit uns über den Eintritt in die Sozialistische Einheitspartei Deutschland (SED) zu sprechen. Diese Überzeugungsarbeit war in erster Linie die Aufgabe des Zugführers. Im Gespräch kam er gleich auf den Punkt: „Genosse Leutert, wenn Sie Offizier werden wollen, dann ist es allerhöchste Zeit, dass Sie Kandidat der SED werden!" Dazu war es nötig, sich schnell um zwei Bürgen zu kümmern.

Einen Bürgen konnte man sich aus der Schule suchen, einen, der mich länger als ein Jahr kannte, der andere musste von zu Hause sein. Der eine war mein Zugführer, der andere eine Bürgin, die Parteisekretärin des ehemaligen Betriebs, des Volksguts Oberreinsberg. Und so wurde ich Mitglied der SED, und das nach einer Kandidatenzeit von nur sechs Monaten, da ich vor Eintritt in die KVP als Landarbeiter geführt wurde. Abiturienten, die die Politik der Partei so gut interpretieren vermochten, mussten hingegen, je nach Herkunft, bis zu zwei Jahre Kandidat sein und sich innerhalb der Partei erst bewähren.

Ich lernte in Plauen ein Mädel kennen, um das es mir sehr ernst war, und wir wollten uns – auch nach einer längeren Trennung – keinesfalls verlieren.

Mitten in der Offiziersprüfung wurden einige auserwählte, angehende Offiziere in den Klub zu einer ganz geheimen Aussprache befohlen. Auch ich hatte zu erscheinen. In diesem Raum saßen zwei Herren in Zivil und was mich merkwürdig stimmte: es war kein Vorgesetzter der Schule dabei. Die Unterhaltung wurde sehr diskret geführt und selbstverständlich war ich mit den zwei Herren allein.

Der erste Satz, den ich von ihnen hörte, klang wie eine Vergatterung: „Sie haben über den Inhalt des folgenden Gesprächs gegenüber Jedermann Stillschweigen zu bewahren!" Sie wünschten auch nicht, dass ich Fragen stellte. Sie kannten ganz genau meine familiären Verhältnisse, wussten, dass ich keine Verwandten im kapitalistischen Ausland und in der BRD hatte. Und – was für sie auch entscheidend schien –, dass ich nicht verheiratet, also noch nicht in festen Händen war. Na, das stand ja auch nirgendwo und konnte demzufolge über mich nicht nachgelesen werden. „Es ist doch so, Genosse Leutert, Sie haben doch noch keine Bindung zu einem Mädchen?" Ich konnte ihnen nur darauf antworten: „Muss ich ihnen das sagen?" „Ja, das ist Voraussetzung für ein weiteres Gespräch mit Ihnen", antworteten die Männer. Nun teilte ich ihnen mit, dass ich fast ein Jahr mit einem Mädel aus Plauen zusammen war, um das es mir sehr ernst war. Einer antwortete mir sinngemäß: „Wenn sie erst Offizier sind und wo anders leben, vergisst man schnell die kleine Bekanntschaft aus Plauen!" „Um was geht es denn überhaupt bei dieser Aussprache", fragte ich frei heraus. Nun entgegnete der andere: „Wir wollen Ihnen ein lukratives, für Sie zukunftsbestimmendes Angebot machen, jedoch setzt dies voraus, dass Sie ungebunden bleiben und sich von diesem Mädchen trennen." „Dann lassen Sie mich bitte wissen, ob Ihr Angebot wirklich so lukrativ für mich ist, um dieses Opfer zu bringen, das Sie von mir verlangen." Die Antwort war: „Wir sagten Ihnen doch eingangs, dass Sie hier keine Fragen zu stellen haben!" Nun ich: „Sie können von mir aber nicht verlangen, ohne zu wissen, woher Sie kommen, dass ich Ihnen solche Versprechen abgebe. Ich kaufe doch die Katze nicht im Sack!" Daraufhin standen beide auf und erklärten diese Aussprache mit mir für beendet. Ich habe nie erfahren, welchem Ministerium diese Männer angehörten, ich weiß nur, dass einer von uns nach der Ernennung zum Offizier zu ihnen gegangen ist. Man munkelte inoffiziell, dass es sich hier um einen „besonderen Außendienst" handle. Im Nachhinein war ich froh, mal kategorisch NEIN gesagt zu haben.

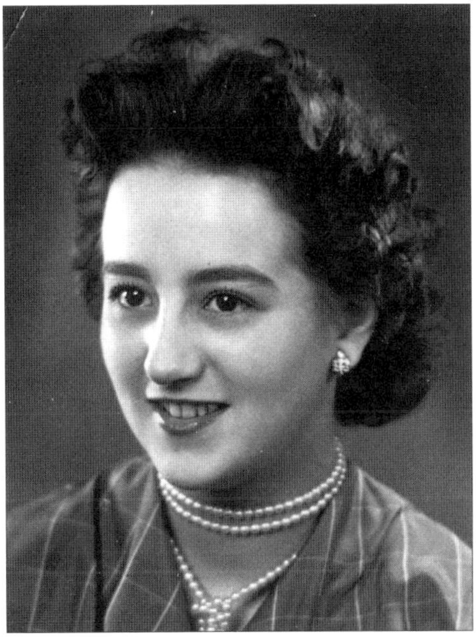

Meine Freundin Christel

Ich als Offiziersschüler im 3. Lehrjahr 1957

Die Offiziersprüfung war zum größten Teil theoretisch, in den Fächern Taktik, Feuerdienst, Exerzierausbildung und Schutzausbildung jedoch auch praktisch. In den Prüfungskommissionen waren Truppenoffiziere vertreten, die in der Beurteilung und Benotung ein entscheidendes Wort mitredeten. Man musste ein Billet ziehen, erhielt zehn Minuten Zeit zur Vorbereitung danach ging es los. Konntest du mit der Frage gar nichts anfangen, war es möglich, ein weiteres Billet zu ziehen, doch damit wurde die Beantwortung von vornherein um eine Note tiefer gesetzt. Ich will damit sagen, es wurde uns nichts geschenkt. Ich bestand die Prüfung mit durchschnittlich guten Ergebnissen. Der Batteriechef führte im Beisein des Zugführers mit jedem von uns eine persönliche Aussprache, bei der wir unsere Wünsche über den künftigen Einsatz äußern konnten. Hier wurde uns dargelegt, dass man versuchen würde, die persönlichen Wünsche zu berücksichtigen, dass jedoch der Einsatz letztlich von den Planstellen in den Einheiten abhängig sei. Außerdem durfte man sich auch *nur* wünschen, ob der künftige Einsatz im MB-III (Leipzig – im Süden der DDR) oder im MB-V (Pasewalk, später Neubrandenburg – im Norden der DDR) erfolgen soll. Ich bewarb mich natürlich für den MB-III im Süden der Republik und als Begründung die bevorstehende Heirat mit meiner Christel in die Waagschale geworfen, obwohl wir darüber noch gar nicht gesprochen hatten.

Leider half der kleine Schwindel mit der „Bald-Hochzeit" nichts. Eine Woche nach der Wunschabgabe wurde bei einem Appell kurz vor der Ernennung der Befehl über den künftigen Einsatz verlesen: „Gerhard Leutert: Militärbezirk V!" Das war hart aber fair, denn schließlich hatte jeder seinen Eid auf die DDR abgelegt und sich damit auch bereit erklärt, dort zu dienen, wo man gebraucht wird.

Am 7. Oktober 1957, am 8. Jahrestag der Gründung der DDR, wurden in Plauen auf dem Exerzierplatz fünf Kompanien, das waren mehr als 400 Mann, zum Unterleutnant ernannt. Wenn ich mich nicht irre, bestanden davon acht mit Auszeichnung und wurden sofort Leutnant. Es war für uns alle ein erleichterndes, ja, schönes Gefühl, es geschafft zu haben, und ein gewisser Stolz war bei jedem vorhanden, nun Offizier der NVA zu sein. Am Abend feierte unsere Einheit im Klub der Offiziere dieses Ereignis ausgelassen, und von vielen waren an diesem Tag auch die Frauen und angehenden Frauen dabei, natürlich auch meine Christel.

Am folgenden Tag war es so weit. Es standen viele Busse bereit, die uns zu den neuen Standorten zu bringen hatten. Bei Dunkelheit kamen wir in Pasewalk an, dem damaligen Standort des MB-V. Nach unserer Ankunft wurden wir von einem Vertreter des Stabs begrüßt und auf die Divisionen aufgeteilt. Ich war glücklich, als ich meinen Namen bei der 1. MSD klingen hörte, denn diese Division lag in Potsdam. Die Busse blieben in Pasewalk und wir stiegen, wie sich das für Truppenoffiziere mit dem kleinsten Dienstgrad gehört, auf die Ladefläche eines LKW vom Typ H3A. Nun ging es wieder 200 km zurück nach Potsdam, und mich trennten nur noch 300 km zu meinem Glück.

Dienst als Offizier im Mot.-Schützenregiment 2

Wir kamen im MSR-2 gegen Mitternacht in einer alten Backsteinkaserne am Ruinenberg an, unweit vom Schloss Sanssouci gelegen. Am folgenden Tag wurden wir unseren Vorgesetzten vorgestellt. Wir waren acht junge Offiziere aus Plauen und drei von der Artillerieschule aus Dresden. Ich wurde als Zugführer im 2. Zug der Granatwerferkompanie des ersten Bataillons eingesetzt. Die dort herrschenden Verhältnisse waren noch ungeordnet. Die Kompanie lag zerstreut im Bataillonsbereich. Mein Zug im oberen Geschoß unter einem Schrägdach, die Unteroffiziere am anderen Ende des Gebäudes, so dass in der Regel jeder jeden suchte. Kompaniechef und Politstellvertreter hatten das gemeinsame Dienstzimmer im unteren Flur abgegrenzt.

Die Einschätzung eines Offiziers wurde bei der Regimentsartillerie vorrangig nach den Kenntnissen in der Artillerieschießlehre vorgenommen. Hier hatte ich natürlich im Vergleich zu Absolventen der Artillerieschule schlechtere Karten. Wir waren in dem einen knappen Jahr gerade in der augenmäßigen und verkürzten Vorbereitung im Schießen mit Granatwerfern ausgebildet worden, während man hier hingegen von uns die volle Vorbereitung und sogar das Schießen mit großem Beobachtungswinkel forderte.

Zum Glück ging es nicht nur mir so, denn einen Kameraden, mit dem ich gemeinsam aus Plauen kam, Günter Reinsch, und auch meinem 1. Zugführer, Oberleutnant Pieler, betraf es gleichfalls. Pieler war übrigens schon fast drei Jahre in der Batterie, aber von Hause aus Infanterist. Deshalb wurden wir öfter an die Hand genommen und es wurde mit uns das Schießen nach verkürzter Vorbereitung geübt, da es beim nächsten Mal von uns verlangt wurde. Die Ausbildung mit meinem Zug bestritt ich kaum allein, da Feuerdienst der Hauptteil war und meistens mit der gesamten Kompanie stattfand.

Während der Vorbereitung auf das neue Ausbildungsjahr im November 1957 wurde ich auf den neu gebauten Schießplatz der 1. MSD nach Lehnin kommandiert. Der MB-V hatte vom Ministerium für Nationale Verteidigung die Aufgabe erhalten, in einer Lehrvorführung neue Handfeuerwaffen vorzustellen, bevor sie eingeführt wurden. Zu dieser Lehrvorführung waren alle Kommandeure und deren Stellvertreter der Regimenter, Divisionen, Schulen sowie Offiziere der Militärbezirke, der Grenztruppen und auch des Ministeriums eingeladen. Die Lehrvorführung wurde der 1. MSD übertragen.

An Schützenwaffen wurden die Pistole Makarow, das lMG und die Mpi Kalaschnikow sowie der Selbstladekarabiner Simonow (S) vorgestellt. Der Schießplatz Lehnin war gerade mit der modernsten Trefferaufnahmeeinrichtung ausgerüstet worden. Sämtliche Ziele waren miteinander verkabelt und konnten per Knopfdruck auf- und abgetaucht werden. Das Modernste dabei war, dass getroffene Schießscheiben selbständig abtauchten. Dazu waren an den Scheiben Resonanzkontakte angebracht, die beim Aufschlag eines Geschosses die Vibration übertrugen und das sofortige Abklappen der Scheiben auslösten. Das war für die Schießausbildung schon ein gewaltiger Fortschritt, denn die Trefferaufnahme konnte ohne Betreten des Schussfelds per Knopfdruck erfolgen. Getroffene Scheiben tauchten dabei nicht mehr auf. Außerdem war das langwierige Abkleben der Einschüsse auf den Scheiben nicht mehr nötig. Unterleutnant Leutert hatte sich mit dem Selbstladekarabiner S zu beschäftigen und vorzuführen. Ich hatte die taktisch-technischen Parameter zu erläutern und das Auseinandernehmen und Zusammensetzen der Waffe, vor allem aber das praktische Schießen und sichere Treffen vorzuführen. Major Scheibner, der Leiter der Schießausbildung im Ministerium, hatte uns darauf vorzubereiten und wir erhielten aus der UdSSR Kisten mit je zehn fabrikneuen Waffen der genannten Typen. Ich suchte mir nach dem Entkonservieren und Anschießen der Karabiner S den mit dem besten Trefferbild aus. Meine Schießübung wurde auf eine Brustscheibe in 200 m Entfernung liegend freihändig festgelegt. Dafür erhielt ich fünf Patronen scharfer Munition. Diese Übung war für einen guten Schützen kein großes Problem. Ich traf mit dem Karabiner sogar Scheiben bis auf 600 m, die für das lMG vorgesehen waren. Versuchsweise schossen wir auch bei Nacht. Dazu war in der Mitte jeder Scheibe eine kleine Lampe angebracht, die nur kurz hintereinander blinkte und das Mündungsfeuer und damit den Standort der Scheibe anzeigte.

Mit dem Nachtvisier und doppelter Munition war es auch möglich, Treffer zu erzielen, aber es war weitaus schwieriger als am Tag. Aber das war die Geburtsstunde für Schießübungen bei Nacht … und ich war dabei.

Bei Stationsbetrieb informierten sich etwa 200 Generale und Offiziere über jede Waffe und auch über die Schießplatzausrüstung, ehe die Waffen im Schießen vorgeführt wurden. Als Aufsichtshabender beim Schießen fungierte Major Scheibner. Ich lag an der linken Flanke und hatte zu beginnen. Ehe der Aufsichtshabende die üblichen Kommandos gab, kam der Chef des MB-V, Generalmajor Rentzsch, und fragte mich für alle hörbar:

„Genosse Unterleutnant, werden Sie treffen?“ „Jawohl, Genosse Generalmajor, ich werde treffen!“ antwortete ich in strammer Haltung. Es folgte das Kommando: „Stellung!“ Ich knallte mich hin, lud die Waffe mit einem vorbereiteten Ladestreifen und ging in Anschlag. Als die Scheibe auftauchte, schoss ich. Sie fiel um, tauchte aber sofort wieder auf. Das wiederholte ich fünfmal und die Scheibe blieb unten als Zeichen, dass ich getroffen hatte. Hinter mir gab es laute Äußerungen, hier sei der Resonanzkontakt falsch eingestellt, die Scheibe fiele nach dem Stand von allein um.

Major Scheibner widersprach dieser Vermutung, übergab mir einen neuen Ladestreifen mit fünf Patronen und bat den General, dass ich die Übung wiederholen dürfte. Außerdem wollte der Chef des MB-V nach jedem Wiederauftauchen und einer längeren Standzeit der Scheibe persönlich das Kommando für jeden Schuss geben. Nach jedem „Feuer!“ fiel fünfmal die Scheibe. Nun war der Druck weg und ich konnte aufatmen.

Rechts neben mir lag schon ein Oberleutnant, der Oberoffizier Schießausbildung des MB-V mit dem altdeutschen Namen Lange. Er antwortete seinem Chef fast unmilitärisch: „Genosse General, wenn ich nicht treffe, dann stehe ich nicht mehr auf!“ Er war so aufgeregt, dass er alle fünf kurzen Feuerstöße daneben setzte und damit die Übung nicht erfüllte. Erst beim zweiten Anlauf gelang es ihm. Das war für uns alle blamabel, jedoch ein Unterleutnant wie ich rieb sich hämisch die Hände. Er hatte sich wie ich gleichfalls vorbereitet und auch immer getroffen, musste aber, weil die Mpi die Hauptbewaffnung der NVA wurde, dem Offizier für Schießausbildung des MB-V den Platz bei der Vorführung freimachen. LMG und Pistole erzielten bei der Vorführung gleichfalls gute bis sehr gute Ergebnisse. Nun wurden Offiziere aus den Zuschauerreihen zum Schießen bestimmt und wir durften bei den hohen Offizieren *Aufsichtshabender beim Schützen* an unseren Waffen sein. Keiner wollte sich blamieren und auf meiner Station erfüllte auch jeder die Übung.

Nach solch einer derartig großen Lehrvorführung wurde im Nachhinein dann auch der Belobigungsbefehl vom Militärbezirk erarbeitet. Der Chef des MB-V ließ es sich nicht nehmen, die Auszeichnung im Divisionsstab der 1. MSD selbst vorzunehmen. Ich war dazu mit meinem Regimentskommandeur Major Ohlert befohlen. Nach der Verlesung des Befehls wurden die Namen derer aufgerufen, die eine Auszeichnung erhielten. Darunter auch ein Unterleutnant *Lüders*. Mein Kommandeur sagte mir mehrmals, ich solle vortreten, aber wie ein Leutert so ist, hat er auch seinen Stolz und blieb sitzen. Nun dachte ich mir, es sei alles zu Ende, als Generalmajor Rentzsch befahl: „Lassen Sie wegtreten, außer Unterleutnant Lüders!“ Nun musste ich bleiben und auch feststellen, dass ich der einzige Unterleutnant im Saal war. Der General beglückwünschte mich mit den Worten, dass ihm mein Auftritt beim Schießen gefallen habe und es ihm eine große Freude sei, junge Offiziere auszeichnen zu können. Er übergab mir eine Urkunde und eine Sachprämie: eine Stoppuhr. Ich bedankte mich und glaubte, nun alles überstanden zu haben. Aber es kam anders. Er fragte mich wie beiläufig: „Nun verraten Sie mir einmal, warum Sie beim Verlesen Ihres Namens nicht mit vorgetreten sind?“ Neben dem fragenden General waren nur noch der Divisionskommandeur Oberst Stechbarth und mein Regimentskommandeur anwesend. Ich antwortete schüchtern: „Genosse General, ich heiße nicht Lüders, sondern Leutert.“ „Ach ja, in der 1. MSD kennt man die Offiziere nicht so richtig beim Namen“, antwortete der General und ging zu seinem Mantel. Den hielt ihm schon mein Regimentskommandeur hin und ich sprang zu dem Kleidungsstück meines Divisionskommandeurs. Der nahm mir den Mantel ab, den ich ihm zum Anziehen hielt und sagte zu mir mit leiser Stimme: „Geh mir aus den Augen.“ Damit war ich bei meinem Divisionskommandeur das erste Mal voll ins Fettnäpfchen getreten.

Ja, so jung hatte ich nicht die Erfahrung und noch nicht gelernt, wie man sich auf dem diplomatischen Parkett zu bewegen hat. Heute würde ich sicher aufstehen und vortreten.

Mit Beginn des neuen Ausbildungsjahres am 1. Dezember 1957 ging es auf dem Ruinenberg so richtig rund. Es war der erste Monat des neuen Ausbildungsjahres, das nicht dem Kalenderjahr gleicht – es beginnt im Dezember und endet im Oktober. Im November wurde das kommende Ausbildungsjahr allseitig vorbereitet. Bereits zu Beginn stand fest, dass im April die Artillerieeinheiten des Regiments vom Divisionskommandeur überprüft werden. Vor einer derartigen Inspektion setzten natürlich die Vorgesetzten, vor allem der Chef Artillerie im Regiment, alles daran, dass sie mit dem größten Erfolg bestanden wird.

Bereits zu Beginn des neuen Jahres zogen die Artillerieeinheiten des Regiments trotz Schnee und Kälte in das Feldlager. Dort entstanden in Eigenleistung Bunker, die mit Baumstämmen bedacht und mit Boden abgedeckt wurden. Am Eingang wurde ein Zeltofen aufgestellt mit einem Rauchabzug durch die Decke, und dann musste darin gelebt werden. Täglich war Feuerdienst mit der gesamten Batterie, und der Stellungswechsel wurde bis zur Perfektion geübt. Wir Offiziere wurden abwechselnd auf dem Polygon trainiert und jeder für das Schießen einer speziellen Aufgabe vorbereitet. Ich hatte mich nun schon ganz schön eingefuchst und erhielt die Aufgabe Nummer 5: Schießen auf angreifende Infanterie. Das konnte schlecht trainiert werden, abgesehen vom Einschießen mit dem Grundwerfer auf einen Orientierungspunkt. Danach die Überprüfung des Fächers: Hier können sechs Werfer bei einer Schussentfernung von 1000 m eine Feuerbreite von 250 bis 300 m bestreichen, wenn sie mit 50 m Zwischenräumen in Stellung gegangen sind. Die Einschläge liegen dann ebenfalls noch 50 m auseinander.

Es wurde unter allen erschwerten Bedingungen trainiert, sogar nach chemischem Alarm, wobei alle Übungen mit Schutzmaske, Schutzhandschuhen, Schutzstrümpfen und sogar mit Schutzumhang ausgeführt wurden.

Nach sechs Wochen ging es endlich wieder in die Kaserne. Die Soldaten und auch wir waren fix und fertig. Wer einmal unter diesen Umständen über längere Zeit in der Natur unter primitivsten Bedingungen leben und dazu noch Leistungen erbringen musste, der weiß schon unter Friedensbedingungen, was es heißt, Soldat zu sein.

In einer Nacht im April 1958 wurden wir alarmiert und auf den TÜP Klietz verlegt. Hier wurde es nun für uns alle ernst, denn der Divisionskommandeur nahm gemeinsam mit seinem russischen Berater, einem Generalmajor, das Schießen der Einheiten ab. Jedem Schießen ging ein Wechsel der Feuerstellung voraus. In der Beobachtungsstelle beruhigte mich der Chef Artillerie und sagte mir, da schon manches daneben ging:

„Aufgabe 5 wurde für Sie bestätigt. Sie schießen sich auf die vor uns liegende Windmühle ein, überprüfen den Fächer und beobachten die angreifende Infanterie, die, als Pappfiguren auf dreieckigen Schlitten befestigt, in drei Bahnen an kilometerlangen Seilen von Winden gezogen werden. Wenn ich beide Augen schließe, geben Sie Feuer. Verstanden?“

Ich sagte: „Jawohl, Genosse Major!“ Er antwortete darauf: „Sie wissen, dass die Erfüllung dieser Aufgabe allein vom richtigen Moment des Feuerbeginns abhängig ist!“

Beim Eintreffen des Divisionskommandeurs wurde ihm gemeldet und mir die Aufgabe erteilt. Nun lief die Zeit für mich. Die Windmühle, die als Attrappe aufgebaut stand, war etwa 1450 m von mir entfernt, und die Feuerstellung 350 m hinter meiner Beobachtungsstelle. Das Einschießen mit dem 3. Werfer als Grundgeschütz ging in Ordnung, die Fächerbildung bedurfte nur geringer Korrekturen. Nun sah ich im Doppelglas die Scheibenschlitten auf eine Entfernung von über 2000 m von rechts kommend, sich auf die Windmühle langsam zubewegen. Ich befahl: „Kompanie – zwei Granaten laufendes!“ Und nun brauchte ich nur noch „Feuer!“ zu sagen und der Nachrichtensoldat, der die Kommandos über Drahtverbindung dem Stellungsoffizier übermittelte, ließ die zwölf Granaten in die Luft jagen. Ich wusste: *Die Granaten sind 28 Sekunden in der Luft, ehe sie einschlagen.* Ich berechnete auch, dass sich in dieser Zeit die Ziele um etwa 100 m vorwärts bewegen. Deshalb wunderte ich mich umso mehr, dass mein Chef laufend die Augen schloss und mir zu verstehen gab, doch endlich das Kommando zu geben. Ich befahl daraufhin: „Feuer!“ und drei Sekunden später fluppte es zwölfmal hinter mir. Nun war es nicht unbedingt wichtig zu treffen, sondern wenigstens eine deckende Gruppe zu beobachten, d. h. Einschläge hinter und vor dem Ziel. Da wir aber zu zeitig Feuer gegeben hatten, lagen alle Einschläge zu kurz. Nun war ich frech und meldete zwei Einschläge als plus, also hinter dem Ziel. Danach ging der Streit los: Oberst Stechbarth sah sie richtig – alle zu kurz. Der General zweifelte, und ich musste ja weiter meine Aufgabe erfüllen. Ich brach die Entfernung um 150 m ab, schwenkte die Werfer zehn Strich nach links und gab „Feuer!“. Nun hätte der Leitende des Schießens befehlen müssen: „Feuer halt!“, aber er tat es nicht, da er abgelenkt wurde. Meine Vorgesetzten waren erschrocken, als hinter ihnen nochmals zwölf Granaten durch die Luft flogen, und ich musste mir einiges anhören. So z. B.: „Damit Sie Bescheid wissen, diese Granaten bezahlen Sie“, und anderes mehr. Aber ich hatte Glück, eine Zielgruppe erhielt einen Volltreffer und eine andere blieb stehen, da das Zugseil getroffen wurde. Jedenfalls fehlten auf allen drei Schlitten ganze Scheiben. Nun war Ruhe. Der erste, der sich äußerte, war der sowjetische General. Er sagte mit Kopfschütteln: „Otlitschno!“ Das hieß soviel wie ausgezeichnet. Oberst Stechbarth fand sofort wieder den richtigen Ton und sagte zu mir: „Da hast du aber Glück gehabt, aber die erste Lage war keine deckende Gruppe. Klein, was machen wir mit der Bewertung?“ Major Klein schlug vor, mir eine überflüssige Lage anzurechnen und das Schießen mit *gut* zu bewerten. „Einverstanden, und die Granaten bezahlt der Staat!“, fügte Oberst Stechbarth hinzu.

Das war mein zweites Zusammentreffen mit meinem Divisionskommandeur, bei dem ich wieder aufgefallen war. Mein Ziel war aber, möglichst nicht aufzufallen, und wenn, dann positiv.

Der Sportoffizier des Regiments, Leutnant Manfred Klitsch, war gleichfalls ein leidenschaftlicher Sportler und liebte das Turnen. Er erkannte schnell, dass ich im Turnen nicht schlecht war und mich dafür auch gerne arrangierte. Wir trafen uns oft auf dem Turnplatz des Regiments und hatten dann auch sofort eine Menge Zuschauer. Jede Division hatte eine Sportstaffel im militärischen Hindernislauf für einen Wettkampf in der NVA zusammenzustellen und zu trainieren. Zu einer Mannschaft gehörten ein Offizier und acht oder zehn Soldaten. Ich durfte als junger Offizier die Mannschaft der 1. MSD anführen.

Diese militärsportliche Veranstaltung der NVA wurde auf dem Sportplatz des MB-V in Neubrandenburg zwischen allen Divisionen ausgetragen; das waren je Militärbezirk drei, also sechs Mannschaften. Es war eine Art Stafettenlauf, bei der jeder Teilnehmer eine bestimmte Aufgabe in sechs Bahnen zu absolvieren hatte. Die Aufgabe der Offiziere der einzelnen Mannschaften war, mit dem Lauf zu beginnen und unter anderem in der Mitte des Platzes durch einen auf einem Ständer befestigten Reifen eine Hechtrolle zu springen. Der Reifen hatte nur einen Durchmesser von 80 cm. Wer nicht genau sprang, nahm den Reifen mit, musste ihn persönlich wieder für das Durchspringen auf dem Rückweg aufstellen. Hatte man seine Strecke bewältigt und die Ziellinie erreicht, begann der nächste der Mannschaft mit einer anderen Version, bis alle durch waren. Unsere Mannschaft belegte den 3. Platz und erhielt aus der Hand des Ministers für Nationale Verteidigung, zu dieser Zeit Generaloberst Willi Stoph, die Bronzemedaille. Damit verdiente ich mir die Teilnahme an einem Qualifizierungslehrgang für junge Offiziere an der Infanterieschule in Plauen, *zu der es mich sehr hinzog.*

Der Lehrgang lief von September bis November 1958. Diese zwölf Wochen waren in meiner Jugend eigentlich die schönsten. Jeden Tag Sport und jeden Tag Ausgang bis 6:00 Uhr früh, wenn man wollte. Am Wochenende von Sonnabendmittag bis Montag früh frei. Das waren für uns, für meine künftige Frau und mich, fast Flitterwochen.

Diese Sportlehrgänge wurden organisiert, um der physischen Ausbildung in den Truppenteilen eine höhere Qualität zu geben und um überdies den Freizeitmassensport in den Einheiten anzukurbeln. Deshalb gehörte es zum Erreichen des Lehrzieles nach persönlichen Neigungen, mindestens mit zwei *Übungsleiterausweisen* in die Truppe zurückzufahren. Dabei war für jeden, unabhängig von den Neigungen, der Ausweis für Leichtathletik *Pflicht*. Diese Ausbildung sollte besonders die Abnahme der Sportleistungsabzeichen *Bereit zur Arbeit und Verteidigung der Heimat* in den Einheiten beflügeln. Dazu standen uns Diplomsportlehrer, junge Offiziere und Absolventen der Sporthochschule aus Leipzig als Ausbilder zur Seite. Neben dem Übungsleiterausweis in der Leichtathletik erreichte ich noch die im Turnen/Gymnastik, Handball und Schwimmen. Bei dieser Ausbildung spielte die Methodik des Erlernens, z. B. des Kugelstoßens, des Weitsprungs oder einer Schwimmart die größte Rolle. Die eigenen Leistungen mussten mindestens so gut sein, dass man das Sportabzeichen in Gold schaffte. Wir wussten lange im Voraus, dass es vom 7. bis 9. November 1958 für den Lehrgang verlängerten Wochenendurlaub gab. Deshalb planten wir unsere Vermählung zum 8. November 1958. Wir wussten natürlich bereits vor unserer Trauung, dass wir bald nicht mehr allein für uns verantwortlich sein werden. Schließlich ging es uns nicht anders als vielen jungen Paaren, die dazu noch getrennt lebten oder leben mussten. Das hat natürlich das Ja-Wort meiner Christel zur baldigen Ehe ein klein wenig forciert.

Unsere Heirat vom 8. November 1958
in Plauen

Jedenfalls hatte ich jetzt nach der Ehe in Erwartung der Vaterfreuden nur einen Wunsch: *So schnell wie möglich eine Wohnung!*

Als ich nach dem Lehrgang wieder in mein Regiment kam, war der größte Teil in die Kaserne nach Stahnsdorf umgezogen. Dort waren die Bedingungen der Unterbringung und Ausbildung weitaus günstiger und moderner, als in der alten Ruinenberg-Kaserne. Allerdings war die unmittelbare Lage der Kaserne neben der S-Bahn, Endhaltestelle Stahnsdorf, sehr nachteilig. Man sollte bedenken, dass wir das Jahr 1958 hatten, die Grenzen zu Berlin waren offen. Die übernächste Haltestelle der S-Bahn war bereits Wannsee, also *Berlin West.* Angehörigen der NVA war es kategorisch verboten nach bzw. durch *Berlin West* zu fahren. Dazu gab es bei jedem Verlassen der Kaserne schriftliche Belehrungen, die mit Unterschrift zu quittieren waren. Natürlich gab es einige, die trotzdem mit der S-Bahn gefahren sind, selbst nach Potsdam. Wo kein Kläger, da kein Richter. Jedoch standen am letzten Bahnhof im DDR-Gebiet wie auch an der Einfahrt in den Ostsektor Streifen der Bahn- und Volkspolizei. Diese Streifen gingen meistens außen entlang des Zuges und schauten durch die Fenster, ob jemand *auffällig* erschien. Wurde einer in Uniform erwischt, ging es ihm nicht gut, da er ja *unterschrieben* hatte, es nicht zu tun. In der Regel wurden dafür Ausgangssperren ausgesprochen.

Viel schlimmer war es, wenn ein Soldat überhaupt nicht mehr zurückkam. In meinem Zug gab es diesbezüglich einen mir noch in Erinnerung gebliebenen Vorfall: Das Waffenreinigen mit der Kompanie fand auf dem Boden unter dem Dach statt. Für diesen Zweck war dieser Dachboden mit Waffenreinigungstischen ausgerüstet. Nach der Waffenabgabe stellte der Hauptfeldwebel fest, dass ein Karabiner samt Soldat fehlte. Dieser Mann war Kraftfahrer und wurde seines kindlichen Verhaltens wegen von den Soldaten gehänselt und veräppelt. Da mir dies schon mehrfach aufgefallen war, führte ich mit ihm eine Aussprache, bei der er mir weinerlich mitteilte, er möchte wieder nach Hause. Bei der Armee habe er keine Freude, nur Stress und Ärger mit den anderen.

Man muss aber berücksichtigen, dass es sich zu dieser Zeit nicht um Wehrpflichtige, sondern um *Freiwillige* handelte, die in der Regel mindestens zwei Jahre zu dienen hatten. Jedenfalls war der Junge weg. Kompanie raustreten, große Befragung. Keiner wusste, wo er war. Es wurde das gesamte Haus auf den Kopf gestellt, jedoch ohne Erfolg. Der Bataillonskommandeur ist bald wahnsinnig geworden. Wer beaufsichtigte das Waffenreinigen? Der Spieß mit den Gruppenführern. Wo waren die Offiziere? Bei der Dienstvorbereitung im Zimmer des Kompaniechefs. So ging das eine Stunde lang. Danach musste dem Regimentskommandeur darüber Meldung erstattet werden. Der war schon zu Hause. Man muss als Außenstehender wissen, dass es feste Zeiten über die entsprechende Meldehöhe gab. Überzog man diese Zeit, hatte man noch schlechtere Karten. UE, d. h. *Unerlaubte Entfernung*, und noch dazu mit Waffe, das musste dem Regimentskommandeur nach zwei Stunden gemeldet werden. Nun war es schon 19:00 Uhr und immer noch keine Ahnung, wo der Verschwundene sein könnte. Natürlich war der VO, d. h. der Verbindungsoffizier der Staatssicherheit, der etwa die gleichen Aufgaben wahrzunehmen hatte wie die Militärabwehr, bereits bei den Befragungen. Wir saßen beim Kompaniechef im Dienstzimmer und berieten, wo wir möglicherweise erfolgreich suchen könnten. Man erwartete Vorschläge von uns. Als wir uns, Haare raufend, gegenüber saßen und wir einfach nicht begreifen konnten, wie sich so ein Büblein einfach in Luft auflösen kann, klopfte es und der UvD (Unteroffizier vom Dienst) meldete dem Kompaniechef: „Genosse Hauptmann, der Soldat Meier steht mit der Waffe vor der Tür!"

Hauptmann Renner fragte ihn: „Wo waren Sie denn gewesen?" Er antwortete schüchtern und verschlafen: „Ich hatte die Nase voll und habe mich auf dem Boden versteckt!" „Wo haben Sie sich versteckt?" „Hinter dem Schornstein", sagte der Soldat. Er grinste und fügte hinzu: „Am Schornstein war's so schön warm, wärmer als auf unserer Bude, drum bin ich eingeschlafen und jetzt erst aufgewacht!" Also blinder Alarm, und als Ergebnis stand die Frage an die Vorgesetzten: „Was ist bloß in dieser Kompanie los?" Der Kompaniechef wurde versetzt und es kam ein *Neuer*.

Zu dieser Zeit waren die Auswirkungen des Kriegs bei den Soldaten noch sehr zu spüren. Ich hatte unter anderem einen Soldaten, der konnte nicht schreiben und lesen. Seinen Namen bekam er gerade so als Unterschrift auf die Geldempfangsliste beim Spieß. Nun erhielt der Junge auch Post. Da ihn seine Kumpels auslachten und er zu keinem richtig Vertrauen hatte, kam er zu mir und bat mich: „Bitte lesen Sie mir doch diesen Brief mal vor." Das Mädel nahm bezug auf den letzten Urlaub und war wie verrückt nach ihm. Natürlich schämte er sich und bat mich, ihr zu antworten. Das sagte ich ihm zu, stellte ihm jedoch als Bedingung, *Lesen und Schreiben* zu üben. Er erzählte mir seine Lebensgeschichte: Sein Vater war Melker auf einem Gut, und der Junge musste von früh bis spät im Kuhstall mitarbeiten. Schule war Nebensache. Er konnte gerade seinen Namen schreiben. Als ich ihn fragte, wie und was ich ihr schreiben soll, konnte er mir nichts sagen.

Ich schlug ihm vor, die Wahrheit über ihn zu schreiben. Das lehnte er ab. Er wollte einfach nicht verstehen, dass dieser Schwindel, sich Briefe schreiben zu lassen, kurze Beine hat. Als ich ihm dann den von mir geschrieben Brief vorlas, schwelgte er und war selig. Das ging dreimal gut, aber da er nicht lernen wollte, lehnte ich das weitere Schreiben ab, bis er bereit wäre, selber etwas dafür zu tun. Was machte der dumme Junge? Er ging zu einem pfiffigen Gefreiten und ließ ihn den Brief schreiben. Ergebnis: Es kam der Abschiedsbrief und mein Soldat kaufte sich eine Flasche Klaren und war daraufhin einen ganzen Tag nicht mehr zu gebrauchen. Hinterher ärgerte ich mich, dass ich überhaupt geschrieben habe, denn es war keine Hilfe für ihn.

Diese beiden Beispiele zeigen, wie schwer es in den Anfangsjahren war, mit den zur Verfügung stehenden Soldaten, die ja freiwillig kamen, umzugehen. Ich führe das deshalb so weitschweifig aus, weil mir diese Jungs in einer komplizierten Situation damit fast *das Genick* brachen. Mit der Einführung der Wehrpflicht änderte sich das spürbar.

Am 17. April 1959 wurde unsere Tochter Bärbel geboren und die Wohnverhältnisse wurden für uns immer prekärer. Natürlich war stets die erste Frage: „Was hast du getan, um eine Wohnung zu bekommen?" Immerhin waren seit der Abgabe des Wohnungsgesuchs fast sechs Monate vergangen. Ich stand mit meinen Verhältnissen im Standort Potsdam, zu dem auch Stahnsdorf gehörte, nicht einmal auf der Dringlichkeitsliste. Das Leben im Regiment ging weiter, und uns stand eine große Kontrolle durch den Führungsstab des MB-V bevor. Er war mit einem Armeestab gleichzusetzen. Eine derartige Kontrolle war zum Abschluss des Ausbildungsjahres jeweils in einer Division üblich. 1959 war die *Erste* mit all ihren Einheiten dran. Ich weiß es noch wie heute, es war in der Nacht von Sonntag auf Montag, an dem mein Zug die Hauptwache zu stellen hatte. Ich fungierte als Wachhabender und unterstand für diese Zeit dem OvD des Regiments, einem Stabsoffizier unseres Bataillons. Er rief mich in der Nacht gegen 2:00 Uhr zur gemeinsamen Postenkontrolle an, und wir wollten uns in zehn Minuten an einem vereinbarten Ort in der Kaserne treffen. Als ich gerade die Wache verlassen wollte, hörte ich mehrere Schüsse. Sie kamen aus der Richtung des Kfz-Parks. Nichts wie hin und der OvD war auch sofort an meiner Seite. Aus einer Großgarage quoll dicker schwarzer Rauch. Das Tor wurde sofort aufgebrochen und es wurde festgestellt, dass das Fahrzeug des Regimentskommandeurs, in dem die Funkstation zum vorgesetzten Stab installiert war, lichterloh brannte. Dieses Fahrzeug stand, aufgebockt wie alle anderen, genau hinter einem Betonpfeiler. Neben dem brennenden Kfz standen in einem Abstand und Zwischenraum von nur 20 bis 30 cm weitere Fahrzeuge, so dass die Gefahr des Übergreifens des Feuers nicht auszuschließen war. Die daneben stehenden Fahrzeuge waren schnell hinausgeschoben, aber das dahinterstehende Führungsfahrzeug des Stabschefs des Regiments mit der zweiten und damit letzten Funkstation zum vorgesetzten Stab konnte nicht bewegt werden und fing Feuer. Der Kofferaufbau mit der Funkstation wurde jedoch von der Feuerwehr gerettet. Damit war klar: Das konnte nur ein geplanter Anschlag gewesen sein.

Früh um 5:00 Uhr stand der Divisionskommandeur Oberst Stechbarth vor der Kaserne und ich musste ihm das besondere Vorkommnis melden. Um 7:00 Uhr traf die Kontrollgruppe ein, und zwei Offiziere begaben sich sofort zwecks Überprüfung auf die Wache.

Ich hatte einen Plan vorzulegen, wo sich welcher Soldat zu welchem Zeitpunkt aufgehalten hatte. Das war eigentlich schon im Wachbuch festgehalten. Danach wurden die Wachsoldaten befragt und es kamen Märchen auf, die ich heute noch nicht verstehen kann und mir zum Verhängnis wurden. Ein Soldat der Freiwache, der zum Zeitpunkt der Schüsse schlief, wollte den Brand zuerst entdeckt haben. Ein Posten wollte mich vor dem Brand im Postenbereich gesehen haben usw. Es gab bei jeder Befragung andere Aussagen. Ich wurde bald wahnsinnig. Aber jeder weiß, wenn man im Dunkeln tappt, ist jeder Hinweis recht. Das ganze Hin und Her ging so weit, dass mir der VO (Verwaltung 2000, Verbindungsoffizier zur Staatssicherheit) auf den Kopf zusagte: „Geben Sie doch zu, dass Sie die Halle angezündet haben!“ Das war natürlich hart und ging unter die Gürtellinie. Zum Glück hatte ich viele Kameraden, die in dieser schweren Zeit zu mir standen, an der Spitze der OvD, mit dem ich gemeinsam Dienst hatte. Bis zur endgültigen Klärung durfte ich die Kaserne nur zu Dienstzwecken verlassen und erhielt auch keinen Urlaub. Insgesamt zogen sich die Vernehmungen mehrere Wochen hin, und auch der Militärstaatsanwalt musste nach längerer Zeit feststellen, dass die Vermutungen gegen mich nicht haltbar waren. Meine Soldaten hatten sich durch eigenes Hervortun in ihren Aussagen so verstrickt, dass man dann endlich merkte, wessen Geistes Kind einige waren.

Das Kuriose bei der ganzen Angelegenheit war die Kenntnis über das Verschwinden eines Unteroffiziers aus der Nachrichtenkompanie in derselben Nacht, der Zutritt zu dieser Garage hatte. Nach etwa 14 Tagen erhielt der Kompaniechef von diesem Mann eine Karte aus der BRD mit dem ungefähren Inhalt: „Ich bin gut da gelandet, wo ich schon immer hinwollte!“ Allerdings wurde das gegenüber jedermann verheimlicht. Ich erfuhr es vertrauensvoll von Offizierskameraden.

Nach etwa sechs Wochen wurde die weitere Untersuchung eingestellt und es konnte *kein Täter* ermittelt werden.

Ich erhielt wegen grober Verstöße gegen die Wachvorschrift einen Verweis und durfte in den Urlaub fahren. Das war ein ganz schöner Tiefschlag für mich. In Plauen angekommen, klingelte es nachts um 3:00 Uhr. Vor der Tür stand ein Hauptmann des Wehrkreiskommandos Plauen. Er hätte den Auftrag zu überprüfen, ob ein Leutnant Leutert hier in Urlaub sei. Ich wollte ihn hereinbitten, aber er wollte nur meine Papiere sehen, freute sich verschmitzt lachend, verabschiedete sich und ging. Den Grund erfuhr ich nie. Am anderen Morgen, so gegen 11:00 Uhr, stand der Parteisekretär meines Regiments vor der Tür und freute sich, als er mich sah, für mich gleichfalls unverständlich.

Leutnant Leutert im Jahre 1960

Er begrüßte mich und meine Frau und verkündete den Auftrag, als Mitglied der Wohnungskommission zu prüfen, unter welchen Bedingungen der Genosse Leutert mit seiner Familie lebt. Wir zeigten ihm das kleine Zimmer, das eigentlich einmal ein Bad war, und dass sich darin der *einzige Wasserhahn* der ganzen Wohnung befand. Darin standen das Bett meiner Frau, daneben ein kleines Kinderbett und ein kleiner Schrank. Eine Heizungsmöglichkeit gab es nicht in diesem Raum, und die ganze Familie musste sich in diesem Waschbecken waschen. Meine Schwiegereltern hatten noch einen Nachzügler bekommen, jetzt drei Jahre alt, den meine Frau teils mitversorgte. Kam mein Schwager, der bei der Bereitschaftspolizei diente, mit mir gleichzeitig auf Urlaub, waren wir fünf Erwachsene, die sich hier waschen mussten.

Unser Besuch versprach der ganzen Familie, uns bei der Beschaffung einer Wohnung zu unterstützen. Er war selbst noch ein junger Hauptmann, und ich wusste, dass ihm trotz der Dienststellung auch die Flügel gebunden waren. Auf alle Fälle war es für uns ein Erfolg, denn Leutnant Leutert kam auf die Dringlichkeitsliste des Standorts.

Als ich nach 14 Tagen wieder in die Kaserne kam, sagte einer zu mir ganz verdutzt: „Mensch, du bist noch hier? Der Buschfunk hat gemeldet, du seiest abgehauen!"

Als ich der Sache auf den Grund ging, stellte sich heraus, dass der von mir zuletzt geschriebene Brief mit dem Stempel *Empfänger unbekannt* in die Dienststelle zurückkam. Dieser Stempel ließ eindeutig diese Vermutung zu, zumal man ja nicht genau wusste, wer eigentlich der *Feuerleger* war. Also passte doch vieles zusammen. Der eigentliche Grund war aber der Wechsel der Briefträgerin, denn Leutert kannte die *Neue* noch nicht im Haus, und am Briefkasten stand leider nur Windisch, der Name meiner Schwiegereltern.

Im Winter gingen wir zur Abhärtung wieder auf das Lehniner Übungsgelände und lebten abermals im Bunker. Hier bekam ich Besuch von meinem nun schon gut bekannten Parteisekretär. Er übergab mir fast feierlich die Zuweisung für meine Wohnung für Stahnsdorf unmittelbar neben der Kaserne gelegen. Es war eine Zweiraumwohnung mit Küche und Bad, wie für eine kleine Familie geschaffen. Er teilte mir noch mit, dass es einen harten Kampf in der Wohnungskommission gegeben habe, aber dass er sich mit der eindeutigen Schilderung unserer Verhältnisse doch durchsetzen konnte.

Ich war von nun an der *glücklichste Mensch* und schmiedete bereits Pläne für den Umzug. Meiner Christel schrieb ich selbstverständlich auch einen langen Brief und wartete schon sehnsüchtig auf ihre Antwort, denn Telefone, in dem Sinne wie heute, gab es für uns noch nicht. Von nun an lief bei mir alles leichter, jedoch war diese Freude nicht lange auf meiner Seite.

An einem Mittag im Monat Februar, wir hatten die harten Übungstage unter Winterbedingungen fast hinter uns, suchte ein Major des Militärbezirks Neubrandenburg den Leutnant Leutert. Er wollte mit mir allein sprechen und tat sehr vertraulich. Wir gingen in einen Raum der Platzkommandantur, und er offenbarte mir die Versetzung in eine Spezialeinheit. Als ich daraufhin fragte, wo diese Spezialeinheit aufgebaut werde, antwortete er mir, dass ihm dies unbekannt sei. Daraufhin sagte ich ihm, schon in einem bewegten Ton, dass ich dieser Forderung nicht nachkommen werde und zog gleichzeitig meine Wohnungszuweisung aus der Tasche. „Ich bin jung verheiratet und habe ein Kind. Meine Frau und unsere Tochter leben in Plauen unter erbärmlichen Bedingungen, und nun habe ich mein Glück in der Hand und Sie wollen mir das wieder nehmen?" Darauf antwortete er mir: „Ich habe ja volles Verständnis dafür, jedoch überbringe ich Ihnen einen unumgänglichen Befehl des Chefs des MB-V." Ich antwortete ihm fast flehend: „Aber Sie müssen mir doch wenigstens sagen können, wohin ich versetzt werden soll." Nun wurde der Genosse Major laut und sagte mir mehr als eindeutig: „Genosse Leutnant, Sie haben als Offizier geschworen und in ihrer Verpflichtung unterschrieben bereit zu sein, an jedem Ort in der DDR Ihren Dienst zu versehen. Nun dürfte es wohl gleich sein, ob Sie den Ort jetzt oder im Versetzungsbefehl erfahren. Schließlich gibt es noch Dinge der Geheimhaltung, die das auch verbieten!"

Das war einer meiner härtesten Tiefschläge, die ich je in meinem Leben erhielt.

Nun ging alles sehr rasch. Ich musste umgehend ins Lazarett nach Drewitz bei Potsdam und war nicht einmal allein. Oberleutnant Klaus Schüssel, ein Org.-Spezialist, und der 1. Stellvertreter unseres Bataillonskommandeurs, Hauptmann Schmidt, waren gleichfalls dabei. Schmidt hatte im letzten Augenblick noch *Glück* und wurde aus Gesundheitsgründen nicht versetzt. Mein Regimentskommandeur – wir hatten einen Neuen bekommen, Major Firla – verabschiedete uns ohne große Worte im Beisein der Regimentsführung und wünschte uns viel Glück. Ich bekam dies gar nicht bei vollem Bewusstsein mit, weil mir zuvor der Kommandeur persönlich die Wohnungseinweisung abgenommen und mit den Worten zerrissen hatte: „Die brauchen Sie ja jetzt nicht mehr!"

Als wir unsere sieben Sachen in einen Koffer und im Sturmgepäck verstaut hatten, d. h., bereit zum Verlassen des Objektes waren, hatten wir unseren Dienstauftrag persönlich beim Regimentskommandeur abzuholen. Er verlas uns das Fernschreiben der Versetzung und darauf stand: *Die Offiziere Oberleutnant Schüssel, Klaus, und Leutnant Leutert, Gerhard, werden mit Wirkung vom 1. März 1960 zu GAMBRINUS versetzt. Mitzubringen sind ...!*

Nun waren wir schon schlauer, aber was verbirgt sich hinter dem Namen Gambrinus? Der Kommandeur ging mit uns auf die VS-Stelle, da, wo alle geheimen Unterlagen liegen, und ließ den Tarnnamen entschlüsseln. Ja, und hinter diesem irrealen Gambrinus, *dem*

Gott des edlen Tropfens, verbarg sich Mot.-Schützenbataillon 5, PRORA auf Rügen. Wir erhielten die Dienstaufträge und Fahrkarten und durften mit niemandem darüber reden. Vor dem Stabsgebäude stand schon unser Kübel mit unseren Sachen, und ab ging es zum Bahnhof.

Wir waren beide voller Spannung und Erwartung und konnten uns wirklich nicht zusammenreimen, was für eine Spezialeinheit das sein sollte.

Dienst im MSB-5 und der Beginn der entscheidenden Jahre meiner weiteren Offizierslaufbahn

Als ich im Zug von Berlin nach Stralsund fuhr, wurde mir klar, dass mich das Glück nun endgültig verlassen hatte. Die Trennung von meiner Familie hatte sich in der Entfernung mehr als verdoppelt. Vom Regimentskommandeur des MSR-2 (Stahnsdorf) erhielten wir für die Fahrt nach Prora wenigstens eine Berlingenehmigung, aber wie würde es bei einer Fahrt in den Urlaub nach Plauen sein? In Stralsund stiegen wir mit unserem Hab und Gut in den Personenzug nach Saßnitz. Es wurde langsam hell und ich sah das erste Mal beim Überqueren des Rügendamms einen Teil der Ostsee. In Lietzow, dem größten Eisenbahnknotenpunkt der Insel, wie ihn die Armeeangehörigen nannten, an der Stelle, wo der *Große und Kleine Jassmunder Bodden* durch einen schmalen Landstreifen getrennt sind, mussten wir auf den Gegenzug von Binz warten, da diese Strecke – wie noch heute – eingleisig ist.

Die nun folgende Station war Prora. *Hier gab es nichts, nur Kiefern, Wasser und Soldaten.*

Entlang des Ostseestrandes, des Prorer Wieks, ließ Hitler bis Anfang der vierziger Jahre einen Betonbau in einer Länge von fünf Kilometern errichten, der nicht vollendet werden konnte. Hier sollte die *Arische Rasse gezüchtet* werden. Nach dem Sieg war vorgesehen, hier Männer, besonders verdienstvolle Soldaten, mit Mädchen reiner deutscher Abstammung, schlank und blond, zusammen zu bringen, um Kinder zu zeugen. Diesen *Arischen Deutschen*, als Herrenmenschen, sollte dann der Führungsanspruch der Welt gehören. So war das von Hitler erdacht. Weil man das aber nicht so in die Welt schreien konnte, tarnte man das Vorhaben als Urlaubsobjekt für alle Deutschen mit dem Namen *Kraft durch Freude,* und jeder Deutsche hatte als Mitglied der Gewerkschaft für diesen Bau mit bezahlt.

Nach dem Zusammenbruch hatte die Rote Armee versucht, dieses Bauwerk durch Sprengungen dem Erdboden gleichzumachen. Damit begannen sie vom Norden des Komplexes, nahe Mukran, aber nach etwa einem Kilometer muss ihnen der Sprengstoff ausgegangen sein. Dieser Stahlbeton wird wohl noch Generationen von Menschen überleben. Es war nur gelungen, diesen Abschnitt für den Menschen sicher für immer unbrauchbar zu machen. Die Kaninchen und Füchse sind nun die einzigen, die daraus profitieren.

Die nicht gesprengten fünf Abschnitte wurden durch die KVP und danach durch die NVA zu Kasernen ausgebaut. Außerdem entstand ein Ferienheim. Auf jeden Fall gehört der Strandabschnitt Prorer Wiek zu den schönsten Stränden der Ostsee.

Das MSB-5 war im letzten Abschnitt in der Nähe des Bahnhofs untergebracht. Die Bezeichnung 5 weist auf eine direkt unterstellte Einheit des MB-V hin.

Wir sahen fast keine Menschen, und uns wurde erst jetzt klar, dass heute am Tag der Anreise der 1. März und damit der 4. Jahrestag der Gründung der NVA war.

Der Diensthabende begleitete uns in die erste Etage direkt zum Kommandeur. Wir meldeten uns militärisch exakt mit: „Genosse Major, Ltn. Leutert mit Wirkung des heutigen Tages vom MSR-2 zum MSB-5 versetzt." Er gab uns beiden die Hand. Es war seine Eigenart, den Menschen nie in die Augen zu sehen, d. h. er schaute immer vorbei. So gab er mir die Hand und Oltn. Schüssel schaute er an. Danach trat er ans Fenster, öffnete es, drehte sich zu uns um und sagte: „Haben sie Angst?" Mir platzte heraus: „Nein!" Daraufhin drehte er sich halb zum Fenster und schrie: „Sprung!" Wir standen beide da wie belämmert. „Also

Strandabschnitt Proraer Wiek

habt ihr doch Angst!“ Ich fasste mir ein Herz und antwortete: „Wenn wir springen, dann aber nicht ohne Fallschirm!“ Da leuchteten seine schmalen Augen und er sagte: „Na, warum nicht gleich so, jetzt wissen Sie, wo sie sind!“, und grinste dabei ganz schelmisch. Er fügte hinzu: „Sie machen die 30 Mann voll im Bataillon, aber gefeiert wird bei uns nicht. Im 5. Stock werden Sie untergebracht, Sie weist der Diensthabende ein. In einer Stunde sehen wir uns auf dem Bahnhof zur Entladung von Möbeln. Ich brauche dazu jede Hand.“

Wir schleppten drei Tage Betten, Matratzen, Schränke, Waffenständer, Tische, Stühle und Hocker, bis der gesamte Kompaniebereich, der eines Zuges Begleitbatterie, einer Führungsgruppe und einer Nachrichtengruppe eingerichtet waren. Selbst mein Kompaniechef, Oberleutnant Lewkowitz musste unter Leitung des Kommandeurs mit anfassen. Soldaten waren noch keine da. Als wir damit fertig waren, hatten wir abschließend die Zimmer zu säubern und als *Höhepunkt und abschließende Krönung* den Soldaten noch die Betten zu bauen.

So war Major Bernhagen: Ein Herz für die Soldaten als ehemaliger Politstellvertreter des MSR-29/Prora, und zu seinen Offizieren hart, *ja manchmal sogar grausam.*

Ich wurde als Zugführer im 2. Zug eingesetzt und erhielt zu den drei Mot.-Schützengruppen noch eine Flammenwerfergruppe. Deren Gruppenführer war Uffz. Heinz Nofz.

Diesen Zug hatte der Kommandeur in sein Herz geschlossen. Da der größte Teil des Stabes des Bataillons bereits besetzt, jedoch nicht einmal ein Drittel der Einheiten vorhanden war, wurden bei jeder Ausbildung Offiziere des Stabes den Zügen zur Unterstützung zugeteilt.

Wie bereits erwähnt, hielt sich der Kommandeur immer bei mir auf. Ich erinnere mich noch gut an eine zweitägige Ausbildung, die als kleine taktische Übung organisiert war. Jeder Zug erhielt eine zeitlich begrenzte Aufgabe von seinem Stabsvorgesetzten, die der Zugführer mit seinem Zug zu organisieren und auszuführen hatte. Mittags trafen sich alle Züge und Gruppen auf dem Übungsgelände *Tribberratz* zum Verpflegungsempfang. Es gab dicke Bohnen, die fürchterlich schmeckten. Als unser Kommandeur nach dem ersten

Löffel dies ebenfalls feststellte, schickte er seinen Kübel P-2 in die Kaserne und ließ den Koch samt Marschgepäck holen. Es war ein Feldwebel, der sich exakt meldete.

Vor der gesamten Truppe ließ er dessen Kochgeschirr bis an den Rand füllen und befahl: „Ausessen!“ Der hat gewürgt! Und der Kommandeur schimpfte: „Euch werde ich helfen, Ihr macht Euch saftige Steak, und der Truppe bietet Ihr so einen Fraß an!“ Als der Feldwebel das Essgeschirr geleert hatte, ließ er sein Sturmgepäck Teil 1 mit Steinen füllen und befahl ihm: „Sturmgepäck anlegen – Gas! (d. h. Schutzmaske aufsetzen). In das Objekt im Laufschritt marsch!“ Bis zum Objekt waren es fast 3 km.

So war seine Art als ehemaliger Unteroffizier der Wehrmacht, der in der Panzernahbekämpfung sich besonders hervorgetan haben soll.

Nachdem er uns in der geplanten Ausbildung bis zum Abend lahm gemacht hat, befahl er auf den Tribberratzer Bergen: „Halt, Zugführer zu mir!“ Er stellte mir die Aufgabe, den Abschnitt rechts begrenzt, links begrenzt, als Zugverteidigungsstellung voll auszubauen und ihm morgen früh um 6:00 Uhr meinen Entschluss mit allen geplanten Maßnahmen für die *Verteidigung* dieses Höhenzuges zu melden.

Danach befahl er den SANKRA (Sanitätsfahrzeug) zur Wolfseiche, die als einzeln-stehender Baum sein beliebtester Orientierungspunkt war, legte sich hinten im Kofferaufbau auf eine Pritsche und schnarchte die ganze Nacht.

Ich widmete mich jedenfalls ohne Schlaf die ganze Nacht meiner Aufgabe und baute eine Verteidigungsstellung mit meinem Zug, die möglichst eine kleine Anerkennung bei unserem *Alten* finden sollte. Es war eine schöne helle Mondscheinnacht, bei der es sich gut arbeiten ließ. Meinen Entschluss lernte habe ich auswendig und war eigentlich frohen Mutes zum SANKRA gelaufen, um meinen Kommandeur zu wecken. Nach mehrmaligem Klopfen kam er endlich und gab mir gleich den ersten Tiefschlag: „Ich hatte gesagt, um 6:00 Uhr wecken, jetzt ist es 6:05 Uhr!“ Ich konnte nur antworten: „Genosse Major, ich habe Punkt 6:00 Uhr geklopft, aber Sie haben nicht gehört!“ Was sagt der Kommandeur darauf? „Dann haben Sie nicht richtig geklopft!“ Nun war mein ganzes Selbstvertrauen hin.

Ich führte ihn in meinen kleinen Gefechtsstand, baute mich mit meinen Unteroffizieren auf und meldete: „Genosse Major, Ltn. Leutert bereit zur Meldung des Entschlusses!“ Ich meldete, so wie wir das an der Offiziersschule gelernt hatten. Nach ein paar Sätzen und vorherigem Kopfschütteln unterbrach er mich und schrie: „Ich höre immer Verteidigung, Verteidigung – alten Arsch – wir greifen an!“

Dafür hatten wir nun die ganze Nacht geschuftet, und das war der Lohn der Arbeit. *Es gab noch viele, viele andere Begebenheiten bei der Ausbildung, jedoch soll diese Schilderung vorerst ausreichen, um sich von unserem ersten Kommandeur – des so geheimen Bataillons – ein Bild zu machen.*

In meiner neuen Einheit stellte ich sofort nach dem Eintreffen einen Wohnungsantrag. Allerdings waren die Aussichten sehr schlecht. Es wurde zwar in Binz gebaut, doch jeder Berufssoldat, der in diese Truppe versetzt wurde, suchte eine Wohnung. Urlaub legte der Kommandeur fest. Er hatte eine unheimliche Macht, und keiner, selbst der Parteisekretär, hatte anfangs *einen Arsch in der Hose*, diesem Mann die Stirn zu bieten. Seine Entscheidung den Urlaub betreffend, war: „Urlaub wird nur einheitsweise gewährt, d. h., auch die Vorgesetzten fahren nur mit ihren Soldaten.“ Die Soldaten erhielten laut Urlaubsvorschrift alle acht Wochen einmal verlängerten Wochenendurlaub von Freitagmittag bis Dienstag früh, so stand es für Soldaten auf Zeit in der Urlaubsvorschrift. *Nun gehörte ich zu denen, die den weitesten Weg nach Hause hatten. Von der Insel Rügen bis Plauen. Als vier Wochen vergangen waren, schrieb ich ein Urlaubsgesuch an meinen Kompaniechef. Er hatte volles Verständnis und ging zum Kommandeur, kam allerdings mit dem Bescheid zurück, mein Urlaub sei von Sonnabend nach Dienst bis Montag zum Dienst genehmigt. Dabei wusste jeder, dass man unter den damaligen Bedingungen nicht einmal in der Zeit bis Plauen und wieder zurück gekommen wäre. Danach ging ich zum Parteisekretär, erzählte ihm meine Geschichte und von den Bedingungen unter denen meine Familie lebte.* Er sagte mir uneingeschränkte Unterstützung zu und ich kam auf die *Dringlichkeitsliste für Wohnungssuchende.* Nun bat ich um eine persönliche Aussprache beim Kommandeur bezüglich meines Urlaubs. Er gewährte mir diese am Freitagmittag und ließ mich bis 13:30 Uhr warten. Er wusste ganz genau, dass um 14:25 Uhr der Urlauberzug von Binz nach Leipzig fuhr, der extra für Soldaten eingesetzt wurde. Das Gespräch lief etwa so ab: „Was wollen Sie von mir, diese Frage habe ich eindeutig bereits dem Kompaniechef beantwortet: Wenn Ihnen die Zeit von Sonnabend nach Dienst bis Montag um 6:00 Uhr nicht ausreicht, dann tut mir das leid."

Ich konnte sagen, was ich wollte, er blieb stur und verschanzte sich hinter Äußerungen wie: „Wenn ich Ihnen nachgebe, kommt jeder Soldat angelaufen, und wir müssen als Offiziere mit gutem Beispiel vorangehen." Jedenfalls wurde die Zeit immer knapper und er immer schelmischer. Es musste etwas passieren und mir schoss plötzlich durch den Kopf: Entweder ich überlasse ihm den Triumph, oder ich ziehe die Jacke aus. Entweder meine Familie oder die Armee, wenn schon beides miteinander nicht verbunden werden kann. Und ich knöpfte sie auf, und seine Augen wurden immer Größer. „Was soll denn das, so etwas ist mir in meiner ganzen militärischen Laufbahn noch nicht passiert, dass ein Offizier sich so gehen lässt!", schrie er, und es hielt ihn nicht mehr hinter dem Tisch. Ich antwortete ihm darauf ganz gelassen, dass es für mich keine andere Möglichkeit gibt, er zwinge mich einfach dazu.

Außerdem werde ich mich beim Chef des MB-V über seine Art der Gleichbehandlung von Offizieren und Soldaten beschweren und dabei auch sein Verhalten gegenüber Offizieren und deren Diskriminierung vor der Front eindeutig darlegen. „Ich habe auch eine Frau und ein kleines Kind, denen gegenüber ich genau die gleichen Pflichten habe, wie er bei seiner Familie." Er sagte gar nichts mehr, setzte sich hinter seinen Schreibtisch und schüttelte nur den Kopf. Ich redete aber weiter: „Es gibt dabei zwischen Ihnen und mir zwei gewaltige Unterschiede. Sie können jeden Tag bei ihrer Familie sein, ich hingegen musste bisher zwei Jahre getrennt leben, erhalte dann endlich im alten Standort in Stahnsdorf eine Wohnung und werde sofort noch mal 300 km weiter gen Norden versetzt." Jeglicher Einspruch war sinnlos.

Nun hatte er sich gefangen und sprach ganz ruhig: „Meinen Sie, dass es mir immer so ging und ich nie getrennt von meiner Familie leben musste? Ich habe mich nie geschont, habe alles im Interesse der Truppe getan, und jetzt drohen Sie mir mit einer Beschwerde?"

Er nahm meinen vor ihm liegenden Urlaubsschein, unterschrieb ihn und sagte halblaut: „Fahren Sie in Urlaub und melden Sie sich nach ihrer Rückkehr bei mir!" Ich stand auf, schaute auf die Uhr und sagte ihm, dass der einzige Zug, der nicht über Berlin fährt, in zwei Minuten vom Bahnhof rollt. Er antwortete: „Dann wird ein Wagen unten stehen und Sie nach Bergen oder wegen mir auch nach Stralsund bringen!" Ich bedankte mich, trat weg und beeilte mich, den Zug in Bergen noch zu bekommen. Ich rannte die vier Treppen hinauf, zog mich um, schnappte meinen Koffer mit der schmutzigen Wäsche und war in fünf Minuten wieder unten. Vor der Tür stand ein P-2-Kübel, Fahrer war der Gefreite Söhnkens, und ab ging die Post nach Bergen. Da der Urlauberzug in Lietzow mindestens 15 Minuten hielt und auf den Anschluss aus Saßnitz wartete, erreichte ich ihn in Bergen gerade so. Im Zug sitzend lief mir das ganze Theater vor den Augen ab und ich überlegte nochmals, ob meine Handlungsweise auch richtig gewesen war.

Ein Kommandeur einer selbständigen Einheit, die nicht einer Division, sondern dem Armeestab direkt untersteht, hat natürlich eine gewaltige Macht. Auf alle Fälle war ich davon überzeugt, dass man trotz aller Macht erst recht verpflichtet ist, alle militärischen Vorschriften, die das Zusammenleben, die Stärkung der Autorität der Vorgesetzten und damit die Aufrechterhaltung der Disziplin und Ordnung betreffen, zuerst einhalten muss und keinen Staat im Staate bilden kann. Wie oft stand er vor dem gesamten Bataillon und schätzte sinngemäß ein: „Meine Leistungen und die der Soldaten waren gut, die der Unteroffiziere befriedigend und die der Offiziere müssen noch entschieden gefestigt werden."

Das Schlimme dabei war, dass kein Stellvertreter, vor allem nicht der Politstellvertreter oder der Parteisekretär, ihm richtig die Stirn boten. Beide hatten halt auch ihre Schwächen, und das wusste er genau und konnte machen, was er wollte. Jedenfalls setzte ich meinen Kopf durch und war glücklich in Richtung Plauen zu rollen.

Der Urlauberzug, der wegen der offenen Grenze zu Berlin West bis 1961 fuhr, war ausschließlich für Armeeangehörige bestimmt und stand auch nicht im Kursbuch.

Man hatte nicht einmal zu uns Offizieren, einem ausgewählten Personalbestand, der im Falle *einer kriegerischen Auseinandersetzung im Rücken des Gegners handeln sollte* und überwiegend keinen Rucksack hatte, so viel Vertrauen, uns durch Berlin fahren zu lassen. Wenn ein Leser mit dem Begriff Rucksack nichts anzufangen weiß: Damit sind verwandtschaftliche Verbindungen 1. und 2. Grades in die BRD bzw. in das kapitalistische Ausland gemeint.

Der Urlauberzug steuerte von Stralsund aus nicht in Richtung Süden, sondern fuhr über Rostock – Schwerin – Wittenberge – Magdeburg – Halle nach Leipzig und fuhr dort gegen 2:30 Uhr ein. Er benötigte also für die rund 600 km ganze zwölf Stunden.

Im Zug gab es eine Militärstreife, bestehend aus einem Offizier und zwei Unteroffizieren. Wer sich danebenbenahm, durfte am nächsten Bahnhof aussteigen, wurde der Bahnpolizei übergeben, und sein Urlaub war zu Ende. Um 4:00 Uhr ging es mit dem Bummelzug von Leipzig bis Zwickau weiter, dann abermaliges Umsteigen bis Plauen. Dort kam ich um 8:00 Uhr auf dem Oberen Bahnhof an. In der Regel war ich mehr als 18 Stunden unterwegs.

Unser Kind war nun schon ein Jahr alt und kannte langsam seine Leute. Es tut einem weh, wenn das eigene Kind den Vater als einen Fremden betrachtet.

Die Stunden vergingen immer viel zu schnell, jedoch war ich glücklich meiner Frau mitteilen zu können, dass wir auf der besonderen Wohnungsliste standen und in Binz in diesem Jahr, d. h. noch 1960, eine Neubauwohnung erhalten würden.

Nach meiner Rückkehr meldete ich mich gleich früh beim Kommandeur. Als er mich sah, sagte er zu mir auf dem Flur: „Ich glaube, es ist auch in Ihrem Sinne, wenn wir beide den Vorfall vom Freitag vergessen. Oder möchten Sie sich immer noch beschweren?"

Ich antwortete nur: „Nein, Genosse Major!" „Na, dann brauchen wir uns nicht länger unterhalten – an die Arbeit!"

Kurz danach stand Offiziersausbildung auf dem Plan, die der Kommandeur selbst leitete. Als angehende Fallschirmjäger wurden an uns hohe körperliche Anforderungen gestellt, gepaart mit einer guten Orientierung im Gelände, und das besonders bei Nacht. Deshalb führte der Kommandeur mit uns eine ganz eigenartige Übung durch: Jeder hatte neben seinem Sturmgepäck Teil I, der Waffe und Schutzmaske einen Kompass und eine Taschenlampe mitzunehmen. Danach bestiegen wir alle einen LKW H3A. Plane zu, und die Reise begann. Es war bereits dunkel, und es war verboten zu verfolgen, wohin wir fuhren.

Vorbeimarsch meines Zuges zum Jahrestag der DDR

Als Kontrollierender saß der Stabschef, Hauptmann Jüling mit auf der Ladefläche. Die Plane war natürlich geschlossen, und Fenster gab es darin nicht. Nach etwa 10 km ließ der Kommandeur halten und holte den ersten Offizier vom Wagen. Die Plane wurde sofort wieder geschlossen. Danach hielt das Fahrzeug so etwa alle 1 bis 2 km und das Gleiche wiederholte sich, bis ich an der Reihe war. Ich sprang vom Wagen, ordnete meine Sachen, und der Kommandeur ging mit mir 20 m zurück, nannte mir eine Marschrichtungszahl und eine Entfernung in Metern. „Zur Streckenbewältigung stehen Ihnen drei Stunden zur Verfügung. Um 2:00 Uhr schieße ich vom Endpunkt 3-Stern-Rot zur Orientierung derer, die bis dahin nicht angekommen sind. Natürlich ist das die Note UNGENÜGEND, Verstanden?“

Dann Uhrenvergleich … und schon war er in seinem LKW und fuhr weiter. Ich stand erst einmal da wie ein begossener Pudel. Ich wusste nicht, wo ich war, und meine Straßenkarte der Insel Rügen konnte mir auch nicht helfen, denn ich befand mich mitten im Wald. Ich nahm meinen Kompass, stellte die Marschrichtungszahl ein, peilte die Richtung an und landete in einer Kiefernschonung. Ich schlug mich durch und konnte die Entfernung die ich zurückgelegt hatte nicht mit 66 Doppelschritten gleich 100 m abschreiten, sondern nur schätzen. Nun war ich ja schon 24 Jahre und fühlte mich wie ein Mann. Allerdings muss ich eingestehen, ein klein wenig mulmig ist es einem schon, wenn man sich so allein durch eine Schonung schlägt. Nach dieser Schonung ein Kiefernhochwald, hier ging es schon beträchtlich besser mit dem Anpeilen der Richtung und dem Abschreiten. Es war schon 23:00 Uhr. Die Schonung hatte doch viel Zeit gekostet, und ich musste mich beeilen, um möglichst um 1:00 Uhr am Ziel zu sein. Plötzlich fiel ich in ein Loch und stürzte auf menschliche Körper. Das war ein Schreck, als jemand in russischer Sprache losfluchte und mich am Bein festhielt. Sofort wurde Alarm ausgelöst und ich einem Oberleutnant vorgeführt. Der konnte gut deutsch, und ich erklärte ihm meinen Auftrag. Daraufhin teilte er mir erschrocken mit, dass eine ihrer Einheiten in meiner weiteren Richtung auf dem Schießplatz der NVA in Prora Nachtschießen ausführte! Ich fragte ihn, ob er eine topographische Karte hätte. Er zeigte mir seinen eigenen Standort darauf, und nun war es ein Kinderspiel auf der 2-cm-Karte im Maßstab 1:50 000 die bisher gelaufene Strecke bis zur Straße zurückzuverfolgen. Jetzt brauchte ich auf der Karte nach dem Einnorden nur die Marschrichtungszahl vom Ausgangspunkt festzulegen und nach der angegebenen Entfernung einen Punkt zu machen. Damit hatte ich den Endpunkt. Ich suchte mir auf der Karte noch den günstigsten Weg aus. *Towarisch Starschi Leutenant* gab mir noch einen Schluck Wodka, ich dankte ihm mit „balschoi spassibo!" und war der Erste am Endpunkt. Nach genau drei Stunden und 15 Minuten meldete ich mich beim Kommandeur. Er war ernstlich bedrückt und fragte mich, ob ich den Schießplatz umlaufen hätte? „Ja", sagte ich, „mein Umweg rechts herum war gar nicht so groß, die nach mir abgesetzt wurden, werden es schwerer haben." Ich trat weg und der Stabschef kam zu mir und sagte mir leise: „Hoffentlich kommt jeder unbeschadet durch, ein Abbrechen des Schießens haben die Freunde abgelehnt, da es für sie langfristig geplant war." Um 2:00 Uhr begann der Fahrer auf Anweisung mit dem Schießen der Leuchtkugeln. Jedoch, wenn die Freunde schossen, und das passierte so alle 15 Minuten, war der Himmel mit Leuchtkugeln sowieso hell erleuchtet. Am Ende des Schießens folgte immer eine rote Leuchtkugel.

Aber wie das im Leben so ist, Fallschirmjäger lässt der liebe Gott selten im Stich. Gegen 3:00 Uhr waren alle am Endpunkt heil angekommen. Der Kommandeur bedankte sich bei allen für ihre Umsicht und Eigeninitiative *das erste Mal* und nahm keine Benotung vor.

Im Mai 1960 durfte ich mit dem 1. Stellvertreter des Kommandeurs Hptm. Günther Grieshaber und einigen Unteroffizieren nach Anklam auf den Flugplatz fahren und mir das Fallschirmspringen der Spezialaufklärungskompanie 5 ansehen. Das war in meinem Leben das erste Mal, dass ich Menschen aus einem Flugzeug springen und am Fallschirm schwebend auf der Erde landen sah. Noch zu dieser Zeit glaubte ich, wohl kaum den Mut aufzubringen und selbst zu springen. Vielleicht spielte die Großzügigkeit des Ausbilders der Luftstreitkräfte, Oberfeldwebel Rolf Müller, dabei eine entscheidende Rolle. Wir durften mitfliegen, und im Flugzeug angebunden durch das Bullauge der AN-2 hinterher schauen, wie er aus 2000 m Höhe absprang und erst nach 30 Sekunden Fallzeit seinen Fallschirm öffnete. Als ich ihn winkend fallen sah, war mir das Herz vor Angst beinahe in die Hosentasche gerutscht. Der Pilot stellte sein Flugzeug nach dem Absetzen fast auf den Kopf, und wir landeten mit Rolf Müller, dem späteren Leiter des Fallschirm- und Rettungsdienstes der 1. Luftverteidigungsdivision (LVD) zum gleichen Zeitpunkt. Die Soldaten sprangen in Halbgruppen, jeweils vier Mann, bei einem Anflug aus 400 m Höhe mit Sofortöffnung des Fallschirms. Ich sah sie bei der Landung teilweise ganz schön hart aufschlagen. Aufgestanden sind sie zwar alle wieder, aber einer verstauchte sich den Fuß.

Kompaniechef dieser Kompanie war Leutnant Egon Gleau und Offizier Spezialaufklärung im MB-V, Oberleutnant Gottfried Neis. Es war für uns alle ein sehr beeindruckendes Erlebnis. Wir fuhren recht schweigsam wieder auf die Insel. Ich wusste nun, was mich in allernächster Zeit erwartete.

Ausbildung im Fallschirmspringen im Jagdfliegergeschwader in Drewitz

Nun stand es fest. Vom 18. Juli bis 28. August 1960 wurden die künftigen Ausbilder für Fallschirmausbildung in Form eines Lehrgangs beim Fallschirmdienst der Luftstreitkräfte ausgebildet. Die Örtlichkeit war der Flugplatz Drewitz bei Cottbus, das Jagdfliegergeschwader der im Aufbau befindlichen 3. Luftverteidigungsdivision (LVD).

Es wurden dazu sechs Unteroffiziere (Rainer Grygas, Heinz Nofz, Wolfgang Gutsch,

Heinrich Kowalski, Karl Reimann und Harry Glas) und zwei Offiziere (Ltn. Gerhard Leutert und Ultn. Wolfgang Seehagen) befohlen. Jeder war mit seinem Einsatz einverstanden und erfüllte die dafür erforderlichen gesundheitlichen Voraussetzungen. Wir wurden direkt auf dem Flugplatz Drewitz in Zelten untergebracht. In der Größe von 3 x 3 m hatten wir sie gegenüber dem Fallschirmlager aufzubauen, das mit zwei Trockentürmen für Fallschirme verbunden war. Allerdings standen diese Zelte unmittelbar an der Ringrollbahn. Fast jede Nacht hatte ein Geschwader MiG-15 oder -17 Flugdienst und die ersten Tage konnten wir so gut wie nicht schlafen. Dann aber hatten sich unsere Ohren an den Lärm gewöhnt und es fehlte uns etwas, wenn nicht geflogen wurde. Trotzdem, dieser schrille Ton der Triebwerke beim Rollen der Maschinen ging ganz schön unter die Haut. Beim Start mit Nachbrenner war das donnernde Getöse kilometerweit zu hören.

Uns bildete der Offizier des Fallschirmdienstes der künftigen Fliegerdivision, Oberleutnant Wolfried Ludwig (gestorben 1998), persönlich aus. Das war ein Mann von nur, ungelogen, 160 cm Größe. Allerdings gab er sich uns gegenüber sehr streng, was kleine Menschen gegenüber größeren wohl damit ausgleichen wollen. Ich glaube, diese Jacke passt mir auch ein wenig. Man sagt ja sprichwörtlich nicht umsonst, *kleine Männer können manchmal Giftzwerge sein.* Aber zu einem Giftzwerg möchte ich ihn keinesfalls stempeln.

Er wollte halt ernst genommen werden, und wir waren ihm für jeden Hinweis dankbar. Schließlich besaß er im Fallschirmspringen und vor allem in der Ausbildung von *Anfängern* sehr große Erfahrung, denn alle Piloten hatten jährlich ihre Pflichtsprünge und das Trainingskatapultieren unter seiner Leitung zu absolvieren. Die erste Woche wurden wir mit dem Sprungfallschirm PD-47 und dem Rettungsfallschirm PS-41a vertraut gemacht. Dazu gehörten neben den technischen Parametern der Aufbau und die Teile der Fallschirme und deren Zusammenwirken beim Sprung. Ein grauenvolles Thema waren besondere Sprungsituationen. Dazu waren theoretisch all die Handlungen durchzuspielen, die nötig werden, wenn der Hauptfallschirm völlig oder teilweise versagt, z. B., wenn Fallschirmleinen, die man Fangleinen nennt, sich verfangen, sich über die Kappe legen oder reißen.

Danach folgte die Ausbildung am Pendelgerüst. An diesem Gerät saßen wir in einem Fallschirmgurt und lernten das Steuern des Fallschirms, die Landevorbereitung, die Landung sowie die Vorgehensweise in besonderen Sprungsituationen. In eine derartige Situation gerät der Springer, wenn sich der Fallschirm nur teilweise öffnet und er zusätzlich den Rettungsfallschirm öffnen muss. Letztlich wurden wir im Verhalten beim Schleifen nach der Landung bei starkem Bodenwind ausgebildet. In einem derartigen Fall musste versucht werden, so schnell wie möglich auf die Beine zu kommen und aus dem Wind auszulaufen. Gelang das nicht, mussten die unteren Fangleinen der Fallschirmkappe, die vom Wind prall gefüllt war und den Springer über den Boden schliff, eingezogen und damit erwirkt werden, dass diese danach zusammenfällt.

Vorn Uffz. Gutsch, dahinter von links die Uffz. Grygas, Reimann und Glass

Zur Festigung der Sprunggelenke wurden täglich Sprungübungen vom Sprungpodest aus 1,5 m, 2 m und 2,5 m Höhe trainiert. Dabei kam es auf einen richtigen Absprung und auf die Landung mit zusammengehaltenen Beinen, der Knöchel und Fußsohlen an.

Nun wurde in einem Flugzeug AN-2, einem Doppeldecker, aus dem wir unsere ersten Sprünge zu absolvieren hatten, das Verhalten während des Flugs, das Fertigmachen zum Sprung und der richtige Absprung bis zur Perfektion geübt. Dabei wurde auf die Sprungausgangsstellung, den richtigen Absprung aus der Tür in Richtung der oberen Tragfläche des Flugzeugs AN-2, das Abzählen von drei Sekunden und das Andeuten der manuellen Öffnung des Sprungfallschirms besonderer Schwerpunkt gelegt. Der größte Teil der Ausbildungszeit wurde für das Erlernen des Packens beider Fallschirme benötigt. In der NVA war es Gesetz, dass jeder nur mit dem Sprungfallschirm springen durfte, den er selbst gepackt hat. Ausgenommen davon war das fliegende Personal. Deren Schirme wurden vom Fallschirmdienst vorbereitet, da das Erlernen des Packens doch recht zeitaufwendig war. In der Wehrmacht hingegen und auch in der Bundeswehr wurden und werden die Fallschirme von Packzügen, also Packern, gepackt.

Man muss bedenken, dass eine Kappenfläche eines Sprungfallschirms mit 72 qm und etwa 150 m Fangleinen (eine ist etwa 7 m lang – von der Befestigung an der Fallschirmkappe bis zum Gurtzeug) samt Hilfsschirm in eine Verpackung, die nur eine Größe von 68 x 34 x 20 cm groß ist, so hineingebracht werden muss, dass sich das ganze System nach der Öffnung nur durch die Luftströmung, ohne sich zu verheddern, von allein öffnet. *Passiert das nicht, hat man ein großes Problem.*

Es heißt nicht umsonst, jede kleinste Nachlässigkeit, die du beim Packen zugelassen und übergangen hast, wird dir im Flugzeug vor dem Absprung voll bewusst und belastet dich psychisch ungewöhnlich stark. Deshalb gab es in den Monaten der Ausbildung bis zum Erhalt der eigenverantwortlichen Packberechtigung Kontrollen der einzelnen Packvorgänge.

Die Verantwortung des Kontrollierenden ist immens hoch, da er am Ende des Packens mit seiner Unterschrift im Fallschirmbegleitheft dokumentiert, dass der Fallschirm fehlerfrei gepackt wurde. Zum Packen eines Fallschirms gehört immer ein Packer, d.h., die Person, die mit dem Fallschirm springt, und ein Helfer, der vorrangig nur haltende Funktionen beim Packen ausführt. Demzufolge müssen im Begleitheft drei Unterschriften vorhanden sein: Packer, Helfer und Kontrollierender. Jedenfalls haben alle das Packen bei diesem Lehrgang gelernt, aber noch lange keine eigene Packberechtigung erhalten.

Am 10. August 1960 waren dann endlich alle Voraussetzungen gegeben, den ersten Fallschirmsprung zu wagen. Wir fuhren mit dem bewährten LKW H3A nach Bronkow auf den Erdschießplatz der 1. Fliegerdivision. Dieser Platz sah von oben aus wie ein Kreis und lag im Wald eingebettet.

Sein Durchmesser betrug etwa 800 m, auf dem ein Flugzeug AN-2 bequem landen konnte. Wir stellten die Fallschirme bereit, wurden noch bei einem Gewöhnungsflug ohne Fallschirm im Flugzeug in alles eingewiesen – und danach wurde es ernst.

Wir legten unsere Fallschirme an, wurden nochmals kontrolliert … und dann kam das Kommando: „Einsteigen!“ Wir waren insgesamt zehn Springer, denn zwei Fallschirmwarte der Luftstreitkräfte stiegen als *Berechnungsspringer* gleichfalls mit ein. Als Absetzer fungierte unser Ausbilder Oberleutnant Ludwig. Die AN-2 wurde angelassen und mit Vollgas ging es über die ziemlich unebene Rasenfläche. Nach etwa 250 m Rollen hob sie ab und schwang sich, die Baumwipfel fast streifend, in die Luft. In 600 m Höhe wurde das erste Mal der Platz gegen Wind überflogen und eine Flirre abgesetzt. Eine Flirre ist ein 250 cm langer und 25 cm breiter und bunter Krepppapierstreifen, in den an einem Ende ein Schweißdraht eingeklebt und danach zusammengerollt wurde. Nach dem Herauswerfen dieser Papierrolle rollt diese sich als Schal ab und sinkt, vom Wind getrieben, mit gleicher Sinkgeschwindigkeit wie ein Fallschirmspringer zur Erde.

Der Absetzer und auch der Pilot beobachten das Sinken der Flirre, bis sie landet. Danach wird der Landepunkt der Flirre und der Platzmittelpunkt, der mit Tüchern gekennzeichnet ist, abermals überflogen, die Flugzeit in Sekunden vom Landepunkt der Flirre bis zum Mittelpunkt gestoppt und in gleicher Richtung nochmals die gestoppte Zeit bei Beibehaltung der Richtung weitergeflogen. Währenddessen steht die Tür des Flugzeugs offen und der Wind pfeift in den Laderaum. Die ersten zwei Berechnungsspringer standen schon in Sprungausgangsstellung, erhielten nun das Zeichen zum Sprung und verschwanden aus der Tür. Nun waren die ersten vier von unseren Leuten an der Reihe.

Skizze – Sprung- und Erdschießplatz Bronkow bei Calau

Die Sprungreihenfolge bei Fallschirmgruppensprüngen wird nicht willkürlich festgelegt, sondern durch die Masse des Springers bestimmt, die er als Lebendgewicht auf die Waage bringt. Begründet wird das durch den Anflug und das Absetzen gegen den Wind. Je weiter das Flugzeug gegen den Wind fliegt, je weiter entfernt es sich vom berechneten Landepunkt. Deshalb muss der Schwerste mit der höheren Sinkgeschwindigkeit zuerst springen. So waren zuerst in der Reihenfolge Nofz, Grygas, Seehagen und Reimann dran. Sie nahmen Aufstellung im Flugzeug und sahen, um ehrlich zu sein, ganz schön blass aus. Als das Kommando „Sprung“ kam, schnappte Oberleutnant Ludwig jeden am rechten Arm und innerhalb von nur sieben bis acht Sekunden waren sie draußen. Er schaute hinterher, nickte mit dem Kopf und zeigte, sich zu uns Leichtgewichten drehend, mit dem Daumen nach oben. Das hieß für uns: *Fertigmachen!* Wir standen auf und bewegten uns in Richtung der offenen Tür. Nun wusste ich: Gerhard, jetzt wird's ernst! Der Erste erhielt das Zeichen *Sprung*, knickte mit dem linken Bein ein und fiel bei drehender Bewegung aus dem Flugzeug. Der Zweite, Harri Glass aus Siebenlehn, ließ sich einfach nach vorn hinausfallen. Der Dritte drehte sich um und wollte gar nicht, der Absetzer schnappte ihn sich jedoch, und er fiel gleich rückwärts nach draußen. Nun war ich dran. Ich wusste nur, dass ich an die Tür trat, und mir schoss durch den Kopf: Nun sind sie alle raus und es wird nicht gekniffen! *Augen zu und durch!* Das Eigenartige war, dass ich erst wieder zu mir kam, als sich der Fallschirm öffnete. Mir fehlen also zwei bis drei Sekunden meines Lebens. Nun schön der Reihe nach: Zuerst die Orientierung in der Luft. Wo sind meine Mitspringer? Wir waren weit genug auseinander, eine Kollision, d. h. ein Zusammen- oder Übereinandertreiben zweier Springer konnte es nicht geben. Wo war der Platz? Ich sah ihn nicht, also war er hinter mir. Wo hing ich? Weit über dem Wald. Bloß keine Waldlandung, schoss es mir durch den Kopf. Also musste ich den Fallschirm drehen. Bei einer Rechtsdrehung muss ich vorn links zwei Leinen herunterziehen und pumpen. Es klappte, und ich bewegte mich in Richtung Platz. Noch hing ich über dem Wald und hatte vielleicht noch 200 m Höhe, also

Nach dem 1. Sprung von li. nach re.: Uffz. Gutsch, Uffz. Glaß, Ultn. Seehagen, Ltn. Leutert, Uffz. Kowalski, Uffz Reimann und Uffz. Grygas; Uffz. Nofz fotografiert

vorwärts. Ich nahm die Füße zusammen zur Landevorbereitung, der Wald verschwand unter mir, und schon setzte ich, nicht hart, mit beiden Beinen auf und fiel wie ein Kartoffelsack nach vornüber.

Nun war der Druck weg. Mutter Erde hatte mich wohlbehalten wieder und ich dachte: Warum macht man eigentlich um ein *Sprüngel* so viel Theater? Das war doch so gut wie nichts, und ich werde künftig die Sprünge mit weniger Stress angehen.

Die Freude war groß, bei allen, außer bei Jimmy Seehagen. Er hatte sich leider das Wadenbein gebrochen und ist nie mehr in ein Flugzeug gestiegen.

Wie man das im Leben überall antrifft: Jeder Anfang ist schwer. Hat man aber das Vertrauen zu den Abläufen beim Springen und vor allem zur Technik gewonnen, stürzt man sich aus dem Flugzeug, als wäre es ein Kinderspiel.

Allerdings muss ich noch eine Erfahrung berichten, die bei den meisten Anfängern auftrat. Nach dem ersten Sprung fehlte bei mir etwa drei Sekunden der Film, beim zweiten waren es nur noch ein bis zwei Sekunden, nach dem dritten bis vierten Sprung bekam man den gesamten Ablauf der Fallschirmöffnung bewusst mit. Dieses Gefühl des Fallens, manchmal verbunden mit einem Überschlag und den Beinen in den Leinen nach der Fallschirmöffnung, muss man erst seelisch verarbeiten. Man fängt unweigerlich an, über diese Phase des unkontrollierten Fallens nachzudenken und macht sich verstärkt Gedanken darüber, ob man die Kraft und Überwindung der Angst aufbringen und bei einer Havarie des Hauptschirms auch den Rettungsschirm sofort ziehen wird. Tut man das nicht, kann dir kein Mensch aus dieser bedrohlichen Situation heraushelfen. Deshalb ist gerade nach dem zweiten bis vierten, ja manchmal bis zum siebten Sprung, die psychische Anspannung für den einzelnen Springer besonders groß. Dabei sind natürlich die unterschiedlichsten

Verhaltensweisen zu beobachten: Die einen ziehen sich zurück und grübeln. Andere hingegen, ich sage mal die Großmäuler, spielen sich auf, als wäre das alles für sie ein *Klacks*. Aber wenn sie vor der Tür stehen, schreien sie nach Vater und Mutter. Hat man ihnen dann aber kameradschaftlich geholfen, das Flugzeug zu verlassen (rausschmeißen darf man ja niemanden, der Sprung ist freiwillig), zeigt sich der Menschentyp, der zuerst die Frage stellt: „Ich hatte doch einen „Bomben-Abgang." Deshalb ist es für die Ausbildung wichtig, in kürzester Zeit zum fünften bis zum siebten Sprung zu gelangen, ansonsten nimmt die Zahl derer zu, die nicht mehr einsteigen und springen wollen. Nun, wir *glorreichen Sieben* sind bis zur Vollendung des 14. Sprungs alle wieder eingestiegen und haben die Sprungaufgaben ohne körperliche und geistige Schäden gemeistert. Ab dem fünften durften wir bereits pro Tag zu zwei Sprüngen antreten.

Die gefährlichsten Sprünge waren der 11., 13. und 14. Sprung, alle nur aus 250 m Höhe. Würde der Fallschirm nicht aufgehen, läge man in acht Sekunden zerschmettert am Boden. Allerdings hatte man zum eigentlichen Handeln nur ganze zwei bis drei Sekunden Zeit. Nach dem Absprung hat man, mit der Hand am Griff des Sprungfallschirms, drei Sekunden abzuzählen (121, 122, 123), danach ist man verpflichtet am Griff zu ziehen und weiterzuzählen: 124, 125. War der Fallschirm dann noch nicht geöffnet und spürte man keinen Entfaltungsstoß, musste man sofort den Griff wegwerfen und kräftig am Griff des Rettungsfallschirms ziehen. Da sind aber bereits fünf bis sechs Sekunden vergangen und die Höhe über Grund beträgt in dem Fall nur noch zwischen 100 und 150 m. Deshalb sind die tiefen Sprünge *so gemein und so gefährlich*.

Der zwölfte Sprung war eine Übung, die jeder Fallschirmspringer zu absolvieren hatte: Es war das zusätzliche Öffnen des Rettungsfallschirms, wenn man bereits am geöffneten Sprungfallschirm hängt. Der geht nicht von allein auf und muss vom Springer nach dem Öffnen des Verpackungssacks unterstützt werden. Diese Übung ist deshalb so wichtig, weil bei einer Beschädigung der Fallschirmkappe des Sprungfallschirms (ein großer Riss oder ein Loch im Gewebe, abgerissene Fangleinen) der Rettungsfallschirm zusätzlich zu öffnen ist, da man die Auswirkungen auf die Sinkgeschwindigkeit nicht einschätzen kann. Problematisch ist die Landung an beiden Schirmen, weil beide schlecht gebändigt werden können und in der Regel machen, was sie wollen.

Sie stellen sich auch in einem Winkel von bis zu 45 Grad zueinander, und dabei kann das Sinken größer sein als hänge man an einem Fallschirm. Deshalb ist es wichtig, beide vor der Landung zusammenzuziehen, um eine geringe Landegeschwindigkeit zu erreichen.

Natürlich gab es auch einen Lohn der Angst. So bezeichneten wir das Sprunggeld. Nach den damaligen Gesetzen bekam ein Anfänger für jeden Sprung nur ganze fünf Mark. Für die 14 Sprünge waren das also 70 Mark. Besonders gefiel uns dabei, dass wir alle 14 Tage nach Hause fahren konnten. Von Cottbus bis nach Plauen war es im Vergleich zu Prora ja fast ein Katzensprung.

Vom 15. bis 25. November 1960 wurden wir noch einmal zur Ausbildung im Fallschirmspringen auf den GST Flugplatz nach Neuhausen bei Cottbus kommandiert. Hier wurden wir von Oberleutnant Ludwig im Absetzen von Fallschirmsprunggruppen ausgebildet. Ich schilderte dazu bereits den ungefähren Ablauf beim Absolvieren unseres ersten Fallschirmsprungs. Das Problematische auf diesem Platz war, dass er unmittelbar an einer Hauptbahnlinie lag. Absetzen bedeutet, mit dem Flugzeug unter Berücksichtigung der bestehenden Windverhältnisse so anzufliegen und die Zeitpunkte Absprungbeginn und -ende so zu bestimmen, dass jeder Fallschirmspringer bei richtigem Steuern auf dem vorher bestimmten Platz auch landen kann.

Welches ist die beste Zugverbindung?
Ltn. Leutert (link) u. Uffz. Reimann

Beim Absetzen kommt es in erster Linie darauf an, genau senkrecht aus der Tür zu schauen. Bereits der kleinste Winkel führt oft zu seitlichen Versetzungen um mehr als 100 m. Je größer die Absetzhöhe ist, desto stärker wirkt sich auch dieser Winkel aus. Verfehle ich das vertikale Schauen bei 1000 m Höhe um nur zehn Grad, weil ich Angst habe, mich weit genug hinauszulehnen, fliege ich bereits über 200 m rechts am Zielkreuz vorbei. Deshalb beginnt man bei der Ausbildung auch mit 600 m Absetzhöhe. Als Absetzer im Flugzeug hat man eine sehr hohe Verantwortung.

Neben dem Bestimmen des richtigen Anflugs, den man durch Handzeichen dem Co-Piloten übermittelt, und dem richtigen Zeitpunkt, die Tür zum Sprung freizugeben, trägt man die volle Verantwortung für die Menschen, die im Flugzeug sitzen und vom Absetzer erwarten – der in der Regel auch der erfahrenste Fallschirmspringer ist –, dass er alles richtig macht. Schließlich müssen sie dann ihre Knochen hinhalten, wenn sie im Wald, im Wasser, auf Straßen, Bahndämmen oder gar Hochspannungsleitungen landen.

Bei Fallschirmsprüngen mit automatischer Öffnung wird der Verpackungssack des Fallschirms mittels Aufzugsleine geöffnet. Zuerst springt ein Hilfsschirm heraus, der den Fallschirm durch den Luftwiderstand herauszieht. Die Fangleinen schlaufen aus, die große Fallschirmkuppel öffnet sich und bremst den Fall auf etwa 5 m/s.

Die Reißleine ist mit der Aufzugsleine nicht identisch. So wie es der Name sagt, muss hier etwas reißen. Bei diesem System, das in der Wehrmacht üblich war und teilweise auch heute noch in der BuWe verwandt wird, zieht die Reißleine den Fallschirm aus der Verpackung und, nachdem alles gestreckt ist, reißt die Sollbruchstelle, die auf etwa 50 kp ausgelegt ist, und der Fallschirm öffnet sich.

In dem einem, wie im anderen Fall hat die Leine eine sehr große Bedeutung für das Öffnen des Fallschirms. Vergisst man, sie im Flugzeug oder Hubschrauber einzuhängen, hat der Springer im ersten Fall noch die Möglichkeit, den Verpackungssack mit der Hand zu öffnen. Deshalb zählen wir die drei Sekunden ab und ziehen am Griff. Mit der Reißleine hingegen hilft nur noch der Rettungsfallschirm.

Deshalb ist das Einhängen der Aufzugsleinen für den Absetzer eine der wichtigsten Aufgaben, die natürlich der Fallschirmspringer, zu dessen Fallschirm diese gehört, gleichfalls zu überprüfen hat. Ich habe leider schon erlebt, dass der Absetzer die Leine nicht richtig in das Seil im Flugzeug einklinkte. Der Karabinerhaken löste sich beim Absprung, der Fallschirmjäger öffnete jedoch glücklicherweise erst nach acht Sekunden *als Erstspringer* den Verpackungssack des Sprungfallschirms durch Ziehen am Notaufzugsseil und war wohlbehalten gelandet. So etwas darf nicht vorkommen, doch bei mehr als hunderttausend Sprüngen kann man derartige menschliche Fehler nicht ganz ausschließen.

Viel öfter sind dagegen wegen falschen Führens der Aufzugsleinen im Flugzeug vor dem Absprung Öffnungsunregelmäßigkeiten bis hin zu Verletzungen des Fallschirmspringers

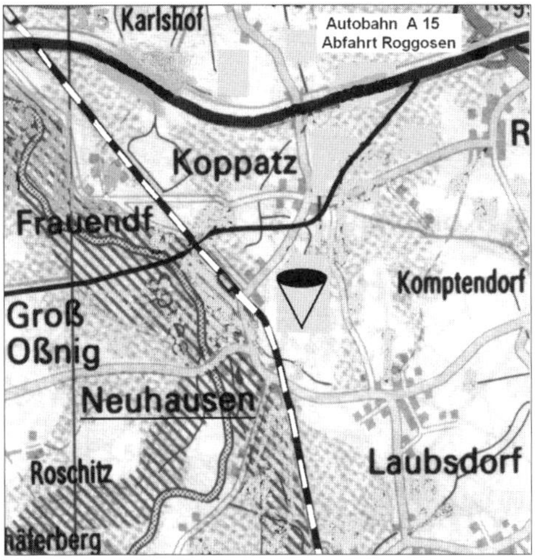

Skizze – GST-Flugplatz Neuhausen bei Cottbus

Absetzer an der geöffneten Tür einer AN-2

möglich. Auch dafür ist der Absetzer zuständig und verantwortlich. Dabei kann es vorkommen, dass der Auszubildende seine im Seil eingeklinkte Leine beim Vorgehen mit der rechten Hand bis zum Absprung mitnimmt, dann die Hand zum Absprung an den Aufzugsgriff führt und dabei, unwissend, die Leine unter dem Arm hat und so das Flugzeug verlässt. Das kann bis zum Auskugeln des Arms führen. Auf jeden Fall gibt es blaue Flecke unter dem Arm.

Es ist auch schon vorgekommen, dass einer vor dem Absprung die eigene Leine vor den Körper zum Hals führte, als er das Flugzeug verließ. In diesem Fall sind leichte Verbrennungen im Halsbereich die geringste Verletzung. So könnte man die Palette der Möglichkeiten fortsetzen, die beim Absprung auftreten können.

Es ist die Pflicht des Absetzers, derartige Dinge zu verhindern. Nicht vergessen darf man dabei, dass der Absetzer auch für die Einhaltung des Sprungintervalls zuständig ist. Der Absprung der Springer muss deshalb, abhängig von der Fluggeschwindigkeit, in einem Zeitintervall von ein bis zwei Sekunden vor sich gehen. Bei 150 km/h legt das Flugzeug 41 m in der Sekunde zurück, da ist der Platz schnell überflogen. Also sollten acht Springer möglichst in zehn bis 13 Sekunden das Flugzeug verlassen haben. Dauert es länger, landen die letzten vielleicht schon außerhalb des Platzes.

Diese ganze Problematik wurde uns Schritt für Schritt, auf das Flugzeug AN-2 bezogen, beigebracht. Natürlich wollten die jungen *unverheirateten* Männer auch einmal ausgehen. Ich blieb mit Oberleutnant Ludwig auf dem Flugplatz und die Unteroffiziere wurden mit dem LKW nach Cottbus gefahren. Ich wies den Kraftfahrer an, die Unteroffiziere um 24:00 Uhr wieder abzuholen, denn öffentliche Verkehrsmittel fuhren so spät nicht mehr. Nachts gegen 2:00 Uhr wurde ich mit der Meldung geweckt: „Genosse Leutnant, uns hat man den LKW gestohlen!" „Ja, und wie sind Sie hierhergekommen?", fragte ich Uffz. Kowalski. Mit einem Taxi, war die Antwort. Natürlich war mir das unbegreiflich. Wie können sich künftige Fallschirmjäger – Spezialisten – einen LKW klauen lassen? Was hatte sich zugetragen?

Der beauftragte Kraftfahrer hatte sich in Cottbus vor die Stadtsäle gestellt und den Motor laufen gelassen, war ausgestiegen und hatte die Unteroffiziere aus der Tanzgaststätte

Cockpit des Flugzeuges AN-2: Links der Platz des Piloten und rechts des Co-Piloten

Transportraum mit insgesamt 11 Sitzplätzen; die Sitze werden beim „Fertigmachen zum Sprung!“ an die Bordwände abgeklappt.

geholt. Als er zurückkehrte, war der Wagen weg. Nach der Meldung informierte ich den OvD im Standortbereich, und nach einer Stunde war der Wagen gefunden. Er stand in der Stadt vor der Kaserne des Panzerregiments. Der Schlüssel steckte noch und dem Wagen war nichts passiert. Beim Abholen des Fahrzeugs sagte uns der OvD, dass sicher ein Soldat pünktlich in der Kaserne sein wollte. Wer das war, ist nie herausgekommen.

Am Ende des Lehrgangs hatte jeder von uns 27 Sprünge im Sprungbuch stehen und neben der Packberechtigung auch die Absetzberechtigung.

Bei der Verabschiedung sagte mir Oberleutnant Ludwig, der leider schon frühzeitig gestorben ist, vertraulich: „Viel Glück, du wirst es brauchen, denn bei der Anzahl, die ihr auszubilden habt, kann es durchaus auch Tote geben.“

Dieser Satz ging mir die gesamte Heimfahrt nicht aus dem Kopf.

Endlich eine Wohnung in Binz

Es gibt ein Sprichwort, das da heißt: „Was lange währt, wird endlich gut!“

Und es wurde gut: Denn fast zwei Jahre nach unserer Vermählung und nach mehr als drei Jahren Trennung bis zu 600 km Entfernung erhielten wir in Binz auf Rügen, Hans-Beimler-Straße Nr. 1, am Hauptbahnhof gelegen, endlich unsere erste Wohnung.

Im August 1960 wurden die Wohnungen zum Bezug freigegeben, aber in dieser Zeit war ich ja zum Fallschirmspringen im Cottbuser Raum. Die Gardinen hatten meine Schwiegereltern jedoch schon im August während ihres Urlaubs auf der Insel Rügen aufgehängt, um nach außen hin die Vergabe dieser Wohnung augenscheinlich zu machen. Das mag unglaublich klingen, aber es ist vorgekommen, dass bei der Wohnungsnot leerstehende Wohnungen einfach ohne Genehmigung bezogen wurden. Da man aber wiederum niemand auf die Straße setzen konnte, weil das ja fast einer Zwangsräumung gleichgekommen wäre, konnten diese Menschen oft in dieser Wohnung bleiben. Schließlich gab es Zwangsräumungen nur im Westen und nicht in der DDR! Das mag zynisch und übertrieben klingen, aber so etwas passierte und sollte der Wahrheit halber auch genannt werden.

Jedenfalls war es für uns drei ein Höhepunkt in unserem Leben, endlich ein eigenes *Zuhause* zu haben. Trotz unserer Trennung waren wir, vor allem meine Frau, mehr als sparsam.

Das Geld reichte für die Einrichtung, und wir konnten uns sehen lassen. Das verdanke ich ganz besonders meiner lieben Frau, die bei der Auswahl und dem Kauf der Möbel ja bis hin zum letzten Topf, völlig allein entscheiden musste. Unser Kind war nun schon 18 Monate alt und tippelte, als wir mit dem Einräumen fertig waren, plötzlich ohne Hilfe allein durch die Wohnung.

Es war für uns eine schöne Zeit. Wir waren jung und auf uns allein gestellt. Die Entfernung zu unseren Eltern war weit, deshalb hatte Christel oft Heimweh, vor allem dann, wenn ich mich wochenlang auf den Flugplätzen *tummelte*. In den ersten Jahren bis 1968 bestand deshalb unser Urlaub hauptsächlich aus dem Besuch unserer Eltern.

Zur Namensgebung unserer Tochter Bärbel

Der erste Fallschirmsprunglehrgang 1961 in Barth

Die Zeit von Dezember 1960 bis Mai 1961 nutzten wir intensiv zur Schaffung einer Ausbildungsbasis für das Fallschirmspringen. Allerdings war das nicht einfach, da es in der NVA außer dem Leiter des Fallschirmdienstes der Luftstreitkräfte niemanden gab, der uns dabei helfen konnte. Besonders kompliziert war, dass für die Bodentrainingsgeräte auch bei den Luftstreitkräften keine Fertigungsunterlagen existierten. Also mussten wir improvisieren. Wir suchten uns auf der Insel Rügen einen Schmied, übergaben ihm handgezeichnete Skizzen mit schriftlichen Vorstellungen über Festigkeiten und Maße, und schon ging es los. So schufen wir Schritt für Schritt das Nötigste zur bodenmäßigen Vorbereitung der künftigen Fallschirmjäger. Begonnen wurde mit dem Bau von zwei Sprungpodesten in 1,5 m, 2 m und 2,5 m Höhe. Das nächste war ein Pendelgerüst mit vier Aufhängungen und eine Trapezschaukel.

An diesen drei Geräten brachten wir dem Personalbestand des Bataillons die Grundausbildung im Fallschirmspringen bei. Das war zu dieser Zeit der Stab, eine verstärkte FJK, je ein Zug Begleitbatterie, Nachrichten, Transport, Versorgung und eine Aufklärungsgruppe.

Dieser Grundausbildung an den Geräten ging eine gründliche theoretische Einweisung voraus mit den Themen:

- Geschichte des Fallschirmspringens
- Aufbau und Teile sowie die Funktion bei der Öffnung des Sprung- und Rettungsfallschirms und
- das Verhalten in besonderen Sprungsituationen.

Wie ich bereits zu meiner Ausbildung bei den Luftstreitkräften erwähnte, war es in den Ostblockstaaten für jeden Fallschirmspringer Gesetz, seine Fallschirme selbst zu packen. Der Übergabe vorher gepackter Rettungsfallschirme konnte bei objektiven Gründen, wie beispielsweise nicht ausreichender Geräte für jeden Springer, zugestimmt werden. Den Rettungsfallschirm allerdings selbst packen zu können wurde von jedem Auszubildenden vor der Sprungzulassung gefordert. Das war für uns sieben Mann eine gewaltige Aufgabe und umfasste beim Aufbau dieser Truppe teilweise mehr als 25 Stunden Packausbildung je Einheit.

Nun muss man sich vorstellen, dass zu dieser Zeit keinerlei Anleitungen oder gar Vorschriften vorhanden waren. Wir verfügten über zehn ausgesonderte Sprung- und Rettungsfallschirme und über unsere Aufzeichnungen, die wir uns während der Lehrgänge selbst angefertigt hatten. Mehr war in jenen Tagen noch nicht verfügbar. Es gab später bei den Luftstreitkräften Dienstvorschriften – es war die 120er-Serie a bis c –, die jedoch zum Teil Übersetzungen aus der Sowjetarmee waren und mit der Fallschirmtechnik, die wir nutzten, nicht völlig übereinstimmten.

Bei den Luftlandetruppen wurde beispielsweise der Fallschirm D-1 mit einer runden Kappe gesprungen. Wir aber hatten eine veränderte Lizenzproduktion des Fallschirms PD-47 mit einer quadratischen Fallschirmkappe.

Ich habe bereits die Kompliziertheit des Packens und das strenge Kontrollsystem der einzelnen Packvorgänge bei meiner Ausbildung beschrieben. Jetzt hingegen sah ich doch alles mit etwas anderen Augen. Ich habe in meiner langjährigen verantwortungsvollen Tätigkeit als Ausbilder schnell begreifen müssen, dass das eigene Fallschirmspringen, das man selber betreibt und erlebt, eine wunderschöne Sache ist. Anders sieht es hingegen aus, wenn eine Vielzahl junger Menschen auf den ersten Sprung vorbereitet wird und man als Ausbilder für diese meist ehrgeizigen Jungs die volle Verantwortung trägt. Beim eigentlichen Sprung sieht die Welt dann so aus: Hat man sich einmal vom Flugzeug gelöst und den Sprung ins Leere gewagt, vermag dir kein Mensch mehr zu helfen. Ab dann ist man auf Tod und Verderben auf sich allein gestellt. Befindet sich ein Springer in Luftnot, kann ihm der Ausbilder auch nicht mehr helfen. Ehe man einem jungen Menschen die Sprungerlaubnis erteilt, ist es äußerst wichtig zu wissen, dass er über alle erforderlichen Handlungen, die beim Sprung nötig werden können, ausführlich informiert ist. Ob er in komplizierten Situationen in der Luft dann auch die richtigen Handlungen ausführt, lässt sich vorher nie genau einschätzen.

Deshalb war es unumgänglich, den Auszubildenden reflexmäßiges Handeln anzuerziehen, vor allem was das Öffnen des Rettungsfallschirms betraf. Deshalb wurde bei der Ausbildung, besonders am Pendelgerüst, jedem Springer das richtige, zeitgerechte Abzählen von drei bis fünf Sekunden eingebläut. Da man in der hohen psychischen Anspannung

Ausbildung am Sprungpodest

Felgaufschwung an der Trapezschaukel

Pendelgerüst mit drehbaren Aufhängungen

bei den ersten Sprüngen meistens zu schnell zählt, mussten die Zahlen je Sekunde in der hundertzwanziger Zahlenordnung ausgesprochen werden. Also *121, 122, 123* - Markieren des manuellen Öffnens des Sprungfallschirms, also Ziehen am Griff - dabei weiter zählen: *124, 125* - danach umgreifen und sofortiges Öffnen des Rettungsfallschirms.

Diese Handlungsabläufe mussten unbedingt sitzen, in Fleisch und Blut übergegangen sein, weil sie beim Fallschirmspringen lebenserhaltend sind.

Wie schon gesagt: *Jeder Sprung beginnt beim Packen*, und wenn der Fallschirm richtig gepackt wurde und der Springer den Fallschirm beim Öffnen selbst nicht behindert, dann muss er aufgehen.

Diese Erkenntnis war für die Ausübung meiner neuen aufregenden Tätigkeit von entscheidender Bedeutung. Viele andere Kameraden glaubten anfangs, das Öffnen des Fallschirms hänge mitunter, unabhängig vom Verhalten des Fallschirmspringers, mehr oder weniger vom Zufall ab. Wäre es wirklich so, dann hätte ich beim ersten Missgeschick das Handtuch geworfen. Ohne die felsenfeste Überzeugung, dass sich jeder Fallschirm bei richtiger Behandlung entsprechend den physikalischen Gesetzen öffnen muss, kann man auch keinen Menschen davon überzeugen, sich so ein Gerät anzulegen und sich damit aus dem Flugzeug zu stürzen.

Eines muss man allerdings leider beim Fallschirmöffnen mit einkalkulieren: Sie kann, abhängig von der Lage des Fallschirmspringers und Umströmungsverhältnissen, recht unterschiedlich sein. Deshalb kann es eben zu Öffnungsverzögerungen, zu Kappenverformungen, Verwirrungen der Fangleinen, Hängenbleiben der Beine oder Arme in den Fangleinen bis hin zum Nichtöffnen des Fallschirms kommen. Das kann passieren, wenn beispielsweise der Hilfsschirm, der den Sprungfallschirm aus dem Verpackungssack zu ziehen hat, vom Springer oder von Ausrüstungsteilen in seiner Wirkung beeinträchtigt oder gar behindert wird.

Das sind eigentlich die Probleme, die das Fallschirmspringen einerseits so riskant und andererseits so interessant, machen. Man spricht nicht umsonst unter Fallschirmspringern, dass jeder Sprung anders ist und sich die Sprünge selbst bei gleicher Aufgabenstellung bezüglich der Sprunghöhe, Absetzgeschwindigkeit und der Art der Fallschirmöffnung nie ganz gleichen. Jedenfalls haben wir uns alle Mühe gegeben, unseren Kameraden beim Vorbereiten auf ihren ersten Sprung alles mitzugeben, was erforderlich ist. Die Kompliziertheit bei dieser Vorbereitung lag außerdem noch darin, dass nicht aus der uns bekannten *Anna* (AN-2) gesprungen wurde, sondern aus dem weit größeren Flugzeug, der IL-14.

Wir verlegten mit dem gesamten Bataillon in ein Zeltlager auf den Zivilflugplatz nach Barth und erhielten eine kurze Einweisung in den veränderten Ablauf beim Springen aus diesem Flugzeugtyp.

Die zweimotorige Iljuschin konnte beim Absetzen von Fallschirmspringern minimal nur 220 km/h fliegen. Das entsprach einer Geschwindigkeit von guten 60 m/s, die das Flugzeug über Grund, d.h. über der Erdoberfläche, zurücklegte. Außerdem hatte die Absprungtür geringere Ausmaße als die der AN-2, und der Luftschraubenstrahl des rechten Triebwerks zog genau an der Tür vorbei, durch die der Springer das Flugzeug verlassen musste. Das Höhenleitwerk (die hinteren kleinen waagerechten Flügel) befand sich bei 220 km/h Fluggeschwindigkeit etwa 3,5 m hinter der Absprungtür, allerdings fast in deren Höhe. Sah man während des Fluges aus der Tür, erblickte man das Höhenleitwerk somit auf halber Türhöhe, was einem einen ungeheuren Respekt einflößte, denn man musste ja nach dem Absprung unter diesem Leitwerk ohne Berührung hinwegkommen.

In der polnischen Armee wurde anfangs auch aus der IL-14 gesprungen. Dabei ist es vorgekommen, dass Fallschirmspringer nach dem Absprung mit dem Höhenleitwerk in Kontakt kamen und durch den Aufprall verunglückten.

Bei genaueren Untersuchungen war als Ursache zu geringe Absetzgeschwindigkeit festgestellt worden. Dadurch hungerte die Maschine mit nur 180 km/h in der Luft, und das Höhenleitwerk kam bei diesem Flugzustand immer tiefer. Also war das Einhalten der Mindestfluggeschwindigkeit von 220 km/h sehr wichtig.

In diesem Zusammenhang möchte ich noch erwähnen, dass mit der Aufstellung fallschirmspringender Einheiten in der NVA ursprünglich vorgesehen war, die IL-14 mit zwei gegenüberliegenden Türen umzubauen, um gleichzeitig beidseitig absetzen zu können. Damit hätte zeitgleich in zwei Zwölfergruppen rechts und links aus dem Rumpf gesprungen werden können und die überflogene Strecke wäre vom ersten bis letzten Fallschirmspringer in diesem Fall bei einem Sprungintervall von 1 bis 1,5 Sekunden nur 800 bis 1000 m lang gewesen.

In Anbetracht der *Schwanzlastigkeit* der IL-14 bei der dann doppelten Gewichtsverlagerung nach hinten und der großen Gefahr für das Leben der Fallschirmspringer musste dieses Vorhaben verworfen werden.

Außerdem war das Flugzeug nur über eine 2,5 m lange Leiter zu besteigen, was mit vollständig angelegter Sprung- und Gefechtsausrüstung für den Fallschirmspringer nicht einfach, ja ohne Gangway sehr beschwerlich gewesen wäre.

Der erste Sprunglehrgang war noch durch eine weitere schwierige Situation gekennzeichnet: Die Luftstreitkräfte, die der Minister für Nationale Verteidigung beauftragt hatte, unser Bataillon mit Fallschirmen auszurüsten, hatten bereits kurzfristig eine Neuentwicklung eines Rückenfallschirms mit der Bezeichnung RS-1 im VEB Bekleidungswerke Seifhennersdorf in Auftrag gegeben. Die Funktions- und auch Nullserienerprobung, die bei den Luftstreitkräften stattfanden, war erfolgreich beendet. Die erste Serie von bisher 40 Fallschirmen und 50 Rettungsfallschirmen BE-3 holte ich für unser Bataillon im August aus dem Fallschirmwerk ab.

Natürlich brauchten und erhielten wir in Barth auch vom Leiter des Fallschirmdienstes der Luftstreitkräfte Hptm. Schöll und vom Leiter des Fallschirmdienstes der Offiziersschule der LSK in Bautzen, Hptm. Peukert, Unterstützung. Wir sieben Ausbilder wurden durch sie in das Packen beider Fallschirmtypen eingewiesen und legten die Packberechtigung ab. Erst danach waren wir berechtigt, das Packen mit den Einheiten zu praktizieren. Zum Glück waren die Unterschiede gegenüber den uns bekannten Sprungfallschirmen PD-47 und Rettungsfallschirmen PS-41 a nicht gravierend.

Der Rettungsfallschirm hatte die gleiche Fallschirmkappe aus Naturseide und durch die Kappe führende Fangleinen, die die Festigkeit erhöhten. Der Unterschied bestand nur in einer veränderten Form des Verpackungssacks.

Uffz. Gutsch steigt mit einem angelegten Fallschirm RS-1 in das Flugzeug IL-14.

Der Sprungfallschirm RS-1, vom Werk als Rückenschirm (RS) bezeichnet, war der erste Schirm, der aus Dederongewebe hergestellt wurde, einer synthetischen Faser, die in der DDR eigenständig entwickelt worden war.

So, wie in den 1950er-Jahren in den USA Neylon und in der BRD Perlon erfunden und produziert wurde, wartete die UdSSR mit dem vergleichbaren Kapron und die DDR mit Dederon auf. Die chemischen Formeln unterschieden sich ganz geringfügig, waren allerdings von jedem Land patentrechtlich geschützt. Die Fallschirmkappe war wie bei dem Fallschirm PD-47 quadratisch und in ihrer Belastbarkeit bis 120 kg bei 250 km/h maximaler Einsatzgeschwindigkeit ausgelegt.

Die Fangleinen waren ebenfalls aus Dederon, hatten ein geringeres Volumen und ließen sich beim Packen viel leichter einschlaufen. Der Schirm ließ sich, verglichen mit dem PD-47, alles in allem leichter packen. Bei der Handhabung in der Luft gab es keine nennenswerten Unterschiede.

Danach wurden wir in die Besonderheiten beim Absetzen aus der IL-14 eingewiesen und erhielten nach mehrmaligem fehlerfreiem Absetzen die Absetzberechtigung für diesen Flugzeugtyp in das Sprungbuch eingetragen. Bei mir steht als Datum der 22. September 1961.

Für unsere Fallschirmjäger war der erste Sprung, noch dazu aus der IL-14, genauso aufregend, wie es für uns vor einem Jahr der Fall war. Wir übten mit jeder Sprunggruppe das Einsteigen, die Sitzordnung, das Fertigmachen zum Sprung und die Sprungausgangsstellung. Danach unternahmen wir den *Einweisungsflug* ohne angelegte Fallschirmausrüstung. Da fast alle noch nie in ihrem Leben geflogen waren, machten wir grundsätzlich vor dem ersten Sprung diesen Einweisungsflug. Er hatte auch den Sinn, die künftigen Fallschirmspringer mit dem Flugzeugtyp vertraut zu machen und ihnen das spezifische Fluggefühl spüren zu lassen. Bei diesem Flug, Einweisungs- oder auch Gewöhnungsflug genannt, wurde der Absetzplatz in 600 m Höhe überflogen, und jeder konnte einmal die Schönheit von Mutter Erde aus dieser Höhe betrachten, ehe er sich zum Springen zu überwinden hatte. Nun will ich ehrlich sein und aus eigener Erfahrung sagen, dass man beim ersten Mal so aufgeregt ist, dass man sich kaum in der Luft orientieren kann und in den wenigsten Fällen etwas vom Flugplatz zu sehen bekommt. Wichtig ist aber, dass man die Erde aus dieser Höhe, bei der man Straßen, Felder und Wälder sowie Ortschaften deutlich erkennen kann, schon einmal aus dieser Vogelperspektive gesehen hat. Da wir nur, wie bereits genannt, über wenige Sprung- und Rettungsfallschirme verfügten, konnten gerade mal zwei Starts je 18 Fallschirmspringer vorbereitet werden.

Ehe der erste Start anlegte, wurde dem gesamten Personalbestand ein Anschauungssprung gezeigt, den wir sieben Ausbilder und die Hauptleute Schöll und Peukert der Luftstreitkräfte vorführten. Wir sprangen aus 400 m Höhe mit Sofortöffnung des Fallschirms und die Hauptleute aus 1500 m Höhe mit 20 Sekunden freiem Fall. Das war natürlich die Sensation, denn bisher hatte das, außer uns sieben, im Bataillon noch keiner gesehen.

Ich erinnere mich noch sehr gut an die Begeisterung unseres Kommandeurs Major Bernhagen, wie er noch wochenlang voller Ehrerbietung von dieser außergewöhnlichen Leistung sprach. Jedoch durfte er *leider* selbst nicht springen, da er nicht die Zeit gefunden hatte, sich der Flug-Medizinischen-Kommission (FMK) zu stellen.

Jedenfalls war nach dem Einweisungsflug die Begeisterung groß, und als die ersten glücklich gelandet waren, gab es ganz wenige unter den Soldaten, die mit weichen Knien in das Flugzeug eingestiegen waren.

Allerdings lernt man die einzelnen Charaktere erst richtig kennen, wenn das Kommando „Fertigmachen“ gegeben wird und der Absetzer zum Herantreten an die Tür auffordert und das Kommando „Sprung“ erteilt. Bei den meisten Erstspringern muss man schon anfassen und durch leichtes Drücken *kameradschaftlich* nachhelfen. Jedoch gab es auch einige wenige, wie z. B. unseren damaligen Feldscher, Unterleutnant Guster, der mir vor dem Absprung noch die Hand gab und ohne *Hilfe* das Flugzeug verließ. Ich führte bereits Beispiele unseres ersten Sprungs an, und in ähnlicher Weise verhielten sich auch die meisten der von uns ausgebildeten Soldaten.

Es ist in erster Linie eine Frage der eigenen Überwindung. Das erfordert einen *starken Willen*, der nur mit ganzem Vertrauen zur Fallschirmtechnik erreicht werden kann.

Ja, das Vertrauen zur Technik ließ uns aber leider im Stich. Bereits nach dem ersten Sprungdurchgang waren von den 40 Sprungfallschirmen drei an der Fallschirmkappe durch Berstrisse beschädigt und konnten nicht mehr weiter eingesetzt werden. Nach dem zweiten Durchgang hatten schon fünf Fallschirme, nach dem dritten acht, und nach dem vierten Einsatz bereits elf Fallschirme die gleichen Risse im Gewebe. Diese Beschädigungen hatten zwar auf die Sinkgeschwindigkeit und die Stabilität des Fallschirms beim Sinken und Landen keinen großen Einfluss, aber wenn nach vier Einsätzen mehr als 25 % der Fallschirme die gleichen Defekte aufweisen, ist es allerhöchste Zeit, die Geräte für den weiteren Einsatz zu sperren, das Fallschirmwerk zu verständigen und die Produktion des RS-1, die für unsere Truppe in Seifhennersdorf im vollen Gange war, zu stoppen.

Wir setzten danach, um wenigstens jedem tauglichen und vorbereiteten Fallschirmspringer einen Sprung zu ermöglichen, die von Hptm. Peukert (verstorben schon Ende der siebziger Jahre) aus Kamenz mitgebrachten Fallschirme PD-47 ein. Aus dem Fallschirmwerk reisten die Entwicklungsingenieure Rudi Nietzold und Günter Wagner an, sowie der

Sprunggruppe bewegt sich zum Flugzeug IL-14

Vertreter der Prüfstelle für Luftfahrtgeräte, Bernhard Pröger, aus Dresden. Sie kamen mit der Linienmaschine der Interflug nach Barth.

Das war unser erstes Zusammentreffen und Kennenlernen der wichtigsten Männer, die in den 1960er-Jahren für die Fallschirmentwicklung in der DDR zuständig waren.

Als Ursache für die Beschädigungen konnte eindeutig die Nichtbrandfestigkeit des Derongewebes ermittelt werden. Mit dem schnellen Abziehen des Verzögerungssacks von der Fallschirmkappe traten durch die Reibung hohe Temperaturen auf, die das Dederongewebe an den Schmelzpunkt brachten, und der unmittelbar darauf folgende Entfaltungsstoß bei der Öffnung des Fallschirms ließ das erhitzte Gewebe bersten.

Damit war der weitere Einsatz von Dederongewebe für den Fallschirmbau vorerst gestorben, und es wurde weiter Baumwollbatistgewebe, bestehend aus einer Mischung aus je 50 % Baumwolle und Naturseide, eingesetzt.

Allerdings war für uns das Fallschirmspringen im Ausbildungsjahr 1961 beendet und jeder konnte leider nur auf seinen ersten Sprung stolz sein, den er als bleibendes Erlebnis im Gedächtnis trug.

Bei der Herbsteinberufung im Oktober 1961 wurde das MSB-5 auf drei Kompanien und eine Begleitbatterie fast aufgefüllt und auf den Fallschirmdienst kamen viele Stunden Fallschirmausbildung zu. Gleichzeitig wurde intensiv an der Vervollständigung der Ausbildungsbasis gearbeitet.

Des Weiteren erhielten wir als Transportmittel für die Fallschirmausrüstungen je Kompanie einen LKW G-5 mit Kofferaufbau. Diese Koffer waren mit Regalen auszurüsten, was nach unseren Vorstellungen eine Tischler-Produktionsgenossenschaft des Handwerks (PGH) in Putbus übernahm. Im Inneren verfügten diese Aufbauten über Sirrokkoheizgeräte, die im erforderlichen Fall zur Regulierung der Temperatur und zur Senkung der relativen Luftfeuchtigkeit betrieben werden konnten.

In jenen Wochen wurden auch Vorschläge für den Bau eines Fallschirmtrockenturms als Anbau am Westflügel erörtert, da die Nähe zur Ostsee mit sehr hoher Luftfeuchtigkeit ein Lüften und Trocknen der Schirme unbedingt erforderlich machte. In dem Trockenturm, der eine Höhe von 12 m hatte, konnten 60 Sprung- und Rettungsfallschirme an Seilen befestigt und hochgezogen werden.

Wie bereits erwähnt, waren Fallschirme aus Naturseide und Baumwollseidengemisch sehr anfällig für Stockflecke, die die Reißfestigkeit sehr beeinträchtigen und deshalb zum Springen nicht mehr eingesetzt werden durften. Schließlich forderte der Fallschirmhersteller Lagerungsbedingungen von 40 % bis 60 % relativer Luftfeuchte, die im Sommer nicht und schon gar nicht im Herbst und Winter eingehalten werden konnten. Deshalb wurden auch die Fallschirmlager der Einheiten unmittelbar am Trockenturm eingerichtet und mit einer zusätzlichen Heizung versehen, die auch separat außerhalb der Heizperiode parallel zur Küche betrieben werden konnte.

Vom 15. bis 31. Januar 1962 wurde ich zum Reparaturlehrgang für Fallschirme in die VEB Bekleidungswerke Seifhennersdorf (BEWES) kommandiert. Ziel dieses Lehrgangs war, Truppenreparaturen an Fallschirmen selbst vornehmen zu können. Für mich war das ein vollkommen neues Gebiet, mit der Nähmaschine, mit Doppelnadel und mit gewachstem Garn zu arbeiten. Aber auch hier musste ich mich beweisen. Wenn ich auf diesem Spezialgebiet der Fallschirmtechnik mitreden, ja mitbestimmen wollte, hatte ich auch in der Fallschirmreparatur firm zu sein. Bei dieser Ausbildung lernte ich von der Pike auf, mit der elektrischen Nähmaschine eine gerade Naht zu ziehen, Flicken aufzusetzen, Gurte nachzunähen, Fangleinen auszutauschen, Verpackungssäcke zu stopfen und eine Fangleinenkausche zu knüpfen.

In diesen 14 Tagen war es uns im Herstellerbetrieb vor allem möglich, Einsicht in den Produktionsablauf bei der Herstellung von Fallschirmen und auch Einblick in die Forschung und Entwicklung zu erhalten. Allerdings erhielt nicht jeder Zugang zur Produktionsabteilung *G* (geheim), und erst recht nicht zur Forschungs- und Entwicklungsabteilung für Fallschirme, da Fragen der Geheimhaltung auch hier ganz streng genommen wurden. Der erfolgreiche Abschluss dieser speziellen Ausbildung gestattete jedem Teilnehmer kleine Reparaturen der Kategorie III an Sprung- und Rettungsfallschirmen selbst auszuführen. Niedrigere Kategorien, z. B. der II, sahen den Austausch ganzer Bahnen an der Fallschirmkappe vor. Derartige Beschädigungen durften zu dieser Zeit nur im Werk behoben werden.

Jedenfalls hat dieser Lehrgang meinen Horizont im Umgang mit Fallschirmen als Luftfahrtgerät bedeutend geprägt und mir die Verantwortung klar gemacht, die ich in meiner doch noch recht jungen, neuen Tätigkeit trug.

Am 1. März 1962 war die Geburtsstunde des Fallschirmjägerbataillons 5. Beim Morgenappell verlas der Chef des Stabs des MB-V, Oberst Ölmann, den Befehl des Ministers für Nationale Verteidigung, Armeegeneral Heinz Hoffmann, und wir durften uns von diesem Tag an offiziell *Fallschirmjäger* nennen. Die Bezeichnung FÜNF (5) kennzeichnete die Direktunterstellung unter den Stab des MB-V.

Nur eine Woche später begann unser nächster Qualifizierungslehrgang in Bronkow bei Calau unter Leitung des Leiters des Fallschirmdienstes der Luftstreitkräfte, Hauptmann Schöll. Dieser Qualifizierungslehrgang vom 10. bis 30. März 1962 war für uns zur Erweiterung der Absetzberechtigung und zum Erlernen des freien Falls bestimmt.

Wir bezogen in einer nördlich des Sprungplatzes gelegenen kleinen Ortschaft mit dem Namen *Zwietow* im Saal und in zwei weiteren Räumen Quartier. Die Verpflegung erhielten wir vom Flugplatz Cottbus.

An diesen 20 Tagen absolvierten wir jeder 25 Fallschirmsprünge im Höhenbereich von 300 bis 1500 m, zwei Sprünge mit fünf Sekunden, vier mit zehn, zwei mit 15 und zwei mit

20 Sekunden freiem Fall. Allerdings hatten wir dabei nicht immer eine stabile Lage. Drehungen und Überschläge waren nicht selten.

Einer meiner ersten Fallschirmsprünge im „Freien Fall“

Natürlich gab es zwischen uns Anfängern, was die stabile Lage im freien Fall anbetraf, auch Unterschiede. Der eine kam besser zurecht als der andere.

Ich hatte eigentlich keine allzu großen Probleme, im freien Fall eine einigermaßen stabile Lage zu halten. (siehe Bild) Der Springer wirkt jedoch noch sehr verkrampft. Man sieht ganz deutlich, wie frei und locker der Rettungsfallschirm PS-41 a vor dem Bauch hängt. Er war nur mit einem Karabinerhaken an jeder Seite am Haupttragegurt befestigt und bewegte sich nach allen Seiten, was das Einhalten einer stabilen Lage außerdem erschwerte.

Später banden wir nach der Auswertung eines Vorfalls mit dem Einsatz des BE-3 den Verpackungssack mit einem Gurt fest am Körper und hatten danach weniger Probleme, eine stabile Lage während des freien Falls zu halten. Vorgeschrieben war, vor der manuellen Öffnung des Verpackungssacks in die Standlage zu gehen, indem man die Arme weit nach vorn streckt, damit sich der Körper durch die veränderte Anströmung aufrichtet, und man danach mit der rechten Hand am Griff den Verpackungssack öffnen kann.

Wegen des lockeren Rettungsfallschirms vor dem Bauch gab es jedoch Situationen, dass sich die anströmende Luft bei einer Fallgeschwindigkeit von 50 m/s (gleich 180 km/h) unter dem Boden des Verpackungssacks staute und diesen nach vorn schob: Der Salto kurz vor der Fallschirmöffnung war fertig. Derartige Situationen waren gefährlich, weil man ja die Fallzeit einhalten musste, und wenn man das nicht selbst tat, dann öffnete der Fallschirmsprungautomat den Verpackungssack.

Damals hatten wir dazu noch einen Hilfsschirm mit Leinen und Federgestell, der in solchen Situationen gern irgendwo hängen blieb. Da waren Öffnungsverzögerungen, Kappenverformungen oder Beine in den Fangleinen nicht ausgeschlossen. Aber wir steckten ja alle noch in den Kinderschuhen, und die Technik, die uns seinerzeit zur Verfügung stand, gab nicht mehr her. Allerdings möchte ich an dieser Stelle dem Fallschirm PD-47 ein Lob aussprechen, denn er funktionierte – auch bei schlechten Öffnungslagen – fast ausnahmslos und brachte die Springer sicher zur Erde. Nicht umsonst war dieser Fallschirm bis in die siebziger Jahre Ausbildungsfallschirm bei der Gesellschaft für Sport und Technik (GST).

Wir hatten eines Tages vom Gefechtsstand in Cottbus nur eine Höhenfreigabe von 300 m erhalten. Als Ausbilder stand uns ein alter Haudegen, Stabsfeldwebel Herbert Regell, zur Seite. Er war einst Fallschirmjäger bei der Wehrmacht und hatte bereits Fronterfahrung, obendrein schon viele hunderte Fallschirmsprünge hinter sich. Er gehörte zu den ersten Freiwilligen, die sich für den Aufbau bei den Luftstreitkräften beworben hatten, und war in Brandenburg Leiter des Fallschirmdienstes. Natürlich hatte er ein offenes Herz für die Fallschirmjäger der NVA und legte für uns fest, was in Abhängigkeit der Wetterlage und Höhenfreigabe gesprungen wurde.

Sprungfallschirm PD-47

Er hatte auch mich in sein Herz geschlossen und machte mir glaubhaft, dass ich als Chef der Truppe des Fallschirmdienstes des FJB-5 auch gegenüber meinen Fallschirmwarten springerisch einen Vorsprung haben muss. Das hatte er sich so gedacht: „Gerhard, als Chef musst du zeigen, dass du Mut hast! Wir haben gestern bei schlechtem Wetter einen Fallschirm (PD-47) unter meiner Anleitung als Anschauungspacken vorschriftsmäßig vor allen Augen gepackt. Mit diesem Fallschirm wirst du heute aus nur 300 Meter Höhe mit fünf Sekunden Verzögerung, d. h. im freien Fall, springen, aber ohne Automat. Du musst mir fest versprechen, dass du ziehst, denn sonst bist du ein toter Mann und ich gehe ins Gefängnis! Teile mir jetzt deine Entscheidung mit, ob du dazu bereit bist."

Als ich entgegnete, dass dies doch gegen die Vorschrift verstößt und, übrigens, was würde Hptm. Schöll, der Leiter sagen, antwortete er nur: „Lass das mal meine Sache sein, du musst nur ein Kerl sein und sagen: ‚Ich will!'" Und ich musste und wollte in seinen Augen ein ganzer Kerl sein, auch wenn es mir nicht einerlei war.

Heute bin ich fast davon überzeugt, dass Regell dieses Vorgehen mit Hptm. Schöll sicher abgesprochen hatte, denn auch er war ein alter Fallschirmjäger, der in seinen drei Büchern, vor allem im 2. Buch *Getreu bis in die Gefangenschaft* (2005 veröffentlicht), über sein bewegtes Leben als Fallschirmjäger geschrieben hatte.

Wir legten an, er kontrollierte mich und schärfte mir ein: „Fünf Sekunden, nicht eher, und dann ziehen!" Ich setzte die 2. Halbgruppe ab, sprang hinterher und zählte von 121 bis 125 und zog das manuelle Aufzugsseil zum Öffnen des Verpackungssacks heraus. Es tat sich nichts, und ich war nur noch 180 m über Grund. Der Verzögerungssack ging nicht von der Kappe und blieb drauf.

Ich warf das manuelle Kabel weg, das ich noch in der rechten Hand hielt, und zog sofort den Rettungsfallschirm. Es gab einen gewaltigen Ruck, und ich hing 50 bis 70 m über der Erde. Durch die Entfaltung des Rettungsfallschirmes knallte dieser mit der Basis an den Verzögerungssack, der daraufhin sofort von der großen Kappe herunterrutschte, und ich landete an beiden geöffneten Fallschirmen wohlbehalten unmittelbar am Waldrand, aber mit schlotternden Knien.

Ich meldete mich bei Hptm. Schöll vom Sprung zurück und wartete, was nun kommen sollte. Er sagte nur: „War in Ordnung, nur etwas zu spät die Reserve gezogen!" Das war's und Herbert Regell sagte mir: „Jetzt bist du in meinen Augen ein ganzer Kerl!" Leider ist er auch schon vor vielen Jahren gestorben.

Während dieses Lehrgangs lernte ich bei fünf Sprüngen den Luftlandeschirm D-1 der Sowjetarmee kennen und machte einen Sprung mit dem Sportfallschirm RL-1. Leider existiert vom Sportfallschirm RL-1 kein Bild mehr. Es war der erste Rundkappensportfallschirm, den Seifhennersdorf entwickelte. Er ist nur in ganz geringen Stückzahlen hergestellt worden. Seine Kappe war aus Naturseide gefertigt und hatte nur hinten einen Steuerschlitz. Vom alten D-1 habe ich leider auch keine Fotos mehr. Da aber die nachfolgenden Typen in ihrer Form und im Aussehen bis zur heutigen Serie D-6 im Wesentlichen gleich sind, sich nur der Gewebeeinsatz von Baumwollbatist auf synthetisches Gewebe mit der Bezeichnung Kapron und die Öffnungseinleitung über eine Stabilisierungseinrichtung geändert haben, können wir im nebenstehenden Bild den Fallschirm D-6 betrachten. Der Fallschirm mit der Bezeichnung D-1 hatte noch keine Stabilisierungseinrichtung und den gleichen Öffnungsmechanismus wie der PD-47.

Sprungfallschirm D-6 der Luftlandetruppen der Sowjetarmee

Allerdings ist seine Fallschirmkappe von der Form her rund, größer, über 80 qm, und war für eine maximale Nutzlast von 120 kg ausgelegt. Der Öffnungsvorgang dauerte etwas länger, auch bedingt durch die fast 9 m langen Fangleinen, der Entfaltungsstoß hingegen war weicher, und das Stabilitätsverhalten beim Sinken ist als langsam pendelnd zu bewerten. Man kann mit diesem Fallschirm so gut wie nicht steuern, sondern nur *slippen* oder *gleiten*. Er entwickelt keinen eigenen Vortrieb, sondern sinkt nur vertikal und bewegt sich horizontal, nur vom Winde getrieben. Deshalb kann man durch Herunterziehen von zwei bis drei Fangleinen der Fallschirmkappe die Tragfähigkeit nehmen, damit die Sinkgeschwindigkeit vergrößern und das Abtreiben durch den Wind, fachmännisch ausgedrückt die Abdrift, verkürzen. Jedoch erhöht sich dadurch die Sinkgeschwindigkeit. Deshalb war auch ab 150 m Höhe über Grund das *Slippen* verboten. Unterhalb von 150 m war es möglich, um Hindernissen vor der Landung auszuweichen, die Landerichtung durch *Gleiten* zu beeinflussen. Man zog dabei gleichzeitig die vorderen, die hinteren, die rechten oder die linken zwei Gurtpaare herunter, an denen die Fangleinen befestigt sind, und versetzte sich dadurch in die gezogene Richtung.

Wir hatten alle wieder dazugelernt und waren auf den bevorstehenden Sprunglehrgang im FJB, der im Juni begann, besser als zuvor gerüstet. Unsere Absetzberechtigung erhielten wir gleichfalls in der Absetzhöhe erweitert.

Dienst im FJB-5 von 1962 bis 1968

Der zweite Sprunglehrgang des Fallschirmjägerbataillons 5 1962 in Barth

Wir hatten uns 1962 sehr viel vorgenommen. Wie bereits genannt, waren die drei Fallschirmjägerkompanien und die Begleitbatterie fast personell aufgefüllt, ebenfalls die selbständigen Züge. Parallel zur Sprungausbildung, die meinem Sprungbuch nach am 1. Juni1962 begann und sich bis zum 5. August 1962 hinzog, wurden die Einheiten in *Krakow am See* im Tauchen an der IP-46, einer Tauchermaske für Panzerbesatzungen, ausgebildet. Allerdings hatte diese Ausbildung nichts mit *Panzerfahren* zu tun, sondern dieses Tauchgerät war für Panzerbesatzungen bei Wasserdurchfahrten als eine Art Rettungsmaske für Notfälle konzipiert und in der NVA auch so genutzt worden.

Mit diesen Tauchermasken praktizierten wir über Jahre mit allen tauglichen Fallschirmjägern eine Grundlagenausbildung. Vor der Sprung- und Taucherausbildung wurde in Prora eine umfangreiche Untersuchung aller Angehörigen des FJB durch eine von Königsbrück geleitete *FMK-Gruppe (Flug-Medizinische-Kommission)* der Luftstreitkräfte vorgenommen. Diese Kommission stellte die Sprungtauglichkeit und damit gleichzeitig die Tauchtauglichkeit für dieses kleine Tauchgerät fest, mit dem man maximal nur 10 m tief tauchen konnte. Leider sind zu dieser Untersuchung etwa 10 % des Personalbestands wegen des Gesundheitszustands nicht für diese Ausbildungen zugelassen worden. Diese armen Jungs mussten in den Lagern vorrangig die Wache und auch das *Kartoffel schälen* übernehmen. Kartoffeln erinnern mich an ein Gespräch, das unser Kommandeur, bereits Oberstleutnant Bernhagen, etwas zynisch mit mir führte, bevor er das Lager in Barth verließ: „Genosse Oberleutnant, ich habe Ihnen das Zeltlager und den Küchentrakt aufgebaut, Kohlen und Kartoffeln herangeschafft, na, und das bissel Fallschirmspringen mit der Truppe, werden Sie doch allein organisieren können? Ich fahre zum Tauchen, das ist gefährlicher als das Fallschirmspringen.“ So war er – unser erster Kommandeur!

Nach unserem Programm für die Sprungausbildung, das Major Willi Amberg (†) vom MfNV (Ministerium für Nationale Verteidigung), Verwaltung Ausbildung, gemeinsam mit Hptm. Schöll erarbeitet hatte, wurden je Dienstjahr 15 Fallschirmsprünge gefordert. Nach drei Dienstjahren gingen der Stabsgefreite und Unteroffizier mit rund 45 bis 60 Fallschirmsprüngen nach Hause. Dabei wurden etwa zwölf Fallschirmsprünge im Sprunglager und drei bei Übungen absolviert. Das war eine gewaltige Anzahl, die sich kaum bewältigen ließ.

In dieser Größenordnung war der Plan der Sprungübungen mit folgender Zielsetzung aufgebaut:

- im ersten Dienstjahr Sprünge am Tag mit der Bewaffnung der Fallschirmjäger von 600 m bis minimal 250 m Höhe;
- im zweiten Dienstjahr Gefechtssprünge mit der Ausrüstung bei Tag und Nacht, gleichfalls aus 250 m Höhe und im freien Fall bis fünf Sekunden;
- im dritten Dienstjahr Gefechtssprünge mit der Ausrüstung der FJ bei Tag und Nacht, dabei ein Sprung mit aufgesetzter Schutzmaske, ein Sprung mit Wasserlandung, ein Sprung in den Wald und ein Sprung mit fünf und zehn Sekunden freiem Fall.

Das war ein sehr anspruchsvolles Programm, das wegen fehlender Technik, wegen der vielen Luftraumeinschränkungen sowie auch wegen der Ausbildung unmittelbar an der Küste bei ungünstigem Wetter nicht vollständig erfüllt werden konnte.

Der Flugplatz Barth wurde von der *Interflug* vorrangig für den Inlandsflug genutzt. Bis Ende der sechziger Jahre flog die IL-14, danach die AN-24.

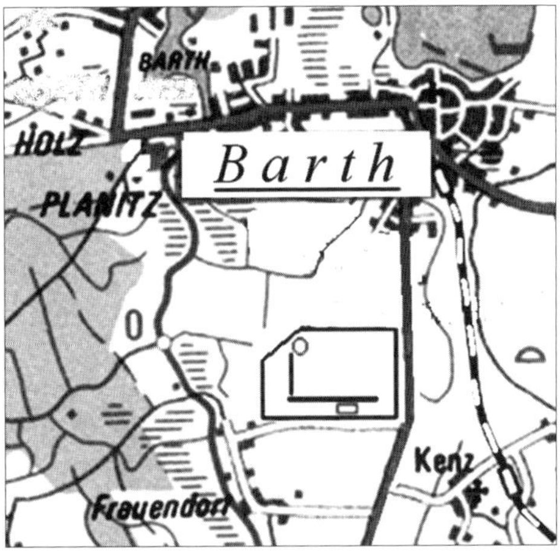

Skizze – Flugplatz der Interflug Barth

Täglich starteten und landeten drei bis fünf Maschinen. Die Start- und Landebahn (SLB) war 1300 m lang und sogar 80 m breit. Südlich der SLB lagen die Gebäude der Interflug, nördlich hatten wir unser Zeltlager (O) aufgebaut. Damit hatte der Sprungplatz immer noch eine hindernisfreie Fläche von 800 x 1000 m für die Landung der Fallschirmspringer. Zur Sprungausbildung standen uns zwei Flugzeuge AN-2 zur Verfügung. Die Flugleitung der Interflug übernahm die Leitung der Flüge sowie das Einholen der Freigaben vom Hauptgefechtsstand.

Das große Problem der Flugfreigaben bestand darin, dass wir ständig Höheneinschränkungen bis hin zu Flugsperren vom Flugplatz Ribnitz-Damgarten, einem Jagdfliegergeschwader der Sowjetarmee, erhielten. In der Regel wurden uns nur Zeiten von Sonnenaufgang bis 7:00 Uhr oder nach 18:00 Uhr bis Sonnenuntergang für das Fallschirmspringen aus einer größeren Höhe als 300 m erlaubt. Hier hatten wir uns ohne Einspruch unterzuordnen, denn der Luftraum gehörte dieser Nordgruppe, die für den Schutz des Ostseeraums der DDR zuständig war.

Das war eines der größten Probleme für das Fallschirmspringen insgesamt in der NVA, das wir bis 1990 eigentlich nie so richtig lösen konnten, denn das Fliegen hatte immer Priorität vor dem Springen.

Oft nutzten wir die Wochenenden, um unser Sprungprogramm, vor allem die höheren Sprünge, überhaupt erfüllen zu können.

Das Problem der Fallschirmausrüstung des Vorjahres erledigte sich dadurch, dass die Spezialaufklärungskompanien der MB-III und V im April 1962 wieder aufgelöst wurden und das FJB rund 140 Fallschirmausrüstungen übernahm. Allerdings wurde um den bereits ausgebildeten Personalbestand bis zum Herbst 1962 gerungen. Den wollte der Chef Aufklärung des MfNV unbedingt in seinem Verantwortungsbereich behalten.

Letztlich neigte sich die Waage im Oktober 1962 zu unseren Gunsten, und wir erhielten eine Reihe guter Soldaten, die bereits einige Fallschirmsprünge absolviert hatten und nahtlos als Ausbilder eingesetzt werden konnten. Ich nenne hier nur Hptm. Gottfried Neis, Ltn. Franz Houdeck, Ltn. David Mammel, die Unteroffiziere Walter Heilek, Horst Müller und Uwe Korth. Die zuletzt genannten beiden Unteroffiziere wurden im Bataillon als Fallschirmwarte eingesetzt, standen uns jedoch zum Sprunglehrgang von Juni bis August 1962 nicht zur Verfügung, und wir sieben mussten es als Ausbilder allein schaffen und gleichzeitig für Nachwuchs sorgen.

Das Wichtigste war, die Offiziere und Unteroffiziere weiter zum Erhalt der Packberech-

Oberleutnant Leutert bei der Bestimmung des Bodenwindes. Die Windgeschwindigkeit durfte mit dem Fallschirm PD-47 in den Windspitzen nicht größer als sechs Meter/Sekunde, für Erstspringer nur drei Meter/Sekunde sein. Als Sprungleiter war ich auch beweglich und hatte ein Krad zur Verfügung.

tigung auszubilden, damit die Einheiten ohne unsere Aufsicht schon die abgesprungenen Fallschirme unter Leitung und Verantwortung ihrer Vorgesetzten packen konnten.

Wenn ich an diese Zeit zurückdenke, muss ich heute noch den Hut vor den Fallschirmwarten Heinz Nofz, Rainer Grygas, Wolfgang Gutsch, Heinrich Kowalski, Max Reimann und Harald Glass ziehen, denn wir waren in der Früh die Ersten und spät abends die Letzten.

Das klingt für einen Nichteingeweihten recht simpel, sollte aber der erste Start mit Sonnenaufgang erfolgen, musste der Startaufbau mit dem Anlegen der Schirme und den Kontrollen der Fallschirmspringer bis Sonnenaufgang möglichst abgeschlossen sein. Also war Wecken der Einheiten bereits 3:00 Uhr morgens, und vor 22:00 Uhr fanden wir keine Ruhe. In der Mittagspause war es manchmal möglich, sich für eine Stunde aufs Ohr zu legen, damit man das Standvermögen nicht ganz verlor. Allerdings hatten wir bei Flugsperren und schlechter Witterung wiederum Zeit, einmal richtig auszuschlafen.

Wir hatten gegenüber den folgenden Jahren den Vorteil, dass alle Auszubildenden mit gleichem Ausbildungsstand begannen. Deshalb sprangen alle das Programm des 1. Dienstjahres. Alle waren unbeleckt, keiner hatte, außer uns sieben, bereits Fallschirmsprünge absolviert. Dadurch war unsere Autorität unter den Fallschirmjägern gefestigt, und unabhängig vom Dienstgrad hatte der Unteroffizier als Ausbilder das Sagen.

Ich möchte an dieser Stelle einfügen: Durch den Umstand, dass wir alle am *seidenen Faden* – dem Fallschirm – hingen, gab es kaum Disziplinprobleme bei der Ausbildung. Jeder war bemüht, alles im eigenen Interesse, auch zur Erhaltung seines Lebens, richtig zu machen. Benahm sich tatsächlich einer daneben und ignorierte Weisungen, wie striktes Alkoholverbot – das passierte hin und wieder bei alten Hasen –, der musste mit Sprungsperre rechnen.

Was wir der Truppe in der Ausbildung vermittelten, wurde auch so ausgeführt. Keiner packte den Fallschirm nach anderen Methoden oder machte einen anderen Abgang/Absprung aus dem Flugzeug, als wir ihn den Männern beibrachten. Das war bei den ersten Sprunglehrgängen ein großer Vorteil. Aber es gab auch Nachteile!

Viele junge Menschen verpflichteten sich, bei uns als Fallschirmjäger *freiwillig* zu dienen und sie wussten, dass dazu mit in erster Linie *das Fallschirmspringen* gehört. Ich erwähnte bei meinen ersten Sprüngen bereits das Problem, sich persönlich dazu überwinden zu können. Wo endet die kameradschaftliche Hilfe und wo fängt das rabiate Rausschmeißen an?

Wir mussten die Erfahrung machen, dass etwa 50 % der Sprunganfänger einen kameradschaftlichen Klaps benötigten, damit sie aus dem Flugzeug springen. 10 % hingegen brauchten mehr als diese gut gemeinte Hilfe und 3 % bis 5 % standen gar nicht auf und verweigerten den Sprung. Ganz wenige Jungs stiegen wieder ein, nachdem man mit ihnen gesprochen und ihnen Mut gemacht hatte. Sie überwanden sich und sprangen wieder.

Mit diesen Hemmungen mussten wir bis zum fünften bis siebten Sprung rechnen. Danach gab es keine Probleme mehr, denn dann war die Sprungkrise in der Regel überwunden.

1962 hatten die Fallschirme noch keine elastischen Verbindungsleinen, die den Verzögerungssack nach dem Abziehen, wie oben im Bild auf der Kappe liegend zu sehen, festhält und am Fallschirm verbleibt. Diese Erfindung war besonders für uns sehr zeit- und geldsparend, denn bis 1963 musste jeder Springer nach der Landung seinen Verzögerungssack, der am Hilfsschirm in etwa gleicher Sinkgeschwindigkeit zu Boden schwebte, suchen und auch finden. Am Ende des Sprungdiensts kam es oft vor, dass die Suche mit dem Flugzeug AN-2 erfolgen musste, wenn der Sack in hohem Getreide oder auf einem Baum landete.

Bei der Erprobung der Verbindungsleine musste ich das zweite Mal den Rettungsfallschirm ziehen. In diesem Fall hatte sich die Leine um den Scheitel der Kappe gelegt, und der Fallschirm konnte sich nicht öffnen. Beim Auswerten dieser Notöffnung wurde in den Verzögerungssack am Scheitel eine Tasche angebracht, in die man nach dem Überziehen des Sacks die Verbindungsleine einlegen konnte. Damit war diese Klemme behoben und trat nicht mehr in Erscheinung.

Der PD-47 vor der Landung. Auf diesem Bild kann man deutlich die Verstärkungsbänder und die große Wölbung am hinteren Teil der Kappe erkennen, welcher auch die 2 m/s Schub entwickelt. Durch die Kappe sieht man den Verzögerungssack, der von einer elastischen Verbindungsleine gehalten wird.

Die gefährlichsten Sprünge waren die aus 250 m Höhe über Grund. Hier konnte man jeden Springer genau verfolgen, und mir sprang sofort das Herz in die Hosentasche, wenn auch nur die geringste Verzögerung auftrat. Selbst wenn man mit einem Bein in den Fangleinen hängen blieb, hatte man schwere Not, manchmal mit dem Kopf nach unten hängend, sich aus dieser gefährlichen Situation zu befreien. Eine simple Rechnung soll das nochmals belegen. Der Springer wurde ausgebildet, die Notöffnung des Fallschirms nach drei Fallsekunden zu tätigen. Bei richtiger automatischer, mittels Aufzugsleine eingeleiteter Öffnung des Verpackungssacks, müsste der Springer nach dieser Zeit durch den Öffnungsvorgang bereits gebremst werden. Passiert das nicht, kommt erst jetzt, nach drei Sekunden, seine erste Handlung. Nach weiteren zwei Sekunden muss er den gezogenen Griff wegwerfen, umgreifen und den Rettungsfallschirm öffnen. In dieser Zeitspanne sind fünf Sekunden vergangen und er hat nur noch eine Höhe von 140 m über der Erde.

Der Rettungsfallschirm benötigt allerdings, da er fast in vertikaler Richtung zur Erde geöffnet wird, mindestens 60 m. Wenn also der Springer einen Zeitverzug von nur ein bis zwei Sekunden zulässt, kann die Höhe zum Öffnen schon nicht mehr reichen.

Der menschliche Körper braucht ohne Fallschirm für 240 m Fallhöhe acht Sekunden und hat mit der achten Sekunde eine tatsächliche Fallgeschwindigkeit von 47,5 m/s. Eigentlich habe ich dies schon bei meinen ersten Sprüngen aus 250 m Höhe beschrieben, aber wenn man das als verantwortlicher Ausbilder ja hundertfach miterlebt, dann kommt man schon ins Grübeln. Deshalb bin ich heute noch glücklich darüber, dass bei dieser so gefährlichen Ausbildung außer Verstauchungen und Beinbrüchen bei der Landung nicht mehr passiert ist.

Ich erinnere mich noch an eine ernste Begebenheit, als sich ein junger Soldat aus 250 m Höhe beim Abgang überschlug, den Hilfsfallschirm dabei festklemmte, sofort den Rettungsfallschirm öffnete und an diesem wohlbehalten landete. Ich hätte ihn umarmen können! Er stand so unter Schock, dass er gar nicht begreifen konnte, was eigentlich passiert war. Er suchte seine Uhr, die er bei diesem Sprung verloren hatte. Daraufhin habe ich ihn zur Auszeichnung mit einer Uhr vorgeschlagen, die er auch bekam.

Nach diesem Vorfall sah man den jungen Männern an, dass sie gleichfalls ganz schön nachdenklich wurden.

Es war sehr wichtig, derartige gute Reaktionen sofort vor dem springenden Personalbestand auszuwerten und bei jedem Sprungauftrag vor dem Einsteigen in die Maschinen auf die unbedingte, sofortige Öffnung des Rettungsfallschirms hinzuweisen.

Allerdings gab es nun wieder nach diesem Vorfall vereinzelte Springer, die mit dem Herz in der Hand das Flugzeug verließen. Da wurde gar nicht mehr gezählt, sondern sofort gezogen, und es gingen fast gleichzeitig beide Fallschirme auf. Darin bestand jedoch eine weitaus größere Gefahr, denn ein Ineinanderverdrehen beider Fallschirme soll es in ähnlichen Situationen auch schon gegeben haben. In diesem Fall geht keiner von beiden Fallschirmen richtig auf, und es gibt keine Rettung mehr.

Nun sei mir erlaubt, nach einer derart langen Zeit auch ein Wort über den hohen Stab, den MB-V, anzuführen. Wir waren diesem Stab unterstellt und er plante bei Notwendigkeit auch unseren Einsatz im Kriegsgeschehen. Der Leiter der Abteilung Gefechtsausbildung, ein Oberstleutnant, kam mit weiteren zwei Offizieren, um die Ausbildung zu kontrollieren. Leider hatten wir aber zwei Stunden Flugsperre.

Es kam nicht selten vor, dass der Generalsekretär der SED oder einer seiner Stellvertreter in einem Luftfahrzeug unterwegs war. In dem Fall war immer eine Stunde davor und danach über dem Gebiet der DDR *Gesamtflugsperre*.

Im Klartext heißt das, wenn eine Maschine in Marxwalde, dem Standort der Regierungsfliegerstaffel, nach Moskau startete, war im äußersten Norden, also in Barth, aber auch in Erfurt Flugsperre. Obwohl Marxwalde nur 50 km von der Ostgrenze entfernt lag. Das konnten wir einfach nicht verstehen, aber uns darüber äußern durften wir gleich gar nicht. Deshalb war für die kleine Kontrollgruppe Zeltdurchgang angesagt, und der Leiter der Abteilung Gefechtsausbildung führte mit mir eine Aussprache im Beisein der anwesenden Stellvertreter des Bataillonskommandeurs. Es wurde mit Hochachtung über die schweren Aufgaben geredet, die besonders der Fallschirmdienst zu erfüllen hatte, und sich darüber geäußert, wie man das entsprechend würdigen könnte.

Beim Steigflug nach dem Absetzen der Sprunggruppe

Ich machte auf die Probleme des Springens, vor allem aus 250 m Höhe aufmerksam und verwies darauf, man sollte sich das jetzt einmal persönlich ansehen. Mir war nicht klar, warum in der Ausbildung aus derart geringer Höhe gesprungen werden musste.

Mit dem Beginn der Ausbildung verließ die Kontrollgruppe den Platz mit der Begründung, nach Rostock oder Rügen zu müssen. In Wirklichkeit fuhren die Genossen 1,5 km in südlicher Richtung bis zur Abzweigung Dorf Kenz und sahen sich mit ihren Doppelgläsern das Springen aus der Entfernung an. Mit dem Scherenfernrohr und auch aus dem Flugzeug konnte man sie mehr als deutlich erkennen. Da kann ich als Begründung nur *Angst vor Verantwortung* ins Feld führen. Es hätte ja etwas passieren können, und die Kontrollgruppe wäre auf dem Platz gewesen. Wenn alle glücklich gelandet waren, machten wir gerne auch selbst noch einen Sprung.

An einem Nachmittag kam unser Kommandeur Oberstleutnant Bernhagen aus dem Taucherlager und informierte sich über den Stand der Dinge. Ich berichtete ihm unter anderem, dass wir morgen mit einer Kompanie den ersten 300-m-Sprung ausführen und zum schnelleren Öffnen der Fallschirme die Absetzgeschwindigkeit auf 180 km/h erhöhen würden. Bei 400 m Höhe und nur 150 km/h gab es hin und wieder doch geringe Öffnungsverzögerungen. Außerdem verlören wir dadurch weniger an Öffnungshöhe. Er nickte nur und sagte kein Wort.

Der Sportfallschirm RL-2 (Rücken-Leistungsfallschirm Serie 2) wurde nur in ganz geringen Stückzahlen gefertigt, und das Material war erstmals Dederon. Er hatte nur einen Steuerschlitz, ließ sich leicht steuern, jedoch entwickelte er nur 3 m/s Vorschub. Er hatte bei der Öffnung einen überaus harten Entfaltungsstoß, sowie ein Sinken von 5 m/s (Siehe Bild S. 60).

Ich informierte den Kommandeur, dass wir ihm jetzt gerne einen Verzögerungssprung aus 2000 m Höhe mit 30 Sekunden freiem Fall zeigen wollten und meldete mich bei ihm ab. Wir legten an und starteten. Das war eigentlich für uns keine große Besonderheit mehr, aber unser Kommandeur hatte das von uns noch nicht gesehen. Vor allem erinnerten wir uns an seine Begeisterung, als vor einem Jahr die Hauptleute der LSK, Schöll und Peukert, gesprungen waren.

Am Fallschirm RL-2, den ich als Leihgabe und Erprobungsmuster vom VEB BEWES erhalten habe.

Als wir seinen Kübel ansteuerten, um möglichst nahe bei ihm zu landen, fuhr er ins Lager, rief die Offiziere zusammen und ließ mir mitteilen, dass ich morgen beim Springen aus 300 m Höhe mit 180 km/h anzufliegen habe. Danach ließ er wegtreten und verschwand vom Flugplatz. Ich glaube, er wurde nie damit fertig, dass er nicht selbst imstande war zu springen und gönnte niemandem Erfolg und Anerkennung.

Im Juli 1962 erhielten wir die ersten Fallschirme PD-47, die nicht mehr aus dicken Fangleinen des Baumwoll-Seidengemischs hergestellt, sondern aus Dederon gefertigt waren. Diese Leine hatte gegenüber der dickeren eine um 60 kg höhere Reißfestigkeit, war dünner, ließ sich ohne Packhaken einschlaufen, und das Packvolumen verringerte sich. Sie wurde bereits beim Fallschirm RS-1 und auch in Sportfallschirmen mit Erfolg eingesetzt. Beim Steuern des PD-47 jedoch, das ja direkt an den Fangleinen vor sich ging, ließen sich diese Leinen wiederum schlechter handhaben. Diese Ausführung erhielt kurzzeitig die Bezeichnung PD-47 D.

Insgesamt gesehen, war das schon ein kleiner Fortschritt, auch für die Fallschirmjäger. Allerdings konnte trotz der höheren Reißfestigkeit der neuen Fangleinen die maximale Nutzlast für den Fallschirm nicht erhöht werden. Aus diesem Grunde durften Springer, die mehr als 90 kg auf die Waage brachten, nicht mit Ausrüstung springen. Jedoch verfügten wir zu dieser Zeit außer der Mpi Kalaschnikow mit Schulterstütze und der Schutzmaske über keine weitere Ausrüstung und auch über keine Möglichkeiten, beim Sprung mehr mitzuführen. Erst während eines weiteren Qualifizierungslehrgangs bei den Luftstreitkräften im August 1962 machte ich je einen Sprung mit dem lMG und mit einem Lastensack.

Wenn ich mich richtig erinnere, hatte im Schnitt jeder Fallschirmspringer bei diesem Lehrgang 1962 in Barth zehn bis zwölf Fallschirmsprünge von 600 m bis herab auf 250 m Absetzhöhe ausgeführt. Das waren insgesamt etwa 3500 Fallschirmsprünge. Jedoch haben sich dabei acht Fallschirmjäger einen Fuß gebrochen und sich andere Verstauchungen zugezogen. Unter den Springern mit Beinbrüchen waren leider der 1. Stellvertreter des Kommandeurs, Hptm. Grieshaber, und der Parteisekretär, Hptm. Schnürer, dabei.

Mit uns gemeinsam organisierte das ebenfalls neu gebildete Kampfschwimmerkommando (KSK-18) der Volksmarine auf dem Flugplatz Barth ihren ersten Sprunglehrgang. Diese Spezialeinheit hatte annähernd das gleiche Sprungprogramm wie die Fallschirmjäger. Der Vorteil dieser gemeinsamen Ausbildung war auch damit begründet, dass eine gegenseitige Unterstützung, vor allem beim Bereitstellen von Ausbildern und Fallschirmtechnik, möglich war. Wir kannten bereits von gemeinsamen Lehrgängen bei den Luftstreitkräften die beiden Offiziere des KSK-18 Ltn. zur See, Gerhard Aschekowski, und Ultn. zur See, Mahlfeld. Gleichzeitig begann hier mit dem gegenseitigen Kennenlernen beider Einheiten eine fruchtbare Zusammenarbeit, die bis zur Auflösung der NVA Bestand hatte. Besonders profitierten die Fallschirmjäger bei der Taucherausbildung von den Kampfschwimmern.

Unsere ersten Wassersprünge

Am 5. August 1962 beendeten wir in Barth den Sprunglehrgang mit Erfolg, am 12. August waren wir bereits wieder in Bronkow zum Wassersprunglehrgang. Natürlich waren die zwei Kampfschwimmeroffiziere ebenfalls dabei. Wir richteten uns wie beim Absetzerlehrgang im Gasthof ein und wurden von Stabsfeldwebel Herbert Regell auf das Wasserspringen vorbereitet.

Zum allgemeinen Verständnis möchte ich hinzufügen, dass Wassersprünge, genau definiert, eigentlich als *Fallschirmsprünge mit Wasserlandung* bezeichnet werden.

Für Kampfschwimmer sind Wassersprünge genauso wichtig wie für einen Seemann das Schiff. Für Fallschirmjäger oder Aufklärer hingegen stellen sie doch eine Ausnahme dar und sind in erster Linie zur Lebensrettung gedacht.

Da es im anzunehmenden Einsatzgebiet des mitteleuropäischen Raums sehr viel Seen und Flüsse gibt, ist eine Wasserlandung nie ausgeschlossen. Deshalb muss jeder Fallschirmspringer auf eine Wasserlandung vorbereitet sein, damit er in einem solchen Fall nicht ertrinkt. Besser als nur eine Vorbereitung ist eine wirkliche Wasserlandung.

Allerdings sind Wassersprünge mit einem erheblichen Aufwand an Technik und Zeit verbunden. Schließlich müssen Fallschirme (je Springer ein Sprung- und Rettungsfallschirm) anschließend wieder in der Luft getrocknet und die Metallteile vor- und nachbehandelt werden.

Wie bereits angedeutet kommt es darauf an, sich rechtzeitig mit ganz bestimmter Reihenfolge in der Luft so auszugurten, dass man sich mit dem Berühren der Wasseroberfläche nur noch aus dem Sitzgurt herausdrehen muss und vom Fallschirm frei in das Wasser eintaucht. Schafft man das nicht, und wir haben einen Bodenwind, der den Fallschirm mit Luft gefüllt hält, kann es passieren, dass der aufgeblähte Fallschirm den Fallschirmspringer über, aber auch unter die Wasseroberfläche ziehen kann.

Diese Handgriffe erlernt man bis zur Perfektion am Pendelgerüst unter Leitung eines erfahrenen Ausbilders.

Vor dem eigentlichen Sprung ist es nötig, sich mit dem Wasserlandeplatz vertraut zu machen, die ungefähren Wassertiefen, Gefahrenstellen und die Signale zu kennen sowie in das Bergen der Fallschirme nach der Wasserlandung eingewiesen zu sein.

Am 16. August 1962 war es dann soweit: Das Wetter war für Wassersprünge zwar nicht berauschend schön, aber wir bereiteten uns gründlich vor, legten auf dem Flugplatz die Schwimmweste an, eine aufblasbare vom Typ SACH-43P, wie sie auch die Piloten benutzten, und danach die Sprungausrüstung.

Wichtig ist das richtige Anpassen des Gurtzeugs, damit man dann, am Fallschirm hängend, auch in den Sitzgurt hinein kommt. Geschieht dies nicht, hat man ernste Probleme beim Ausgurten in der Luft.

Wir flogen etwa eine halbe Stunde über den Spreewald, den ich das erste Mal in meinem Leben zu sehen bekam, bis zum Schwielochsee, dem auserwählten Wasserlandeplatz. Wir wurden in 600 m Höhe abgesetzt und sprangen einzeln, d. h., bei jedem Anflug einer, im Höchstfall zwei, weil nur ein Rettungsboot zur Verfügung stand.

Jedenfalls gehört eine Menge Mut dazu, sich bereits ab 300 m Höhe auszugurten. Bevor man die Karabinerhaken der Beingurte öffnet, muss man den Sitzgurt richtig unter das Gesäß ziehen, damit man nicht herausrutscht. Das Öffnen des Brustriegels und das Herausziehen des rechten Arms aus dem Schultergurt verlangt unbedingtes Sichern gegen vorzeitiges Herausfallen. Erst mit Berühren der Wasseroberfläche darf man sich aus dem

Skizze – Wasserlandeplatz Schwielochsee

Gurtzeug herausdrehen, um frei in das Wasser eintauchen zu können. Der Fallschirm fällt bei Bodenwind kaum selbst zusammen, sondern bleibt in der Regel aufgebläht und zieht den Springer wie ein Segel über die Wasseroberfläche. Hier muss man gleichfalls versuchen, die unteren Leinen einzuziehen, um dem Wind die Angriffsfläche der Fallschirmkappe zu nehmen.

Der Fallschirm selbst hält sich einige Minuten über Wasser, ehe er vollgesaugt ist und untergeht. Deshalb hat der Fallschirmspringer ihn solange festzuhalten, bis das Bergungsboot da ist und die Fallschirmausrüstung geborgen wurde.

Bei meinem 3. Wassersprung erhielt ich von den Kampfschwimmern einen Taucheranzug geliehen und wurde als Absetzer eingeteilt. Das Wetter war unfreundlich. Die Wolken hatten gerade mal eine Höhe von 400 m, so dass wir beim Anflug teilweise in den Wolken waren. Der Bodenwind war böig und man sah auf dem See kleine Wasserkämme und weiße Gischt über das Wasser treiben.

Wir flogen in westliche Richtung über Speichrow – Mitte See – Zaue an, und nach dem Flirrenwurf kam über Funk, zehn Sekunden später absetzen. Als Berechnungsspringer war Seemann Gerhard Aschekowski bestimmt worden, der mit Schwimmflossen zu seinem Taucheranzug noch das Tauchgerät vor der Brust mitführte. Wir waren bereits weit hinter der Ortschaft Zaue, als ich ihm das Zeichen zum Sprung gab. Nach dem Einkurven vor der offenen Tür stehend, merkte ich schon, dass ich noch weiter hätte hinausfliegen und das Kommando zum Sprung später hätte geben müssen. Mein Seemann landete nicht im See, sondern in der Ortschaft Speichrow auf dem Flachdach eines Bauernhofs.

Die nachfolgenden Springer und auch ich landeten im Wasser. Der starke Bodenwind von teilweise mehr als 10 m/s forderte von jedem Fallschirmspringer sofortiges Einziehen der unteren Leinen, um die Fallschirmkappe zum Zusammenfallen zu bringen.

Teilweise wurden wir mit großer Geschwindigkeit über das Wasser gezogen, was richtig Freude machte. Den größten Spaß hatte ich aber nach der Landung. Seemann Gerhard Aschekowski hat als Dank, dass ich ihn auf das Dach gesetzt hatte, mich in meinem Taucheranzug so kräftig getaucht, dass ich bald ersoffen wäre.

Als wir alle wieder festen Boden unter den Füssen hatten, erzählte uns Gerhard Aschekowski sein Erlebnis *Wasserlandung auf dem Dach*. Als ihn die Bauersfrau auf dem Flachdach entdeckte, rief sie ihm freudig zu: „Da haben Sie aber Glück gehabt, um ein Haar wären Sie im See gelandet."

Als ich vom Wassersprunglehrgang zurückkam, munkelte man im Bataillon von einer baldigen Ablösung des Kommandeurs Oberstleutnant Bernhagen. Kurz darauf, am 13. September 1962, fungierte ich als OvD (Offizier vom Dienst) und erlaubte mir als *altgedienter* Oberleutnant einen fremden Hauptmann, der zum Kommandeur gebracht werden wollte, mit „Du" anzusprechen.

Er kam aus dem Rostocker MSR-28, und ich musste eine Stunde später mit offenem Mund erfahren, dass dieser Mann unser neuer Kommandeur wird: Hauptmann Hubert Pardella. Gleichzeitig wurde auch der Politstellvertreter abgelöst, und es kam dafür ein altgedienter, sich väterlich gebender Major namens Werner Engelmann (†).

Am Ende des Ausbildungsjahres verließ uns auch der 1. Stellvertreter Hauptmann Günter Grieshaber, der sich beim Springen den Fuß gebrochen hatte. Dafür kam der mir schon aus Anklam bekannte und in der Spezialaufklärung erfahrene Hauptmann Gottfried Neis. Seine Dienststellung im MB-V als Oberoffizier Spezialaufklärung, nahm Oberleutnant Gleau ein, der ehemalige KC der Spezialaufklärungskompanie 5.

Auch der noch sehr junge und begabte Oberleutnant Müller, Stellvertreter des Kommandeurs für Rückwärtige Dienste, verließ uns und ging auf die Militärakademie. Für ihn kam Major Zoschke. Für Hauptmann Böhm, Stellvertreter des Kommandeurs für Technische Ausrüstung, wurde Hauptmann Paul Beleijew zu uns versetzt.

Jedenfalls hat der Wechsel in der militärischen Führung neuen Schwung in die Truppe gebracht, und es ging danach auch spürbar vorwärts.

Unsere ersten Nachtsprünge im September 1962

Die Nacht ist der Verbündete des Fallschirmjägers. Das war zu meiner Zeit ein Ausspruch, dem man noch Glauben schenken konnte. Heute hingegen macht die Technik die Nacht zum Tag. Aber ich kann mir vorstellen, dass auch noch heute Luftlandungen mit Fallschirmen bei Nacht oder im Morgengrauen bevorzugt werden. Bei Tag und guter Sicht kann man Fallschirme am Himmel abhängig von der Absprunghöhe und vom Öffnen der Fallschirme kilometerweit verfolgen.

Deshalb war es unbedingt nötig, Fallschirmjäger so bald wie möglich im Nachtspringen auszubilden. Mit dem Formieren unserer Fallschirmtruppe war es demzufolge erforderlich, die Flugzeugbesatzungen im Absetzen von Fallschirmspringern bei Tag und auch bei Nacht auszubilden. Diese Aufgabe erhielt die Transportfliegerstaffel 24 (TS-24), die zu dieser Zeit noch in Dessau stationiert und mit dem Flugzeugtyp IL-14 ausgerüstet war. In diesem Zusammenhang bot sich an, beide Ausbildungen miteinander zu verbinden, denn zum Erlernen des Absetzens braucht man auch Fallschirmspringer. Jedoch konnte man dieses Risiko nur mit erfahrenen Fallschirmspringern eingehen, zu denen wir uns nun mit fast hundert Sprüngen zählen konnten.

Wir wurden mit einer IL-14 von Barth abgeholt, und die Ausbildung lief, auch wegen schlechter Wetterbedingungen, vom 15. bis 26. September 1962. Wir absolvierten zuerst zur Ausbildung der Piloten am Tag zwei Sprünge, danach die Nachtsprünge. Unsere Ausbildung leitete Stfw. Bruno Schulz (verstorben 2005), ein erfahrener Ausbilder, der schon mehrere Nachtsprünge hinter sich hatte und an der Offiziersschule der LSK auf dem Flugplatz in Kamenz Leiter des Fallschirmdienstes war. Die eigentliche Besonderheit gegenüber Tagsprüngen besteht darin, dass

- man in der Nacht schlecht sehen kann und deshalb die Fallschirmkappe nach dem Öffnen mit einer Taschenlampe auf Beschädigungen wie am Tag überprüfen muss;
- das Zusammentreiben in der Luft (Kollisionen) bei steuerbaren Fallschirmen eher möglich ist und
- dass man in Bodennähe im Landebereich keine Hindernisse erkennt und den genauen Zeitpunkt mit der Berührung der Erde nicht erahnt, sondern zu spüren bekommt.

Skizze – Feldflugplatz Lüsse bei Belzig

Eine weitere Besonderheit für uns war, nicht auf dem Platz zu springen, auf dem wir gestartet waren, sondern auf einem Feldflugplatz bei Lüsse in der Nähe von Belzig. Dieser Platz hatte eine Längsausdehnung von etwa 1000 m, aber nur eine Breite von 100 m. Die größte Gefahr ging von der 300 m westlich gelegenen Hochspannungsleitung aus, die von Lüsse nach Kuhlowitz führte.

Desweiteren wurde jedem Flugzeug IL-14 nur ein Fallschirmspringer zugeteilt, da die gesamte Staffel mit neun Maschinen zum Einsatz kam. Die Staffel startete im Abstand von fünf Minuten je Maschine und flog den Platz nicht direkt an, sondern erst nach einem Streckenflug von Dessau nach Nauen, wo sie die Kehrtwende vollzog. Der Sinn: Den Flugplatzbesatzungen sollten annähernde Einsatzbedingungen ermöglicht werden.

Es war auch für mich ein absolut ungewohntes Gefühl und Erlebnis, allein in einem großen Laderaum zu sitzen, durch das Bullauge den Flug zu verfolgen, die Ortschaften nur mit Lichtern, die Gewässer an hellen Flecken und die Waldstücke nur als dunkle Stellen zu erkennen.

Der Flug dauerte immerhin fast 45 Minuten. Als das Hupsignal ertönte und ich die Tür daraufhin öffnete, schlug mir die kalte Luft entgegen, und das Gedröhne der Triebwerke wurde ohrenbetäubend lauter. Ich überprüfte noch einmal den Sitz meiner Ausrüstung, meine Aufzugsleine, die am Seil eingehängt war, und traute mich auch meinen Kopf aus der Tür zu stecken, um zu schauen, was vor uns lag. Ich sah in meinem Blickwinkel nur dunkle Nacht und kleine beleuchtete Dörfer. Plötzlich ertönte das Signal zum Absprung und ich sprang kurz danach in die Nacht. Ich bin ehrlich, ein wenig Schiss hatte ich schon. Als ich allerdings spürte, dass sich über mir etwas tut, was mir als Gefühl der Fallschirmöffnung bekannt war, waren die Hosen nicht mehr voll. Jedoch änderte sich das schnell wieder, als ich meine Fallschirmkappe ableuchtete und plötzlich feststellte, dass ich mich bereits über dem schmalen beleuchteten Landestreifen befand. Ich hatte den Fallschirm bereits mit dem Schub gegen den Wind gestellt, aber es ging trotzdem noch ziemlich schnell rückwärts. Der Höhenwind blies sehr kräftig, und ich entfernte mich mehr und mehr vom Platz. In dieser doch beängstigenden Situation schießen einem fürchterliche Gedanken durch den Kopf. Schließlich befand sich in dieser Richtung, in die man abgetrieben wurde, die Hochspannungsleitung mit 500 Volt. Zuerst zog ich schnell meine Taschenlampe hoch, die an einer 10 m langen Leine unter mir baumelte, damit ich mit ihr nicht hängen blieb. Als nächstes drehte ich den Fallschirm um 180 Grad, um nicht weiter rückwärts, sondern vorwärts in Blickrichtung zu treiben. Allerdings erhöhte sich die Vorwärts- und damit auch die Landegeschwindigkeit. Jedenfalls konnte ich durch dieses Manöver die Lichter der Ortschaft Lüsse fast rechts von mir erkennen, was mir die Gewissheit gab, schon über die Leitung getrieben zu sein.

Ich drehte den Fallschirm daraufhin sofort gegen den Wind, und schon knallte ich unverhofft und völlig unvorbereitet auf die Erde. Ich blieb erst einmal liegen und bewegte langsam meine Beine und Fußgelenke.

Mir tat nichts weh und ich konnte langsam erkennen, dass mein Fallschirm in einem Baum hing. Ich stand auf und erkannte nun mein großes Glück: *Hätte ich den Fallschirm nicht gedreht, wäre das sicher mein erster Nacht- und zugleich auch Wassersprung geworden.*

Der Wasserlauf war bestimmt 5 m breit und rechts und links mit hohen Erlen oder Ebereschen bestückt.

Das war mein erster Nachtsprung. Derartige Situationen vergisst man nicht. Meinen anderen Kameraden erging es nicht viel besser. Unteroffizier Heinz Nofz, der fast 90 kg auf die Waage brachte, trieb in die Ortschaft und landete zwischen einem Holzzaun und einer aufgesetzten Kleinholzmiete. Diese musste weichen, weil Heinz Nofz nicht ganz dazwischen passte. Zu unser aller Glück passierte niemandem etwas, aber unter solchen Bedingungen wollten wir nicht mehr springen.

Als alle unten waren und sich gesammelt hatten, setzte im Landestreifen bei Nacht eine IL-14 auf und wir waren von der Präzision dieser Landung begeistert. Pilot war Major Oswald, dem ich später bei Erprobungen aus dem Flugzeug IL-28 wieder begegnete.

Bei den weiteren zwei Nachtsprüngen waren die Abweichungen nicht mehr so groß und wir landeten alle auf dem schmalen Handtuch oder doch zumindest am angrenzenden Feld. Dennoch verstauchte ich mir beim letzten Sprung beide Sprunggelenke, und musste kurzzeitig die Krücken benutzen.

Bei der letzten Landung wollte ich es ganz genau machen und auf dem Wiesenstreifen des Platzes landen. Allerdings war in etwa 30 m Höhe der Wind weg, wie das nachts oft der Fall ist, und es ging ab, wie mit dem Fahrstuhl. Da man aber im Dunkeln nie genau sieht, wohin man tritt, drückten meine Fußspitzen auf den Rasenrand und meine Hacken in eine Furche. Diese Überdehnung haben mir meine Sprunggelenke übel genommen und ich konnte am darauffolgenden Morgen meine beiden Beinen nicht mehr belasten.

Deshalb brauchte ich nach der Landung in Barth die Gangway, um mich treppab mit meinen Krücken stützen zu können. Natürlich sind die Lacher dann immer auf der anderen Seite.

Nach dieser Gewaltausbildung sind wir alle an Erfahrungen reicher gewesen. Wir haben am eigenen Leib erfahren, dass Fallschirmspringen bei Nacht im Vergleich zu Sprüngen am Tag eine Aufgabe ist, die wahrhaft ganze Männer erfordert. Um sie zu erfüllen, mussten wir versuchen, unseren Männern alles zu geben, was uns unsere Erfahrung gelehrt hatte.

1962 war für uns alle sehr kompliziert. Und bedenkt man die Anzahl der Kommandierungen zu Lehrgängen und Diensten außerhalb des Standorts, so war es auch für das Familienleben sehr schwierig.

Leider war ich in diesem Jahr nur Februar, April, Mai sowie Oktober bis Dezember im Standort auf der Insel Rügen, aber die schönsten Monate des Jahres unterwegs. Diese Zeit war für meine Frau und meine kleine Tochter nicht einfach.

Allerdings ging es meinen Kameraden und deren Familien ebenso, obwohl das für eine Frau, die 600 km von zu Hause getrennt und völlig auf sich allein gestellt war, kein besonderer Trost ist. Hinzu kam für meine Frau noch die Erschwernis einer Schwangerschaft, die letztlich das Getrenntsein noch unruhiger machte. Wir wünschten uns einen Sohn und ein bisschen mehr Zeit für uns.

Am 4. Februar 1963 war es dann so weit und unser Sohn Jens wurde wunschgemäß geboren. Meine Schwiegermutter wurde informiert und unterstützte uns in diesen Wochen.

Der Kurort Binz war im Sommer völlig überlaufen und im Winter wie mit Brettern vernagelt. Wenn wir am Wochenende bei rauem Wetter durch den Ort spazierten, bekamen wir kaum einen Menschen zu Gesicht. In dieser öden Winterzeit waren die Soldaten in den Gaststätten gern gesehene Gäste. Während der Sommerzeit hingegen kam es vor, dass sie teilweise sogar aus den Gaststätten verwiesen wurden.

Unser Sohn brachte neuen Schwung in die Familie, und unsere Tochter brauchte nicht mehr in den Kindergarten, da meine Frau in der Saison nicht wie vor der Geburt des Jungen arbeiten ging. Ich war stolz auf meine kleine Familie. In die Heimat gab es nur eine Kommunikation zu unseren weit entfernt wohnenden Verwandten im Sachsenland, und das war der Briefverkehr. Wie oft bin ich teils zu recht von meiner Mutter gemahnt wurden, auch einmal zu schreiben. Meine Großeltern hörten gar nichts von uns. Heute hingegen kann keiner meiner Enkel mehr ohne ein Handy leben. Allerdings ist das die beachtliche technische Entwicklung, die sich besonders seit der Wende auch bei uns vollzog.

Da ich gerade bei der Technik bin, möchte ich nicht vergessen zu erwähnen, dass ich nach der Geburt unseres Sohnes in der Kreisstadt in Bergen ein Auto, einen Trabant 601, bestellte.

Die ersten Fallschirmsprünge aus dem Hubschrauber Mi-4

Das Fallschirmspringen aus Hubschraubern hat der Fallschirmsprungausbildung ganz neue Möglichkeiten eröffnet. Der offensichtliche Vorteil bestand darin, keinen Flugplatz zum Starten und Landen zu benötigen, da der Hubschrauber auf allen Flächen in der Größe von mehr als nur 20 x 20 m starten und landen konnte, wenn das Umfeld einigermaßen hindernisfrei war. Allerdings wird man im militärischen Einsatz dann doch eher mit Hubschraubern anlanden oder die Truppe aus der Standschwebe aus 1 bis 2 m Höhe, natürlich ohne Fallschirm, abspringen lassen.

Als Fallschirmjäger muss man auch diese Einsatzvarianten beherrschen, und sie waren auch fester Bestandteil der Ausbildungsprogramme. In den 1980er-Jahren kam als Variante noch das Abseilen aus dem Hubschrauber auf Objekte hinzu.

Mein Ziel ist es aber, hier nicht alle möglichen Varianten des Absetzens aus Hubschrau-

Ausbildung an zwei Überschlagschaukeln

Ausbildung am Pendelgerüst, Erlernen des Steuerns des Fallschirms je nach Windrichtung

links: Ausgangsstellung zum Absprung Trapezschaukel; Mitte: Felgaufschwung; rechts: Landung nach erfolgter Übung; im Hintergrund Pendelgerüst

bern detailliert zu beschreiben, sondern die Fallschirmsprungvariante und deren Anfänge zu schildern. Unabhängig davon, welche Art des Absetzens vom Fallschirmjäger gefordert wird, zu jeder gehören Mut und Entschlossenheit, ein durchtrainierter Körper, Kraft, gefestigte Sprunggelenke und möglichst das Fehlen von Höhenangst.

Deshalb war eine meiner Aufgaben auch die physische und psychische Vorbereitung der Fallschirmjäger auf den Sprung. Hier gab es immer eine ganz klare Abgrenzung zwischen der Militärischen Körperertüchtigung (MKE) und der Fallschirmausbildung.

Zur Fallschirmausbildung gehörten zu dieser Zeit noch die Spezialsportgeräte wie Überschlagschaukel, Trapezschaukel, Röhnrad auf Ständer, Triplex, Batude und nicht zuletzt die Balancier- und Abfahrtsseilbahn. Alles zusammen nannten die Fallschirmjäger das etwas lakonisch *Zirkus Pardella.*

Ich erinnere mich noch daran, als die zur Entlassung stehenden dreijährig gedienten Fallschirmjäger diesen Namen an die Giebelseite des Trockenturms in Prora, dem Zugang zum Sprunggarten, mit großen Buchstaben geschrieben hatten. Aber an dem Begriff *Zirkus* war auch ein ganz schönes Quäntchen Wahrheit dabei. Schließlich gehörte schon akrobatisches Können dazu, auf der Batude Saltos zu springen, am Trapez Felgaufschwünge aus-

Balancier- und Abfahrtsseilbahn

Ausbildung an der Balancierstrecke

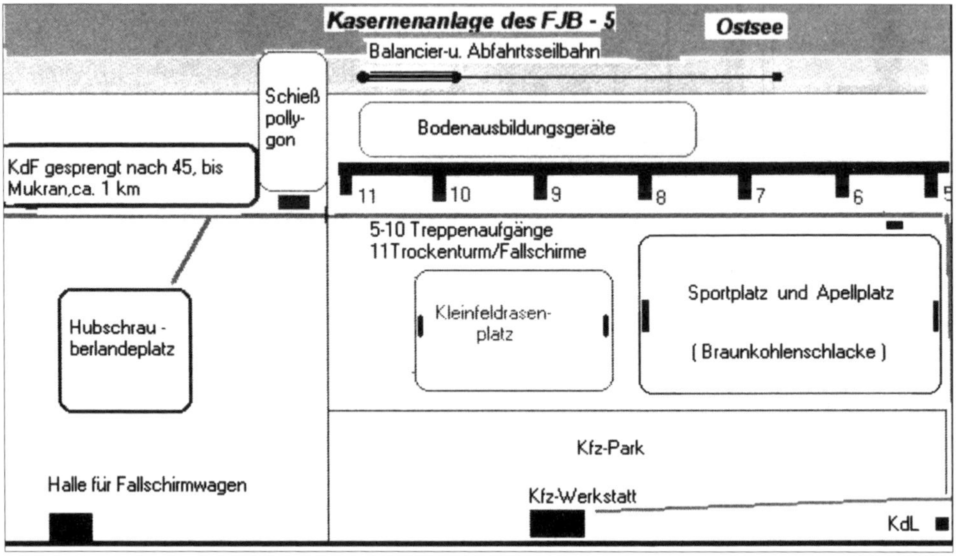

Skizze – Draufsicht auf die Kasernenanlage des FJB-5 im Jahre 1963

zuführen oder an der Strickleiter 12 m emporzusteigen und in dieser Höhe über ein 25 m langes Seil zu balancieren (allerdings mit Netz). Und schließlich die 87 m lange Seilabfahrt, bei der sich der Fallschirmjäger nur mit beiden Händen an einer Laufkatze festhielt und am Ende abzuspringen hatte. Dieses Gerät wurde von uns entworfen, von einem freischaffenden Ingenieur namens Wagner aus Leipzig in den Jahren 1963/64 konstruiert und in der Düne von Prora aufgebaut.

Zur Einweihung des Geräts kam Generalmajor Stechbarth als 1. Stellvertreter des Chefs des MB-V mit weiteren Offizieren, darunter Oberstleutnant Max Sens, der ehemalige 1. Stellvertreter des Kommandeurs des MSR-2. Ich durfte alle Trainingsgeräte des Bodenausbildungsplatzes vorführen. Hier konnten wir Fallschirmjäger zeigen, dass wir ganze Kerle sind und uns 12 m Höhe gar nichts ausmachten, denn nur durch ständiges Training kann man Höhenangst überwinden. Um ehrlich zu sein, zu dieser Zeit verspürte ich persönliche Genugtuung darüber, was wir in relativ kurzer Zeit doch so alles geschaffen hatten und damit auch selbst gewachsen waren.

1963 waren wir im FJB mit dem Bau der Landefläche für zwei Hubschrauber fertig. Da es so gut wie kein Baumaterial gab und auch die finanzielle Ausstattung auf sehr schwachen Füßen stand, wurde eine freie Fläche von etwa 50 x 100 m, die unmittelbar an das Objekt grenzte, nur mit Braunkohlenschlacke belegt und festgewalzt.

In dieser Art haben wir uns im Objekt auch einen Sportplatz geschaffen. Fast jede Nacht kamen zwei bis drei Waggons mit Schlacke auf dem Bahnhof an, die von der diensthabenden Einheit entladen und zum Bau auf die Plätze gefahren wurde. Wir mussten jedoch bei der ersten Landung eines Hubschraubers feststellen, dass sich Braunkohlenschlacke für einen Landeplatz überhaupt nicht eignet. Die rotierende Tragschraube verwandelte das Umfeld in eine schwarze Wolke, durch die keiner mehr schauen konnte, auch nicht die Piloten. Deshalb musste der Platz mit Wasser eingeweicht werden, ehe ein Hubschrauber darauf landen konnte.

Unsere ersten Fallschirmsprünge aus dem Hubschrauber Mi-4 absolvierten wir am

Hubschrauber Mi-4 beim Landeanflug. Hier ist zu erkennen, wie die Schlacke aufwirbelt und ein Befeuchten des Platzes wieder nötig wird.

26. April 1963 im Hubschraubergeschwader Briest bei Brandenburg. Hier war der uns bereits gut bekannte Stabsfeldwebel Herbert Regell als Leiter des Fallschirmdienstes tätig. Er hatte schon viele Fallschirmsprünge aus dem Hubschrauber Mi-4 hinter sich und besaß die größten Erfahrungen, obwohl die Hubschrauber noch nicht lange in der NVA eingeführt waren.

Der Flugplatz Brandenburg-Briest lag leider unterhalb des *zeitweiligen Luftverbindungsweges Nr. 2* (Berlin West – Hannover). Deshalb war für uns nur die Flughöhe von maximal 500 m erlaubt. In den Hubschrauber dieses Typs konnten maximal sieben Fallschirmspringer einsteigen und aus ihm abgesetzt werden.

Die Leistung eines Hubschraubers ist stark abhängig von den meteorologischen Bedingungen, vor allem von der Temperatur, und auch von thermischen Einflüssen. Insgesamt fasst man diese Messungen als Gasdruck zusammen. Man muss sich das so vorstellen: Bei hohen Außentemperaturen dehnen sich die Luftmoleküle aus und es verändert sich damit die Luftdichte und damit auch die Angriffsfläche für die Tragschraube. Bei hohen Temperaturen und Windstille soll es vorgekommen sein, dass der Hubschrauber beim Starten nicht abhob und die Besatzung anweisen musste, Material zu entladen.

Dazu genügte manchmal nur eine Aktentasche, die ausgeladen wurde, und schon hob der Hubschrauber ab. Wenn man allerdings einen Flugzeugstart machte, also den Hubschrauber erst am Boden anrollen ließ und danach in den Steigflug überging, dann schaffte er mehr Gewicht. In diesem Fall war aber wiederum die Landung problematisch. Beim Fallschirmspringen gab es da jedoch keine Probleme, weil der Hubschrauber danach nur mit der Besatzung und höchstens noch mit dem Absetzer zu landen brauchte.

Einen Flugzeugstart jedoch konnte man nur auf Plätzen vornehmen, die über eine ausreichende Festigkeit der Grasnarbe oder über eine Betonbahn verfügten. Die eigentliche Besonderheit gegenüber dem Flugzeug bestand auch darin, dass beim Hubschrauber Mi-4 das Türfutter herausgenommen und mit offener Luke gestartet werden musste. Folglich

Absprungtraining an der in Eigenbau gefertigten Flugzeug-Hubschrauber-Attrappe

Bewegung der Sprunggruppe zum Hubschrauber Mi-4

waren die Geräusche des Triebwerks viel lauter, und wir hatten eigentlich als Absetzer mit Gehörschutz abzusetzen, was allerdings wegen Verständigungsschwierigkeiten kaum gemacht wurde. Auch war der verbleibende Innenrahmen der Tür etwa 10 cm kleiner als bei der AN-2, und besonders große Männer hatten beim Aussteigen Probleme. Wenn ich aussteigen schreibe, dann hat das seine Berechtigung, denn man musste mit dem rechten Fuß auf das Trittbrett steigen, sich nach rechts drehen und nach hinten abspringen. Die maximale Absetzgeschwindigkeit aus dem Hubschrauber Mi-4 betrug aber nur 120 bis 130 km/h. Das Springen mit Ausrüstung war dennoch beschwerlich.

Der deutlich erkennbare Metallrahmen und der Metalltritt wurde jeweils für das Hubschrauberabsprungtraining an der Flugzeug-Hubschrauberattrappe angeschraubt oder der Tritt wurde hochgeklappt. Damit konnte die Attrappe sowohl für Sprungvorbereitungen für das Flugzeug AN-2 als auch für den Hubschrauber Mi-4 genutzt werden.

Die Hubschrauber Mi-4, danach Mi-8, wurden zu einem festen Bestandteil der Fallschirmsprung- und auch der spezialtaktischen Ausbildung. Die Hubschrauber kamen vor allem bei Nachtsprüngen zum Einsatz.

Eines aber werde ich nie vergessen: Das Absetzen aus dem Hubschrauber Mi-4 im *Küstengebiet.* Am frühen Morgen im Flugplatzgebiet Barth oder auf der Insel Rügen hatte ich die herrlichsten Eindrücke von der Schönheit der Natur, die mich manche Sorge und manchen Stress vergessen ließen. Es war stets ein beeindruckendes Bild, die Fallschirmspringer der Erde zu schweben zu sehen und rundum die Wälder, Seen und das Meer in das Gesichtsfeld zu bekommen. Das monotone Geräusch des Triebwerks beim Sinkflug, und ich saß vor der offenen Luke, ohne jedes Angstgefühl, herauszufallen: Das war ein Erlebnis, das ich nicht vergesse.

Absetzen zweier Gruppen aus der Standschwebe am Strand des Prorer Wieks Entfaltung und Übergang zum Angriff

Der dritte Sprunglehrgang des FJB-5 mit Nachtspringen in Barth

Beim dritten Sprunglehrgang des FJB in Barth, der vom 23. Mai bis zum 4. August 1963 dauerte, sprangen die Fallschirmjäger das erste Mal die im Plan der Sprungübungen vorgesehenen Nacht- und Verzögerungssprünge. Hier hatten die jungen Männer besonderen Mut, Körperbeherrschung und vor allem Disziplin zu beweisen.

Die Fallschirmsprünge mit fünf und danach gleich zehn Sekunden freiem Fall bei einigermaßen kontrollierter Lage durchzustehen, war schon eine Aufgabe, die teilweise bis an die psychische Grenze der sprungjungen Fallschirmjäger ging.

Wir versuchten bei der Ausbildung der Einheiten, die jetzt schon Dreijährigen auf die komplizierten Sprünge mit Verzögerung und auf die Nachtsprünge vorzubereiten. Dazu stand uns jedoch nur die eigene Erfahrung zur Verfügung, die wir bei den paar Lehrgängen gesammelt hatten.

Ich will hier nicht im Nachhinein den schlauen Onkel spielen und nach dem Wissensstand urteilen, den wir uns in mehr als 25 Jahren aneigneten, jedoch erlernt man Sprünge im freien Fall nicht nur allein durch praktisches Springen. Die Psyche des Menschen ist so unterschiedlich und kompliziert, weil viele ihrem Charakter nach am Boden alles können und locker beherrschen, aber sich beim Absprung verkrampfen und alles vergessen. Wir erlebten oft, dass Fallschirmspringer nicht fähig sind, während des freien Falls ihre Körperlage nach dem Sprung einigermaßen richtig zu beurteilen.

Die Ausbildung im freien Fall muss doch sehr individuell vorgenommen werden, und es ist erforderlich, ihn unmittelbar nach dem Sprung ganz detailliert auszuwerten. Allerdings fehlte uns paar Ausbildern dazu auch die Zeit, auf jeden Springer ganz speziell einzugehen, wenn bei einem Lehrgang mit mehr als 100 Mann gesprungen wurde.

Zum einen fehlte uns selbst noch die Erfahrung, zum anderen kam es doch oft vor, dass wir Ausbilder im freien Fall manchmal auch die Übersicht verloren und selber trudelten.

Es zeigte sich auch unter uns deutlich, dass wir für den freien Fall nicht die gleichen

Am 28. Februar 1963, anlässlich des 7. Jahrestags der NVA, erhielt der Kommandeur Hptm. Hubert Pardella aus der Hand des Chefs des MB-V, Generalmajor Bleck (†), die Truppenfahne des FJB-5 übergeben.

Veranlagungen hatten. Ich lernte bei den Luftstreitkräften Springer kennen, die mehr als 100 Sprünge im freien Fall hinter sich hatten und ihn noch immer nicht beherrschten.

Aus meiner langjährigen Praxis als Ausbilder möchte ich behaupten, dass es Menschen gibt, die eine einwandfreie stabile Lage im freien Fall mit abschließender Einnahme einer Standlage und Öffnung des Fallschirms mit Hand nicht erlernen können, weil ihnen dazu die psychischen Voraussetzungen fehlen. Ich möchte meine Behauptung damit belegen, dass es andererseits wiederum Menschen gibt, die bereits beim ersten Sprung das Gefühl für das freie Fallen haben, und sie liegen in der Luft wie ein Brett.

Ein großer Teil jedoch kann 100 und mehr Freifallsprünge machen, hat aber nur das Wichtigste gelernt: Die Fallzeit einzuhalten und trotz instabiler Lage vor dem Öffnen des Fallschirms die Beine anzuhocken und die Arme an den Körper zu nehmen.

Unsere Männer sollten allerdings nur eine kleine Einweisung in das besondere Gefühl des freien Falls erhalten, um mit dem Medium Luft etwas vertrauter zu werden. Wir bildeten deshalb die Fallschirmjäger nicht schon beim ersten Sprung in das Einnehmen der Freifalllage aus, sondern ließen sie mit der Hand am Griff springen, die Arme über dem Rettungsfallschirm gekreuzt und die Beine lang gespreizt. Das Wichtigste, was wir ihnen einbläuten, war das Einhalten der fünf Sekunden Fallzeit. Deshalb wurde beim Verlassen des Flugzeugs nicht wie bei Fallschirmsprüngen mit Sofortöffnung von 121 bis 123, sondern bis 125 gezählt und gefordert, am Griff kräftig zu ziehen. Mit diesem Zug wurde der Verpackungssack geöffnet, der Hilfsschirm sprang heraus und leitete die weitere Öffnung des Fallschirms ein.

Die Unterschiede gegenüber den bisherigen Sprüngen bestanden im Strecken der Beine nach dem Absprung, im Zählen bis fünf Sekunden und im Anhocken der Beine beim Öffnen des Fallschirms. Theoretisch ist das alles kein Problem und lässt sich leicht beschrei-

Vorbeimarsch mit Truppenfahne am Chef des MB-V. Im ersten Glied marschieren die Stellvertreter des Kommandeurs (von links): Stabschef Hptm. Jüling (†), Politstellv. Mj. Engelmann (†), Parteisekr. Mj. Schnürer (†) und der Stellv. Ausbildung Hptm. Neis.

ben, in der Praxis sah das aber schon etwas anders aus. Ein großer Teil begann nach dem Strecken der Beine sofort, nach einer Richtung zu drehen. In der Fachsprache nennt man das Flachtrudeln. Als Ergebnis drehte man bei der Fallschirmöffnung weiter, und selbst noch am geöffneten Fallschirm hörte das im Extremfall erst auf, wenn die Fangleinen schon mehrmals eingedreht waren.

Schließlich brauchte man dann für das Ausdrehen der Leinen am Schirm in die andere Richtung viel Zeit, die bei ungünstiger Schubrichtung des Fallschirms mitunter zu Kollisionen führen konnte. Kollisionen nennt man das Zusammentreiben von Fallschirmen in der Luft, das durchaus gefährlich werden kann, wenn man sich falsch verhält.

Trotz der psychischen Belastung gab es doch einige Springer, die Nerven zeigen wollten und beim Ziehen/Öffnen zu spät waren. In dem Fall ist ihnen jedoch der Fallschirmsprungautomat zuvorgekommen. Dieser Automat aus der UdSSR mit der Bezeichnung KAP-3 wurde auf fünf Sekunden eingestellt und wenn der Uhrmechanismus abgelaufen war, zog dieses Gerät absolut zuverlässig. Voraussetzung dafür war und ist natürlich die richtige Montage des Geräts am Fallschirm.

Als wir diesen Lehrgang vorbereiteten, bildeten wir alle Offiziere und Unteroffiziere in der Montage des KAP-3 aus und erteilten ihnen nach bestandener Prüfung die Montageberechtigung. Das war für uns eine große Erleichterung, weil uns die Gruppen- und Zugführer beim Packen der Fallschirme und der Montage der Automaten unterstützen konnten.

Das Springen mit fünf SekundenVerzögerung, auch freier Fall genannt, schaffte bis auf wenige Springer eigentlich die Mehrheit. Hier gab es auch kein Überziehen der Zeit, weil das der Automat mit seiner präzisen Genauigkeit gar nicht zuließ. Bei den folgenden zehn Sekunden sah das schon anders aus.

Da die *Zeiteinstellung* bei den Automaten nur bis fünf Sekunden möglich war, musste bei Sprüngen über diese Zeit hinaus, die *Öffnungshöhe* eingestellt werden. Die Sprünge wurden aus 1000 m Absprunghöhe vorgenommen und die Automaten KAP-3 auf 500 m Zughöhe eingestellt. In der Regel zogen jedoch die Automaten bei dieser Einstellung bereits in 600 bis 650 m, so dass bei einem nicht Einhalten der Zeit bis zu 13 Sekunden Fallzeit zustande kommen konnten. Diese Toleranzen in der Höhe waren zulässig und vom Hersteller in der UdSSR in den Begleitdokumenten auch für die periodischen Prüfungen genau festgelegt. Da die Öffnung des Automaten auf der Grundlage des barometrischen Drucks erfolgte, konnte eine höhere Genauigkeit auch gar nicht erreicht werden.

Die genaue Einstellung der Automaten in der Höhe und Zeit wurde abhängig von der Höhe des Sprungplatzes über NN und des herrschenden Luftdrucks einheitlich vom *Sprungleiter* befohlen. Hatten wir beispielsweise ein ausgedehntes Hochdruckgebiet, öffneten die Automaten bei eingestellter Höhe von 500 m schon in 750 m Höhe. Umgekehrt konnte es bei tiefem Luftdruck vorkommen, dass der Automat unter 500 m Höhe zog. Deshalb hatte der Sprungleiter die Einstellung im Sprungleiterjournal schriftlich nachzuweisen.

In Barth an der Ostsee lag der Flugplatz, auf dem wir sprangen, ganze 30 m über NN. Hier war es erforderlich, bei einem Luftdruck unter 750 Torr (der selten vorkommt) die Einstellung auf 750 m vorzunehmen und dann eher die Absetzhöhe auf 1100 m festzulegen.

Das Allerwichtigste war, das Öffnen des Automaten garantiert nicht tiefer als 500 m über Grund (dem Erdboden) abzusichern.

Warum legte man das so fest? Nach 13 Sekunden Fallzeit hat der Mensch eine etwa gleichbleibende Fallgeschwindigkeit von 50 m/s erreicht. Das sind immerhin 180 km/h, die man in Richtung Erde fällt. Da der Entfaltungsweg des Fallschirms nach der Öffnung des Verpackungssacks bis zur vollständigen Öffnung des Sprungfallschirms bis zu 150 m benötigt und im Falle einer Havarie ja danach der Rettungsfallschirm nach der Öffnung nochmals bis zu 80 m vertikale Höhe braucht, sind 500 m bei rasender Geschwindigkeit in Richtung Erde nicht viel. In Fallzeit ausgedrückt, ganze zehn Sekunden.

Die drei AN-2-Besatzungen mit den Genossen der techn. Sicherstellung unter Leitung des Kommandeurs Hptm. Schwebke (Fünfter von links, stehend)

Jedenfalls durfte man mit der Einstellung, der Montage und der gesamten Handhabung des Fallschirmsprungautomaten nicht oberflächlich umgehen. Bei den ersten Fallschirmsprüngen mit zehn Sekunden freiem Fall gab es nur ganz, ganz wenige Fallschirmjäger, die eine stabile Lage während des freien Falls zeigen konnten. Allerdings funktionierte der Fallschirm trotz Überschlägen oder starkem Flachtrudeln nach der Öffnung des Verpackungssacks immer zuverlässig. Doch wir alle mussten beim Springen der Begleitbatterie eine furchtbare Katastrophe erleben, die sich schmerzlich in mein Gedächtnis einbrannte: Wir alle wurden Zuschauer, wie sich ein Fallschirm nicht öffnete und ein Kamerad aus 1000 m Höhe ungebremst auf ein Getreidefeld in unmittelbarer Nähe des Flugplatzes aufschlug. Jeder schrie aus Leibeskräften: „Zieh, zieh, zieh!“ Allerdings konnte der in Luftnot fallende Springer das nicht hören. Die Öffnung des Rettungsfallschirms war zu spät gekommen und konnte nicht mehr in Aktion treten.

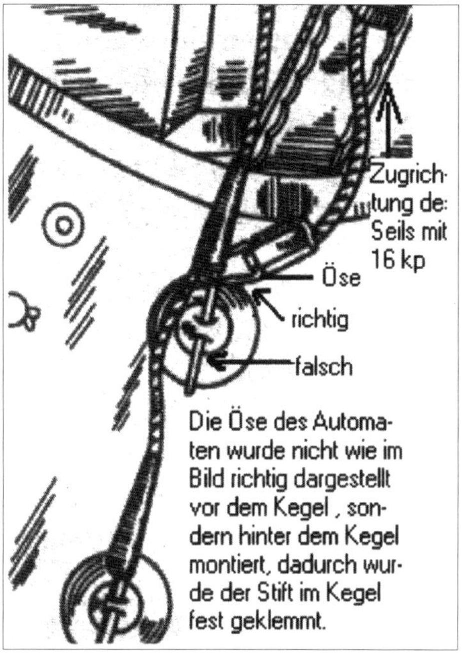

Seilbefestigung des Fallschirmsprungautomaten am Sprungfallschirm

Ich werde diesen Schock, der jedem von uns in Leib und Seele saß, nie vergessen. Es war schließlich ein Kamerad von uns, ein Unteroffizier, der zerschmettert am Boden lag, und den man nie mehr zum Leben erwecken konnte.

Als ich am Unfallort kurz darauf eintraf, konnte ich nur noch heulen, denn dieser schwere Unfall hätte verhindert werden können. Der Fallschirmsprungautomat war am manuellen Aufzugsseil falsch angeschlossen und konnte den Verpackungssack gar nicht öffnen, sondern verklemmte den Stift in der Bohrung des Kegels. Nach dem Ziehen des Automaten lag nun eine Zugkraft von 16 kg auf dem Stift, der nur mit mehr als der doppelter Zugkraft hätte herausgezogen werden können, um den Verpackungssack und damit den Fallschirm zu öffnen. Leider versuchte der Verunglückte zu lange, den Verpackungssack des Sprungfallschirms zu öffnen, statt sofort nach dem ersten Versuch zum Griff des Rettungsfallschirms zu greifen.

Einen Menschen bei der Ausbildung zu verlieren, ist eines der schrecklichsten Geschehnisse, die man als verantwortlicher Ausbilder durchleben muss. Immer sieht man das Bild vor sich und weiß, dieser Unfall hätte verhindert werden können. Wie konnte das passieren? Der Unteroffizier war ein guter Ausbilder und hatte gerade erst die Montageberechtigung für den Fallschirmsprungautomaten abgelegt. Er hatte den Anbau der Automaten am Fallschirm seiner Gruppe angeleitet und bei der Kontrolle keine Fehler festgestellt. Der zuletzt kontrollierende Fallschirmwart hat deshalb auch nur einen kurzen Blick auf die Ausrüstung des Unteroffiziers gelegt und dabei diesen nicht offensichtlich ins Auge fallenden Fehler bei der Montage übersehen.

So schnell und völlig überraschend, für alle verantwortlichen Ausbilder nicht mehr reparabel, kann man beim Fallschirmspringen einen Menschen verlieren und ihm nie wieder sein junges Leben zurückgeben.

Die Fallschirmwarte bereit zum Sprung von links: Die Uffz. Korth, Gutsch , Kowalski, Grygas und Nofz

Dieser erste Unfall mit Todesfolge im Fallschirmspringen rüttelte uns alle auf und veranlasste, ein doppeltes Kontrollsystem mit Vor- und Endkontrolle einzuführen.

Die Vorkontrolle nahmen von diesem Tag an die Einheitskommandeure als Sprunggruppenführer, die Endkontrolle ein Spezialist des Fallschirmdienstes vor. Wenn zwei Augenpaare sich jeden Springer, auch die guten Ausbilder, vor dem Einsteigen in das Flugzeug oder den Hubschrauber genau ansehen, kann ein Fehler doch eher erkannt werden.

Das erforderte, die Ausbildung der Vorgesetzten schneller voranzubringen, um möglichst alle Offiziere und auch die Unteroffiziere in die Verantwortung einbeziehen zu können. Mit dem Beginn des Verzögerungs- und Nachtspringens wurde die Belastung der Fallschirmwarte doch erheblich größer. Bei einer Schönwetterperiode waren wir von früh um 4:00 Uhr bis nachts um 24:00 Uhr auf den Beinen. Deshalb waren diese Schritte, möglichst alle Vorgesetzten heranzuziehen, unbedingt notwendig.

Bei Erreichen einer runden Sprungzahl gab's Klapse auf den Hintern: Hier der Kdr. bei Uffz. Kowalski.

Das 2. Dienstjahr hatte zwei Nachtsprünge zu absolvieren, einen Einweisungssprung bei Dämmerung aus 600 m Höhe und einen Nachtsprung mit Schutzmaske aus 500 m. Das dritte Dienstjahr drei Nachtsprünge, einen aus 500, einen mit Schutzmaske und den letzten mit Waffe und Schutzmaske aus jeweils 400 m.

Im Zentrum der Landefläche wurde ein Windrichtungspfeil mit einem Scheinwerfer angestrahlt. In den folgenden Jahren bauten wir uns eine transportable Beleuchtungsanlage, die aus zwölf Lampen bestand. Sie wurden als Windrichtungspfeil aufgestellt und zeigten dem Springer die Windrichtung am Boden und gleichzeitig das Zentrum der Landefläche. Außerdem brannten die Lampen der SLB (Start- und Landebahn), und zur Beleuchtung des Zeltlagers wurden die Zeltlampen auf das Zeltdach gelegt. So fingen wir mit dem Nachtspringen in Barth an.

Hptm. Pardella vor einem Sprung mit mir, seinem Absetzer und Offizier des Fallschirmdienstes

Es stellte sich mehr und mehr heraus, dass der Fallschirm PD-47 mit seinem ständigen Schub von 2 m/s und seinen schlechten Steuereigenschaften für das Absetzen von Gruppen bei Nacht ungeeignet war. Es kam häufig zu gefährlichen Kollisionen, die zum Glück glimpflich abliefen. Das Drehen der Fallschirmkappe dauerte einfach zu lange, und bei begrenzter Sicht war ein Zusammentreiben nie völlig auszuschließen. Geschah das, wenn zwei Springer in gleicher Höhe zusammentrieben, dann war die Gefahr nicht so groß. Befand sich aber einer 2 m oder höher und seine Fallschirmkappe schob sich über die tiefer hängende, dann war die Gefahr weitaus größer. In diesem Fall kam es vor, dass der sich höher befindende Fallschirmspringer mit den Beinen in die Fangleinen des anderen hineinfuhr und hängen blieb. Gleichzeitig verlor die höhere Kappe wegen fehlender Luft/Anströmung die Tragfähigkeit und der Springer der höher hing, rutschte mit den Beinen in die Leinen des unter ihm hängenden Springers. In Bodennähe gab es dann nur ein gegenseitiges Festhalten und gemeinsames Landen. War man allerdings noch höher als 200 m, dann war ein Befreien der Beine aus den Leinen des anderen und ein getrenntes Landen das Richtigere. Gelang das auch nicht, mussten sogar die Leine/Leinen, von der/denen man sich nicht befreien konnte, mit dem Messer gekappt, und danach sofort der Rettungsfallschirm zusätzlich zum Sprungfallschirm geöffnet werden.

Darum nennt man das Messer der Fallschirmspringer *Kappmesser!*

Kommandeur, Major Pardella, arbeitete sich schnell in seine neue Dienststellung ein und sprang bereits beim folgenden Sprunglehrgang selbst und ging dabei den Fallschirmjägern mit gutem Beispiel voran.

Als jahrelanger Ausbilder kann ich abschließend zum Problem des Nachtspringens nur sagen, dass diese Art des Fallschirmspringens, dazu mit Waffe, Schutzmaske, später noch zusätzlich mit Fallschirmjägertornister, immer ein Höhepunkt in der Ausbildung der Fallschirmjäger und Aufklärer war. Diese Sprünge erforderten besonderen Mut und vor allem Disziplin im Verhalten in der Luft.

1963 mit dem alten PD-47, fast ohne Erfahrungen, auf die wir uns hätten stützen können, war das für uns alle eine große Herausforderung, die wir vom Fallschirmjäger bis zum Kommandeur des Bataillons, im Nachhinein beurteilt, doch mit Bravour meisterten.

Die Teilnahme des FJB-5 an der Übung „Quartett“ im September 1963 und erstmals an der Parade am 1. Mai in Berlin

Die Übung *Quartett* fand im südlichen Raum der DDR unter anderem auf dem Truppenübungsplatz Nochten statt. *Quartett* symbolisierte die Teilnahme von vier Armeen des Warschauer Paktes.

An dieser Übung nahmen Einheiten der *Sowjetarmee,* der *polnischen Armee,* der *tschechisch-slowakischen Armee* und der *NVA der DDR* teil. Von unserem FJB war nur eine verstärkte FJK gefordert, die ohne Sprungeinsatz mit den polnischen Streitkräften infanteristische Aufgaben zu erfüllen hatte.

Ich setze mir nicht das Ziel, darüber zu berichten, zumal ich das Glück hatte, mit dem Kommandeur unseres FJB, Major Pardella, und mit weiteren Angehörigen unserer Einheit die *Luftlandung eines Luftlanderegiments (LLR) der Sowjetarmee* bei dieser Übung anzuschauen.

Diese Luftlandung erfolgte nördlich des Truppenübungsplatzes Nochten im Raum Weißkeißel – Kaupen – Skerbersdorf auf einem 5 km langen und etwa 1,5 km breiten freien Feld. Das LLR wurde in der Ukraine bei Kiew in Transportflugzeuge des Typs AN-12 verladen und aus 600 bis 1000 m Höhe mit einer Geschwindigkeit von 320 km/h abgesetzt. Als erste Kette sprangen aus 600 m Höhe und mit fünf Sekunden stabilisiertem Fall je Flugzeug 60 Fallschirmjäger ab, die die Aufgabe hatten, innerhalb kurzer Zeit den Landeraum einzunehmen und zu sichern. Unmittelbar nach dem Absprung öffnete sich ein kleiner Fallschirm von nur 0,9 qm, der als Stabilisator bezeichnet wurde. Der erfasste den Fallschirmspringer und verhinderte bei dieser hohen Luftturbulenz ein Überschlagen, und stabilisierte den weiteren Fall, bis nach fünf Fallsekunden der Fallschirmsprungautomat ein Schloss öffnete und sich der große Fallschirm vom Typ D-1/8 entfalten konnte.

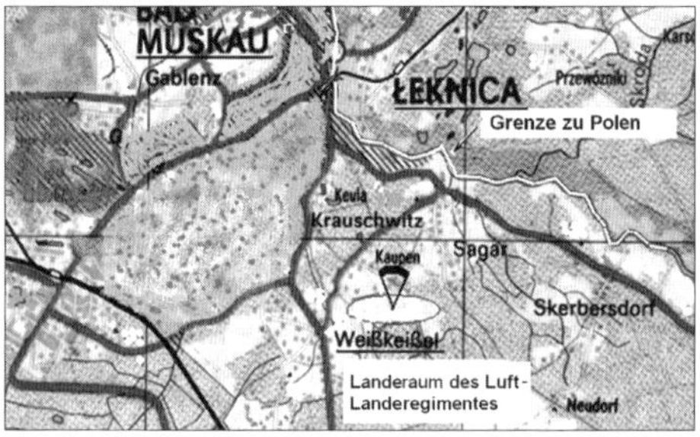

Skizze – Raum der Luftlandung bei Weißkeißel

Plakette der Übung „Quartett“

Bereits in der Luft führten die Fallschirmjäger mit den Mpi Kalaschnikow das Feuer. Nach der Landung sammelten sich die Einheiten, nahmen den Landeraum ein und sicherten das Absetzen der nachfolgenden Teile des LLR. Die Fallschirme blieben nach der Landung liegen. Nach etwa 15 Minuten kamen die Hauptkräfte des LLR.

Als erste Einheit wurde ein Bataillon mit Luftlandepanzern (LL.-Pz.) abgesetzt. In jedem Flugzeug befand sich ein Luftlandepanzer. Zuerst wurde aus der großen Luke des Flugzeugs ein kleiner Fallschirm

Hunderte Fallschirme des Typs D-1/8 der Luftlandetruppen der Sowjetarmee am Himmel. Ein gelandeter Luftlandepanzer ist noch mit der Abwurflafette fest verbunden.

geworfen, der an einem langen Seil mit dem Panzer verbunden war. Dieser relativ kleine Schirm zog so den Panzer aus dem Flugzeug. Danach öffnete sich ein Fallschirm in der Größe eines Personenfallschirms, der die Last etwa acht bis zehn Sekunden stabilisierte, erst dann öffneten sich automatisch drei große Fallschirme, die den Fall des Panzers auf eine Sinkgeschwindigkeit von etwa 10 m/s abbremsten.

Allein ein Fallschirm hatte die Größe von mehr als 200 Quadratmetern. So schwebten diese Lasten mit einer Masse von mehreren Tonnen an drei Fallschirmen der Erde entgegen. Um die Landegeschwindigkeit weiter zu verringern, zündeten in 10 m Höhe Bremsraketen, die die Last sanft auf die Erde aufsetzen ließen.

Die Panzerbesatzung und weitere Luftlande-Soldaten, in Russisch als *Desantnikis* (Aufsitzer) bezeichnet, verließen das Flugzeug nach dem Abwurf des Panzers. Nach dem Absetzen der LL-Pz. folgten weitere Maschinen, aus denen von Fließbändern mechanisch Abwurfbehälter mit Munition fielen. Nach diesen Lasten sprangen die LL-Soldaten.

Hier und da sahen wir Kollisionen von Fallschirmspringern, die jedoch alle ohne Folgen verliefen. Beim Abwurf eines Panzers öffnete sich nur ein großer Fallschirm. Dieses Gefechtsfahrzeug konnte nach der Landung nicht mehr fahrbereit gemacht werden. Innerhalb kurzer Zeit formierten sich die abgesetzten Kräfte und trugen einen Angriff in alle Richtungen zur Erweiterung des Absetzraums vor.

Es war für uns ein gigantischer Anblick, wie aus etwa 40 Flugzeugen AN-12 Menschen, Technik und Material in relativ kurzer Zeit zu Boden gingen und sofort bereit und in der Lage waren, anzugreifen. Unweigerlich kam uns dabei der Gedanke, was wir doch im Unterschied für Waisenknaben waren. Damit meine ich auf keinen Fall, dass unsere Fallschirmjäger nicht bereit und in der Lage gewesen wären, als Luftlandeeinheit so eingesetzt werden zu können. Dazu waren unsere Kämpfer durchaus imstande. Wir waren hervorragend ausgebildete Infanteristen und Fallschirmspringer, die auch aus der Luft ins Gefecht hätten gehen können. Aber dazu gehören Flugzeuge und auch Luftlandetechnik, über die wir nicht verfügten.

Eines jedoch stand fest: Luftlandungen in dem Sinne, wie wir sie bei dieser Übung erstmals sahen, war nicht unsere Aufgabe – und konnte es auch nicht sein. 1963 wusste man noch gar nicht so richtig, was man eigentlich mit uns erreichen wollte. Es fehlten für uns die genauen Einsatzgrundsätze. Es wurde viel gesprochen, aber nirgendwo war dazu etwas präzise formuliert.

Es brauchte halt Zeit, und niemand fühlte sich so richtig für uns verantwortlich.

Der Militärbezirk als Armeestab war mit seinen Divisionen und direkt unterstellten Truppenteilen und Einheiten derart beschäftigt und hatte für das FJB auch keinen Verantwortlichen, außer dem Chef des Stabs selbst, der uns hätte Hilfe und Unterstützung geben können und dürfen. Der Chef Aufklärung war für uns nicht zuständig. Keiner durfte aus Geheimhaltungsgründen unsere Truppe ohne ausdrücklichen Befehl des Chefs des MB-V und seiner Stellvertreter besuchen oder gar inspizieren. Wir schmorten im eigenen Saft und erarbeiteten uns, was den Einsatz von Gruppen im Hinterland des *Gegners* betraf, fast ausschließlich selbst anhand von Kriegsliteratur Ausbildungsunterlagen, nach denen dann in den einzelnen Dienstjahren ausgebildet wurde. Ich denke hier ganz besonders an das Buch von Harry Türk *Stunde der toten Augen*, in dem Spezialaufklärungsgruppen der Front und der Armee der Hitlerwehrmacht näher beschrieben werden. Natürlich existierte ein vom Ministerium erarbeitetes Ausbildungsprogramm, jedoch die Umsetzung, die Methodik und die materielle Sicherstellung lagen in der Hand des Bataillons.

Ich erinnere mich noch an die Monate, als ein älterer Oberst, ein Rheinländer, der Jahre im antifaschistischen Kampf tätig war und ab 1937 im Konzentrationslager in Buchenwald eingesperrt war, in unser Bataillon kam und die Offiziere in der Herstellung von Spreng- und Zündmitteln aus Zucker und vielen anderen Zutaten ausbildete.

Der Grad der Geheimhaltung hing für unsere Truppe sehr hoch, denn schließlich war derartige Ausbildung nicht für jedermanns Augen und Ohren bestimmt.

Ein LL-Panzer rollt von der Lafette und die Zwillingsflak hat Stellung bezogen.

Erste Teilnahme der Fallschirmjäger an der Ehrenparade in Berlin 1. Mai 1964

Am *1. Mai 1964,* dem Kampftag der Internationalen Arbeiterbewegung, nahm unsere Einheit erstmals an der Ehrenparade in Berlin teil. Dazu erhielt unsere Truppe Teile einer neuen Uniform. Es wurde dort zum ersten Mal das graue Barett getragen.

Als Offizier des Fallschirmdienstes hatte ich die Aufgabe, die teilnehmenden Kräfte mit Fallschirmen auszurüsten, die sie auf den Kleinkübelfahrzeugen P-3 angelegt trugen.

Um hier ein einheitliches und schmuck aussehendes Bild zu erhalten, wurden sogar die Aufzugsleinen der Fallschirme gewaschen.

Mit der Teilnahme an dieser Parade wurde der Öffentlichkeit erstmals das Vorhandensein von Fallschirmjägern in der NVA gezeigt.

Obwohl ich nicht daran teilnahm, war das für uns alle ein erhebendes Ereignis, denn danach konnten wir uns mit der besonderen Kennzeichnung der Uniform als Fallschirmjäger auch in der Öffentlichkeit zeigen.

Unsere erste Erprobung von Fallschirmen im Oktober 1963 in Barth

Fallschirmentwicklungen und Erprobungen waren in meinem langen *Fallschirmjägerleben* stets etwas Besonderes und auch eine persönliche Herausforderung, die mich eigentlich bis Ende der achtziger Jahre begleiteten. Wir verfügten mit dem Fallschirmwerk in Seifhennersdorf in der DDR über einen Betrieb, der bereits 25 Jahre Fallschirme entwickelte und produzierte.

Es war an der Zeit uns zu entscheiden, ob wir weiter den Weg der Lizenzproduktion der Fallschirme der Sowjetarmee gehen, wie z. B. die Volksrepubliken Polen, Bulgarien, Rumänien, oder in der Fallschirmentwicklung eigene Wege beschreiten sollten.

Fallschirme wurden bereits in den 1960er-Jahren recht teuer gehandelt, und man konnte bei einer Eigenproduktion, selbst im sozialistischen Handelsgebiet, viel Geld sparen. Bisher stellten die Bekleidungswerke Seifhennersdorf (BEWES), so wurde das Fallschirmwerk bis zur Wende bezeichnet, als Sprungfallschirm den PD-47, als Rettungsfallschirm den PS-41a und den daraus weiterentwickelten BE-3 her. Die Fallschirmkappe des Rettungsfallschirms entsprach dabei dem sowjetischen *PS-41a*, nur die Verpackung wurde verändert.

In den Jahren 1962/63 erlebte China die sogenannte Kulturrevolution, eine Art politische Wende. Der Export unter anderem von Naturseide für den Fallschirmbau in die Warschauer Vertragsstaaten wurde kurzfristig eingestellt. Zum Glück wurde bereits im Jahr 1960 mit dem Einsatz von Dederongewebe begonnen. Jedoch wissen wir, dass es hier beim Sprungfallschirm RS-1 Komplikationen in der Brandfestigkeit des Gewebes gab, an deren Beseitigung man aber in den zurückliegenden drei Jahren fleißig gearbeitet hatte.

Vom 21. bis 31. Oktober 1963 wurden in Barth drei wesentliche Veränderungen an Fallschirmen vorgestellt und von uns erprobt:

- Rettungsfallschirm *BE-3 D*. Die Fallschirmkappe bestand aus Dederongewebe und hatte keine durch die Fallschirmkappe gehende Fangleinen mehr.
- Sprungfallschirm *PD-47 o.K.*, (ohne Kiel). Bei diesem Schirm wurde der hintere große Kiel bis auf zwei Bahnen geschlossen, und er konnte keinen eigenen Vorschub mehr entwickeln, da nun an jeder Seite nur eine Fangleine fehlte.
- Sprungfallschirm *RS-1*, gleichfalls aus neuem Dederongewebe, das zur Erhöhung der Brandfestigkeit besonders vorbehandelt wurde. Nur der Verzögerungssack blieb aus Baumwollbatistgewebe.

Wir waren alle sehr aufgeregt, denn diese Art Sprünge war für uns absolutes Neuland. Die Sprungfallschirme kannten wir ja schon und glaubten, mit dem Schließen des großen Kiels würde es sicher keine Funktionsprobleme geben, zumindest nicht beim Öffnen des Fallschirms.

Problematischer erschien uns hingegen, den Rettungsfallschirm zuerst öffnen zu müssen und mit diesem auch möglichst heil zu landen. Hierbei schwirrte uns als Ausbilder immer der uns eingeprägte Satz, den wir ja stets weiter vermittelten, in Erinnerung: *Der Rettungsfallschirm hat auch dann seine Aufgabe erfüllt, wenn der Springer sich wegen der höheren Sinkgeschwindigkeit bei der Landung verletzt haben sollte.*

Jedenfalls hatten wir den Vorteil, uns die Rettungsfallschirme bei Puppenabwürfen vorher in der Luft genau ansehen zu können. Die Fallschirme wurden gepackt und an Metallkörpern, die wie Bomben aussahen und eine Masse von 100 kg auf die Waage brachten, mit Gurten fest montiert.

Die Gurte mit den Fangleinen daran wurden an ein für die Puppen konstruiertes Gurtzeug montiert, original wie beim Fallschirmspringer. Um auch eine Aussage über die Höhe des Entfaltungsstoßes (E-Stoß) machen zu können, wurde zwischen die genannte Verbindung Puppe/Fallschirm ein Entfaltungsstoßmesser angebracht. Die Messung erfolgte anhand der Veränderung von Messingzylindern, die je nach Stärke des Stoßes bei der Fallschirmöffnung deformiert wurden. Danach konnte man die Stärke des E-Stoßes in Kilopond (kp) durch Messungen der Deformierung tabellenmäßig annähernd genau ermitteln.

Bei einem Sprungfallschirm durfte der E-Stoß nicht größer als 500 bis 600 kp bei maximal zulässiger Absetzgeschwindigkeit und Last bzw. Belastung sein. Bei Rettungsfallschirmen hingegen kann der E-Stoß sogar bis 1000 kp betragen.

Also auch in dieser Hinsicht war Vorsicht geboten, denn wir sollten bei maximaler Absetzgeschwindigkeit von 250 km/h springen.

Die so vorbereitete Puppe mit Fallschirm wurde dann im Flugzeug von zwei Mann auf eine Metallrutsche gelegt, die Aufzugsleine im Flugzeug eingehängt, und das Absetzen erfolgte in der Regel nur in 100 bis 250 m Höhe an einem mittels Tüchern am Boden genau gekennzeichneten Punkt. An eben diesem Punkt wurde die Puppe durch vorheriges Anheben der Rutsche aus der Tür gestoßen. Bei dieser Methode konnte sich die Puppe nicht überschlagen und rutschte stabil in die Strömung. Die Absetzgeschwindigkeit wurde festgelegt und bewegte sich zwischen 100 km/h, 120 km/h, 150 km/h, 200 km/h und maximal 250 km/h. Schneller konnte das Flugzeug AN-2 nicht fliegen.

An diesem Abwurfpunkt wurde rechtwinklig zur Flugachse, in gleicher Entfernung wie die Absetzhöhe, eine Kamera aufgebaut, die den Abwurf präzise filmte. Außerdem wurden mit Stoppuhren sorgsam die Entfaltungszeit und die Gesamtzeit bis zur Landung gemessen. Nach allen Abwürfen und relativ kurzer Auswertung konnte man an jedem Erprobungsmuster die Entfaltungszeit, den E-Stoß, die Sinkgeschwindigkeit, das Stabilitätsverhalten sowie den Beschädigungsgrad einschätzen.

Verliefen die Abwürfe fehlerfrei, urteilte die *Erprobungskommission*, ob zu Erprobungssprüngen übergegangen werden kann. In der Erprobungskommission waren die Entwicklungsingenieure des Werks, der Leiter E-Stelle Rudi Nietzold und die Entwicklungsingenieure Günter Wagner und Franz Lackner, vertreten, von der Prüfstelle für Luftfahrtgerät (PfL) Bernhard Pröger. Als Vertreter des Bedarfsträgers durfte ich fungieren.

Da die Puppenabwürfe alle problemlos verliefen, wurde entschieden, zu Personensprüngen überzugehen. Zuvor absolvierten alle Erprobungsspringer – das waren außer mir die Fallschirmwarte Rainer Grygas, Wolfgang Gutsch und Heinrich Kowalski –, zur Gewöhnung je einen Sprung mit Sofortöffnung, einen mit fünf und einen zweiten mit 15 Sekunden freien Fall. Leider verlängerte Max Reimann seine dreijährige Dienstzeit nicht und stand kurz vor seiner Entlassung, Harri Glaß wollte sich nicht weiter diesem Stress aussetzen und übernahm die VS-Stelle des Bataillons. Und Heinz Nofz hatte sich leider verletzt und konnte nicht mit springen.

Der 2. Gewöhnungssprung mit fünf Sekunden *dauerte bei mir etwas länger.* Bei diesem Sprung habe ich etwas erleben müssen, das ich kaum vergessen werde: Es war mein 124. Sprung. Aus 700 m ging es im Abstand von drei Sekunden aus dem Flugzeug. Ich hatte als Sprungfallschirm einen PD-47 und als Rettungsfallschirm den BE-3 und sollte, wie bereits genannt, nach fünf Sekunden den Fallschirm öffnen. Ich war froh über meine stabile Lage, nach meinem kräftigen Zug am manuellen Aufzugsseil ging jedoch kein Schirm auf. Ich spürte, dass etwas flatterte, aber es tat sich nichts. In dieser Phase *in Luftnot* schlägt das Herz doppelt so schnell, und es gab für mich nur eine Möglichkeit: *Öffnen des Rettungsfallschirms.* Aber ich konnte den Griff einfach nicht mit den Stiften aus den Kegeln des Verpackungssacks ziehen und damit den Schirm öffnen, sondern zog die gesamte Verpackung um den Körper. Dabei passierte in mir etwas, das man nicht nachvollziehen und auch schlecht beschreiben kann.

Ich war bei vollem Bewusstsein, jedoch absolut handlungsunfähig. Ich wollte etwas tun, war aber wie gelähmt und konnte einfach nicht. Nach etwa drei weiteren Fallsekunden nahm ich meine gesamte Energie mit dem inneren Ruf „Du musst!“ zusammen und umklammerte mit dem linken Arm den Verpackungssack, um ein Wegrutschen in Zugrichtung zu verhindern. In diesem Moment gab es einen Knall und ich hing am Sprungfallschirm. Ich hatte nur noch eine Höhe von etwa 150 m.

Nach der Landung blieb ich sitzen und versuchte, den Sprung zu rekonstruieren. Mir war klar, dass ich dem Teufel von der Schippe gesprungen war und ich spürte mein Herz kräftig schlagen. Nun wusste ich, dass ich außerordentliches Glück gehabt hatte und mir kamen Gedanken der Resignation. Ich stellte mir die Frage: „Bin ich für diesen Job, wie man heute so spricht, noch geeignet?“

Links im Bild Stabschef Major Jüling (†) u. die Feldwebel Gutsch u. Grygas, rechts Hptm. Fiedler u. Ltn. Meistring

Ich stand auf und schon kam unser Truppenarzt Hptm. Herbert Fiedler, dem ich gerade in der Anfangsphase meiner nicht gerade leichten Laufbahn viel verdankte. Heute ist er leider schon tot. Er fragte: „Was war denn los, warum hast du nicht den BE gezogen?" Wir setzten uns alle zusammen und werteten den Sprung aus. Am Hilfsschirm mit Federgestell war eine Fangleine gerissen, die immerhin eine Reißfestigkeit von 50 kp hatte. Diese Leine war an der Montageplatte für den Kabelschlauch des Sprungautomaten hängen geblieben. Das war die Ursache, warum sich der Sprungfallschirm nicht sofort öffnete.

Wenn man vor dem Öffnen des Verpackungssacks nicht richtig in die Standlage geht, bleibt der Hilfsschirm im Windschatten liegen, und danach ist so ein Hängenbleiben unter der darauf genähten Platte durchaus möglich. Bei zunehmender Fallgeschwindigkeit und auch bei Veränderung der Lage und damit auch der Anströmung war der Verzögerungssack mit der darin befindlichen Kappe aus dem Verpackungssack herausgekommen, und der Druck auf die Leine nahm zu, bis sie riss. Inzwischen verging jedoch eine Fallzeit von mehr als zehn Sekunden *und es kam kein Rettungsfallschirm!*

Es war mir besonders vor den Fallschirmwarten peinlich, eingestehen zu müssen, im direkten Sinne versagt zu haben.

Die wichtigste Schlussfolgerung, die wir für die Erprobungssprünge daraus zogen, war die straffe Befestigung des Rettungsfallschirms vor der Brust, um so ein *Wegziehen der gesamten Verpackung* auszuschließen.

Wichtig war für mich, schnell den dritten Sprung mit 15 Sekunden freiem Fall hinterher zu ziehen, um diesen Vorfall möglichst bald in Vergessenheit zu bringen.

Am Abend tauschte ich mich lange mit Herbert Fiedler und Bernhard Pröger über diese Geschichte aus, und Herbert Fiedler kannte genau die Ursache meines *Versagens:* Es hängt mit der Schutzfunktion des Körpers, dem Adrenalin-Spiegel im Körper zusammen. Man kann Handlungsabläufe erlernen, die durch anhaltendes Training so in Fleisch und Blut übergehen, dass sie auch unter großen Stressbedingungen reflexgemäß ausgeführt werden.

Deshalb lernen wir als Fallschirmspringer immer und immer wieder, bei Versagen des Sprungfallschirms umzugreifen und den Rettungsfallschirm zu öffnen. Das geschieht allerdings in einer psychisch äußerst angespannten Lage, doch eintrainierte Handlungen macht der Körper auch unter diesen Bedingungen mit.

Kommt nun aber in dieser Stresssituation eine weitere Gefahr hinzu, die diese Handlung blockiert wie in meinem Fall des Nichtöffnens des Verpackungssacks des Rettungsfallschirms, schüttet der Körper blitzartig mehr Adrenalin aus und hemmt kurzzeitig jegliche weitere Handlungen. Man wird absolut handlungsunfähig.

In Sekundenschnelle, natürlich auch von der psychischen Konstellation jedes Einzelnen abhängig, baut der Körper diese Bremse wieder ab, und man wird wieder handlungsfähig.

Jedoch können gerade diese Sekunden beim Fallschirmspringen fehlen (siehe das Unglück unseres Kameraden Uffz. Peukert. Ihm fehlten ganze zwei Sekunden, um zu überleben!).

In den 31 Jahren, in denen ich für die Fallschirmausbildung in der NVA Verantwortung trug, stellten wir uns bei jedem Unfall die Frage: „Warum hat der schon so erfahrene Fallschirmspringer zu spät oder gar nicht den Rettungsfallschirm gezogen?“ In solch traurigen Situationen musste ich immer an diesen einen Sprung denken, bei dem mich mein Körper in einer für mich lebensentscheidenden Phase im Stich gelassen hatte, aber mir das Glück hold war.

Heute verfügt die Welt über Technik, die so weit entwickelt ist, dass es Automaten gibt, die über Sensoren verfügen, die bei einer Fallgeschwindigkeit von über 10 m/s beispielsweise im Höhenbereich von 300 m und tiefer den Rettungsfallschirm selbständig öffnen. Bewegt man sich in 300 m Höhe und tiefer mit einer Sinkgeschwindigkeit unter diesen 10 m/s, zieht der Automat nicht.

Diese Automaten sind an Rettungsfallschirmen für Sprungschüler Pflicht, dafür gibt es für Freifallspringer an Sprungfallschirmen keine Öffnungsautomaten mehr.

Da wir aber bei unseren Erprobungen leider nicht über eine so gute Technik verfügten, denn es war erst das Jahr 1963, war es schon ein Problem, eine vernünftige Möglichkeit zu finden, um uns auch als Erprobungsspringer bei der Erprobung der Rettungsfallschirme ausreichend zu sichern. Wir entschieden uns gemeinsam mit der Erprobungskommission, den PD-47 ohne Verzögerungssack, natürlich mit manueller Fallschirmöffnung, zu packen und mit einem Sprungautomaten KAP-3 zu versehen. Die Absprunghöhe sollte nicht über 800 m liegen, um am Boden den Öffnungsvorgang möglichst genau stoppen und visuell auch einschätzen zu können. Die geringste Einstellhöhe am KAP-3 ließ allerdings nur 500 m zu. Nun hatten wir auch noch einen recht hohen Luftdruck, so dass mit höherem Öffnen als 500 m sowieso gerechnet werden musste.

Unser erster Sprungauftrag lautete deshalb 800 m Absprunghöhe bei nur 100 km/h Absetzgeschwindigkeit, und Öffnen nach drei Sekunden, möglichst in der Rückenlage.

Bei Erprobungen ließ ich es mir nie nehmen, als Erster zu springen. Für jeden war ein Anflug vorgesehen, der erst nach der Landung des vorangegangenen Springers erfolgen durfte. Ich hängte den Karabinerhaken meiner Automatenleine im Flugzeug ein, zog den Verpackungssack des BE-3 D noch einmal richtig fest, sprang ab und legte mich auf den Rücken. Dazu braucht man nur in der Hüfte einzuknicken, und schon dreht sich der Körper mit dem Gesäß nach unten und die Lage stimmt. Ich öffnete den Verpackungssack, und schon gab es einen kräftigen Ruck, und ich hing am Fallschirm. Leider hatte die Fallschirmkappe durch die seitliche Anströmung sicher eine Drehung bekommen, und schon waren die Fangleinen etwa zweimal eingedreht. Dieser Vorgang ist nichts Neues für uns, denn so etwas passierte bei jedem anderen Sprung auch einmal. Aber man musste sich nun in die entgegengesetzte Richtung wieder ausdrehen. Dabei half der Fallschirm mit, jedoch brauchte es Zeit. Ich wollte ge-

Ein Fallschirmspringer am Sprung- (PD-47) und Rettungsfallschirm (BE-3D)

rade den Sicherungsstift in den Automaten stecken, um den weiteren Ablauf zu stoppen, es gelang mir jedoch nicht beim ersten Versuch, und schon öffnete sich der Verpackungssack des Sprungfallschirms PD-47. Der Hilfsschirm tat seine Pflicht, und ehe ich richtig denken konnte, hing ich an zwei Fallschirmen.

Das war mein erstes und einziges zusätzliches Öffnen des Sprungfallschirms zum Rettungsfallschirm. Andersherum kennen wir das alle, die wir im Fallschirmspringen ausgebildet wurden.

Auf jeden Fall war ich überrascht, wie schnell sich der PD-47 ohne Verzögerungssack neben dem BE öffnete. Nun wollte ich aber nicht an zwei Fallschirmen landen, denn ich hatte ja den Auftrag, den Rettungsfallschirm mit Dederonkappe zu erproben und einzuschätzen. Also entschloss ich mich, den Sprungfallschirm einzuziehen. Ich schnappte mir drei Fangleinen an einer Ecke der Kappe und hatte mit etwas Mühe sehr schnell die Kappe unter dem rechten Arm. Mit dem Wegziehen der großen Kappe schaukelte sich der Rettungsfallschirm doch etwas auf, und ich pendelte leicht. Außerdem wurde mir klar, dass meine Bewegungsrichtung infolge seitlichen Windes von links kurz vor der Landung ein Eindrehen an den Gurten um mindestens 90° nach rechts notwendig machte, um vorwärts landen zu können.

Ich kam der Erde schnell näher, ließ die zusammengeraffte Fallschirmkappe fallen, drehte mich schnell nach recht ein, und schon bumste es. Ich war gelandet, aber leider mit dem rechten Fuß auf der noch gerafften Kappe, und ich verspürte Schmerzen im Sprunggelenk. Bloß keine Verletzung, dachte ich, denn ich wollte auf keinen Fall aus der Erprobung ausscheiden.

Meine nachfolgenden Kameraden setzten 100 m höher ab und hatten alle rechtzeitig den Sprungautomaten mit einem Sicherungsstift blockieren können.

Die Feldwebel Rainer Grygas und Wolfgang Gutsch knallten bei der Landung ganz schön hart auf, denn schließlich brachten sie 75 bis 80 kg auf die Waage. Allerdings waren sie in der Blüte ihrer Jahre, sportlich durchtrainiert, und es holte sich keiner eine Verletzung. Unser Arzt stellte bei mir auch nur eine leichte Prellung fest, und ich konnte nach kurzem Vereisen des Gelenks weitermachen.

Wir waren mit dem Ergebnis zufrieden, denn es gab keine Kappenbeschädigungen. Und das Gesamtverhalten in der Luft, angefangen beim Entfaltungsstoß, dem Stabilitätsverhalten bis hin zur Landung war am Rettungsfallschirm nicht anders als bei der Fallschirmkappe aus Naturseide. Allerdings lag die Absetzgeschwindigkeit auch nur bei 100 km/h, und auch die Öffnung begann erst nach drei Sekunden. Jedoch wusste nun jeder von uns, dass die Landegeschwindigkeit und das Stabilitätsverhalten bei der Landung mit keinem Sprungfallschirm vergleichbar waren.

Es folgte der nächste Sprung mit 250 km/h Absetzgeschwindigkeit, und der BE sollte sofort nach dem Verlassen geöffnet werden. Also musste unser Flugzeug AN-2 schon fast im Gleitflug und mit Vollgas fliegen, denn das war für den Doppeldecker das Schnellste, was möglich war.

Die 250 km/h entsprechen immerhin einer Geschwindigkeit von fast 70 m/s. Hinzu kam der Luftschraubenstrahl, der außerdem für ungeheuren Wirbel an der Tür sorgte. Deshalb war es notwendig, sich beim Absprung mit beiden Händen vom Türrahmen zusätzlich abzustoßen, um aus der Tür heraus und vom Rumpf der Maschine als Paket weg zu kommen. Macht man das nicht, wird man sofort von der starken seitlichen Strömung erfasst und in eine Linksdrehung geschleudert. Wichtig war bei dieser Geschwindigkeit, die Beine anzuhocken, die Ellenbogen an den Körper zu pressen, nach dem Verlassen den Aufzugsgriff zu erfassen und den Rettungsfallschirm zu öffnen.

Bei der Öffnung und dem kurzen, aber heftigen Entfaltungsstoß zog es uns allen die Augen zu, denn dieser Stoß war hart und hinterließ auch blaue Flecke.

Die Fallschirmkappe des Rettungsfallschirms blieb nicht in der Streckphase, sondern entfaltete blitzschnell, und man hatte das Gefühl, nach oben gerissen zu werden. Bei der Öffnung schlug sie sogar bei dieser Geschwindigkeit nach innen, ehe sie sich wieder füllt und zum normalen Sinken überging.

Bei 250 km/h erfolgte die Öffnung fast in horizontaler Bewegung, und es dauerte schon einige Zeit, bis die darauf einsetzenden Pendelbewegungen aufhörten und sich der Fallschirm stabilisierte.

Ich glaube, dass bei den hohen Geschwindigkeiten an zwei Kappen Beschädigungen auftraten (bis zu 10 cm lange Berstrisse, die jedoch auf die Funktion und das Sinken keinen Einfluss hatten).

Jeder von uns erprobte zwei Rettungsfallschirme BE-3D und einen abgeänderten Sprungfallschirm PD-47 ohne großen Kiel bei je 100 km/h und 250 km/h Absetzgeschwindigkeit.

Die beiden Sprünge mit dem PD waren gegenüber denen der Rettungsfallschirme doch für uns angenehmer. Wir konnten feststellen, dass das Schließen des Kiels einerseits Vorteile, andererseits aber auch Nachteile mit sich brachte.

Der Vorteil, den wir vom Fallschirm erwarteten, war eingetreten: Er entwickelte beim Sinken gegenüber ruhender Luft keinen eigenen Vortrieb. Jedoch gefiel uns der Nachteil auch nicht, denn der Fallschirm büßte beim Sinkvorgang an Stabilität ein. Dank des ständig wirkenden Vorschubs von 2 m/s war seine Stabilität bis zur Landung, besonders wenn die Schubrichtung ab 100 m Höhe gegen den Wind gestellt wurde, weitaus besser.

Bei wenig Bodenwind erhielt man in Bodennähe noch einmal einen Pendelausschlag, der durch den Luftgegenstau entsteht. Jeder Fallschirm hat die Eigenschaft, die gestaute Luft vor sich herzuschieben, bis sie, von der Erde wieder reflektiert, nach oben geht. So entstehen kurz vor der Landung oft Stabilitätsprobleme, die vor allem beim Nachtspringen unangenehm werden können. Andererseits ist die Kollision von zwei oder auch mehreren Fallschirmspringern in der Luft, dazu noch bei Nacht, eine weitaus größere Gefahr. Hier mussten wir das er-

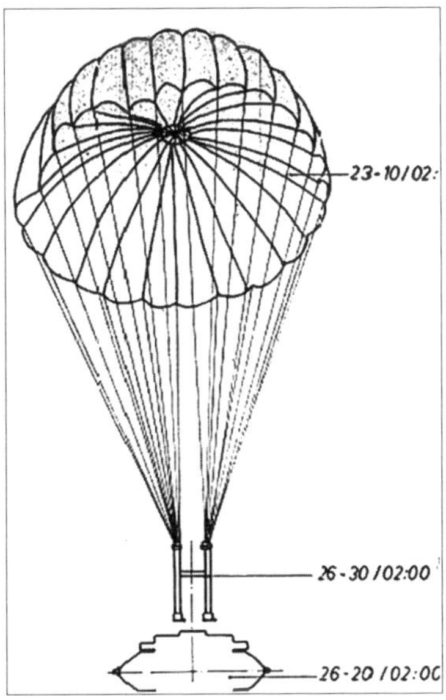

links: BE-3D zusätzlich zu einem SE-4 geöffnet; rechts das Zeichnungsblatt des BE-3 D

Anordnung der Kiele (Luftaustrittswölbungen) an der Kappe des Fallschirmes PD-47

ste Mal bei einer Entscheidung, die man von uns als Nutzer abverlangte, feststellen, dass man im Fallschirmbau zu Kompromissen gezwungen wird, die genau abgewogen sein wollen. Das Sprichwort: *Wenn Du das Eine willst, musst Du das Andere mögen,* hat mich durch die vielen Jahre begleitet. Fehlentscheidungen bei Fallschirmentwicklungen können katastrophale Auswirkungen haben. Deshalb haben wir mit Einvernehmen der militärischen Führung einen vertretbaren Kompromiss gefunden. Es wurde entschieden, die Fallschirme nicht aller Einheiten, sondern nur einer FJK zu verändern. Dazu wurde vom Werk eine Technologie erarbeitet, auf deren Grundlage die Änderung durch den Fallschirmdienst in der Truppe vorgenommen werden konnte.

Diese PD-47 o.K. wurden vorrangig bei Übungen und bei Nachtsprüngen eingesetzt. Eine große Umschulung der Fallschirmjäger war nicht notwendig. Jedoch waren damit allesamt nicht zufrieden. Es musste etwas Neues her. Aber wie soll der *Neue* aussehen, und wie soll er funktionieren?

Das Prinzip der quadratischen Kappe, wie das Erprobungsmuster des RS-1 aussah, hatte auch keine Zukunft. Es wurde mit diesem zwar versucht, die Belastung auf wenigstens 120 kp zu erhöhen, aber die anderen Eigenschaften, wie z.B. das komplizierte Steuern, waren dem Sprungfallschirm PD-47 gleich.

Jeder führte mit dem RS-1 je einen Erprobungssprung aus. Die leichten Springer, wie Heinrich Kowalski und ich mit nur 150 km/h Absetzgeschwindigkeit, und die schweren Jungs Rainer Grygas und Wolfgang Gutsch mit 250 km.

Bei diesen Funktionsmustern war maßgeblich das Gesamtverhalten mit dem neuen Dederongewebe zu beurteilen. Außerdem war es wichtig dessen Brand- und Reißfestigkeit zu testen. Deshalb ist den schweren Jungs die erhöhte Absetzgeschwindigkeit als Auftrag erteilt worden. Jedenfalls verliefen auch diese Sprünge ohne Komplikationen. Jedoch konnte man mit zwei Sprüngen keine umfangreiche Einschätzung über die Zukunft dieses Fallschirms abgeben. Dazu waren weitaus mehr Einsätze nötig. Ich erinnere an die ersten Einsätze des RS-1 im Jahre 1961 bei unserem 1. Sprunglehrgang. Hier traten die Beschädigungen an der Fallschirmkappe erst ab dem siebten bis zehnten Einsatz auf. Diese Fallschirme gingen zur weiteren Erprobung an den Fallschirmdienst der Luftstreitkräfte.

So verlief unsere erste Erprobung von Fallschirmen. Wir hatten als wichtigstes Ergebnis erreicht, dass der für alle Fallschirmspringer in der DDR erforderliche Rettungsfallschirm wegen des Seidenembargos aus China nun aus Kunstfasergewebe aus eigener Produktion mit der Bezeichnung *DEDERON* hergestellt werden konnte. Irgendwie waren wir alle stolz darauf, denn Rettungsfallschirme zu erproben, war wirklich kein Pappenstiel. Als Lohn der Angst erhielten wir für jeden Erprobungssprung 300 Mark. Das war eine Menge Geld, und wir sahen es gleichfalls auch als Belohnung für die verantwortungsvolle Arbeit beim Schaffen der Grundlagen für das Fallschirmspringen in unserem Fallschirmjägerbataillon.

Der Sprunglehrgang 1964 wurde im Monat Juni konzentriert mit dem ganzen Bataillon wiederum auf dem Flugplatz Barth angesetzt, und zwar vom 1. bis 30. Juni 1964.

Das Hauptlager richteten wir in Barth ein, und von dort aus zogen die einzelnen Kompanien jeweils für eine Woche in ein Außenlager der Rostocker Heide, nördlich von Markgrafenheide gelegen. Hier kampierte jeweils die Kompanie in selbstgebauten Zelten ihrer eigenen Zeltbahnen und wurde unter Leitung des Stellvertreters des Kommandeurs für Ausbildung Major Neis, in der Spezialtaktik und im Schießen ausgebildet. Den größten Kampf hatten die Fallschirmjäger in jenen Wochen gegen die Mückenplage zu führen.

Diese Konzentration der Ausbildung hatte zum Ziel, in gedrängter Form schneller die Forderungen des Programms zu erfüllen und der wochenlangen Zerrissenheit des Bataillons zu begegnen. Allerdings musste auch das Wetter mitspielen.

Petrus jedoch spielte nicht mit und wir sind in den Zelten bei Barth teilweise unter Wasser gesetzt worden. Von Markgrafenheide ganz zu schweigen.

Obwohl wir drei Maschinen AN-2 und einen Hubschrauber MI-4 am Platz zur Verfügung hatten, wurde von den zwölf geforderten Fallschirmsprüngen je Fallschirmjäger nur etwa die Hälfte erfüllt. Wenn wir dann aber einmal Wetter hatten, musste sich der *Quirl* (die Luftschraube) drehen, um möglichst viele Sprünge, zumal bei der begrenzten Luftfreiheit, absolvieren zu können.

Wir hatten einen wunderschönen Morgen. Die Sonne war gerade aufgegangen, allerdings trieb der Wind schon kräftig mit 6 m/s aus nördlicher Richtung, und wir mussten für das Starten und Landen die Nord-Süd-Bahn nutzen, weil die AN-2 für Seitenwind sehr anfällig war und nur maximal bis 5 m/s mit 90° Wind von der Seite starten und landen durfte.

Mit zwei Maschinen und einer Absetzhöhe von nur 400 m wurden für einen Start weniger als fünf Minuten benötigt. Der Flugleiter, ein Oberleutnant der Luftstreitkräfte, stand mit seiner Funkstation R809 direkt an der Nord-Süd-Bahn und erteilte die Start- und Landegenehmigungen.

Nun wurde schon so abgesetzt, dass die Springer möglichst *nicht* auf der Rasenstart- und Landebahn, auf der die Flugzeuge nun landeten, herunterkamen, um wertvolle Zeit für das Räumen der Bahn zu sparen.

Nun passierte aber dies: Der Flugleiter erteilte die Landeerlaubnis, obwohl noch ein Springer genau über ihm in etwa 100 m Höhe hing. Die Maschine kam zur Landung und der Pilot konnte den Springer wegen des direkten Fluges in die aufgehende Sonne nicht erkennen. Der Anblick war grauenvoll. Man konnte nur schreien und hoffen, dass es nicht zur Kollision kommt. Aber leider kam es dazu. Der Springer landete, fiel auf den Boden, der Fallschirm stand noch in der Luft, wurde von der Luftschraube erfasst, und es gab einen dumpfen Schlag. Den verursachte der Körper des Springers, als er an die untere Wanne des Rumpfes schlug und von der Maschine mitgezogen wurde.

Der Pilot hatte nach viel zu spätem Erkennen der Gefahr mit der Landung sofort den Magneten für die Zündung abgestellt, und die Luftschraube wurde vom Fallschirm sehr schnell zum Stehen gebracht.

Der Arzt und ich sowie weitere Helfer waren sofort am Unglücksort und schnitten den Bewusstlosen aus dem Gurtzeug. Mit Mund-zu-Mund-Beatmung konnte ihn der Arzt, Hptm. Fiedler, wieder ins Leben zurückholen und in das Krankenhaus nach Rostock transportieren.

Eine AN-2 mit laufendem Triebwerk. Wenn man bedenkt, dass der Springer zwischen dem Fahrwerk überrollt wurde, ohne von den Blättern der Luftschraube und den Querstreben des Fahrwerkes getroffen zu werden, grenzt der glimpfliche Ausgang schon an ein Wunder.

Das war großes Glück im Unglück. Der Unteroffizier hatte nur eine schwere Gehirnerschütterung, da der Sprunghelm den Hauptschlag abgefangen hatte, aber doch Prellungen am ganzen Körper. Ohne Sprunghelm, nur mit der Lederkopfhaube, mit der wir bis 1963 gesprungen sind, wäre er kaum am Leben geblieben. Nach der Genesung setzte der Unteroffizier seinen Dienst weiter fort. Allerdings konnte er den Motorenlärm eines Flugzeugs nicht mehr hören und bekam sofort Kopfschmerzen. Die schnelle Einführung des Sprunghelms haben wir Kommandeur Major Pardella zu verdanken. Bei einem seiner ersten Sprünge 1963 ist er bei starkem Bodenwind rückwärts auf den Hinterkopf geschlagen und zog sich dabei eine Platzwunde zu. Danach wurde als Forderung sofort der Sprunghelm, ähnlich dem Motorradschutzhelm aus Plaste, als Beschaffungsauftrag gegeben, und ab 1964 war das Springen mit Helm Gesetz.

Der Kommandeur der Verbindungsfliegerstaffel-14 (VS-14), Major Schmidt, und der Kommandeur des FJB-5, Major Pardella, hatten ein gutes Verhältnis zueinander aufgebaut, das sich selbstverständlich auch positiv auf unsere Truppe auswirkte. Es wurden z. B. gemeinsame Ausbildungen geplant und organisiert, die sowohl im Interesse der Fallschirmjäger als auch der Fliegerstaffel lagen.

Die 2. FJK hatte Gefechtsschießen auf dem TÜP Lübtheen vor sich. Dazu stellte die VS-14 neun Flugzeuge AN-2, und der Transport zum Schießplatz wurde mit einem Gefechtssprung verbunden. Natürlich konnte das nicht auf Zuruf geschehen, sondern musste in der Monatsplanung über das Kommando der LSK/LV angefordert und bestätigt werden. Ohne diese Bestätigung durfte sich kein Flugzeug, schon gar nicht eine ganze Fliegerstaffel, in die Luft erheben und obendrein noch in den grenznahen Raum fliegen.

Wir starteten pünktlich gegen 15:00 Uhr von Barth aus, und jede Maschine hatte eine Gruppe, d. h. acht Fallschirmspringer mit Waffe und Schutzmaske, geladen. Da die Start- und Landebahn 80 m breit war, wurde im Kettenverband gestartet, und die Zusammenführung der drei Ketten zum Staffelverband erlebten wir nach dem Start in der Luft. So flogen neun Maschinen in Richtung Westen. Die Meteorologen gaben bereits das Annähern einer Schlechtwetterfront gegen 16:00 bis 17:00 Uhr im Absetzraum bei Lübtheen als Wettervorhersage, jedoch wollten wir bis dahin das Absetzen vollzogen haben und vor dieser Front in Barth wieder gelandet sein.

Allerdings ist zwischen Wollen und Sein ein gewaltiger Unterschied, denn die Schlechtwetterfront kam schneller als erwartet. Nun muss man heute bedenken, dass sich der Absetzplatz und Schießplatz unweit der Elbe, also der *gefürchteten* Westgrenze zur BRD, und auch, was oft bei der Einschätzung der heutiger Politiker unter den Tisch gekehrt wird, zur NATO befand.

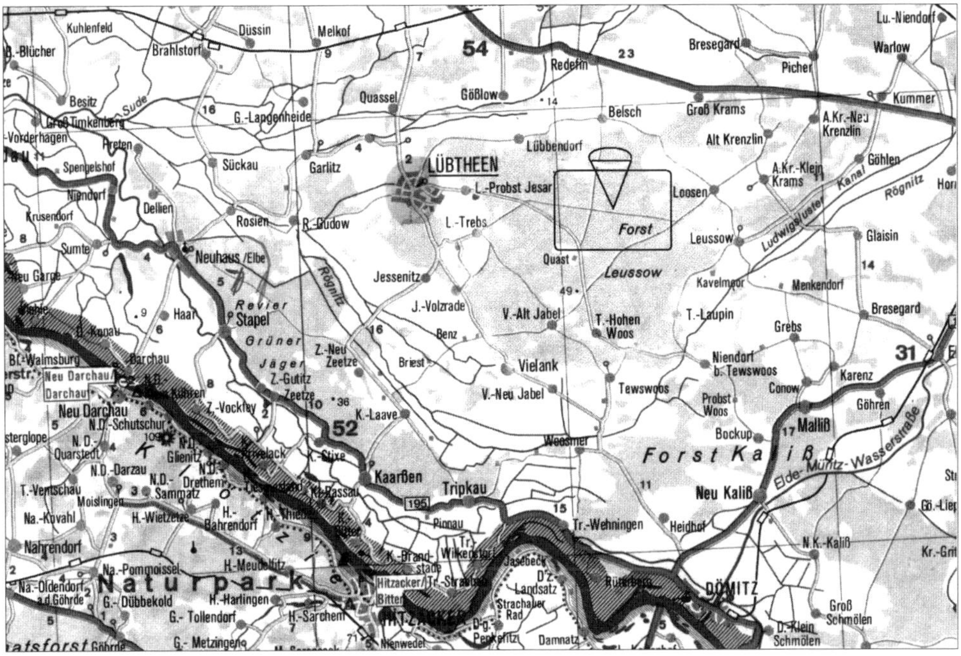

Kartenausschnitt vom Truppenübungsplatz Lübtheen. Die grenze zur BRD ist nur ca. 10 Kilometer entfernt.

Absprung einer Fallschirmjägerkompanie aus neun Flugzeugen AN-2 aus 300 Metern Absetzhöhe im Staffelverband

Am behangenen Himmel sieht man nicht nur Fallschirme, sondern ganz deutlich auch die nahende Wolkenfront.

Neun Flugzeuge im Verband bewegten sich in Richtung der Westgrenze (Elbe) in nur 100 m Flughöhe. Wir spürten vor Erreichen des Absetzplatzes schon eine Verschlechterung der Sicht und erreichten gerade so die 300 m Höhe, wobei die Maschinen teilweise schon in die Wolken eintauchten. Ich befand mich in der Führungsmaschine, gab rechtzeitig das Kommando „Fertigmachen zum Sprung!", und gab mit Erreichen des Absetzplatzes, mit dem kaum noch sichtbaren Windrichtungspfeil im Zentrum der Landefläche, für alle Maschinen gleichzeitig über Funk das Kommando „Sprung!".

Der Absetzplatz war groß und relativ hindernisfrei, außer der Unebenheiten, die nach dem Ausheben von Stellungen auf Truppenübungsplätzen anzutreffen und auch üblich sind. Nach dem Absetzen befanden sich alle Maschinen in den Wolken, und keiner sah den anderen mehr, obwohl der Zwischenraum im Verband von Maschine zu Maschine in der Regel nicht mehr als 50 m sein sollte. Wir wussten, dass die Grenze höchstens 8 bis 10 km entfernt war, in deren Richtung wir uns mit 180 km/h Fluggeschwindigkeit, das sind immerhin 50 m/s, immer noch bewegten.

Der Verbandsführer, ich glaube es war Hauptmann Dieter Baron oder Otto Schröder, befahl die Auflösung des Verbands, gab dazu unterschiedliche Höhen für die Flugzeuge und Richtungen an, und ich bangte vor Angst darum, dass sich eventuell ein Zusammenstoß ereignen könnte. Das Fliegen in einer Waschküche ohne Sicht ist etwas Fürchterliches! Zum Glück ist nichts vorgefallen, und alle Flugzeuge sind in Barth wohlbehalten gelandet. Den Fallschirmjägern ist auch nichts passiert. Außer eine Baumlandung gab es keine nennenswerten Vorkommnisse.

Entwicklung eines Sprungfallschirms für das FJB-5

Nachdem wir uns die Luftlandung unserer Freunde bei *Quartett* ansehen durften, war auch der letzte Anstoß für die Entwicklung eines eigenständigen Fallschirms für unsere Truppe geboren.

Ich erhielt den Auftrag, gemeinsam mit den Fallschirmwarten die taktischen und technischen Anforderungen für diesen Sprungfallschirm der *Zukunft* zu erarbeiten. Ausgehend von den bekannten Einsatzgrundsätzen unserer Einheit, sollte der überwiegende Einsatz in kleinen Gruppen, die als Einsatzgruppen bezeichnet wurden, bei Nacht oder zumindest bei begrenzter Sicht erfolgen können.

Da wir über keinen bestimmten Flugzeugtyp verfügten, die Einsätze aber mindestens im Einsatzrahmen der Armee oder Front gedacht waren, konzentrierten wir uns auf die Absetzflugzeuge der Sowjetarmee. Schließlich war im Falle eines Kriegs vorgesehen, dass jeweils eine Armee der NVA unter das Oberkommando einer Front der Sowjetarmee gestellt werden sollte. Außerdem waren das Flugzeug AN-2 und auch der Hubschrauber zum Zwecke der Ausbildung weiter zu nutzen. Etwas anderes kam in der NVA vorerst nicht in Frage.

Das Transportflugzeug IL-14 wurde, wie bereits von mir erwähnt, für das Absetzen von Gruppen weiterhin abgelehnt. Damit stand fest, dieser neue Fallschirm musste bis zu einer Absetzgeschwindigkeit von 350 km/h über Abgang Tür und Heck einsetzbar sein und benötigte dazu unbedingt eine Stabilisierungseinrichtung. Außerdem sollte ein Einsatz mit verzögerter Öffnung des Fallschirms über die Stabilisierungseinrichtung das Mitführen von Bewaffnung und Ausrüstung ermöglichen, da das Springen im freien Fall zu viel Ausbildungszeit verlangte und auch mit einem größeren Risiko verbunden war.

Ingenieur Günter Wagner
(Foto aus dem Jahre 2002)

Eine wichtige Forderung war die maximale Belastung von mindestens 130 kg bei einer Sinkgeschwindigkeit von möglichst nur 5 m/s und einer hohen Stabilität nach der Fallschirmöffnung bis zur Landung.

Von einer Steuerbarkeit des Fallschirms wurde bewusst Abstand genommen, da der Einsatz vorrangig bei Nacht in Frage kam.

Natürlich waren Eigenschaften wie einfaches Packen des Fallschirms, bequemes Anpassen des Gurtzeugs im angelegten Zustand, Möglichkeiten des Mitführens von Bewaffnung und Ausrüstung, schnelles Ablegen nach der Landung mittels Zentralschloss und Abwerfen der Fallschirmkappe nach der Landung bei starkem Bodenwind durch Schnelltrennverschlüsse ebenfalls Forderungen, die dem Fallschirm die bestimmte militärische Note geben sollten.

Eine wesentliche Forderung war, die Öffnungseinleitung sicherer zu gestalten. Bisher waren wir so gesprungen: Der Hilfsschirm fiel nach der Öffnung des Verpackungssacks frei in den Luftstrom – oder auch nicht –, und blieb möglicherweise an der Ausrüstung oder anderswo hängen. Das musste geändert werden.

All diese Anforderungen waren letztlich die Grundlage zum Erarbeiten einer Studie, die die Forschungs- und Entwicklungsstelle der BEWES relativ kurzfristig abzuschließen hatte. Der Themenbearbeiter war Ing. Günter Wagner. Als Auftraggeber fungierte die Abteilung Technik des Kommandos der LSK/LV, vertreten durch Dipl.-Ing. Ltn. Haake. Die Studie umfasste die Untersuchung verschiedener bekannter Fallschirme, vor allem des D-1/8 der Sowjetarmee und auch des T-10 der US-Armee. Insgesamt wurden vier Prototypen der Fallschirmkappen der beiden vorgenannten Fallschirmtypen und zwei weitere Muster maßstabsgetreu im Verhältnis 1:4 gefertigt. Damit wurden Lufterprobungen als Lastenabwürfe vorgenommen. Da diese Muster nur ein Viertel der Größe eines Personenfallschirms hatten und die abzuwerfende Last in Gestalt eines Sandsacks auch nur den 4. Teil der geforderten 130 kg, also nur runde 35 kg zu wiegen brauchten, waren diese Erprobungen weniger zeit- und kostenaufwendig. Und trotzdem konnte man aus diesen Abwürfen doch einige Schlüsse über das Verhalten der Kappen in der Luft ziehen.

Diese Abwürfe haben wir bei den Fallschirmsprunglehrgängen in Barth 1964 organisiert. Eine Flughöhe von 100 bis 300 m Höhe war meistens gegeben und reichte für diese Untersuchungen auch aus. Die Muster waren schnell wieder gepackt und für den nächsten Abwurf vorbereitet.

Die entscheidenden Kriterien dieser Abwürfe waren:

- Die Öffnungssicherheit bei verschiedenen Absetzgeschwindigkeiten von 100 bis 250 km/h,
- das Pendelverhalten nach der Öffnung bis zur Landung und nicht zuletzt
- die Sinkgeschwindigkeit und der Grad der Beschädigungen.

Da die Muster D-1/8 und auch T-10 als Fallschirme für militärische Einsätze bereits vorhanden und sich in den Armeen bewährt hatten, waren diese im Vergleich zu den beiden neuen Mustern, die Seifhennersdorf als mögliche Varianten prädestiniert hatte, vergleichsbestimmend.

Ein Muster mit einer sehr flachen runden Kappe fiel bereits nach einigen Abwürfen aus dem Rennen, da das Stabilitätsverhalten saumäßig war. Vor allem bei starken Windböen war keine Stabilität sichtbar, bei Windstille schaukelte sich diese Kappe vor der Landung in Bodennähe bis zu einem Winkel von 45° auf. Natürlich war dann auch die Gesamtsinkzeit vom Abwurf bis zur Landung am geringsten.

Das zweite Muster hingegen machte bei allen Abwürfen eigentlich den besten Eindruck. Selbst bei hohen Absetzgeschwindigkeiten war die Öffnung sehr weich, der Füllprozess der Kappe begann immer am Scheitel und vollzog sich birnenförmig, erst danach entfaltete sich die Basis. Nach der Öffnung benötigte dieses Muster nur ein Auspendeln, und der Fallschirm ging mit hohem Stabilitätsverhalten zum Sinken über, bis zum Absetzen der Last auf dem Boden.

Was war konstruktiv anders an dieser Fallschirmkappe und welche Merkmale brachten diese spürbar besseren Eigenschaften?

Diese Fallschirmkappe, wie wir sie nun schon mehr als 40 Jahre kennen, hatte neben der tragenden Fläche noch eine Leitfläche.

Die tragende Fläche, die sich durch die Anbringung der Fangleinen wie ein Himmel über die Last spannt, bremste diese mit hohem Luftwiderstand und verlieh ihr ein geringes Sinken. Die Leitfläche hingegen, die sich wie ein Kranz an die tragende Fläche anschließt, bewirkte diese sanfte Öffnung und auch die hohe Stabilität. Die Leitfläche hat etwa ein Sechstel der tragenden Fläche, und dennoch ist die Sinkgeschwindigkeit bei weniger tragender Fläche geringer als bei Rundkappen ohne diese Leitfläche.

Ingenieur Günter Wagner sprach hier von *rückführenden Momenten.* Die gestaute Luft weicht bei Rundkappenfallschirmen zwischen den Befestigungspunkten der Fangleinen an der Basis nach allen Seiten gleichmäßig ab. Dank einer Leitfläche, die fast senkrecht zur Bewegungsrichtung steht, sowie durch den noch eingezogenen Basisrand wird ein Teil dieser gestauten Luft in das Innere der Kappe zurückgeführt. Als Folge erhöht sich der Kappen-

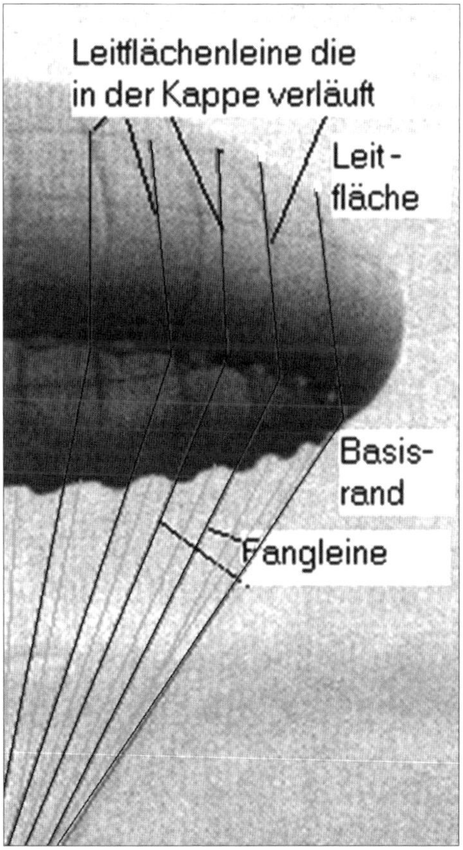

Die Leitfläche an der Fallschirmkappe des Sprungfallschirms RS-4

innendruck in der Fallschirmkappe, und die Sinkgeschwindigkeit wird trotz weniger Widerstandsfläche auch geringer.

Das Dominierende an diesem Muster war aber für uns als Praktiker der geringere Entfaltungsstoß und kein Pendeln bis zur Landung. Nun war nach vielen Abwürfen die Wahl getroffen.

Ohnehin wäre ein Nachbau des D-1 oder auch des T-10 mit Unsicherheiten hinsichtlich patentrechtlicher Forderungen verbunden gewesen. Verständlicherweise wollte das Werk möglichst etwas Neues auf den Markt bringen, denn mit Fallschirmen konnte man gutes Geld verdienen.

Die Erprobung der Sprungfallschirme RS-4 und RS-4/1 in den Jahren 1965/66

1965 wurden im Werk die weiteren Grundlagen für den Leitflächenschirm erarbeitet. Er erhielt die Bezeichnung RS-4, und mit einer Reihe von Funktionsmustern wurden Puppenabwürfe vorgenommen. Bei den Puppenabwürfen bestätigten sich die Erkenntnisse, die mit den Prototypen erzielt wurden.

Das Komplizierteste war jedoch die Beschaffung oder die eigene Fertigung der benötigten Beschlagteile. Die Forderungen nach einer Stabilisierungseinrichtung und einem besseren Gurtzeug mit neuartigen Trennverschlüssen und Steckschlössern war das eine. Diese im sozialistischen Wirtschaftsgebiet aber zu bekommen, war das andere und weitaus komplizierter. Es war unbeschreiblich schwer, diese erforderlichen Beschlagteile in der volkseigenen Industrie zu produzieren, da die Auflagenhöhe zu gering war und auch keine Kapazitäten vorhanden waren. Deshalb musste das Fallschirmwerk in Verbindung mit der Prüfstelle für Luftfahrtgerät (PfL) die Grundlagen für den Musterbau selbst in die Hand nehmen und danach einen kleinen Betrieb suchen und gewinnen, der diese Beschlagteile nach den Vorgaben herstellte. Mit den Steckschlössern für das Gurtzeug ist es gelungen, jedoch war die Herstellung der Doppelkegelschlösser nicht realisierbar.

Puppe im stabilisierten Fall mit einer Fallgeschwindigkeit von mehr als 55 m/s, das entspricht einer Geschwindigkeit von ca. 200 km/h

Da diese so einfach wie möglich nicht gefräst, sondern aus Blech gepresst wurden, hielten sie den Belastungen nicht stand und es kam sehr oft zum *Puppensterben.*

Dabei erlebten wir auf den Flugplätzen in Barth und Peenemünde diese Begebenheiten: In Barth warfen wir Puppen aus 2000 m Höhe mit einer Stabilisierungszeit von 30 Sekunden ab. Danach sollte der Sprungautomat das Doppelkegelschloss und damit den Fallschirm öffnen, der mit einer Puppe von immerhin 130 kg verbunden war. Manchmal klappte es, aber es kam auch vor, dass sich im Schloss eine Öse verklemmte, und die Puppe wie eine Bombe einschlug und sich mehr als 50 cm tief in

Puppe, aufgerüstet mit Sprung- und Rettungsfallschirm

Puppe am geöffneten Fallschirm

die Grasnarbe bohrte. In Barth registrierte man das bei der Bevölkerung allerdings als Tod eines Menschen. Einmal wurden wir beim Bergen einer Puppe von einem Bauern mit der Peitsche bedroht, als wir den abgestürzten Versuchskörper nach dem Ausgraben mit einem lautem *Hauruck* auf die Ladefläche warfen. Er schrie aus Leibeskräften und konnte nicht verstehen, wie wir *Unmenschen* nach dem Absturz mit einem toten Kameraden umgehen.

In Peenemünde, dem einstigen Platz der Entwicklung der V-1-Rakete, Adolf Hitlers Wunderwaffe, warfen wir abermals Puppen zur Erprobung eines verbesserten Doppelkegelschlosses aus einem Flugzeug IL-14 mit 350 km/h Absetzgeschwindigkeit. Ich befand mich neben dem Turm des Flugleiters und hörte über Lautsprecher die Besatzung melden: „Puppe aus 2000 m Höhe abgesetzt."

Kurz danach meldete sich ein Pilot einer MiG 17: „Bitte um Landung." „Landung erlaubt", folgte darauf vom Flugleiter. Nun schrie der MiG-Pilot: „Puppe fällt auf die Bahn, bitte um Abbruch der Landung!" Der Flugleiter darauf: „Sie kommen zur Landung, wie befohlen!" Die MiG landete und auf gleicher Höhe schlug die Puppe ein, etwa 30 m neben der Landebbahn.

Der Geschwaderkommandeur ließ mich rufen, und nach einem kräftigen Donnerwetter war das Abwerfen von Puppen parallel zum Flugdienst verboten. Trotz aller Bemühungen ist es nicht gelungen, das vom Fallschirmwerk kostengünstigere Schloss aus gepresstem und gestanztem Material als *luftfahrttauglich* zu bekommen, um es bei Fallschirmen einsetzen zu können. Es blieb nichts weiter übrig, als über den Ingenieur-technischen Außenhandel (ITA), so nannte sich das Außenhandelsorgan für den Im- und Export militärischer Erzeugnisse, Doppelkegelschlösser aus der UdSSR zu bestellen und einzuführen.

Die Puppenabwürfe insgesamt zeigten recht gute Ergebnisse, abgesehen von Abwürfen mit stabilisiertem Fall. Das Stabilitätsverhalten bestätigte sich, vom Prototyp ableitend. Die

Fallschirmkappe hatte eine Gesamtfläche von 81 Quadratmetern, bestand aus 30 Bahnen und war aus Baumwollbatistgewebe (eine Mischung von Baumwolle und Seide zu je 50 %) gefertigt. Der Einsatz von Dederongewebe war in der Entwicklung der Brandfestigkeit und der damit verbundenen Berstrisse für Sprungfallschirme noch nicht völlig ausgereift, künftig jedoch bereits dafür vorgesehen. Die 30 Fangleinen an der Basis der Fallschirmkappe bestanden jedoch schon aus Dederon. Das Gewicht des Fallschirms und auch das Packvolumen mit fast 19 kg, einschließlich des Fallschirmsprungautomaten war eine Masse, die getragen werden wollte.

Sehr gut hat uns die Öffnungseinleitung über einen Stabilisator gefallen, der in einem Gewebeschlauch verpackt und in diesem mit der Aufzugsleine in den Luftstrom *zwangsweise* gebracht wurde. Trotzdem waren an diesem Gewebeschlauch noch Lufttaschen angenäht, die dann in Funktion zu treten hatten, wenn ein Springer nicht mit der Aufzugsleine im Flugzeug verbunden war, also das Einklinken der Leine im Flugzeug vergessen wurde. Voraussetzung dafür war jedoch, dass der Fallschirmspringer den Verpackungssack über das Notaufzugsseil öffnete. Auch diese Abwürfe verliefen ohne Beanstandung, und es wurde entschieden, zu Personensprüngen in der Entwicklungsstufe *Funktionsmuster* überzugehen.

Am 19. Oktober 1965 machte ich meinen 184. Sprung als Erster mit dem RS-4. Als weitere Erprobungsspringer waren wiederum die nun schon zu Feldwebeln bzw. Oberfeldwebeln beförderten Heinz Nofz, Rainer Grygas, Wolfgang Gutsch, Heinrich Kowalski und Fw. Müller mit von der Partie.

Sie standen dicht gedrängt an der Tür, als ich die AN-2 mit 150 km/h Absetzgeschwindigkeit aus 800 m Höhe verließ, um zu schauen, wie sich die Öffnung von der Maschine aus ansah. Ich sprang aus der AN-2 wie bei jedem anderen Sprung, äugte leicht über die rechte Schulter, um das Weggehen des Stabilisators mit dem Verzögerungssack zu verfolgen, und wartete auf den Ruck, d. h. die Öffnung des Fallschirms. Aber es tat sich nichts. Ich zog den Fallschirm in Strecklage hinter mir her, ohne dass dieser Anzeichen zur Entfaltung machte.

Nun, bei 800 m Absprunghöhe braucht einem da absolut nicht bange zu werden, denn Zeit, bei etwa 30 m/s Sinken mit dieser Fahne, war genug vorhanden.

Was war der Grund dafür? Die Fangleinen waren nur einmal eingedreht. Es tat sich nichts. Erst als ich mit beiden Händen an die freien Gurtenden fasste, an denen die Fangleinen befestigt waren und mich ausdrehte, ging der Fallschirm butterweich auf und alles war in Ordnung.

Ein Blick auf die Stoppuhr zeigte mir allerdings schon 14 bis 15 Sekunden Laufzeit seit dem Absprung an. Nun versuchte ich nach dem eingehenden Beäugen der neuen Fallschirmkuppel an den Gurten zu ziehen, um ggf. ein Gleiten in Zugrichtung zu verspüren. Der Druck auf den Gurten war gewaltig, ein Herunterziehen war kaum möglich. Die Stabilität war jedoch ideal. Es gab kein Baumeln, kein kurzes Aufschaukeln – nichts dergleichen. Ich musste mich vor der Landung um 90° an den Gurten nach einer Seite eindrehen, um vorwärts zu landen, und wurde vom Fallschirm fast sanft aufgesetzt. Bis auf die lange Öffnungszeit konnte ich mit den ersten Eindrücken zufrieden sein.

Nun kam der nächste Springer. Bei ihm öffnete sich der Fallschirm sofort, also ganz normal ohne Haken, wie wir es von den Puppenabwürfen her kannten. Beim dritte und vierten ebenfalls, und beim fünften das Gleiche wie bei mir. Jedoch drehte er sich sofort als er erkannte, dass er mit den Fangleinen eingedreht war, entgegengesetzt am Gurtzeug aus.

Damit war die Bestätigung gegeben, dass bei geringstem Eindrehen der Fangleinen die Basis nicht die Kraft besaß, den Fallschirm zu öffnen, also zu spreizen und die eingedrehte

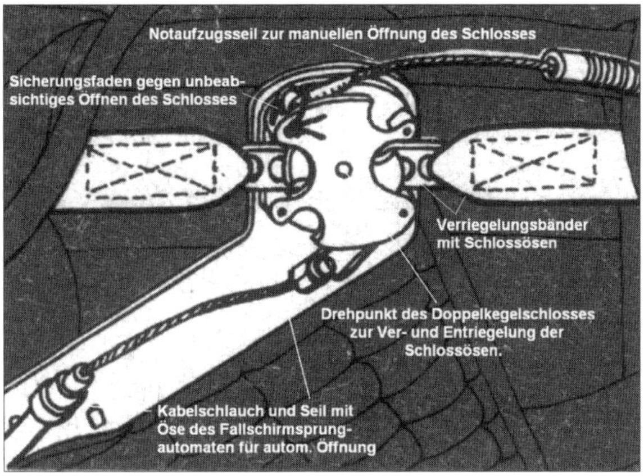

Doppelkegelschloss aus der UdSSR am RS-4 Verpackungssack des Fallschirms

Die Lufttaschen an der Fallschirmkappe RS-4

Stelle der Fangleinen nach unten zum Springer hin zu drücken. Er blieb in der Birnenform, d. h., das Innere der Fallschirmkappe füllte sich zwar mit Luft und bildete eine Birne, aber er kam aus dieser Form nicht ohne Zutun des Springers heraus.

Das darf kein Fallschirm machen. Hier muss ich einmal vorgreifen: Bei späteren Erprobungen wurden Puppen mit dreimal verdrehten Fangleinen, die dem Fallschirm beim Packen bereits beigebracht wurden, so abgeworfen, und der Fallschirm hatte sich ohne große Verzögerung zu öffnen. Also mussten vor der weiteren Sprungerprobung Kräfte her, die dem Fallschirm das selbständige Öffnen möglich machten.

Wir hatten ein Hundertmannzelt (15 x 5 m groß) aufgebaut, und es wurden mit Nähmaschinen am Basisrand zwischen den Fangleinen Lufttaschen aufgenäht. Jeweils pro Bahn eine, also an jedem Fallschirm 30 Lufttaschen. Danach wurde die Erprobung fortgesetzt, und das Problem war behoben.

Die Lufttaschen füllten sich an der Basis mit Luft und bewirkten das schnelle Spreizen der Fallschirmkappe, ohne dass sich der Entfaltungsstoß spürbar vergrößert hätte.

Auf dem Bild oben sind die Lufttaschen am Basisrand gut erkennbar. Bei den weiteren Erprobungssprüngen erkannten wir mehr und mehr, dass eine absolut stabile Fallschirmkappe zwar eine hervorragende Sache ist, aber nur, so lange man auch von ihr dahin getragen und abgesetzt wird, wo sich *keine Hindernisse* befinden.

Mir ist es bereits beim 3. oder 4. Sprung wie folgt ergangen: Bereits in 200 m Höhe konnte ich beobachten, dass meine Bewegungsrichtung genau auf den Drahtzaun führt, der das Flugplatzgelände umgibt. Nun versuchte ich alles, um von dieser Richtung wegzukommen. Durch kräftiges Ziehen an den vorderen beiden Gurtenden wollte ich schneller, als es der Wind tat, vorwärts gleiten. Es tat sich nichts, nur meine Kräfte ließen langsam nach, weil ich mich minutenlang wie bei einem Klimmzug an den Gurten hochgezogen hatte.

Dann versuchte ich es mit Slippen, was mit Fallschirmen der D-1-Serie der LLT der Sowjetarmee sehr gut geht, um die Abdrift zu verkürzen. Dabei zog ich ein Gurtende herunter, versuchte zwei bis drei Fangleinen weiter herunterzuziehen, um der Fallschirmkappe die Tragfähigkeit zu nehmen. Aber auch das funktionierte nicht, und der Zaun kam immer näher. Ich musste aufgeben und mich auf die Landung vorbereiten.

Aber wie? Ich holte mit den Beinen Schwung und brachte sie über den oberen Draht des Zaunes, rutschte mit dem Gesäß ebenfalls noch glücklich darüber, der Verpackungssack auf meinem Rücken hakte jedoch in den Draht ein, und ich schlug mit dem ganzen Körper durch eine folgende Drehbewegung so richtig kopfüber auf die grüne Wiese.

Meine Hände konnten den härtesten Stoß abfangen, und mir war glücklicherweise nichts passiert. Oberfeldwebel Nofz ist es fast ebenso ergangen. Die Richtung Pumpenhaus stimmte ebenfalls, und er hatte noch Glück, neben der hinunterführenden Treppe zu landen.

Wie nun weiter? Auf der einen Seite stand die schriftlich formulierte und bestätigte Forderung, von uns einen Fallschirm zu entwickeln, der eine gute Stabilität aufweist und nicht steuerbar sein soll – und das war er. Allerdings so stabil und ohne jeglichen Einfluss des Springers auf irgendeine Korrektur, das konnte auch nicht das Gelbe vom Ei sein. Wir mussten erst mal weiterspringen und die im Erprobungsprogramm festgelegten Sprünge absolvieren. Jedoch haben wir dem Absetzen, d. h. der richtigen Berechnung der Abdrift, von nun an noch mehr Bedeutung beigemessen, zumal nun die Sprünge aus größeren Höhen mit verzögerter Öffnung an der Reihe waren.

Stabilisierter Fall war bis dahin für uns ein Fremdwort, denn wir kannten aus persönlichem Erleben nur den freien Fall, haben aber bei Puppenabwürfen viele durchrauschen sehen. Jedoch hatten wir jetzt das bereits von mir genannte Doppelkegelschloss unserer Freunde und wussten, dass sich dieses Schloss bereits in der Sowjetarmee hunderttausendfach bewährt hat.

Die Stabilisierungseinrichtung wurde allerdings in der Sowjetarmee vorrangig nur mit drei bis fünf Sekunden stabilisiertem Fall eingesetzt und der Sprungfallschirm danach mittels Fallschirmsprung- oder nur mit Zeitautomat geöffnet. Das war unbedingt nötig, um die hohe Absetzgeschwindigkeit des Flugzeugs AN-12 von mehr als 300 km/h in kürzester Zeit auf 150 km/h und weniger abzubauen und um danach ohne erhöhten Entfaltungsstoß und Kappenbeschädigungen den Hauptfallschirm überhaupt öffnen zu können.

In den Luftlandeeinheiten waren in den 1960er-Jahren bereits die Transportflugzeuge AN-8 und AN-12 die Typen, die fast ausschließlich als Absetzflugzeuge zum Einsatz kamen. Man sprang über Heck mit einem ganz geringen Sprungintervall von weniger als eine Sekunde von Mann zu Mann ab, schlang beide Arme fest um den Körper und ließ die Technik, d. h. den Fallschirmsprungautomaten oder auch nur Zeitautomaten, arbeiten.

Später bezeichneten wir diese Sprünge als *automatische Öffnung von 2, 3 oder 5 Sekunden,* je nach Einstellung der Zeit am Automaten. Wir hatten uns aber überdies das Ziel gesetzt, von den Sprüngen im *freien Fall* weg zu kommen und die größere Absetzhöhe im stabilisierten Fall zu überwinden.

Unsere Gedanken gingen so weit, uns vorzustellen, mit Bomberverbänden, die ausschließlich in großen Höhen zum Einsatz kommen würden, parallel mit ihnen unbemerkt ins Hinterland zu gelangen und aus großer Höhe, mit aller erforderlichen Ausrüstung, in kleinen Gruppen (Einsatzgruppen) abzuspringen. Diese Variante war in den 1960er- und 1970er-Jahren eine Möglichkeit, unerkannt in den Rücken des Gegners zu gelangen.

Deshalb waren die kleinen Fallschirme, die man Stabilisator nannte, bei uns kleiner als die der Sowjetarmee, um die Fallgeschwindigkeit während des stabilisierten Falls dem freien Fall anzunähern und um schneller die Höhe überwinden zu können.

Die Fallgeschwindigkeit am Stabilisator war bei sowjetischen Fallschirmen den Serien D-1 bis D-6 nur 30 bis 35 m/s, bei den RS-4 Serien unserer Produktion hingegen 50 bis 55 m/s.

Wie sollte nun aber die Körperhaltung im stabilisierten Fall aussehen?
Das Erprobungsprogramm sah drei Sprünge vor: Zwei aus 1200 m Höhe, einer mit 150 km/h und ein zweiter mit 250 km/h Absetzgeschwindigkeit, jeweils mit 15 Sekunden Verzögerung, sprich mit stabilisiertem Fall. Der dritte Sprung wurde mit 30 Sekunden stabilisiertem Fall aus 2000 m Höhe absolviert. Wir sprangen wie bei Sofortöffnung aus dem Flugzeug und ließen die Beine angehockt. Nachdem der kleine Fallschirm (Stabilisator) gegriffen hatte und wir zum vertikalen Fall übergingen, nahmen wir die Unterarme nach vorn und bildeten mit den Handflächen eine Art Ruder. Bewegten wir die Handflächen nach rechts, folgte der Körper gleichfalls mit einer Rechtsdrehung. Auf diese Weise konnten wir während des Fallens den Körper steuern, d.h. uns in eine bestimmte Richtung (Blickrichtung) drehen, ohne die vertikale Fallachse zu verlassen. Das war äußerst wichtig, damit man während des Fallens anderen Mitspringern nicht zu nahe oder gar über sie kam. Wir fanden diese Art des Fallens gegenüber dem freien Fall äußerst praktikabel, denn ein Überschlagen war mit der Führung des Stabilisators ausgeschlossen.

Nahm man jedoch die Körperhaltung wie im freien Fall ein – Arme und Beine gespreizt –, dann rutschte man in Richtung der Beine nach hinten weg und verließ die vertikale Fallachse. Der Stabilisator gestattete durch die Aufhängung in Schulterhöhe während des Fallens keine horizontale Lage des Körpers, sondern man blieb in der Standlage.

Die Funktionsmuster-Erprobung hatte nach der Einschätzung aller Sprünge ihren Zweck erfüllt. Die Fallschirmöffnung über die Aufzugsleine, die zuerst den Verpackungssack öffnete, danach den Stabilisator herauszog, diesen in den Luftstrom zur vollständigen Öffnung brachte, war eine beträchtliche Verbesserung gegenüber dem bisherigen Öffnungssystem des Hilfsfallschirms mit Federgestell. Der Entfaltungsstoß, selbst bei 250 km/h Absetzgeschwindigkeit, war sehr weich. Die Stabilität nach der Öffnung am

Arm- und Handhaltung, um nach links zu drehen bzw. rechts zu drehen (aufgenommen im Trockenturm in Prora)

Fallschirm bis zur Landung wurde gleichfalls als sehr gut eingeschätzt, jedoch musste die Möglichkeit des Ausweichens von Hindernissen unbedingt gelöst werden. Die Sink- und Landegeschwindigkeit wurde mit 4 bis 5 m/s als gut bewertet.

Die Stabilisierungseinrichtung überzeugte uns alle. Sie würde die Sprungausbildung der Fallschirmjäger vereinfachen, sowie das Mitführen von Bewaffnung und Ausrüstung bei Einsätzen aus großen Höhen mit verzögerter Fallschirmöffnung ermöglichen.

Das neue Gurtzeug war gleichfalls dank der Steckschlösser, die das Öffnen mit nur einer Hand ermöglichen, und dank der Klemmschnallen, die ein Anpassen durch Festziehen der Schulter- und Beingurte im angelegten Zustand zuließen, eine enorme Verbesserung.

Die Kappentrennverschlüsse aus der ČSSR waren zwar ziemlich klobig, erfüllten aber ihren Zweck, und der Rettungsfallschirm konnte mittels Karabinerhaken daran bequem befestigt werden. Das war in Kürze das Fazit der ersten Erprobung und gegenüber dem PD-47 ein gewaltiger Fortschritt. Wir haben sofort gemeinsam nach Wegen gesucht, wie man diese Fallschirmkappe ohne größere konstruktive Veränderung geringfügig steuerbar machen kann. Der Themenbearbeiter, Ingenieur Günter Wagner, schlug vor, einen minimalen Vorschub durch Öffnung der Leitfläche über drei Bahnen, der Nr. 1, 2 und Nr. 30, zu erreichen. Nun war es nötig diesen geringfügigen Schub auch durch eine Möglichkeit der Drehung der Fallschirmkappe in eine gewünschte Richtung zu bekommen. Dazu wurden an den Bahnen sechs und 24 je drei Felder herausgeschnitten und an den Kanten Steuerleinen angebracht. Über diese konnte man dann die Fallschirmkappe drehen.

Es blieb vorerst keine andere Alternative, und die sofortige Veränderung an zwei Fallschirmen mit folgenden Puppenabwürfen bestätigte den geringen Schub der Fallschirmkappe während des Sinkens. So richtig wohl fühlten wir uns jedoch alle nicht, denn die großen Schlitze in der Fallschirmkappe stellten doch eine gewisse Gefahr beim Zusammentreiben von Springern dar, und das vor allem bei Nacht.

Bereits im Februar 1966 begannen wir mit den ersten Fertigungsmustern die weitere Erprobung und mussten die nächste Kröte schlucken: Wegen der beiden Steuerschlitze fehlte natürlich tragende Fläche, und die Sinkgeschwindigkeit erhöhte sich doch spürbar. Vor allem die schweren Springer stellten bei Landungen bei geringem Wind auf gefrorenem Boden den Unterschied fest.

Die Entwicklungsingenieure des Fallschirmwerks versicherten bei 130 kg Masse noch die geforderten maximalen Werte von 5,2 m/s erreicht zu haben und nicht darüber zu liegen. Natürlich spürt man die Knochen auf gefrorenem Boden bei Windstille doch etwas mehr. Die Steuerbarkeit des Fallschirms mit den großen Schlitzen erfüllte die Anforderungen von ungefähr 1,5 bis 2 m/s Vorschub gegenüber ruhender Luft, und eine Drehung der Fallschirmkappe um 360° bei gezogenem Steuerknebel dauerte etwa 18 Sekunden. Das reichte völlig aus, um Hindernissen ausweichen zu können. Alle sonstigen guten Eigenschaften des Fallschirms konnten wir abermals bestätigen. Durch die Veränderung erhielt der Fallschirm vom Werk nun die Bezeichnung *RS-4/1*.

Nun mussten wir eine für uns alle doch schwierige Reaktion nachweisen: Wie verhält sich der Fallschirm bei Kollisionen? Dazu sprangen wir paarweise aus 1200 m Höhe mit sofortiger Öffnung des Fallschirms ab und hatten die Aufgabe, möglichst in gleicher Höhe zuerst zu versuchen, mit den Fallschirmkappen zusammenzustoßen; anschließend zu versuchen, über die Kappe des anderen zu treiben und dabei auf keinen Fall in einen der Steuerschlitze zu geraten.

Das war alles leichter gesagt als getan. Ich hatte den gleichgewichtigen Partner Ofw. Heinrich Kowalski, mit dem ich eigentlich bei drei Fallschirmsprüngen alle Möglichkeiten ausprobieren konnte. Wir näherten uns einander in gleicher Höhe und stellten die Schubrichtung der Fallschirme gegeneinander. Allerdings wollten beide Kappen *nichts miteinander zu tun haben*. Wenn wir uns bis auf einen halben Meter genähert hatten, marschierten sie, trotz Gegensteuern, aneinander vorbei. Als wir aber erneut über eine längere Anlaufstrecke aufeinander zielten, klappte es und die Leitflächen drückten gegeneinander, schoben sich aber sofort wieder voneinander ab. Also bestand keine Gefahr.

Nun hatten wir uns doch in der Höhe, wie gewollt, verändert, und ich konnte auf die Fallschirmkappe aufschieben. Dabei musste man die Beine nach hinten anhocken, damit man nicht in die Fangleinen des anderen Fallschirms kam.

Auch das verlief problemlos. Sobald die eigene Leitfläche über der anderen war, verlor die Kappe an Tragfähigkeit, und ich rutschte wie im Fahrstuhl etwa 3 m tiefer. Nun war Heinrich an der Reihe. Bei ihm das Gleiche.

Das machte sogar Spaß, und wir beobachteten nicht die eigene Position über Grund. Wir hingen noch über dem nördlichen Platzrand und hatten zu tun, von den dort gesprengten Betonanlagen wegzukommen.

Bei den weiteren Sprüngen ist es uns auch gelungen, über die Fallschirmkappe des anderen zu laufen. Das sah aber in der Nähe der großen Schlitze gefährlich aus, und es gab auch sofort ein Aufschaukeln der Kappe mit Verlust an Tragfähigkeit, wie wir das auch schon von anderen Fallschirmen her in gleicher Situation kannten. Also ein *Übereinandertreiben* war möglich, aber nur nicht lange in dieser Gefahrensituation verbleiben, dann wird es kritisch.

Zu der gleichen Einschätzung gelangten auch die Oberfeldwebel Nofz und Grygas. Alles wurde auch gefilmt, und wir konnten mit einem vernünftigen Ergebnis abschließen und nach langen schriftlichen Auswertungen als Auftraggeber die Produktion der Nullserie bestätigen.

Eine Eroberungsgruppe: 2. von links Uffz. Weißbach, unten links, sitzend, Stgefr. Herold

Die Nullserie bestand aus 20 Geräten und wurde nach einer Überprüfung der Eigenschaften von den bestätigten Erprobungsspringern, schließlich von versierten Fallschirmjägern weiter allseitig erprobt. Es wurden dazu aus der Kompanie des 3. Dienstjahres bewährte Jungs ausgewählt und die wichtigsten Sprünge des Ausbildungsprogramms der Dienstjahre 2 und 3 von Ende Mai bis Ende Juni 1966 absolviert.

Auch der Kommandeur, Major Pardella, hat es sich nicht nehmen lassen, sich bei dieser Erprobung selbst ein Bild vom neuen Fallschirm zu machen, und er führte die wichtigsten Sprünge auch selbst aus. Leider ist es mir nicht mehr möglich, hier alle Namen dieser erstmals für Erprobungszwecke eingesetzten jungen Fallschirmjäger zu nennen.

Bei dieser Erprobung ereignete sich ein Sprungvorkommnis, das bei falscher Handlung zur Katastrophe hätte führen können: Die drei Erprobungsgruppen hatten angelegt, und auf dem Plan stand ein Sprung mit zehn Sekunden stabilisiertem Fall. An diesem Tag war sogar der Militärstaatsanwalt vom Armeestab, Hauptmann Schatz, auf dem Flugplatz erschienen und sah sich das Springen an. Beim ersten Anflug sprang als dritter Springer Stgefr. Herold. Diesen Namen werde ich nicht vergessen. Er hatte nicht, wie vorgeschrieben, während des stabilisierten Falls die Beine *angehockt,* sondern lang gestreckt, und er fiel ganz stabil ohne Drehungen. Nach zehn Sekunden konnte ich im Doppelglas das Ziehen am Griff zur manuellen Öffnung beobachten, aber der Fallschirm öffnete sich nicht. Der Springer ging noch weiter in die Kopflage, und es passierte nichts.

Der Staatsanwalt neben mir verlor die Nerven und schrie: „Hier muss man doch was unternehmen!“ Ich erwiderte nur: „Der wird schon noch den Rettungsfallschirm öffnen, kein anderer kann ihm jetzt dabei mehr helfen!“

Jedenfalls kam der Rettungsfallschirm erst in rund 150 m Höhe und der Mann hing in etwa nur 50 m Höhe an beiden Fallschirmen. Da ist mir auch angst und bange geworden, obwohl ich ruhig bleiben wollte. Nun gab es vom Militärstaatsanwalt Fragen über Fragen: Wie konnte so etwas passieren? Da müsse man doch vorher genau unterweisen usw. Mir ging nur die Frage durch den Kopf: Warum haben das Lösen der Stabilisierung und das Öffnen des Fallschirms in dieser Lage nicht funktioniert und warum ist der Springer nach Ablauf der Zeit noch mehr in die Kopflage gegangen?

Am Fallschirm war absolut nichts zu erkennen; den überprüften wir sehr gründlich und konnten nichts feststellen. Stabsgefreiter Herold bestätigte uns sein Handeln. Auch er hätte gespürt, dass er nach dem Ziehen und damit Öffnen des Schlosses noch weiter in die Kopflage und etwas seitlich verdreht gefallen war. Auf die Frage, warum er nach Erkennen der gefährlichen Situation nicht sofort den BE (Rettungsfallschirm) gezogen habe, kam wie so oft die Antwort: „Ja, das ging alles so schnell, und ich wollte ja und hab ja dann auch gezogen!“

Auf alle Fälle wurden alle weiteren Fallschirmsprünge *mit stabilisiertem Fall* bei der weiteren Erprobung eingestellt, die Prüfstelle für Luftfahrtgerät (PfL) und das Fallschirmwerk wurden informiert und um Hilfe gebeten.

Nach der Beendigung des Sprungdienstes habe ich mich mit den Fallschirmwarten zusammengesetzt, und wir sind dabei gemeinsam zu folgender Überzeugung gekommen: Die Stabilisierung wurde gelöst, und dadurch hat sich die Lage des Springers verändert, sie wurde kopflastig. Demnach muss mit dem Abkippen nach vorn der Zugwinkel aus der Innentasche des Verpackungssacks kleiner als 90° geworden sein, und der Stabilisator schaffte es nicht den Verzögerungssack mit der darin befindlichen Fallschirmkappe herauszuziehen. Erst als der Rettungsfallschirm den Springer aufrichtete, rutschte auch der Verzögerungssack aus der inneren Verpackung, und beide Fallschirme gingen auf. Nur so konnte es gewesen sein und ich beschloss, dies den Entwicklungsingenieuren und der PfL praktisch zu demonstrieren, da unsere Gedanken dazu bei einem Telefonat schon vorab verworfen worden waren.

Am folgenden Tag kamen die Ingenieure mit der Frühmaschine aus Dresden auf dem Flugplatz in Barth an und ich konnte ihnen das bei einem Sprung aus 800 m Höhe mit fünf Sekunden stabilisiertem Fall vorführen.

Dabei wiederholte sich alles so, wie beim Sprung von Stgefr. Herold. Ich spürte nach dem Lösen der Stabilisierung ein weiteres kurzes Abkippen nach vorn, danach war, für jeden ersichtlich, Ruhe, und es tat sich nichts. Als ich allerdings die Lage veränderte, d. h. die Beine *anhockte* und gleichzeitig die Arme nach vorn nahm, brauchte ich den Rettungsfallschirm nicht mehr zu öffnen, denn danach ging er ohne mein Zutun von selbst auf.

Nun mussten alle Verpackungssäcke verändert werden. Die Vernähung der inneren Tasche wurde von bisher 30 cm auf nur 10 cm geöffnet. Nun konnte die kurze Vernähung den Verzögerungssack, bei welcher Lage auch immer, in irgendeiner Weise nicht mehr verklemmen (siehe Bild unten).

Allerdings bläuten wir den Fallschirmjägern ein, dass beim Springen mit Stabilisierungseinrichtung eine Stil-Lage, bei der die Beine und Arme gestreckt gehalten werden, grundsätzlich verboten ist.

Der Fallschirmdienst hatte außerdem die Pflicht, sich mit dem zweckmäßigen Mitführen der Bewaffnung und Ausrüstung zu beschäftigen und die dazu erforderlichen Voraussetzungen für die Truppe zu schaffen. Wir entwickelten gemeinsam mit Offizieren des FJB-5 Vorstellungen, die dann sowohl von der springerischen Seite bezüglich der Sicherheit in der Luft und bei der Landung, als auch von der Seite der schnellen Handhabung der Bewaffnung und Ausrüstung nach der Landung bedacht und eingeschätzt werden mussten. Dabei sind wir davon ausgegangen, dass die Mpi.-KMS (Kalaschnikow mit Schulterstütze) als Hauptbewaffnung der Fallschirmjäger nicht verpackt, sondern beim Sprung vor der Brust mitgeführt werden muss, um sich erforderlichenfalls schon in der Luft wehren zu können.

Im September 1966 erhielten wir die ersten Muster des nach unseren Vorstellungen im Fallschirmwerk entwickelten Fallschirmjägertornisters (FJT) zwecks Begutachtung und Truppenerprobung. Darin konnten bis zu 25 kg Ausrüstungsgegenstände und Kampfmittel beim Fallschirmsprung und danach am Mann mitgeführt werden.

Die Kompliziertheit bestand darin, dass alles, was erdacht und sich übereinstimmend als Lösung in der Praxis bestätigte, zu Papier gebracht, d. h. zu Anleitungen erarbeitet und bestätigt werden musste. Dafür fehlten in einem Bataillon natürlich die Voraussetzungen.

Verpackungssack RS-4/1

Inhalt des FJT mit persönlicher Ausrüstung und Kampfmitteln

Jedoch hing in puncto Sicherheit der Menschen beim Sprung wie auch in der gesamten Gefechtsausbildung sehr viel von klar definierten Vorschriften ab. Darum waren wir gezwungen, neben dem täglichen Dienst alle erforderlichen Ausbildungsanleitungen zu erarbeiten, die jedoch nur für das FJB Gültigkeit hatten.

Wir schufen dafür, parallel zur Einführung der neuen Fallschirmtechnik, auch die Voraussetzungen zum Mitführen der im Gefecht notwendigen Ausrüstung.

Große Probleme bereitete uns dabei das Funkgerät SEG-15, das eine Masse von fast 22 kg auf die Waage brachte, also schwer und auch kantig war. Diese Funkstation hatte eine Reichweite von mehr als 500 Kilometern in der Telegraphie, und jeder Einsatzgruppe stand eine zur Verfügung. Die Funker waren im Nachrichtenzug zusammengefasst und wurden bei Übungen den Einsatzgruppen zugeteilt. Also musste diese Station unbedingt mit.

Deshalb wählten wir für den FJT als Innenausmaße die Größe der Funkstation (h/b/t 320 x 360 x 200 mm). Im Inneren des Bodens dämpfte eine Schaumgummiplatte den Landestoß, die zum FJT gehörte.

Mit dieser Last am Körper zu landen war schwer, und die Verletzungsgefahr sehr hoch. Deshalb wurde der Tornister an eine 10 m lange Leine gehängt, die an den Tragegurten des FJT sowie mit einem Karabinerhaken am Sitzgurt befestigt wurde.

Danach wurde der FJT mittels zweier Haltegurte an Trennschnallen mit dem Gurtzeug verbunden, und er hing nun unter dem Sprungfallschirm (siehe nachfolgende Bilder). In einer Höhe von weniger als 100 m wurden die Trennschnallen gelöst und der FJT fiel 10 m tief voraus und wurde von der Leine aufgefangen. Damit war der Fallschirmjäger von der Last befreit und konnte sich allein, natürlich mit der Bewaffnung und Schutzmaske noch am Körper, auf die Landung vorbereiten und landen.

Das war verständlicherweise eine ganz schöne Anstrengung mit vollständiger Gefechtsausrüstung zu springen. Man musste schließlich die gesamte Last mit den Schultern tragen, und gerade die vierkantigen Kappentrennschlösser drückten dabei fürchterlich auf die Schlüsselbeine. Wenn man die gesamte zu tragende Ausrüstung mit dem FJT von

Mpi-Schütze mit angelegtem FJT bereit zum Sprung

RPG-Schütze 2 mit Mpi, je Seite zwei Granaten und FJT

RPG-Schütze 1, rechts RPG, links zwei Granaten sowie FJT

22 kg, der Fallschirmausrüstung von 24 kg und der Bewaffnung eines RPG-Schützen 1 von etwa 12 kg plus Schutzmaske zusammenrechnete, kam man auf eine Masse von 60 kg.

Damit musste man in das Flugzeug oder in den Hubschrauber einsteigen und möglichst noch einen *vernünftigen Abgang* beim Sprung machen. Nun kann man sich vorstellen, dass ein Landen allein mit 40 kg, ohne den Sprungfallschirm, einmal grob gerechnet, schon eine Zumutung ist. Deshalb musste der FJT vor der Landung weg vom Mann. Das hatte überdies den Vorteil, dass nach dem Absetzen/der Landung des FJT der Fallschirm die letzten 10 m noch einmal um die Masse des FJT entlastet wird und damit die Landegeschwindigkeit für den Fallschirmjäger geringer ausfällt.

Das einzige Muster des Fallschirms RS-4/2 aus Dederongewebe

Aus diesem Grunde entschieden wir uns auch für die Länge der Ablassleine von 10 m. Andererseits steckt in dieser Länge aber die Gefahr, Mitspringer in Bodennähe zu berühren und Konflikte vor der Landung auszulösen, und das vor allem bei Nacht.

Das Positive dieser Länge war aber gerade bei Nacht der Vorteil, zwei Sekunden vor dem eigenen Aufschlag vorbereitet zu sein.

Das sind die Kompromisse, die mich meine ganze Dienstzeit begleitet haben und mich immer veranlassten nachzudenken und abzuwägen: „Wenn ich das EINE will, muss ich das ANDERE mögen!"

Mit dem Eintreffen der ersten FJT vom Werk brachte der Leiter der Entwicklungsstelle, Rudi Nietzolt, den ersten Fallschirm RS-4/1 aus Dederon mit. Wir hatten wenig Zeit und entschieden, den schwersten Springer, Ofw. Heinz Nofz, damit springen zu lassen, um eine erste Aussage über das Sinken dieser Fallschirmkappe zu erhalten.

Um die Leitfläche herum war ein Gewebestreifen mit einer geringeren Luftdurchlässigkeit eingesetzt, was auf einen etwas höheren E-Stoß, aber ein geringeres Sinken schließen ließ. Und diese Annahme wurde betreffs des Sinkens bereits nach nur einem Sprung bestätigt.

Nun brannten wir alle darauf, dieses Gerät, das die Werksbezeichnung RS-4/2 erhielt, näher unter die Fittiche nehmen zu dürfen, um schneller zum Ziel zu gelangen, denn die Landung von Heinz Nofz war mehr als butterweich. In dieser Kappe steckten noch größere Potenzen, die es ermöglichten kleiner, leichter und trotzdem im Sinken gefälliger zu werden. Da aber für das Jahr 1966 das Fallschirmspringen für uns beendet war, mussten vom Werk andere Wege gefunden werden, um schneller vorwärts zu kommen.

Das Werk verfügte über keinen eigenen Erprobungsspringer und war zu dieser Zeit auf den Fallschirmdienst der Luftstreitkräfte (LSK) oder auf die Gesellschaft für Sport und Technik (GST) angewiesen. Man entschied sich für einen erfahrenen Springer der GST. Dieser wurde persönlich vom Leiter der E.-Stelle, Rudi Nietzold, eingewiesen und machte die ersten Sprünge in dessen Beisein. Leider ist dieser Fallschirmspringer bei einem der weiteren Sprünge mit diesem Fallschirm tödlich verunglückt.

Das Bild zeigt das Absetzen einer FJK mit dem Fallschirm RS-4/1 im Kettenverband aus drei hintereinander fliegenden Flugzeugketten AN-2 im Abstand von 10 Sekunden bei einer Übung.

Was war passiert? Der Verpackungssack mit Stabilisierungseinrichtung hatte gegenüber anderen Fallschirmen zur festen Verbindung mit dem Gurtzeug zusätzliche obere und untere Spanngurte. Durch den rechten oberen Spanngurt wurde fälschlicherweise die Aufzugsleine durchgezogen. Die *zog* natürlich nach dem Absprung den Stabilisator, verpackt in einem Gewebeschlauch und mit der Aufzugsleine fest verbunden, durch den Spanngurt mit *hindurch*. Damit war er zwischen dem Gurt und dem Verpackungssack verklemmt und konnte seinen Zweck, den Fallschirm zu öffnen, nicht erfüllen. Leider wurde vom Verunglückten der Rettungsfallschirm nicht geöffnet, was in dieser Situation das einzig Lebensrettende gewesen wäre.

Das war ein Rückschlag, der uns in der Entwicklung sehr viel Zeit kostete!

Einführung von Auszeichnungen und weitere Spezialisierung 1967

Der Ausklang des Jahres 1966 brachte wiederum Veränderungen im führenden Personalbestand des FJB-5.

Als neuer Kommandeur wurde Hptm. *Egon Gleau,* der ehemalige Kompaniechef der Spezialaufklärungskompanie 5, eingesetzt. Er löste Major Pardella ab. Major Neis, als Stellvertreter für Ausbildung, verließ schon einige Monate früher das Bataillon. Und der seit 1962 im FJB zuletzt als Kompaniechef tätige Hptm. Werner Schulz wurde Stellvertreter des Kommandeurs für Ausbildung. Im Stellvertreterbereich Rückwärtige Dienste wurde sogar zwei Mal in kurzer Zeit gewechselt. Nach Major Werner Scheel kam frisch von der Akademie Hptm. Gottfried Freigang, der sich noch bis zum Oberst und Leiter für Bekleidung und Ausrüstung im MfNV der NVA hoch diente. Parteisekretär Major Adelbert Schnürer verließ das FJB und für ihn wurde der langjährige Offizier für Politische Arbeit und Organisation, Hptm. Erwin Schmidt, gewählt und eingesetzt.

Diese Veränderungen in der Führung des Bataillons waren unter anderem auch darauf zurückzuführen, dass bewährte Kader kein militärisches Weiterkommen im Dienstgrad und auch in der Dienststellung sahen und deshalb selbst bemüht waren, sich zu verändern. Zu dieser Zeit konnte einzig nur der Kommandeur Oberstleutnant und seine Stellvertreter Major werden. Offiziere des Stabs und Kompaniechefs konnten Hauptmann, die Zugführer Oberleutnante werden. Oft hörte man junge Offiziere sich darüber beschweren, dass Kameraden, die in Linieneinheiten, d. h. in Mot.-Schützen- oder Panzerregimentern dienten und im gleichen Dienstalters waren, schon lange Kompaniechef waren oder anderweitige Aufstiegsmöglichkeiten in den Stäben hatten, obwohl sie weitaus schlechtere Ergebnisse von der Offiziersschule mitbrachten als die Offiziere, die ins FJB versetzt wurden.

Gerade an Offiziere, die Fallschirmjäger werden wollten, wurden hohe politische und militärische Anforderungen gestellt. Die wichtigsten Voraussetzungen waren aber, keinen *Rucksack* zu haben, d. h. keine Verwandten 1. Grades im kapitalistischen Ausland bzw. in der BRD, gesundheitlich topp und natürlich sportlich durchtrainiert zu sein.

Die physischen und psychischen Anstrengungen für Offiziere wie auch für Berufsunteroffiziere des FJB waren nicht mit denen einer Linieneinheit zu vergleichen. Man war oft zu jeder Jahreszeit im Gelände, zu Lehrgängen unter nicht einfachen Bedingungen, manchmal wochenlang unterwegs und von der Familie getrennt.

Man sollte auch bedenken, dass Fallschirmjäger, die bereits zwei Jahre gedient und gestählt wurden, nicht immer ausgesprochene Musterknaben waren. Sie akzeptierten nur

Vorgesetzte, die mit ihnen mithalten konnten. Deshalb hatten es junge Unteroffiziere und auch Offiziere besonders schwer, sich bei derart hartgesottenen Jungs des 3. Dienstjahres als Vorgesetzte durchzusetzen.

Deshalb wurde der Ausbildung von Unteroffizieren im FJB besondere Aufmerksamkeit gewidmet. Als Zugführer dieses Zuges wurden nur die besten Offiziere eingesetzt.

Nach der Einberufung im Oktober eines jeden Jahres, jeweils etwa 130 Mann, wurden nach der militärischen Grundausbildung die Besten als Unteroffiziersschüler ausgewählt. Da die militärische Grundausbildung im FJB sehr, manchmal fast zu hart, praktiziert wurde, trennte sich innerhalb dieser vier Wochen bereits die *Spreu vom Weizen*. Besonders schwer fiel es den neu Einberufenen, sich insgesamt auf das harte militärische Leben umzustellen. Früh um 6:00 Uhr mit Pfiff aus dem Bett, alle Bewegungen nur im Laufschritt, nach dem Frühsport zur Abhärtung in die Ostsee und im Laufschritt wieder in den 5. Stock. So begann der Tag. Danach Frühstück – Ausbildung – Mittag – Ausbildung – Abendbrot – Marschgesang. Und um 22:00 Uhr klang der Tag mit einem zünftigen Stubendurchgang aus.

Das Positive dabei war, dass viele Männer, die sich als FJ für drei Jahre verpflichtet hatten, möglichst Unteroffizier werden wollten, weil einmal die *Gurkenschalen* (Schulterstücke des Unteroffiziers) lockten, und natürlich auch das Geld. Schließlich erhielt der Unteroffizier monatlich gegenüber dem Gefreiten und Stabsgefreiten 50 Mark bzw. 80 Mark mehr in die Tasche.

Nach der militärischen Grundausbildung marschierte der Unteroffiziersausbildungszug weitere zehn Monate straff geführt und erhielt in dieser Zeit das nötige theoretische, militärpraktische und physische Rüstzeug für einen ausgezeichneten Unteroffizier.

Finanzielle Vergütungen für diese Anstrengungen gab es nicht, außer einem höheren täglichen Verpflegungssatz von 6,50 Mark gegenüber 3,50 Mark der Linieneinheiten. Ein weiteres *Bonbon* war der Lohn der Angst – das *Sprunggeld*. Allerdings stimmte hier die Vergütung eines Sprungs mit der tatsächlichen Erschwernis auch nicht richtig überein, die besonders Fallschirmjäger und Kampfschwimmer zu vollbringen hatten. Es konnte doch nicht gerechtfertigt sein, wenn ein Sprung mit Sofortöffnung des Fallschirms bei Nacht, mit Waffe, aufgesetzter Schutzmaske und dem FJT ganze zehn Mark wert war! Hierzu möchte ich mich in meinen später folgenden Ausführungen noch einmal genauer äußern.

Es war also notwendig, auf dieser Strecke etwas zu tun, um die erbrachte Leistung besser zu würdigen: materiell, aber auch ideell. Noch 1966, am 22. Dezember, wurde mit Ministerbefehl das *Fallschirmsprungabzeichen der NVA* eingeführt, für das sich Hptm. Neis als Stellvertreter des Kommandeurs für Ausbildung im FJB besonders verdient machte. Damit war die äußere Kennzeichnung der Leistungen und Erfahrungen der Fallschirmspringer in der NVA mit dem Ziel des Ansporns gegeben.

Das Fallschirmsprungabzeichen wurde nur in einer Stufe verliehen und in den Wehrdienstausweis eingetragen. Getragen wurde es auf der rechten Seite (über der Brusttasche) in der Reihenfolge nach dem Bestenabzeichen.

Für *Vorschläge*, gerichtet an den Kommandeur zur Verleihung oder Aberkennung des Fallschirmsprungabzeichens, waren für Soldaten und Unteroffiziere die Kompaniechefs, für Offiziere der Offizier des Fallschirmdienstes berechtigt. Das Fallschirmsprungabzeichen konnte nach der Absolvierung von bereits fünf Fallschirmsprüngen laut Sprungprogramm verliehen werden.

An dem Fallschirmsprungabzeichen wurden Anhänger getragen, die die Anzahl der absolvierten Sprünge in der NVA sichtbar machten. Sie wurden für den 10., 15., 25., 30., 40., 50., 75., 100., 150., 200. Sprung und anschließend für alle weiteren 100 Sprünge ausge-

Fallschirmsprungabzeichen der NVA mit Anhänger (hier für 50 Sprünge)

Klassifizierungsabzeichen der Stufen I bis III des Fallschirmdienstes der Luftstreitkräfte

geben. Außerdem begannen wir Ende 1966 auf der Grundlage der Klassifizierungsordnung der NVA mit dem Erarbeiten von Klassifizierungsmerkmalen in der Fallschirmausbildung. Dabei verfolgten wir das Ziel, entsprechend dieser Ordnung denen, die sich besonders bei der Fallschirmausbildung verdient gemacht hatten, einen monatlichen Betrag von 20 Mark für die Leistungsklasse III, 30 Mark für die II und 50 Mark für die Leistungsklasse I zahlen zu können. Außerdem hofften wir, das Klassifizierungsabzeichen des Fallschirmdienstes der LSK (siehe folgende Abb.) zu erhalten, um mit dieser zielgerichteten Kennzeichnung großes Interesse zu wecken.

Wir mussten nämlich im Verlauf der Zeit feststellen, dass das Interesse, sich in diesem Ausbildungszweig der Fallschirmausbildung zu qualifizieren, rückläufig wurde. Es liegt in der Mentalität der Menschen, einer Verantwortung aus dem Weg zu gehen, wenn man diese übernehmen soll, ohne dafür belohnt zu werden, sondern stattdessen bei einem flüchtigen, übersehenen Fehlers in sehr große Schwierigkeiten gerät.

Es gab Offiziere und Unteroffiziere, die keine Packberechtigung oder gar Absetzberechtigung ablegen wollten, da daran eine zu hohe Verantwortung lag. Übersieht man einen Fehler beim Packen, kann das schwere Folgen haben, genauso wie beim Absetzen. Kam es beim Öffnungsvorgang des Fallschirms zu Unregelmäßigkeiten, und es stellte sich heraus, dass der Fallschirm nicht richtig gepackt war, saß der Kontrollierende mit im Boot. Gab man als Absetzer z. B. das Kommando zum Sprung zu früh oder zu spät und es kam ein Springer dadurch zu Schaden, konnte man gleichfalls zur Verantwortung gezogen werden.

Deshalb wurde das Hurra-Schreien: „Ich will mich qualifizieren!" immer leiser, der Ruf: „Ich will Springen, aber bitte keine Verantwortung für andere übernehmen, auch wenn ich Vorgesetzter bin!" wenn auch nicht hörbar, so doch lauter.

Wir sind zu dieser Zeit davon ausgegangen, dass der Sprung *freiwillig* ist und wir keinen Menschen dazu zwingen können. Deshalb können wir auch keinen zwingen, dafür Verantwortung zu übernehmen, wenn er selbst dazu nicht bereit ist. Deshalb versuchten

Einheitliches Klassifizierungsabzeichen Stufe I der Nationalen Volksarmee.

wir es mit Zuckerbrot, indem wir die Klassifizierung in der Fallschirmausbildung einführten, um durch die äußere Kennzeichnung, *ideellen*, aber auch *finanziellen Anreiz* zu schaffen.

Die Leistungsklasse III konnte jeder ablegen, wenn er die theoretischen und praktischen Forderungen in der Fallschirmausbildung des 1. Dienstjahres der Fallschirmjäger erfüllte, seine Fallschirmausrüstung selbst fehlerfrei packen, die Sprung- und Gefechtsausrüstung richtig anlegen konnte und die Fallschirmsprünge fehlerfrei absolviert hatte. Und wenn Unteroffiziere und Offiziere die Packberechtigung für den Sprung- und Rettungsfallschirm mit Erfolg abgelegt hatten.

Zur Leistungsklasse II, die nur Unteroffiziere und Offiziere ablegen konnten, kamen die Absetzberechtigung, die Montageberechtigung für Fallschirmsprungautomaten und der Einsatz als Sprunggruppenführer hinzu.

Leistungsklasse I war für Angehörige des Fallschirmdienstes, Berufsunteroffiziere und Offiziere gedacht, die über eine größere Sprungerfahrung verfügten, also mindestens 50 Fallschirmsprünge des Programms des 1. bis 3. Dienstjahres nachweisen konnten, und die außerdem für die gesamte Fallschirmausrüstung, die sich im FJB befand, die Bedienungsberechtigungen abgelegt hatten, sowie *als Sprungleiter* ausgebildet und bestätigt waren.

Voraussetzung für die Leistungsklasse I war der Besitz der Leistungsklasse II. Als wir 1967 soweit waren und alle Voraussetzungen dafür erarbeitet und eingereicht hatten, kam die neue Klassifizierungsordnung für die NVA heraus. In dieser war das Leistungsabzeichen für den Fallschirmdienst der Luftstreitkräfte gestrichen worden und dafür das für alle nichtspezifischen Klassifizierungen das allgemeine Klassifizierungsabzeichen eingesetzt worden. Damit war ein *Bonbon* weg, und die Lust, es abzulegen, war auch dadurch gedämpft worden, denn keiner konnte mehr mit dem Staatswappen der DDR äußerlich erkennen, für was er sich klassifiziert hatte.

Am Ende des Ausbildungsjahres 1967 bildeten wir die erste Prüfungskommission, bei der als Vorsitzender Hptm. Werner Schulz, Stellvertreter des Kommandeurs für Ausbildung, fungierte und nahmen die Prüfungen der ersten Bewerber der Leistungsklasse II und auch I ab. Nach meiner Erinnerung erhielten die Leistungsklasse I die Angehörigen des Fallschirmdienstes im FJB und die Offiziere Hptm. Werner Schulz, Hptm. Rudi Jeschke, Hptm. Dieter Michel und Obltn. Friedhelm Reddig.

Im Januar 1967 schickten wir Ofw. Heinz Nofz, bisher Fallschirmwart der 1. FJK, zu einer Ausbildung nach Glashütte zu einem privaten Handwerksmeister namens Ritzschel, der für die DDR alle Fallschirmsprungautomaten prüfte und reparierte. Diese Ausbildung hatte das Ziel, künftig alle periodischen Prüfungen von Fallschirmsprungautomaten selbst in der Einheit ausführen zu können.

Das FJB verfügte nun schon über 200 derartige Geräte mit der Bezeichnung KAP-3P, weitere 100 Stück waren bis Jahresende als Lieferung aus der UdSSR zu erwarten. Da nun die Einführung eines Sprungfallschirms mit Stabilisierungseinrichtung auf der Tagesordnung stand, war dieser Automat für jeden Fallschirm unbedingt nötig geworden.

Das Problematische an diesen Geräten war, dass sie alle sechs Monate in einer Unterdruckkammer auf ihre genaue barometrische Funktion überprüft werden mussten. Hier waren Überprüfungen mit der Einstellung von 500 m und 1000 m Höhe vorgeschrieben. Wurden Toleranzen von mehr als 100 m bzw. 150 m von der Einstellhöhe festgestellt, musste der Automat neu justiert werden, was nur wiederum in Glashütte erfolgen konnte.

Außerdem war vorgeschrieben, die Laufwerke alle zwei Jahre in Gaseline, eine Art hochexplosives Leichtbenzin, zu waschen. Deshalb war es unumgänglich, einen explosionsgeschützten Raum mit einer kleinen Werkstatt und einem Lagerraum zu schaffen. Das geschah im Treppenaufgang 7 in der Kaserne in Prora.

Bei der Ausstattung und Überprüfung dieser Anlage und der Räumlichkeiten erhielten wir vom Fliegeringenieurdienst der LSK und ganz besonders von Ingenieur Bernhard Pröger der Prüfstelle für Luftfahrtgerät Unterstützung.

Nach positivem Abschluss des Lehrgangs von Heinz Nofz waren wir in der Lage, diese Prüfungen mit den Sprungautomaten selbst vorzunehmen. Außerdem überprüften wir von da an auch die Automaten des Kampfschwimmerkommandos-18 der VM mit.

Damit stand das FJB in puncto Fallschirmtechnik auf eigenen Füßen und konnte Fallschirmreparaturen im dafür neu geschaffenem Raum und Prüfungen von Fallschirmsprungautomaten selbst ausführen.

1965 bis 1967 hatten Offiziere, die nicht mindestens den Abschluss der 10. Klasse erreicht hatten, in den wichtigsten naturwissenschaftlichen Fächern und in der russischen Sprache die 9. und 10. Klasse nachzuholen. Dazu fanden im Bereich des MB-V, in Prenzlau, Weiterbildungslehrgänge statt.

Die NVA hatte dazu mit dem Ministerium für Volksbildung Lehrer aus dem zivilen Bereich erhalten, die diese Crash-Lehrgänge leiteten. An einem dieser Lehrgänge nahm ich im Herbst/Winter 1966/67 mit Erfolg teil. Ich erhielt den Abschluss der 10. Klasse in den Fächern Mathematik und Physik mit der Note 2, Chemie und Russisch wurden sogar mit sehr gut bescheinigt.

Fallschirmsprünge als Statist für den DEFA-Film „Begegnungen"

Im Juli /August 1967 wurden in Barth Teile des Films *Begegnungen* gedreht. Darin spielten der Schauspieler Otto Mellies und die russische Schauspielerin Larissa Lushina die Hauptrollen. Regisseur Georg Leopold hatte vom Chef der Luftstreitkräfte/Luftverteidigung der NVA alle Vollmachten erhalten, und wir wurden beauftragt, dem Filmteam jegliche Unterstützung zu leisten. Das begann mit der Bereitstellung einer AN-2 zur Motivsuche, bis zu Fallschirmsprüngen mit Verfilmung eines Fallschirmsprungs. Für uns war es interessant zu sehen, wie Künstler *Ersten Grades* so leben und sich uns gegenüber geben. Man wollte bei uns den Absprung eines Aufklärers drehen, der im Hinterland der SU während des Zweiten Weltkriegs absprang, sich verletzte und danach von einer russischen Frau gesund gepflegt und gerettet wird.

Nun wollte man mir eine große und vor allem schwere Kamera in die Hand drücken und stellte als Aufgabe: „Wir möchten die Öffnung des Fallschirms, wie er sich auseinander spreizt und sich öffnet. Danach die Landefläche, möglichst in der Dämmerung, und ihre weitere Umgebung. Kleine Wassertümpel müssen mit drauf sein, und danach die Phase der Landung bis zum Aufschlag. Aber die Kamera kostet Tausende und darf nicht beschädigt werden."

Das war, dieses große Vehikel mit schwerem Sammler in der Hand, eine unlösbare Aufgabe, denn man hat ja auch noch einen Fallschirm, der geöffnet und gesteuert werden will. Außerdem noch die Garantie dafür übernehmen, dass die Kamera nicht kaputt geht. Das war einfach unlösbar. Nach meinem Einspruch und dem geringen zeitlichen Ablauf erinnerte man sich an eine kleine handliche Kamera mit Federaufzug, die etwa drei Minuten Film durchziehen kann.

Sie wurde in der Nacht aus Babelsberg geholt und es sollte am folgenden Tag losgehen. Aber das Wetter spielte nicht mit, und die Künstler wollten sich die Ostsee von oben ansehen.

Ich fuhr mit weiteren Kameraden nach Fuhlendorf in den westlich von Barth gelegenen Waldabschnitt, und wir schauten uns das Gelände mit dem von oben ausgewählten Landeplatz des Regisseurs genauer an. Selbst ein Hineinfahren mit dem Kübel war nicht möglich. Es war echtes Sumpfgelände, auf dem hohes Gras, vereinzelnd Birken und verstreut kleine Kiefern standen.

Ich glaube, es war Feldwebel Horst Müller, der zu mir mit verzogener Miene sagte:

„Hier wollen Sie reinspringen? Hier komme ich ja gar nicht mit dem SANKRA ran!"

Ich konnte nur antworten: „Wer A sagt muss auch B sagen." Es blieb mir nichts übrig, ich hatte im Flugzeug vorlaut zugestimmt und gesagt: „Das ist machbar!"

Wir suchten uns einen 50 x 50 m großen Platz aus, wo ich bei der Landung nicht gleich tief im Morast versank und im Baumbewuchs ein wenig Freiheit vorhanden war. Den legten wir fest, und darauf sollte beim Anflug ein Markierungstuch liegen, damit man die Stelle aus 600 m Höhe auch findet. Nach dem Absprung sollte das Tuch weggeräumt werden, und auch Müller mit Kraftfahrer sollten sich verstecken, damit ich sie nicht filme.

Nach der Rückkehr wurden in einer Beratung mit dem Drehstab alle Einzelheiten abgesprochen. Ich schlug vor, bei dem Sprung ins Gelände einen Sportfallschirm Typ RL-3/2 zu verwenden und nach der Öffnung bis zur Landung nur das Gelände aufzunehmen. Bei einem zweiten Sprung auf dem Flugplatz würde ich mit einem russischen Fallschirm vom Typ D-1/8 springen, da dieser noch eine runde Schirmkappe hatte und mit den Fallschirmen der 1940er-Jahre noch am ehesten zu vergleichen war. Mit fünf Sekunden stabilisiertem Fall könnte ich mich mit den Beinen nach vorn in Position bringen und die Öffnung nach dem Lösen der Stabilisierung wie gewünscht aufnehmen.

Auf dem Bild von rechts: ein russ. Schauspieler, Schauspieler Otto Mellies, Pilot Otto Schröder, Rainhard Grygas, Pilot Horst Hörmann und ich

Das Bild zeigt eine Szene aus dem Film „Begegnungen". Darauf sind rechts Otto Mellies als NKFD-Kämpfer Walter Reinhard, neben General Nikolajew, gespielt von N. A. Krjutschkow und im Geländewagen Tatjana, gespielt von Larissa Lushina, zu sehen.

Am 3. August 1967 früh war es dann soweit, den Sprung ins *Urgelände* zu wagen. Ich machte, um sicher zu gehen, zwei Anflüge und warf je eine Flirre, damit ich die Abdrift genau ermitteln konnte. Pilot war Oltn. Horst Hörmann, ein ausgezeichneter Flieger, der schon Tausende von Fallschirmspringern abgesetzt hatte. Ich sprang ab, hielt mit beiden Händen die Kamera und ließ nach drei Sekunden durch den Sprungautomaten den Fallschirm öffnen. Alles klappte wunderbar und ich konnte danach in Ruhe das Gelände aufnehmen. Da wenig Wind wehte, gab es keine Probleme, und ich steuerte immer wechselseitig mit einer Hand den Fallschirm, mit der anderen filmte ich. Kurz vor der Landung ließ ich die Kamera, die ich mit einer Schnur am Gurtzeug befestigt hatte, hängen, und bremste kurz vor dem Aufsetzen den Fallschirm ab. Die Landung war butterweich, nur meine Beine steckten bis über die Knöchel im Morast. Nach der Landung war ich mehr als froh, dass alles so gut geklappt hatte, und ich schwor mir, nie mehr so waghalsig zu sein und zu allem ja zu sagen.

Als der Kameramann die Kamera für den zweiten Sprung vorbereitete und den Film des ersten Sprungs entfernte, stellte man fest, dass zwar das Wesentliche drauf sein müsste, aber die letzten Meter vor der Landung fehlten, da die Feder zu schwach war, den gesamten Film durchzuziehen.

Der Sprung auf dem Platz bereitete mir keine Schwierigkeiten und lief wie geplant oder vorgedacht ab. Übrigens durfte ich mit Larissa eine Flasche sowjetischen Sekt trinken, den Otto spendiert hatte, um, wie er mir freundschaftlich sagte, von ihr einmal abends befreit zu sein.

Beim Ansehen des fertigen Films waren aber die Öffnung des Fallschirms und auch die urige Landschaft mit den vielen Birken und Tümpeln gut zu erkennen.

Weiterentwicklung des Sprungfallschirms RS-4/1 zum RS-4/3 1967 und deren Einführung in die Truppe

Wie bereits erwähnt, war mit dem bedauerlichen Tod des Fallschirmspringers der GST der Fallschirm RS-4/2 für eine Zeit auf Eis gelegt, bis der Staatanwalt alle Untersuchungen zu diesem Fall abgeschlossen hatte. Nach der Auswertung dieses Unfalls nahm der Leiter der Entwicklungsstelle, Ingenieur Rudi Nietzold, leider seinen Hut, obwohl er nicht für schuldig erklärt wurde. Es war seine persönliche Entscheidung, die wir alle sehr bedauerten.

Da wir 1966 nicht mit allen Sprüngen der Nullserien fertig wurden, holten wir das im Übergangsmonat Mai 1967, der stets für die Vorbereitung des 2. Ausbildungsjahres bestimmt war, nach, obwohl die Fertigung der ersten Serie in Seifhennersdorf bereits angelaufen war.

Für den Sprungdienst stand uns ein Hubschrauber MI-4 zur Verfügung. Um Zeit zu sparen, wählten wir als Sprungplatz eine landwirtschaftlich genutzte Fläche der Zirkower LPG in unmittelbarer Nähe unserer Dienststelle auf Rügen.

Persönlich hatte ich auch Probleme: Meine Frau war seit Monaten krank, und mein Großvater Oskar in Reinsberg war gestorben. Ich wollte ihm unbedingt die letzte Ehre erweisen und beim Begräbnis dabei sein. Es kam jedoch anders als gewollt.

Die Erprobungsgruppen absolvierten ihren letzten Sprung, und ich saß bereits im Zug nach Leipzig. In Bergen, der Zug hielt noch auf dem Bahnhof, holte mich plötzlich mein Kommandeur Hauptmann Egon Gleau aus dem Waggon und teilte mir einen schweren Unfall mit, der in meiner Abwesenheit passiert war.

Ich konnte nicht weiterfahren und wurde als Leiter der Untersuchungskommission eingesetzt. Was hatte sich zugetragen?

Der Sprungleiter, ich glaube, es war Oberfeldwebel Kowalski oder Grygas, berichtete mir den Hergang: Zwei Springer, Uffz. Weißbach und wiederum Stgefr. Herold waren sich nach der Öffnung des Fallschirms ziemlich nahe gekommen und hatten steuerseitig wenig unternommen, um von einander wegzukommen. Jedenfalls landete Stgefr. Herold

Skizze des Landeplatzes bei Zirkow auf der Insel Rügen

plötzlich auf der Fallschirmkappe des Uffz. Weißbach und rutschte durch die hintere große Öffnung, die über drei Bahnen verläuft und den Vorschub des Fallschirms verursacht. Er zog seinen Fallschirm, der ihm als Fahne folgte, hinter sich her, bis die Basis an der Öffnung des noch offenen Fallschirms angelangt war. Auf diese Weise wurde die Fallschirmkappe von Weißbach durch die Masse von Herold nach hinten weggezogen.

Infolge der Deformierung der Fallschirmkappe von Weißbach verloren sie schnell an Höhe, bis Weißbach nun noch seinen Rettungsfallschirm öffnete. Das war richtig, hatte aber nicht den gewünschten Effekt. Besser wäre gewesen, Herold hätte seinen Rettungsfallschirm geöffnet.

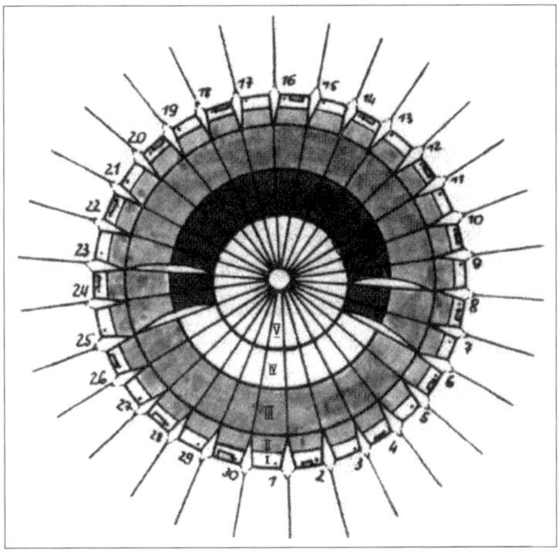

Fallschirmkappe (Draufsicht) des Sprungfallschirmes RS-4/3

Nun besaß keiner der drei Fallschirme zum Zeitpunkt der Landung die volle Tragfähigkeit. Leider schlugen die Springer noch auf einen Weg, der nach Streu führt, hart auf. Beide wurden sofort in das Krankenhaus nach Bergen transportiert.

Unteroffizier Weißbach hatte sich durch den Aufschlag eine Fraktur am Becken und eine weitere an einem Fuß zugezogen. Stabsgefreiter Herold schlug mit beiden Beinen auf und erlitt komplizierte Brüche an den Beinen. Zum Glück waren beide außer Lebensgefahr.

Das war ein harter Schlag, den wir beim Entwickeln des neuen Fallschirms erhalten hatten. Bei der Auswertung dieses schweren Vorfalls war eigentlich die Perspektive für diesen Fallschirm RS-4/1 mit den großen Steueröffnungen besiegelt.

Bei der Gesamtauswertung wurden gleichzeitig die taktischen und technischen Forderungen für die geplante Weiterentwicklung dahingehend präzisiert, dass Steuerschlitze so klein wie möglich gehalten sein müssen. Ein Durchfallen von Mitspringern bei Kollisionen sollte dadurch möglichst ausgeschlossen sein.

Die weitere Produktion des Fallschirms RS-4/1 konnte nicht storniert werden. Das Fallschirmwerk wurde allerdings aufgefordert, so schnell wie möglich die Weiterentwicklung des Fallschirms mit einer verbesserten Fallschirmkappe zu forcieren.

Im Juni 1967 war es dann soweit. Vom 7. bis 14. Juni 1967 absolvierten wir mit einer Reihe von Funktionsmustern Fallschirmsprünge, die teilweise nur noch eine Fallschirmkappengröße von etwa 73 qm hatten. Das Material war Dederon mit unterschiedlicher Luftdurchlässigkeit. Im Bild oben (Fallschirmkappe RS-4/3) ist dargestellt, wie der Gewebeeinsatz vorgenommen wurde.

Unmittelbar an der Basis, dem Feld I, (weiß) war *stark luftdurchlässiges Gewebe* eingesetzt, bei dem nur noch auf jede zweite Bahn eine Lufttasche aufgenäht wurde. Diese hohe Luftdurchlässigkeit verhinderte Kappenverformungen bis zur Umkehr der Kappe beim Öffnungsvorgang.

In den 1990er-Jahren wurde Gleiches am Fallschirm T-10 der BuWe durch Aufnähen eines Netzstreifens erzielt.

Im Feld II und III (grau) wurde fast *luftundurchlässiges Gewebe* eingesetzt. Dieser durchgehende Ring bis zur Hälfte der Steuerschlitze war das Nonplusultra, das für ein

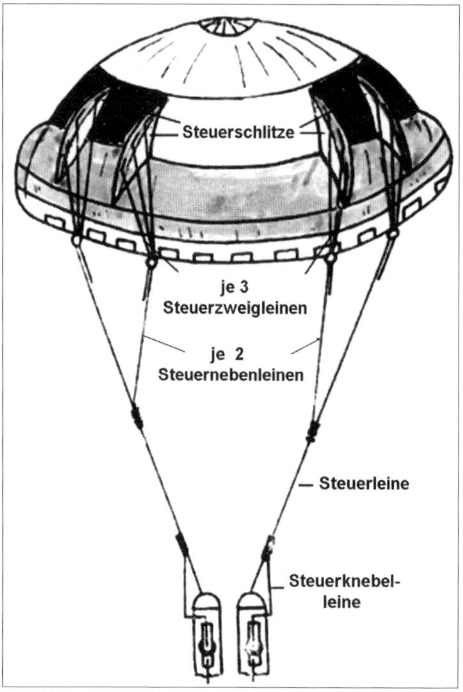

Steuersystem des Sprungfallschirmes RS-4/3

gleichmäßiges Spreizen der Kappe bei deren Öffnung für eine gute Stabilität und geringes Sinken maßgebend war.

Das Feld IV (dunkel) war nur von der Bahn 7 bis zur Bahn 25 mit Gewebe *geringerer Luftundurchlässigkeit* bestückt. Dieser vordere Gewebering hat die gestaute Luft gezwungen nach hinten abzuleiten, denn im verbliebenen weißen Teil der Fallschirmkappe, Felder IV und V, war wiederum Gewebe mit *großer Luftdurchlässigkeit* eingesetzt worden.

Mit der Wirkung der vier kleinen und mit einer Art Klappen versehenen Steuerschlitze brachte dieser Gewebeeinsatz dem Fallschirm bei einer Belastung von 130 kg nur 4,2 +/- 0,3 m/s Sinkgeschwindigkeit. Die *Vorschubgeschwindigkeit* gegenüber ruhender Luft konnte *mit 3 m/s* gemessen werden, und für eine *Drehung der Fallschirmkappe* um 360° wurden nur *acht Sekunden* benötigt. Im Bild Steuersystem ist die Fallschirmkappe von hinten mit den vier Steuerschlitzen und der Steuerleinenführung dargestellt.

In der *Masse* des Fallschirms mit Stabilisierungseinrichtung konnten *16 kg* erreicht werden, das waren immerhin 3 kg weniger als die Masse des RS-4/1. Eine für uns als Militärs besonders gute Eigenschaft war, dass Fallschirme aus Dederongewebe nicht so stockanfällig waren wie die aus Baumwollbatistgewebe. Deshalb konnte die Lagerungszeit im gepackten Zustand von bisher nur 14 Tagen auf 30 Tage verdoppelt werden. Dieser Fallschirm erhielt die Bezeichnung *RS-4/3* (3. Serie).

In den Jahren 1965/66 wurde auf dem Gebiet der Veredlung von Dederongewebe sehr viel getan. Das Fallschirmwerk erhielt einen wissenschaftlichen Mitarbeiter, Helmut Henschel, der sein Physikstudium abgeschlossen hatte und sich ganz in die Fallschirmentwicklung kniete. Er sollte in erster Linie einen Gleitfallschirm entwickeln. Dazu war es erforderlich, Dederongewebe aus eigener Produktion der DDR so zu veredeln, dass man sowohl die Brandfestigkeit, als auch die verschiedenartige Luftdurchlässigkeit des Gewebes in den Griff bekam und im Fallschirmbau einsetzen konnte.

Seinem Vorschlag, den Ring der Felder II und III mit luftundurchlässigem Gewebe auszustatten, ist der Erfolg über diese sehr guten Eigenschaften des RS-4/3 zu verdanken.

Die UdSSR hatte als Nachfolger für den Fallschirm D-1/8, der noch aus Baumwollbatist gefertigt war, bereits den Schirm D-3 aus Kaprongewebe auf den sozialistischen Markt gebracht. Bei der ersten Erprobung des RS-4/3 im Juni 1967 erhielten wir über den Ingenieur-technischen-Außenhandel (ITA) ein Muster zum Überprüfen und zur weiteren Verwendung zur Verfügung gestellt. Am 14. Juni 1967, dem Geburtstag meiner Frau, machte ich damit meinen ersten Sprung, so steht es in meinem Sprungbuch eingetragen. Da ich aber bereits fünf Sprünge mit den Mustern des RS-4/3 bestritten hatte und mich bei den letzten drei Sprüngen freiwillig sogar mit dem FJT belastet hatte, stand fest: „Für uns Fallschirmjäger wird der RS-4/3 unser Fallschirm!“

Das war aber nicht nur meine Meinung, sondern all derer, die damit gesprungen waren, und auch derjenigen, die die Sprünge beobachten konnten.

Ab 6. Juli 1967 erhielten wir eine Reihe weiterer Fallschirme dieses neuerlichen Typs und sprangen bis Ende Juli alle möglichen Einsatzvarianten bei Tag und Nacht und besonders mit Ausrüstung. Danach wurde der Abschlussbericht abgefasst und mit der Serienproduktion begonnen. Gleichzeitig stellte das Werk die Produktion des RS-4/1 ein.

Die Kompanie des 3. Dienstjahres wurde im Frühjahr 1967 mit dem Sprungfallschirm RS-4/1ausgerüstet und daran ausgebildet.

Bereits nach den ersten Nachtsprüngen hatte der Fallschirm seinen Spitznamen weg: „Der Bomber!“ Bei wenig Wind und vor allem in der Nacht ohne Thermik auf den letzten Metern vor der Landung ging es ab wie im Fahrstuhl.

Diplomphysiker Helmut Hentschel, der erfolgreichste Konstrukteur von Fallschirmen in der DDR.

Es war eigenartig, aber kein Fallschirm war so thermikabhängig wie der RS-4/1. Diese Fallschirme wurden danach zum Zwecke der Gewährleistung der ständigen Gefechtsbereitschaft gepackt, gelagert und jährlich zum Wasserspringen eingesetzt, bis die Lebensdauer abgelaufen war.

Das Fallschirmwerk hatte bereits zur Ungarischen Volksrepublik Handelsbeziehungen mit Sportfallschirmen der Reihe RL-3/2 und dem Weltmeisterschaftsschirm von Leipzig im Jahre 1966, dem RL-3/5, aufgebaut. Es lag in der Sache, dass Ungarn auch an dem neu entwickelten Fallschirm RS-4/3 Interesse hatte. Bereits 1967/68 erhielt Ungarn diesen Fallschirm mit dem Rettungsfallschirm BE-3 D.

Das ging der UdSSR zu weit, und sie sah in der DDR einen Konkurrenten. Man sollte es nicht glauben, wo doch im Sozialismus der Konkurrenzkampf zwischen den sozialistisch-brüderlich verbundenen Ländern *abgeschafft und beseitigt sein sollte*?

Jedenfalls wurde ab sofort die Lieferung der Doppelkegelschlösser uber ITA an die DDR eingestellt. Die Begründung, die wir nie offiziell, sondern hinter vorgehaltener Hand erfuhren, war: „Die UdSSR hat die Schlösser nur für den Eigenbedarf der NVA, aber nicht für den weiteren Export zur Verfügung gestellt, Ungarn soll bei uns Fallschirme kaufen.“ Nun fing ich langsam an, in diesem Fall an der Gemeinsamkeit der Warschauer Vertragsstaaten zu zweifeln! Allerdings sollte man darüber mit niemandem offenherzig sprechen, denn das widersprach der *Politik* von Partei und Regierung.

Mit den Ingenieuren von Seifhennersdorf und der SLI habe ich mich in diesen Fragen ehrlich ausgetauscht, aber in die Offensive gehen hieß, sich das Genick brechen!

Ich führte bereits an, dass man mit Fallschirmen in der Produktion sehr viel Gewinn er-

Fallschirm RS-4/3 in der Luft

Sportfallschirm RL-3/2

zielen konnte. Der Rentabilitätsfaktor bei Fallschirmen lag in der Textilindustrie gegenüber anderen Erzeugnissen um ein Vielfaches höher als z. B. bei Bekleidungsgegenständen.

Der Rentabilitätsfaktor für Fallschirme lag zwischen 2,6 und 3 zu dieser Zeit, bei Bettwäsche hingegen sogar unter eins. Man erklärte mir bei Gesprächen mit dem Leiter der Hauptabteilung I der VVB Konfektion, der für die Belieferung der NVA zuständig war, oder mit Ingenieur Wagner, der nun Leiter der Entwicklungsstelle für Fallschirme wurde, dass man mit dem Export eines Fallschirms viel mehr Gewinn für die Volkswirtschaft erzielen kann, als beim Export von beispielsweise zehntausend ESDA-Damenstrümpfen. Gibt man im Fallschirmbau eine Mark aus, holt man 2,6 bis 3 Mark wieder herein. Bettwäscheexport dagegen war ein Verlustgeschäft. Mit Anzügen und anderem war gleichfalls wenig zu verdienen.

Deshalb war der nicht offene, aber vorhandene Kommerz auch unter den sozialistischen Ländern vorhanden, wurde aber verschwiegen!

Da ich durch meine Tätigkeit mit vielen Spezialisten zusammenkam, wusste ich aus Beispielen von Ersatzteillieferungen oder anderen für die NVA notwendigen Importen, dass besonders die UdSSR gegenüber der DDR fast skrupellos war. Wolltest du einen Rettungsfallschirm für ein Jagdflugzeug, z. B. MiG-21, kaufen, weil dieser defekt oder was auch immer war, musstest du einen gesamten Schleudersitz des Flugzeugs, in dem sich der Fallschirm befand, einführen und teuer bezahlen, ob du den Sitz brauchtest oder nicht. Das konnte niemand, der davon Kenntnis hatte, so richtig verstehen. Damit zu argumentieren war gefährlich, weil es streng verboten war, Geheimnisse auszuplaudern.

Die Weiterentwicklung des RL-3/2, der RL-3/4

Fallschirm RS-8A

Der Fallschirm RL-3/4 wurde in ganz geringen Stückzahlen gefertigt und ich erhielt abermals vom Werk für längere Zeit ein Muster zur Begutachtung. Nach meinem Sprungbuch bin ich mit diesem Typ allerdings nur sieben Mal gesprungen, da seine Eigenschaften schlechter als die des RL-3/2 waren.

1970 brachte das Fallschirmwerk den Sprungfallschirm RS-8 auf den Markt. Dieser hatte nur eine Kappenfläche von 56 Quadratmetern und basierte auf der Konstruktion des Fallschirms RS-4/3. Der RS-8 hatte nur zwei Steuerschlitze, die Leitfläche war im hinteren Teil der Kappe über drei Bahnen geöffnet und verfügte dadurch über einen Schub von 3 m/s. Er war für bereits ausgebildete Fallschirmspringer zur Vorbereitung auf das Umsteigen auf Hochleistungsfallschirme bestimmt. Neben der Ausbildung in der GST wurde er auch in geringen Stückzahlen für Angehörige des Fallschirmdienstes in die NVA (zum Teil mit Stabilisierungseinrichtung mit der Bezeichnung RS-8A) eingeführt.

Die schwere Krankheit meiner Frau – Versetzung zum Ministerium für Staatssicherheit oder zum Ministerium für Nationale Verteidigung?

Nach der Geburt unseres Sohnes bekam meine Frau Christa als Folgeerscheinung eine Allergie die von Jahr zu Jahr schlimmer wurde. Diese Überempfindlichkeit betraf die Atemwege und sie litt besonders an trüben, nebligen und nassen Tagen an asthmatischen Anfällen. Die Ärzte auf der Insel Rügen gaben dem feuchten, nassen Klima die Schuld und verordneten einen unbedingten Klimawechsel. Der Berliner Raum wäre sicher am geeignetsten, um diese fast schon chronischen Atembeschwerden wieder loszuwerden. Ich wusste, was es heißt, keine Luft zu kriegen, da ich als Kind Asthma hatte, das sich glücklicherweise in der Jugend wieder verlor. Ich konnte nicht länger zusehen, wie meine Frau immer weniger wurde und sich vor allem nachts quälte, um Luft zu bekommen.

Ich sprach mehrmals mit dem Kommandeur darüber und schrieb ein Versetzungsgesuch an den Chef des MB-V, Generalmajor Stechbarth, und bat ihn, mir in der für uns aussichtslosen Situation zu helfen. Er teilte mir mit, dass er das Bataillon meinetwegen nicht verlegen könne und fügte hinzu, dass die Ärzte auf Rügen nicht die Spezialisten seien, die nun mit Bestimmtheit eine derartige Therapie treffen können.

Er legte fest, dass meine Frau zur Untersuchung nach Bad Saarow, in das größte Lazarett der NVA, eingewiesen wird, und dort die Spezialisten über die weitere Verfahrensweise entscheiden sollten. Dafür war ich Generalmajor Stechbarth sehr dankbar.

Im Herbst 1967 wurde meine Frau in Bad Saarow eingewiesen und durchlief mehrere Stationen. Unsere Kinder betreute während dieser Zeit meine Schwiegermutter. Nun kannten diese Krankheitsgeschichte meiner Frau viele Menschen, mit denen ich zu tun gehabt hatte, und auch Seifhennersdorf.

Bei einer Beratung über den Abschluss der Entwicklung des RS-4/3 kamen neben der NVA auch andere Nutzer von Fallschirmen in der DDR im Werk zusammen. Von der GST war das stets Peter Thalacker, vom Ministerium für Staatssicherheit (MfS) der Leiter des Fallschirmdienstes, Hptm. Dieter Rothe.

Bei dieser Zusammenkunft fragte er mich, ob ich bereit wäre, meine Arbeit auf dem Gebiet des Fallschirmdienstes auch im MfS fortzusetzen. Ich käme nicht in den operativen Dienst des MfS, sondern sei der Abteilung Ausbildung angeschlossen. Ich hätte ein abgestecktes Verantwortungsgebiet, und mein Vorgesetzter wäre mein ehemaliger Taktiklehrer der Offiziersschule in Döbeln und Plauen, Oberstleutnant Walther.

Außerdem seien sie dabei, in Eilenburg eine Fallschirmausbildungsbasis aufzubauen, wo ich dann voll einsteigen könne. Da ich ja in Barth ihre Spezialisten der Bezirksverwaltungen in Rostock und Schwerin schon einmal im Fallschirmspringen ausgebildet hätte, würden dann jährlich alle Bezirksverwaltungen in Lehrgängen in Eilenburg ausgebildet. Das klang verlockend und ich sagte einer Zusammenkunft mit dem Genossen Oberstleutnant Walther zu.

Für mich gab es nur eins: Meine Frau musste wieder gesund werden. Und wenn die Ärzte auf Rügen Recht behielten, wäre das für mich die einzige Alternative, um weiterhin im Fallschirmdienst bleiben zu können. Ich wurde ermahnt, mit niemandem darüber zu sprechen, und ich hielt mich auch daran. Meiner Frau ging es, seit sie in Bad Saarow war, bedeutend besser. Sie hatte im Berliner Raum am Scharmützelsee keinerlei Beschwerden, und ich glaubte langsam an die Therapie der Ärzte auf Rügen.

Trotzdem kam ich mir gegenüber meinen Kameraden im Bataillon, mit denen ich so viel gemeinsam aufgebaut und erlebt hatte, wie ein *kleiner Verräter* vor.

Bei einem Besuch meiner Frau in Bad Saarow wurde ich von Oberstleutnant Walther nach Berlin in das MfS zu einer Aussprache bezüglich einer Versetzung zu diesem Ministerium eingeladen. Dort traf ich, für mich völlig überraschend, Kapitänleutnant Mahlfeld, der ehemals im Kampfschwimmerkommando 18 der Volksmarine gedient hatte und nun für die Taucherausbildung im MfS in der Abteilung Ausbildung zuständig war.

Damit war ein weiterer Fürsprecher für meine Entlassung aus der NVA und für die Übernahme zum MfS an seinem Beispiel gegeben. Man zeigte mir schon meinen Schreibtisch, und ich sagte unter Vorbehalt dem Wechsel in das MfS zu.

Ich bat darum, mir noch Zeit zu geben, und wollte meine verbindliche Zusage vom Erfolg oder auch Misserfolg der medizinischen Behandlung meiner Frau abhängig machen.

Nach etwa sechs Wochen Aufenthalt kehrte meine Frau aus Bad Saarow zurück und sollte im Januar/Februar 1968 zur weiteren Behandlung der Atemwege noch eine Kur in Bad Salzungen erhalten. Auch die Spezialärzte in Bad Saarow konnten nicht eindeutig feststellen, woher diese Verkrampfungen der Atemwege kamen, denn bei der Behandlung gab es keinerlei Anzeichen dafür. Als meine Frau wieder zu Hause in Binz war, dauerte es nicht lange, und sie litt vor allem nachts wieder an diesen Luftbeschwerden.

Vom Armeestab hatte ich keine weitere Unterstützung zu erwarten und wollte deshalb den Zug ohne mich beim MfS nicht abfahren lassen. Ich grübelte oft darüber und wog alle Vor- und auch Nachteile hin und her ab. Leider konnte ich mich darüber mit niemandem austauschen und mir einen Rat holen, denn schließlich hatte ich das versprochen.

Bei einer doch etwas geheimen Zusammenkunft in Göhren auf der Insel Rügen mit Oberstleutnant Walther gab ich meine ungeteilte Zustimmung und unterschrieb die Versetzung zum MfS. Um alles andere brauchte ich mich nicht zu kümmern, denn das lief über die Ministerwege.

Meine innere Einstellung war nun gefestigt, und meine Frau war gleichfalls einverstanden. Wir überlegten beide lange und wogen ab, was für uns, d. h. für meine Frau, am besten wäre. Wenngleich man mir in der NVA eine andere Dienststellung im Berliner Raum anbieten würde, wäre das Wohnungsproblem, an dem ja letztlich alles hing, auch nicht von heute auf morgen gelöst. Dazu hatte die Staatssicherheit mir bereits Angebote gemacht.

Ich hatte die Pflicht, so lange zu warten, bis auf dem Dienstweg – vom MfNV zum MB-V und von dort zum FJB-5 – die Entlassung des Hptm. Leutert aus der NVA auf der Grundlage eines Kaderbefehls vom Chef Kader des MfNV, angekommen war. Danach konnte keiner mehr daran wackeln und Veränderungen fordern. Das war die Strategie von Oberstleutnant Walther.

Der Kurantritt meiner Frau in Bad Salzungen fiel auf den 15. oder 18. Januar 1968. Die Behandlung dauerte vier Wochen. Die Kinder schafften wir zu meiner Mutter nach Reinsberg. Es war am 22. oder 23. Januar 1968, als ich am Abend kurz vor Dienstschluss zum Kommandeur gerufen wurde und er mir mitteilte, dass er sich *mit mir* morgen früh um 10:00 Uhr im Ministerium für Nationale Verteidigung beim Chef der Verwaltung Ausbildung in Strausberg zu melden habe. „Können Sie sich vorstellen, was wir da sollen?", fragte mich Hptm. Gleau. „Haben Sie was ausgefressen?" Ich verneinte und wusste nun, was die Stunde geschlagen hatte. *Nun hieß es ruhig Blut und warme Unterhosen zu bewahren.*

Im Fahrzeug, einem grünen Wartburg, wurde wenig gesprochen. Er ließ mich vorn neben dem Fahrer Platz nehmen und sagte nur: „Den Weg nach Strausberg kennen Sie ja."

Hptm. Gleau war ein gewissenhafter Kommandeur und hatte nach einem kurzen Gedankenaustausch über Fragen des Fallschirmdienstes, Dienstvorschriften unter andere Dinge gelesen, zu denen er in der Dienststelle kaum Zeit fand.

In Strausberg angekommen meldete sich Hptm. Gleau bei seinem ehemaligem Chef des MB-V, der jetzt im Ministerium für die gesamte Gefechtsausbildung der NVA verantwortlich zeichnete: bei Generalmajor Stechbarth. Chef des MB-V wurde mit Beginn des neuen Ausbildungsjahres Generalmajor Goldbach, und die Funktion seines Stellvertreters für Ausbildung übernahm der ehemalige Leiter der 2. Abteilung in der Verwaltung Ausbildung Oberst Otto.

Ich durfte erst einmal im Vorzimmer stehen bleiben, und alle Abteilungsleiter wurden zum Chef gerufen. Danach rief mich mein Kommandeur ins Dienstzimmer des Chefs der Verwaltung Ausbildung. Mir rutschte beim Anblick so vieler *Raupenschlepper* das Herz in die Kniekehlen. Ich stellte mich in militärische Position und meldete: „Genosse Generalmajor, Hptm. Leutert meldet sich wie befohlen zur Stelle!"

Und nun begann ein Donnerwetter, sinngemäß etwa so: „Ist das der Dank für das Vertrauen, das wir in Sie setzten, dass Sie still und heimlich unter eine andere Decke kriechen wollen? Wir haben Ihnen in den zurückliegenden Jahren die Möglichkeit gegeben, sich auf diesem speziellen Gebiet des Fallschirmdienstes zu qualifizieren, und jetzt, da Sie der NVA etwas zurückgeben könnten, wollen sie verschwinden? Hätte mich Oberst Otto nicht angerufen, wären Sie am 1. Februar 1968 klammheimlich abgehauen, denn der Befehl mit ihrer Entlassung ist von General Pech schon lange unterschrieben! Was haben Sie eigentlich überhaupt zu Ihrer Verteidigung vorzubringen?"

Nun war ich dran, und das vor so einer Kulisse! Ich antwortete sinngemäß: „Genosse Generalmajor, Sie haben Recht! Das war von mir nicht so gewollt, aber eine andere Verfahrensweise lässt die andere Seite, die mir sofort helfen will, nicht zu. Meinen Sie, ich würde die Armee verlassen, wenn man mir eine entsprechende Alternative gäbe? Ich habe mich seit mehr als einem Jahr etliche Male über die Linie meines Kommandeurs an Sie gewandt und um Hilfe gebeten. Meine Frau wog noch ganze 81 Pfund, und als Antwort habe ich erhalten: „Wir können das Bataillon nicht Ihretwegen verlegen!"

Ich sagte in meiner Gefühlsaufwallung dann noch etwas darüber, wenn das Kind im Brunnen liegt … usw.!

Er entgegnete darauf: „Wollen Sie in der Armee bleiben?" Ich antwortete klar und eindeutig, „Ja. Wenn die Armee meiner Frau mit meiner Versetzung von der Insel helfen und ich im Fallschirmdienst verbleiben kann." Er fragte mich daraufhin: „Möchten Sie im Kommando der Luftstreitkräfte oder lieber hier, bei mir, arbeiten?" Ich antwortete kurz und bündig: „Lieber bei Ihnen, Genosse Generalmajor!" Er antwortete: „Na, dann werden wir mal sehen, was der Minister Hoffmann dazu zu sagen hat!"

Er ließ alle wegtreten und befahl mir, draußen zu warten. Mein Kommandeur entschwand mit den anderen Abteilungsleitern und besuchte danach Major Neis, der in die Verwaltung Ausbildung versetzt worden war und sich auf den Besuch der Militärakademie *Frunse* in Moskau vorbereitete.

Ich lief kopflos durch den langen Gang, grüßte militärisch exakt jeden Raupenschlepper, dem ich begegnete und wollte vor dem Eingang unbedingt erst mal *eine rauchen*. Dort angelangt, sah ich, dass etwas abseits Oberstleutnant Walther und Hptm. Rothe standen. Ich war perplex und wusste nun, wie gut die Informationen im MfS laufen.

Die erste Frage, die man mir ohne große Begrüßung stellte, lautete: „Bist du standhaft geblieben? Was hat man dich gefragt?" Ich antwortete ihnen nur, dass General Stechbarth gegenwärtig in meiner Angelegenheit beim Minister sei, und wenn mir die Armee helfen könne, dann bleibe ich. „Hoffentlich wirst du auch hier eine Wohnung bekommen, bei uns ginge das bestimmt schneller." Ich sagte nur: „Davon mache ich auch alles weitere abhängig." Sie verabschiedeten sich ohne großes Händeschütteln und gingen.

General Stechbarth kam nach etwa einer guten halben Stunde zurück und teilte uns die Entscheidung des Ministers mit: „Eine Entlassung aus der NVA kommt für Sie, Genosse Hauptmann, nicht in Frage. Minister Mielke hat nur das Recht darauf zu bestehen, wenn der künftige Einsatz im MfS im operativen Dienst, sprich Spionagedienst, erfolgen soll. Sie sollen doch Fallschirmspringer ausbilden, nicht wahr?“ Ich nickte und antwortete: „Jawohl Genosse Generalmajor!“ Er sagte daraufhin: „Weiterhin hat der Minister nach Absprache mit dem Chef der Luftstreitkräfte entschieden, dass in der Verwaltung Ausbildung im MfNV eine Arbeitsgruppe Fallschirmdienst aufgebaut wird, für die Sie, Genosse Hauptmann, die Grundlagen zu schaffen haben. Sie werden mit Wirkung vom 15. Februar 1968 in meine Verwaltung des MfNV versetzt und erhalten die freie Planstelle Oberoffizier Taktik in der 2. Abteilung bei Oberstleutnant Zabelt.

Nun übergebe ich ihnen eine vom Minister angeordnete Wohnungseinweisung in die Wohnung der Parkstraße 29, aus der Oberst Otto gerade ausgezogen ist. Diese Wohnung war bereits an einen Oberstleutnant der Politischen Hauptverwaltung vergeben, der bereits länger als ein Jahr auf eine Wohnung im Standort wartete. Dieser Wechsel der Zuweisung wurde dem Admiral Verner eben vom Minister mitgeteilt. Das tut natürlich besonders weh, und der Admiral ist sofort beim Minister Sturm gelaufen. Sie setzen sich jetzt in meinen Wagen und sehen sich die Wohnung an. Ich möchte, dass Sie noch vor der Rückkehr Ihrer Frau von der Kur umgezogen sind und Ihre Frau gleich nach Strausberg kommt!“

Mir kamen vor Freude die Tränen, denn so viel Glück hätte ich mir nie erhofft. Ich bedankte mich und versprach, das in mich gesetzte Vertrauen jeder Zeit zu rechtfertigen und alles zu tun, um den Fallschirmdienst in der NVA weiter voranzubringen.

Er sagte im Beisein aller abschließend in seiner für ihn eigenen Art: „Ich kenne keinen Offizier, der bei einer Versetzung von außerhalb zum Ministerium eher in den Standort umgezogen ist, als er hier seinen neuen Dienst begann. Sie sind der Erste und werden es wohl lange bleiben!“

Ich fuhr, die Wohnungseinweisung in der Hand, im schwarzen TATRA mit seinem Fahrer in die Parkstraße, die unweit der Kasernenanlage lag. In der ersten Etage angekommen, klingelte ich, und mir öffnete ein Rotschopf mit einem Malerpinsel in der Hand und fragte, was ich wolle?

Ich entschuldigte mich, zeigte ihm die Wohnungseinweisung und bat ihn, mich kurz die Wohnung besichtigen zu lassen. Dabei bin ich im Gesicht ebenso rot geworden, wie seine Haare waren, und er wurde verständlicherweise blass im Gesicht. Da gab es bei ihm echte Tränen, und ich schämte mich, denn wer konnte schon diese jähe Wendung begreifen?

Mein Kommandeur sagte mir bei der Rückfahrt, dass er die Bildung einer Arbeitsgruppe begrüße, und er informierte mich auch darüber, dass das FJB bald dem MfNV direkt unterstellt werde. Generalmajor Stechbarth hätte diese Version geäußert und glaube damit dieser Spezialtruppe mehr Unterstützung geben zu können, als er es als Chef des MB-V tun konnte.

Nun sprachen wir auch über meinen Nachfolger. Hier wussten wir beide, dass es nicht einfach sein würde. Dienstältere Offiziere, die über eine größere Sprungerfahrung verfügten, waren bereits Kompaniechef oder Stabsoffizier im Bataillon. Eine Aufstiegsmöglichkeit im Dienstgrad war nicht gegeben, auch nicht in der Dienststellung. Deshalb kam nur ein Offizier in Frage, der gegenwärtig die Planstelle Zugführer innehatte.

Zu dieser Zeit, Ende der 1960er-Jahre, war es noch nicht möglich, Unteroffiziere ohne Abschluss der Offiziersschule auf Planstellen von Offizieren zu setzen, denn Oberfeldwebel Grygas wäre dazu durchaus in der Lage gewesen. Deshalb einigten wir uns auf Zugführer Leutnant *Wolfgang Fründt*, den die militärische Führung des FJB natürlich bestätigten musste.

Dienst im Ministerium für Nationale Verteidigung

Die Bildung einer Arbeitsgruppe Fallschirmdienst im MfNV

Nun waren auf höchster Ebene die Weichen für mich so überaus vorteilhaft gestellt worden, und ich konnte nun jedem wieder offen in die Augen sehen. Leutnant Fründt wurde von der militärischen Führung bestätigt, und ich übergab ihm alle Geschäfte des Fallschirmdienstes.

Ich bestellte den Möbelwagen, und die Fallschirmwarte, mit denen ich das Fallschirmspringen begonnen hatte, halfen mir beim Packen. Das war eine richtige Männerwirtschaft, aber Ofw. Heinz Nofz, der Hauptpacker von Geschirr und anderem zerbrechlichen Hausrat, hat das so gut gemacht, dass nichts kaputt ging.

Ich räumte in Stausberg mit Hilfe meiner Schwiegermutter die neue Wohnung ein, und als darauf meine Frau von der Kur und mit den Kindern umgehend in den neuen Wohnort kam, war in der Familie die Freude groß. Endlich eine Wohnung mit Fernheizung und eine Badewanne, über der ein Hahn für Warmwasser direkt aus der Wand kam. Vor allem hatten wir jetzt ein Zimmer mehr als in Binz. Doch unsere Tochter, die ja schon in die dritte Klasse ging, hatte Heimweh nach ihren Freundinnen und ihrer Schulklasse in Binz. Für Kinder ist ein derartiger Wechsel auch nicht einfach, ebenso wenig, einen neuen Freundeskreis zu finden. Und die Ostsee gegen den Straussee eintauschen zu müssen, tat etwas weh. Mir ging es ähnlich wie den Kindern. Wenn ich an die neuen Bedingungen meiner künftigen Arbeit im Ministerium dachte, wurde mir auch ganz anders.

Im FJB gehörte ich als Hauptmann zu den *Großen* unter den Kleinen. Nun hingegen wurde ich wahrlich der „*Kleine* unter den Großen!

Ich hatte in den zurückliegenden Jahren meiner Offizierslaufbahn doch mehr im operativen Dienst als am Schreibtisch gearbeitet. Nun war der Schreibtisch mein alleiniger Arbeitsplatz im Ministerium, und ich freute mich mehr denn je auf die Stunde Sport am Dienstag und Donnerstag einer jeden Woche.

Nun muss ich aber ganz offen gestehen, dass es mir meine neuen, älteren Kameraden wirklich leicht machten, schnell Fuß zu fassen. Ich kann von der überwiegenden Mehrheit aller in der Verwaltung Ausbildung arbeitenden Stabsoffizieren, die in der Regel schon alle Oberstleutnant waren, nur Gutes schreiben. Man tröstete mich dahingehend, selbst einmal hier angefangen zu haben. Außerdem kannte jeder genau die Truppe und war schließlich, genau wie ich, aus ihr hervorgegangen.

Jeden Morgen ging ich mit meinem Nachbarn, Oberstleutnant Wählt (†), der im gegenüberliegenden Haus wohnte, zum Dienst. Von ihm erfuhr ich viele gute Hinweise und auch Verhaltensweisen, die mir in meiner weiteren Dienstzeit sehr halfen. Es ist schon ein gewaltiger Unterschied, in einer Verwaltung im MfNV oder als Stabsoffizier in einem Bataillon zu arbeiten.

Hier musste man sich schon ein bisschen genauer überlegen, was man persönlich von sich gab, und noch mehr, was *mündlich oder gar schriftlich* in die Truppe ging.

Nun war es so, dass ich nur acht Jahre in die Grundschule gegangen war und in nur vier Fächern den Abschluss der 10. Klasse nachgeholt habe. Allerdings nicht im nun wichtigsten Fach *Deutsch*, das beim Erarbeiten von Vorschriften und Dienstanweisungen von größter Bedeutung war. Ein großer Teil der hier arbeitenden Offiziere waren Absolventen der Militärakademie *Friedrich Engels* in Dresden oder auch *Frunse* in Moskau.

Ich musste bald feststellen, dass es nicht einfach war, ein Schriftstück zu verfassen, das dem Stil und der Würde dieses hohen Hauses, dem MfNV, gerecht wurde. Deshalb musste ich viel Lehrgeld bezahlen, und es dauerte, ehe ich stilistisch so schreiben konnte, dass es ohne große Umformulierungen, Streichungen, Ergänzungen usw. vom Tisch des Abteilungsleiters, zu der Zeit noch Oberstleutnant Zabelt, dem Chef der Verwaltung Ausbildung, Generalmajor Stechbarth, zur Unterschrift vorgelegt werden konnte.

Meine erste Aufgabe bestand darin, alle Verantwortungsbereiche und Aufgaben aufzulisten, die eine Arbeitsgruppe Fallschirmdienst im MfNV wahrzunehmen hat. Dabei war wichtig zu klären, was vom bisherigen Verantwortungsbereich des Chefs der Luftstreitkräfte/Luftverteidigung (LSK/LV) in die Verantwortung des Chefs der Verwaltung Ausbildung übergeht.

Der gesamte spezielle Import aus der UdSSR zur Sicherstellung des Fallschirm- und Rettungsdienstes für die NVA verblieb in der Verantwortung des Chefs der LSK/LV. Das waren vor allem Rettungssysteme für Jagdflugzeuge und die damit verbundene Ausbildung des fliegenden Personals an dieser speziellen Technik. Jedoch ging alle Fallschirmtechnik und das Zubehör der DDR-Produktion in die Verantwortung des Chefs der Verwaltung Ausbildung über. Damit waren die Trennung der Bedarfsträgerschaft und die Zuständigkeit für die Ausrüstung mit Fallschirmtechnik und Zubehör für die Luftstreitkräfte, die Volksmarine, die Grenztruppen und die aufzubauenden fallschirmspringenden Einheiten der NVA festgelegt.

Die Luftstreitkräfte verfügten über einen hochqualifizierten Personalbestand im Fallschirm- und Rettungsdienst und arbeiteten unter Verantwortung des Leiters des Fallschirmdienstes im Kommando der LSK/LV, nun schon Oberstleutnant Schöll, weiterhin selbständig. Allerdings wurde vereinbart, dass die von der Arbeitsgruppe Fallschirmdienst zu erarbeitenden Dienstvorschriften und Anleitungen, herausgegeben vom MfNV, für alle Teilstreitkräfte bindend sind.

An Dienstvorschriften, Anleitungen und Ausbildungsprogrammen mussten unbedingt erarbeitet werden: eine Dienstvorschrift, die eindeutig das Fallschirmspringen, dessen Ablauf, die Pflichten der Diensthabenden und die Verantwortlichkeiten klar definiert und regelt;

- militärische Anleitungen für alle im Verkehr der NVA befindlichen Fallschirme, Sprungautomaten und Ausbildungsgeräte;
- Ausbildungsanleitungen für das Fallschirmspringen und Absetzen aus den zum Einsatz gelangenden Flugzeugen und Hubschraubern sowie
- Ausbildungsprogramme für die Fallschirmsprungausbildung gemäß den Einsatzgrundsätzen für den jeweiligen Truppenteil/die jeweilige Einheit.

Von diesem Gesamtumfang der zu leistenden Arbeit abgeleitet, wurde das Aufgabengebiet mit den Verantwortlichkeiten klar definiert und damit die Struktur der Arbeitsgruppe vom personellen Ansatz her bestimmt.

Das war die erste und wichtigste Tätigkeit, die durchdacht, geklärt und definiert werden musste.

Als personeller Ansatz wurden vorgeschlagen:

- ein Leiter der Arbeitsgruppe Fallschirmdienst;
- ein Oberoffizier für Fallschirmausbildung;

- ein Offizier für materielle Planung und Sicherstellung sowie
- eine Sachbearbeiterin für Planung und Nachweisführung der Geräte des Fallschirmdienstes in der NVA.

Nun war es nötig den *Funktionsverteilungsplan* zu entwerfen, d. h., die Arbeiten und die Verantwortung den genannten Planstellen genau zuzuordnen.

Damit waren die Grundlagen für den *Befehl des Ministers für Nationale Verteidigung zur Bildung der Arbeitsgruppe Fallschirmdienst (Befehl 80/68 des MfNV)* gegeben. Dieser Befehl wurde im Entwurf von allen Stellvertretern des Ministers mitgezeichnet. Darin wurde festgelegt, dass von den Luftstreitkräften und der Volksmarine bis zum 1. Oktober 1968 je eine Planstelle und ein Offizier für die Arbeitsgruppe Fallschirmdienst zur Verfügung zu stellen sind.

Vom KSK-18 der Volksmarine trat ihr bisheriger Offizier für Fallschirm- und Taucherausbildung *Kapitänleutnant Gerhard Aschekowski* an.

Von den LSK wurde *Hauptmann Werner Klinnert* vorgeschlagen, ein Technischer Offizier, der viele Jahre im Bereich der Flugzeugtechnik als Ingenieur an der Offiziershochschule der LSK in Kamenz tätig war. Klinnert eignete sich in der Armeesportvereinigung das Fallschirmspringen an und war ein begeisterter Fallschirmspringer. Für beide Offiziere waren keine weiteren Entwicklungsmöglichkeiten in ihren bisherigen Planstellen gegeben.

Zwischendurch arbeitete ich verzweifelt an dem Entwurf der Dienstvorschrift *Fallschirmsprungbetriebsdienst in der NVA*.

Noch heute bin ich Oberstleutnant Hans Eulenstein dankbar für die Unterstützung und Hinweise, die er mir bei der Erarbeitung gab. Ich saß glücklicherweise mit ihm in einem Dienstzimmer und konnte ihn zu allen mir unklaren Fragen um seine Meinung und Unterstützung bitten.

Bei den fachspezifischen Fragen konnte mir aber keiner helfen, denn im Bereich Ausbildung war kein weiterer Offizier mit Fallschirmen in Berührung gekommen. Und Major Neis war bereits in Moskau an der *Frunse*-Akademie.

Das Komplizierteste waren aber doch Formulierungsfragen, die mich mein ganzes Leben bei der Erarbeitung von Grundsatzdokumenten begleiteten. Darum gab es für mich und meine Kameraden nur den einen Spruch: „Wir ändern früh, wir ändern spät, wir ändern gern, so lang es geht, und ist uns etwas gut gelungen, dann ändern wir die Änderungen!“

Für eine gute Woche hatte ich eine kleine und angenehme Aufgabe im Auftrag des Ingenieur-Technischen Außenhandels (ITA) zu erfüllen. Ich wurde zu einer Dienstreise in die *Ungarische Volksrepublik* angefordert. Hier hatte ich mit dem Entwicklungsingenieur für Fallschirme des Fallschirmwerks Seifhennersdorf, Franz Lackner, in Budapest Fragen bei der Einführung der Fallschirme RS-4/3 und des Sportfallschirms RL-3/5 zu klären und Hilfe zu leisten. Dabei ging es dem Leiter des Fallschirmdienstes der Luftstreitkräfte der ungarischen Armee, Oberstltn. Madjar, unter anderem darum, eine Reihe von Fragen zur Ausbildung an den Fallschirmen, zum Packen, zu Einsatzvarianten bis hin zur Ersatzteilbestellung und Reparatur dieser Fallschirme zu beantworten.

Ungarn fertigte selbst keine Fallschirme, hatte aber in der kleinen Stadt *Szekesfehervar* eine Werkstatt, in der sämtliche Fallschirmreparaturen bis zum Auswechseln ganzer Bahnen an der Fallschirmkappe vorgenommen werden konnten.

Oberstltn. Madjar war ebenfalls begeistert vom neuen Sprungfallschirm RS-4/3, wollte aber neben der Einsatzvariante mit Stabilisierung, gedacht vor allem für den Fallschirmdienst der LSK, auf die Freifallvariante nicht verzichten. Die ungarische Armee verfügte zu dieser Zeit über zwei Aufklärungsbataillone, die im Fallschirmspringen ausgebildet und auch mit dieser Technik ausgerüstet wurden. Bezeichnend ist, dass Ungarn heute noch an diesem Fallschirm festhält und die Handelsbeziehungen seit dieser Zeit mit dem Fallschirmwerk, das heute *Spezialkonfektion* (SPEKON) heißt, auch nach der Wende nicht abgebrochen hat.

Das gibt mir auch die innere Zufriedenheit, dass all die Mühen, die wir als kleinen Beitrag bei den Erprobungen leisteten, und auch unser Gedankengut, das in die Technik mit einfloss, nicht umsonst gewesen sind.

Neben den vielen Begegnungen und Konsultationen lernte ich bei dieser für mich ersten Auslandsreise ein wenig Land und Leute und vor allem die hervorragende Gastfreundschaft der ungarischen Menschen kennen. Für mich gehört Budapest zu den schönsten Städten Europas, obwohl 1968 noch nicht alle Kriegswunden verheilt waren.

Der Aufstellungsbefehl für die Arbeitsgruppe Fallschirmdienst wurde am 8. August 1968 vom Minister für Nationale Verteidigung unterschrieben und damit *In Kraft* gesetzt. Bereits am 1. November 1968 erfolgte die Versetzung des Kapitänleutnants Gerhard Aschekowski, und einen Monat später die des Hauptmanns Klinnert, in die Verwaltung Ausbildung des MfNV.

Als Leiter der Arbeitsgruppe Fallschirmdienst wurde ich, als mein Stellvertreter und Oberoffizier für Fallschirmausbildung Kapitänltn. Aschekowski, und als Offizier für Planung und materielle Sicherstellung der Fallschirmausrüstung Hptm. Klinnert, eingesetzt. Als Sachbearbeiterin für Fallschirmausrüstung bewarb sich Hannelore Engels, die zuvor als Chefsekretärin im Vorzimmer von Generalmajor Stechbarth ihren Arbeitsplatz hatte.

Damit war die Arbeitsgruppe Fallschirmdienst personell aufgefüllt und wurde vorerst dem Leiter der 2. Abteilung direkt unterstellt.

Als Hauptaufgabe stand für die Arbeitsgruppe Fallschirmdienst das Fertigstellen der Dienstvorschrift *DV 30/17 Fallschirmsprungbetriebsdienst in der NVA* und der Anleitungen für die sich im Einsatz befindenden wichtigsten Sprung- und Rettungsfallschirme.

Außerdem musste die gesamte Beschaffung von Ausrüstungsgegenständen entsprechend der neuen Zuordnung der Bedarfsträgerschaft geregelt und den geltenden Verantwortungsbereichen zugeordnet werden. Die Arbeitsgruppe Fallschirmdienst war nun auch für die Planung von Fallschirmreparaturlehrgängen im Fallschirmwerk zuständig, die Hauptmann Klinnert leitete.

Es gab für uns sehr viel Neuland zu bewältigen, und es war nicht immer einfach, beim Erarbeiten der militärischen Bestimmungen und dem vorherigen Abstimmen mit den LSK, der VM und auch dem FJB immer auf einen Nenner zu kommen. Da galt es Kompromisse zu schließen oder auch einmal den eigenen Kopf durchzusetzen.

Beispielsweise wurde mit Beginn des Fallschirmspringens in der NVA folgerichtig das System der Vergütung der Fallschirmsprünge aus der Sowjetarmee übernommen. Dieses System begünstigte die älteren, erfahrenen Springer gegenüber den Anfängern.

Es war festgelegt, dass ein Fallschirmspringer, der mehr als 100 Fallschirmsprünge hatte, für jeden weiteren Sprung 50 Mark bekam. Anfänger hingegen erhielten für jeden Sprung nur 5 Mark.

Diese Art der Vergütung wurde bereits mit Beginn der 1960er-Jahre dahingehend geändert, dass es Grundbeträge für Fallschirmsprünge mit Sofortöffnung des Fallschirms von 5 Mark, mit fünf Sekunden freien Fall von 10 Mark, für zehn bis 15 Sekunden von 15 Mark und ab 20 Sekunden freien Fall von 20 Mark gab.

Die 2. Abt. Gefechtsausbildung. Von li. stehend, in Klammern jeweils der letzte Dienstgrad; † bereits gestorben: Abteilungsleiter Oberst Zabelt, Siegfried (Generalmajor), OSL Weigt, Hans (Oberst), OSL Zander, Gerhard (Oberst) †, OSL Wunderlich †, OSL Steglich †, OSL Seininger, OSL Wolf, Horst, OSL Grätz, Manfred (Generalleutnant), OSL Friedenberg (Oberst), OSL Henke, OSL Jacob, Eberhard (Oberst), OSL Scheibner, Heinz (Oberst)†, OSL Blach. Vorn sitzend: OSL Schmidt, Karl (Oberst,) OSL Setzer, Willi, OSL Eulenstein, Hans, Mj. Leutert, Gerhard (OSL), OSL Lange, Willi

Dieser Grundbetrag wurde um 5 Mark erhöht, wenn der Sprung bei Nacht, mit Wasserlandung oder mit Ausrüstung ausgeführt wurde. Trafen bei einem Sprung mehrere Erschwernisse zusammen, wurden diese nur einmal in Höhe von 5 Mark vergütet.

Demnach konnte ein Fallschirmjäger bei einem Nachtsprung mit Sofortöffnung des Fallschirms und mit vollständiger Gefechtsausrüstung nur 10 Mark erhalten. Oder ein weiterer Vergleich: Ein Kampfschwimmer, der bei Nacht mit Sofortöffnung des Fallschirms und mit leichter Taucher- und Gefechtsausrüstung in die Ostsee sprang, erhielt ebenfalls nur 10 Mark.

Diese Zahlung der Erschwernis war für die Fallschirmjäger und Kampfschwimmer immer noch ungerecht. Außerdem verbot Generalmajor Stechbarth auch für Armeeangehörige das Testen von Fallschirmen in der Entwicklungsstufe Funktions- und Fertigungsmuster und forderte dafür einen Werkerprobungsspringer. Es wurden richtigerweise nur Erprobungssprünge von der NVA als Erschwernis gezahlt, wenn Erprobungsfallschirme ab der Entwicklungsstufe Nullserie von Armeeangehörigen zwecks Überprüfung eines möglichen Einführens in die Ausrüstung der NVA vorgenommen wurden.

Dazu wurde in die Bestimmungen der finanziellen Versorgung der Angehörigen der NVA folgende finanzielle Vergütung von Fallschirmsprüngen neu aufgenommen: *Die finanzielle Vergütung für Fallschirmsprünge in der NVA wird auf der Grundlage von Erschwerniszulagen gezahlt. Abhängig vom Schwierigkeitsgrad des Fallschirmsprungs erhält der Fallschirmspringer einen Grundbetrag von 5 bis 20 Mark je Fallschirmsprung.* Für Fallschirmsprünge mit Gefechtsausrüstung, für Wassersprünge, Nacht- oder Erprobungssprünge werden die Grundbeträge um 5 bis 50 Mark je Fallschirmsprung erhöht. Im Einzelnen ist in den Bestimmungen über die finanzielle Versorgung der Armeeangehörigen der NVA, Erschwerniszuschläge I/4 415, Blatt 1 und 2, festgelegt:

Zuschläge für Fallschirmsprünge:

1.(1) Armeeangehörigen ist für die auf der Grundlage bestätigter Ausbildungsprogramme, Programme zur Erlangung einer Klassifizierung im Fallschirmdienst oder Erprobungsprogramme der NVA durchgeführten Fallschirmsprünge folgender Zuschlag je Sprung zu zahlen:
- aus einer Höhe von 400 m und höher mit Sofortöffnung des Fallschirms 5 M
- aus einer Höhe unter 400 m mit Sofortöffnung des Fallschirms 10 M
- mit fünf Sekunden im freien Fall oder fünf bzw. zehn Sekunden im stabilisierten Fall 10 M
- mit zehn bzw. 15 Sekunden im freien Fall oder ab 15 Sekunden im stabilisierten Fall 15 M
- ab 20 Sekunden im freien Fall 20 M

1.(2) Für Übungs-, Übungsgefechts-, Gefechts-, Wasser-, Nacht- und Erprobungssprünge ist der Zuschlag gemäß Abs. 1 je Sprung wie folgt zu erhöhen:
- a) für Fallschirmsprünge mit teilweiser Gefechtsausrüstung (Mpi, lMG, RPG, aufgesetzte Schutzmaske, Fallschirmjägertornister, Druckanzug oder leichtes Tauchgerät) um 5 m *oder* mit vollständiger Gefechtsausrüstung(Mpi, lMG, oder RPG sowie Schutzmaske und Fallschirmjägertornister; volle Flugzeugspezialausrüstung oder leichte Taucherausrüstung) um 10 M
- b) für Wassersprünge um 5 M
- c) für Nachtsprünge um 5 M
- d) für Fallschirmsprünge mit Rettungsfallschirmen von Flugzeugführern um 5 M
- e) für Erprobungssprünge auf der Grundlage bestätigter Erprobungsprogramme um 50 M

1.(3) Beim Zusammentreffen mehrerer der im Abs. 2 unter Buchstaben a–e aufgeführten Erschwernisse ist der Erhöhungsbetrag für jedes Erschwernis zu zahlen.

2. Für Sportsprünge sind keine Zuschläge zu zahlen.

3. Die Berechnung der Zuschläge für Fallschirmsprünge hat auf der Grundlage der bestätigten Eintragungen in der Sprungplantabelle zu erfolgen.

Demnach erhielt ein Fallschirmjäger für einen Fallschirmsprung z. B. aus 1500 m Höhe mit 20 Sekunden stabilisiertem Fall, in vollständiger Gefechtsausrüstung bei Nacht 30 Mark.

Diese neue finanzielle Vergütung von Fallschirmsprüngen hatte sich bis zur Wende so unverändert erhalten.

Innerhalb der 2. Abteilung der Verwaltung Ausbildung arbeiteten die Oberstleutnante Horst Wolf und Gerhard Zander an Programmen, Ausbildungsanleitungen und an einer Dienstvorschrift zur erweiterten Ausbildung zum Einsatz je einer Mot.-Schützenkompanie (MSK) der Regimenter für spezielle Aufgaben im Rücken des Gegners im Angriffsstreifen eines Regiments oder einer Division.

Aus diesen Kompanien, die als *1. Kompanien der MSR* in den Sprachgebrauch der NVA eingegangen sind, sollten Einsatzgruppen gebildet werden, die im Rücken des Gegners zur Vernichtung von Führungsstellen, wichtigen Waffensystemen und weiteren Diversionshandlungen ausgebildet wurden. Dazu wurde 1969 die Dienstvorschrift *DV 30/4 Gefechtseinsatz von Einsatzgruppen* in Kraft gesetzt und herausgegeben.

Man ging in jenem Jahr davon aus, dass die zu bildenden Einsatzgruppen der Fallschirmjäger in größerer Tiefe, im Rahmen der Armee und Front, eingesetzt werden sollten.

Oberstleutnant Zander mit dem Kdr. des FJB, Oberstleutnant Elsner, bei der Übergabe der Urkunden nach einer Ausbildung im Tauchen in Zusammenarbeit mit Angehörigen des KSK-18 der Volksmarine

Deshalb war das Eindringen per Fallschirm nur für die Fallschirmjäger vorgesehen. Da es aber von den Einsatzgrundsätzen her (Bildung von Einsatzgruppen, Handlungen im Rücken des Gegners, Methoden der Gefechtshandlungen wie Überfall, Hinterhalt, auf sich allein gestellt sein usw.) echte Berührungspunkte zu den 1. Kompanien gab, wurde diese Vorschrift verbindlich auch für Fallschirmjäger erklärt.

Im Jahre 1969 wurde begonnen eine Unterabteilung aufzubauen, die mit der Führung der Gefechtsausbildung dieser 1. Kompanien und des FJB betraut wurde.

Als Leiter dieser Unterabteilung, die sich *Unterabteilung Spezialausbildung* nannte, wurde Oberstleutnant Gerhard Zander eingesetzt. Zur Unterabteilung gehörten neben dem Leiter der Unterabteilung und der Arbeitsgruppe Fallschirmdienst ein Oberoffizier und ein Offizier Spezialausbildung.

Als Oberoffizier wurde Oberstleutnant Armin Preuhs, ehemals Stellvertreter Ausbildung im MSR-9, und als Offizier, Hauptmann Franz Houdek vom Stab des FJB, eingesetzt.

Damit hatte das FJB, das am *1. Dezember 1969* dem Ministerium direkt unterstellt wurde und sich von da an *FJB-2* nannte, ein kleines Führungsorgan in Fragen der Gefechtsausbildung und überdies ein Bindeglied zu allen Führungsbereichen im MfNV.

Zur 2. Abteilung Gefechtsausbildung gehörten von da an die 1. Unterabteilung Mot.-Schützen mit dem Leiter Oberstleutnant Manfred Grätz, die 2.Unterabteilung Panzer mit dem Leiter Oberstleutnant Eberhard Jacob, und die Unterabteilung Spezialausbildung mit dem Leiter Oberstleutnant Gerhard Zander.

Im Jahr 1969 wurde im MfNV auch eine *Arbeitsgruppe GST-Arbeit* gebildet.

Sie hatte die Aufgabe, für die GST die Forderungen und Ziele der *vormilitärischen Laufbahnausbildung* zusammenzufassen und für den Minister als Aufgabenstellung an den Vorsitzenden des Zentralvorstandes der GST zu formulieren.

Die Arbeitsgruppe Fallschirmdienst hatte 1969 damit begonnen, gemeinsam mit dem FJB dazu die Forderungen und Ziele für die *Laufbahn Fallschirmjäger* zu erarbeiten.

Es wurden bereits zu dieser Zeit die Laufbahnen für Flugzeugführer, Militärkraftfahrer und Funker in der GST ausgearbeitet und nach ihnen die Ausbildung aufgenommen. Für die Laufbahnen Flugzeugführer und Fallschirmjäger war Oberstleutnant Siegfried Schönfeld im MfNV, später dann für die Fallschirmjäger Oberstleutnant Hans Raschke, zuständig.

Die Ausbildungsziele der Laufbahn Fallschirmjäger waren sehr hoch gesteckt. Es konnte nicht jeder Fallschirmjäger werden, auch wenn er es gleich wollte und auch das Zeug dazu hatte. Entscheidend war seine Herkunft, sein Verwandtschaftsgrad zur BRD und zum kapitalistischen Ausland überhaupt. Auch seine politische Einstellung war nicht unbedeutend. Für Flugzeugführer war die Auslese in dieser Hinsicht noch intensiver.

Über diese Kriterien entschieden nicht wir, sie wurden aber allen anderen vorangestellt und auch von anderen Stellen vorgegeben.

Wer eine Schwester oder eine Oma, also Verwandte ersten oder zweiten Grades im Westen hatte, konnte kein Pilot und unter Umständen, wenn die Verbindung in der Familie mit dieser Verwandtschaft gepflegt wurde, auch kein Fallschirmjäger werden. Damit war für diesen Personenkreis das Fliegen und Springen in der GST, d. h. in der DDR *passee*.

Für Fallschirmjäger wurden in der vormilitärischen Laufbahnausbildung diese Forderungen gestellt und diese Ziele gesetzt: Er musste bereit sein, drei Jahre als Soldat auf Zeit zu dienen.

Für uns als Verantwortliche für die Fallschirmsprungausbildung wurden gefordert: zwölf Fallschirmsprünge sowie die Fertigkeiten, den Sprung- und auch Rettungsfallschirm packen zu können.

Wir wollten damit vor allen Dingen erreichen, dass Jugendliche, die als Fallschirmjäger gemustert und sich für drei Dienstjahre verpflichteten, auch tatsächlich keine Angst vor dem Fallschirmspringen haben. Nach zwölf Sprüngen kam das sehr, sehr selten vor, dass jemand den Sprung noch verweigerte.

Außerdem musste der Bewerber in einem sportlichen Test eine bestimmte Punktzahl in diesen Disziplinen erreichen: Klimmziehen, 3000-m-Lauf, Klettern am Tau und Handgranatenweitwurf.

In den folgenden Jahren wurde die vormilitärische Laufbahnausbildung *Fallschirmjäger* systematisch auf viele Bezirke in der DDR erweitert. Die erfolgreichsten waren Schwerin, Magdeburg, Gera, Karl-Marx-Stadt (heute wieder Chemnitz), Dresden, Leipzig und Berlin.

Aus diesen Bezirken kam dann auch der überwiegende Teil vormilitärisch ausgebildeter Jugendlicher in das FJB.

Ein schwerer Unfall beim Sprung mit dem Fallschirm RS-4/3

Es war Anfang Juni 1969 auf dem Flugplatz in Barth, als der Unfall passierte.

Das FJB bildete bereits das zweite Jahr die Fallschirmjäger am neuen Fallschirm RS-4/3 aus. Bisher wurden damit ausgezeichnete Ergebnisse erreicht. Seit der Einführung dieses Fallschirms waren die Verletzungen auf fast Null zurückgegangen. Frakturen, d. h. Beinbrüche, gab es seitdem nicht mehr. Die Arbeitsgruppe Fallschirmdienst war zum Tag des Geschehens in Strausberg. Wir arbeiteten an den neuen Programmen und Ausbildungsanleitungen, als ich vom Abteilungsleiter mit der gesamten Arbeitsgruppe zum Generalmajor Stechbarth gerufen wurde. Er verlas die soeben eingegangene Sofortmeldung über einen tödlichen Unfall eines Stabsgefreiten beim Fallschirmspringen in Barth, der sich morgens gegen 6:00 Uhr zugetragen hatte. Der Unfallort blieb unverändert und wurde abgesperrt.

Ich wurde mit den Offizieren der Arbeitsgruppe beauftragt, das Vorkommnis zu untersuchen und die Ursachen der Nichtöffnung des Fallschirms zu ermitteln. Nach Befragen wurde uns gestattet, sollte der Unfall auf technisches Versagen des Fallschirms zurückzuführen sein, die Prüfstelle für Luftfahrtgerät und das Fallschirmwerk nach eigenem Ermessen zur Untersuchung mit heranzuziehen. Da die Verbindungsfliegerstaffel-14 (VS-14), unmittelbar hinter dem MfNV stationiert war, konnten wir mit einem Flugzeug AN-2 sofort nach Barth fliegen. Während der 80 Minuten Flugzeit ging mir nur ein Gedanke durch den Kopf: Hoffentlich ist dieser Unfall nicht durch falsche Führung der Aufzugsleine, wie vor drei Jahren bei der GST, zustande gekommen.

Uns empfing bereits an der Landebahn der neue Kommandeur, Major Werner Schulz, der von Major Egon Gleau erst kurzzeitig das FJB übernommen hatte. Major Egon Gleau bereitete sich in Naumburg auf sein Studium an der Militärakademie *Frunse* in Moskau vor, Hauptmann Friedhelm Reddig, der ehemalige Kompaniechef der 3. FJK, rückte auf zum Stellvertreter Ausbildung im FJB. Major Werner Schulz und weitere Offiziere führten uns zur Absturzstelle, die sich in einem blühenden Rapsfeld südlich des Platzes befand, und erklärten noch einmal eindeutig den Sprungauftrag und die Handlungen beim Absprung des Verunglückten: „Absprung aus 1100 m Höhe aus dem Flugzeug AN-2, zehn Sekunden stabilisierter Fall, mit Mpi-KMS und Schutzmaske, also mit teilweiser Gefechtsausrüstung. Abgesetzt wurde in Halbgruppen, jeweils vier Fallschirmspringer bei einem Anflug im Sprungintervall von zwei bis drei Sekunden. Der Verunglückte sprang als Dritter. Nach Ablauf der Fallzeit von zehn Sekunden wurde die Stabilisierung nicht gelöst und damit auch der Sprungfallschirm nicht geöffnet. Leider wurde vom Verunglückten der Rettungsfallschirm nicht geöffnet.

Der Verunglückte ist Stabsgefreiter im 3. Dienstjahr und hat an allen Themen der Fallschirmausbildung erfolgreich teilgenommen. Er war ein erfahrener Springer mit bereits 34 Fallschirmsprüngen."

Am Unfallort konnten wir feststellen, dass der Stabilisator mit dem herausgezogenen Ende des Verzögerungssacks frei war und die Aufzugsleine demnach richtig geführt wurde und den Stabilisator voll zur Funktion gebracht hatte. Das stimmte auch mit den Aussagen der Beobachter überein. Der Fallschirmsprungautomat hatte seine Funktion erfüllt, er hatte gezogen. Den Griff vom manuellen Aufzugsseil hatte der Verunglückte fest umklammert in der rechten Hand, und das Seil war aus dem Kabelschlauch gleichfalls herausgezogen. Also haben der Sprungautomat und der Fallschirmspringer das Doppelkegelschloss geöffnet, doch an einer Seite war das Verriegelungsband, an dem sich die Schlossöse befand, noch durch die Öffnung am Boden des Verpackungssacks gezogen. Demnach konnte diese Öse erst beim Aufschlag des Verunglückten aus dem Schloss herausgekommen sein und war sicher bis dahin verklemmt. Der Verpackungssack des Rettungsfallschirms, den der verunglückte Springer nicht geöffnet hatte, war durch den Aufschlag aufgeplatzt.

Oberleutnant Fründt, Offizier für Fallschirmdienst, hatte den Springer bis zum Verschwinden hinter den Bäumen der Lindenallee mit dem Scherenfernrohr genau verfolgt. Er konnte nur beobachten, dass sich bei Erreichen der Öffnungshöhe der Fallschirme nach zehn Sekunden Fallzeit die Lage des Verunglückten nach einer Seite leicht verändert hat und er drehender Weise bis auf die Erde gefallen ist. Wir fotografierten die Teile der Fallschirmausrüstung und deren Lage von allen Seiten, konnten aber noch keinerlei Veränderungen vornehmen, bevor der Militärstaatsanwalt eintraf und dafür seine Zustimmung gab.

Da das Nichtöffnen des Fallschirms von uns in einem Fehler am Schloss vermutet wurde, benachrichtigte ich Ingenieur Bernhard Pröger von der Prüfstelle für Luftfahrtgerät (PfL), der mit der folgenden Linienmaschine aus Dresden eintraf.

Der Verpackungssack und der Verzögerungssack des Fallschirms wurden nach der Freigabe des Verunglückten mit einer starken Lupe genau untersucht. Es konnte festgestellt werden:

1. Das Doppelkegelschloss war ein Produkt aus der ČSSR. Mit diesem Schloss wurden bisher nicht mehr als zwölf Einsätze in stabilisiertem Fall nur bis 180 km/h Absetzgeschwindigkeit vorgenommen, obwohl die Schlösser bis zu einer Absetzgeschwindigkeit von 360 km/h für mindestens 150 Einsätze freigegeben wurden.

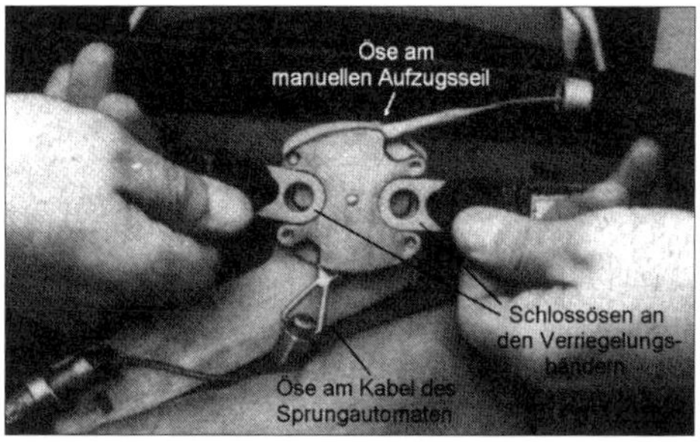

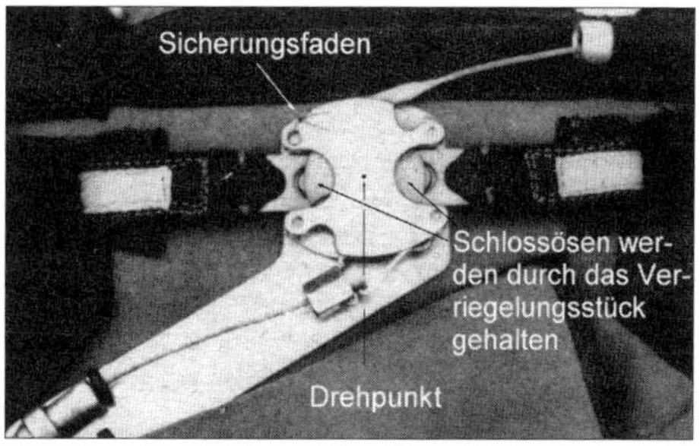

Das linke Bild zeigt die bereits eingelegte Öse des manuellen Aufzugsseiles (oben) und die Öse vom Seil des Fallschirmsprungautomaten (unten). Danach werden die beiden Schlossösen, an denen die Verriegelungsbänder des Verzögerungssackes befestigt sind, auf die beiden zylinderartigen stumpfen Kegel im Schloss eingelegt und das Schloss durch eine weitere Linksdrehung verriegelt. Ein Sicherungsfaden gewährleistet ein unbeabsichtigtes Öffnen des Schlosses. (siehe Bild rechts). Damit kann das Schloss sowohl der Fallschirmspringer mit Hand über das manuelle Kabel und der Sprungautomat nach Ablauf einer eingestellten Zeit bzw. Höhe, das Schloss öffnen. Zieht der Fallschirmspringer am Aufzugsseil oder der Automat, dreht sich der Drehriegel, gibt damit die Schlossösen frei, die noch zusätzlich durch Abhebnasen von den Kegeln gedrückt werden, und der Fallschirm kann sich öffnen.

2. Die Abhebnasen, die beim Öffnen des Schlosses die eingelegten Schlossösen von den Kegeln abheben, zeigten bereits Abrieb, d. h. Abnutzungen, so dass sie ihrer eigentlichen Funktion nicht mehr ganz gerecht werden konnten.
3. An den Kegeln waren auch geringe Ansätze einer leichten Abnutzung erkennbar.

Damit war die eindeutige Ursache des Nichtöffnens des Fallschirms anhand dieser Abnutzung am Schloss, was sicherlich auf den Einsatz zu weichen Materials zurückzuführen war, vorerst begründet. Nach den Untersuchungen am Boden und nach der Luftbeobachtung konnte daraus geschlossen werden, dass sich eine Öse im Schloss verklemmt haben musste und sich dadurch die Aufhängung im stabilisierten Fall einseitig gestaltete und der Springer sich zu drehen begann. Nur bei sofortigem Öffnen des Rettungsfallschirms durch den Springer hätte dieses Unglück verhindert werden können. Erst beim Aufschlag stand die Öse nicht mehr unter Zugspannung und konnte sich aus dem Schloss lösen.

Was war nun zu tun? Zuerst wurden alle Fallschirme der NVA mit Doppelkegelschlössern aus der Produktion der ČSSR bis auf weiteres gesperrt. Mit diesen Fallschirmen durften nur noch Sprünge mit Sofortöffnung des Schirms vorgenommen werden, ohne Verwendung des Schlosses.

Es wurden etwa zehn Schlösser von den Verpackungssäcken abgeschraubt und für eine Festigkeitsprüfung in Gegenüberstellung sowjetischer Schlösser zur Untersuchung und Prüfung an die PfL übergeben.

Im Abschlussbericht wurden auch Forderungen an den Ingenieur-Technischen Außenhandel (ITA) gestellt, die Schadenersatzansprüche gegenüber der ČSSR aufführten. Außerdem wurde gebeten, die Möglichkeit des Imports von Schlössern aus der UdSSR nochmals zu prüfen.

Das Ergebnis der Härteprüfung der Schlösser war niederschmetternd: Der Härtegrad des verwendeten Materials gegenüber den Schlössern der Importe aus der UdSSR war, wenn ich es noch richtig in Erinnerung habe, um das Dreifache *geringer*. Deshalb verloren wir einen jungen Menschen, dem wir sein Leben nie wiedergeben können.

Inwieweit Schadensersatzansprüche auf staatlicher Ebene geltend gemacht wurden, entzieht sich meiner Kenntnis. Ich weiß nur, dass wir keine Schlösser mehr aus der ČSSR und auch nicht aus der UdSSR erhielten.

Der ITA führte danach Doppelkegelschlösser im Zusammenhang mit dem Import des Kappmessers für das Fallschirmspringen aus Polen ein. Ob diese Schlösser nun in Polen oder in der UdSSR hergestellt wurden, entzieht sich ebenfalls meiner Kenntnis und wäre auch schwer begreiflich gewesen. Jedenfalls gab es vom Aussehen her keinerlei Unterschiede. Der farbliche Unterschied hingegen zu den Schlössern aus der ČSSR war optisch sofort erkennbar, da sie nicht bronzefarben, sondern vernickelt waren.

Ich weiß nur, dass man über die Höhe des Preises bei den Schlössern wie auch bei den Kappmessern aus Polen klagte und der konvertierbare Rubel vorn und hinten nicht reichte. Wenn wir aber die Fallschirme weiter in der Ausrüstung behalten und auch nach Ungarn exportieren wollten, mussten wir wirtschaftlich unabhängig werden.

Schließlich fand man in der DDR-Industrie Lücken und investierte viel Geld, um eine eigene Produktion dieser Doppelkegelschlösser, bisher in der UdSSR, der ČSSR und wohl auch in Polen hergestellt (ein Schloss sah aus wie das andere), in Gang zu setzen.

Und das alles in einer jährlichen Auflage von lediglich 300 Stück, die die UdSSR für alle Warschauer Vertragsstaaten hätte spielend produzieren können.

Die Bildung der „selbständigen Arbeitsgemeinschaft Fallschirmtechnik" in der DDR

Im Zuge der Neu- und Weiterentwicklung von Fallschirmen in den 1960er-Jahren erweiterte sich die Zusammenarbeit zwischen der Prüfstelle für Luftfahrtgerät (PfL) und den Bekleidungswerken Seifhennersdorf mit den Bedarfsträgern für Fallschirme in der DDR beträchtlich.

Die Bedarfsträger der Nationalen Volksarmee (MfNV und die LSK/LV), der Gesellschaft für Sport und Technik (GST) und des Ministeriums für Staatssicherheit (MfS) stellten an die Fallschirme die unterschiedlichsten Forderungen, die unbedingt koordiniert werden mussten.

Dazu wurde in der Mitte des Jahres 1969 die *Selbständige Arbeitsgemeinschaft Fallschirmtechnik (SAF)* gebildet.

Die Gründungsversammlung fand bei uns im MfNV statt.

Es nahmen teil:

- von der PfL der Leiter der Arbeitsgruppe Flugsport Klaus Branat mit seinem Fallschirmtechniker Bernhard Pröger;
- vom Fallschirmwerk der Technische Direktor Heinz Koppe, der Leiter E.-Stelle Günter Wagner und der wissenschaftliche Mitarbeiter Helmut Hentschel;
- von der GST Fallschirmtechniker Peter Thalacker;
- vom MfS Major Dieter Rothe;
- vom Kdo. der LSK/LV OSL Horst Schöll und Obltn. Herzberg und
- vom MfNV die Arbeitsgruppe Fallschirmdienst.

Bei dieser Gründungsversammlung wurden die Weichen für eine künftige fruchtbare Zusammenarbeit aller Beteiligten gestellt.

Für den Vorsitz und die Leitung dieser selbständigen Arbeitsgemeinschaft Fallschirmtechnik wurden die Vertreter der PfL auserkoren. Da es in der NVA kein Organ gab, das die Luftfahrttauglichkeit von Fallschirmen prüfte und festlegte, wurden diese Prüfungen von der PfL, die dem Ministerium für Verkehrswesen angehörte, von der NVA und auch von allen anderen Bedarfsträgern anerkannt.

Es verließ kein Fallschirm das Fallschirmwerk, der nicht von dieser PfL im Begleitheft des Fallschirms für *luftfahrttauglich* dokumentiert wurde. Für bestimmte, eingegrenzte Nachprüfungen wurden von den einzelnen Nutzern dieser Technik, auch in der NVA, nach eingehender Ausbildung und Prüfung durch die PfL *Prüfer für Luftfahrtgerät*, speziell für Fallschirmausrüstungen, lizenziert. Das gemeinsame Ziel dieser Arbeitsgemeinschaft war hauptsächlich:

- im Auftrage des Bedarfsträgers für Fallschirmausrüstung der betreffenden Institutionen (NVA, GST, MfS) als genanntes und beauftragtes Mitglied die eigenen Interessen zu vertreten;
- bei der Entwicklung neuer Fallschirmtechnik die eigenen Forderungen und Wünsche zu formulieren, zu unterbreiten und Mitwirkungshandlungen bei Erprobungen festzulegen und
- bei der Nutzung der Fallschirmtechnik, vor allem bei auftretenden besonderen Vorkommnissen, sich gegenseitig zu informieren, gemeinsam zu beraten und geeignete Maßnahmen zu deren Beseitigung zu treffen.

Anfang der 1970er-Jahre wurde die PfL dem Stellvertreter des Ministers für Verkehrswesen und Leiter der Interflug direkt unterstellt, zog von Dresden nach Berlin-Schönefeld und nannte sich von da an *Staatliche Luftfahrtinspektion (SLI)*.

Diese Arbeitsgemeinschaft bewährte sich über Jahre und blieb bis zur Wende erhalten, obwohl es nicht immer leicht war, die unterschiedlichen Interessen und Anschauungen unter einen Hut zu bringen.

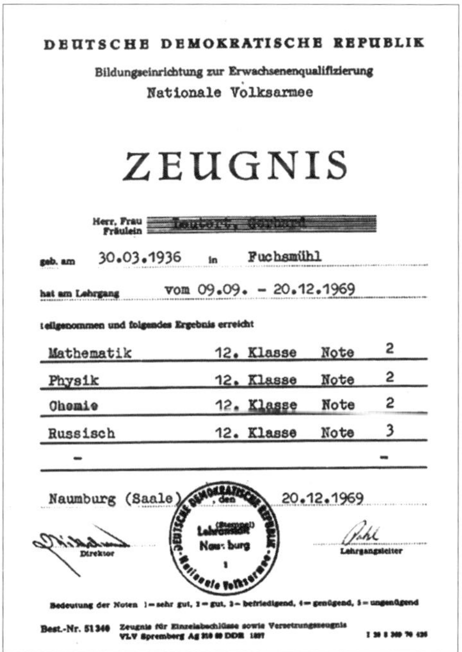
DEUTSCHE DEMOKRATISCHE REPUBLIK

Bildungseinrichtung zur Erwachsenenqualifizierung

Nationale Volksarmee

ZEUGNIS

Herr, Frau Fräulein [redacted]

geb. am 30.03.1936 in Fuchsmühl

hat am Lehrgang vom 09.09. - 20.12.1969

teilgenommen und folgendes Ergebnis erreicht

Mathematik	12. Klasse	Note	2
Physik	12. Klasse	Note	2
Chemie	12. Klasse	Note	2
Russisch	12. Klasse	Note	3
-			-

Naumburg (Saale), den 20.12.1969

Direktor (Stempel) Lehrgangsleiter

Bedeutung der Noten 1 = sehr gut, 2 = gut, 3 = befriedigend, 4 = genügend, 5 = ungenügend

Best.-Nr. 51340 Zeugnis für Einzelabschlüsse sowie Versetzungszeugnis

Abschlusszeugnis der 12. Klasse in 4 Fächern nach einem Kurzlehrgang in Naumburg

In meiner Funktion als Leiter der Arbeitsgruppe Fallschirmdienst war ich bestrebt, mich möglichst weiter zu qualifizieren. Bei den meisten Planstellen im militärischen Bereich waren die Fronten eindeutig geklärt. Auf einer derartig hohen Planstelle *Leiter einer Arbeitsgruppe im MfNV* war möglichst der Abschluss einer Militärakademie oder Hochschule erforderlich. Also, ein Abschluss mit einem Diplom. Dann konnte man sagen *Man sitzt fest im Sattel*! Bei mir war das nicht so eindeutig, und meine Planstelle war nicht als Akademieplanstelle ausgeworfen. Trotzdem wollte ich etwas für meine Qualifizierung tun. Jährlich liefen in Naumburg auf einer Qualifizierungseinrichtung der NVA Vorbereitungslehrgänge für den Besuch einer Militärakademie. Hier wurden wiederum in den Fächern Mathematik, Physik, Chemie und Russisch der Abschluss der 12. Klasse unterrichtet. Mein Abteilungsleiter, Oberst Zabelt, schlug mir vor, erst einmal daran teilzunehmen. Damit war mindestens in diesen Fächern die Hochschulreife erreicht. Ich bewarb mich und besuchte diese Lehranstalt in Naumburg vom 9. September bis 20. Dezember 1969 mit Erfolg. Ich hatte Glück und konnte mit Oberst Jacob, der gleichfalls in Strausberg wohnte, den Lehrgang besuchen, und was für mich als *Nichtmotorisierter* am angenehmsten war, alle 14 Tage mit ihm an den Wochenenden nach Hause fahren. Nun hatte ich eigentlich im Ergebnis von Rücksprachen mit der Staatlichen Luftfahrtinspektion (SLI) und dem Fallschirmwerk die Idee, ein Physikstudium aufzunehmen.

Jedoch erklärte mein Chef der Verwaltung, Generalmajor Stechbarth, ein weiteres Studium für mich als *nicht erforderlich*. Er sagte mir: „Sie haben sich schon in Naumburg drei Monate ausgeruht – jetzt heißt es arbeiten! Für mich sind Sie auf ihrer Planstelle ausreichend qualifiziert!" Und damit brauchte ich mir diesbezüglich keine weiteren *qualifizierten* Gedanken mehr zu machen.

Überprüfung der Gefechtsbereitschaft im FJB-2

Die Unterabteilung Spezialausbildung war nun gänzlich aufgestellt und arbeitsbereit. Jetzt wollte sich Generalmajor Stechbarth, dem das FJB nun direkt unterstand, ein Bild über den Grad der Einsatzbereitschaft dieser Spezialeinheit machen.

Er stellte eine Kontrollgruppe zusammen, der neben dem Personalbestand der Unterabteilung Spezialausbildung noch weitere Offiziere der Verwaltung Ausbildung angehörten. Der Hauptinhalt dieser Überprüfung der Gefechtsbereitschaft war herauszufinden, *wie lange das FJB braucht, um, wie geplant, 18 Einsatzgruppen komplett ausgerüstet mit Bewaffnung und Ausrüstung, für den dezentralisierten Einsatz aufzustellen.*

Unter dezentralisiertem Einsatz sollte verstanden werden, dass z. B. jeder Armee (MB-III und V) vier Einsatzgruppen und der zu bildenden Front weitere zehn Einsatzgruppen in bestimmten Räumen zur Verfügung zu stellen sind.

Die Kontrollgruppe verlegte am späten Nachmittag in Richtung Norden – der Insel Rügen entgegen. Hinter Greifswald bezogen wir einen Rastplatz und setzten unsere Fahrt so fort, dass wir um 0:30 Uhr im FJB ankamen. Oberst Zabelt übergab dem Offizier vom Dienst (OvD) das Kuvert zum Herstellen der *Vollen Gefechtsbereitschaft,* und jeder Offizier wurde in eine Einheit eingeteilt. Hier wurden die Handlungen, die im Anfangsstadium der Alarmierung bis zum Eintreffen des ersten Offiziers der Unteroffizier vom Dienst (UvD) zu leiten hatte, eingeschätzt, und es wurden die Alarmierung, der Waffenempfang und das Ausrücken auf den Stellplatz der Einheit überprüft. Alles hatte in geordneter Form ohne übertriebene Hektik mit klaren Kommandos zu erfolgen. Jeder Fallschirmjäger hatte in dieser Phase genau seine Aufgaben zu kennen. Die Restverladung der kompanieeigenen Kampfmittel (ein Kampfsatz Munition, Verpflegungssätze und die nur für den Einsatz bestimmten Schutzmaskenfilter) musste bewältigt werden. Eingeteilte Verladekommandos hatten die Restverladung von Kampfmitteln und der Verpflegung des Bataillonsstabs vorzunehmen usw. Innerhalb von 20 Minuten hatten die Hauptkräfte des FJB das Objekt zu verlassen und einen Sammelraum zu beziehen. Man musste in der Anfangsphase eines Kriegs auch mit dem Einsatz von Atom-, bakteriologischen und chemischen Waffen (ABC-Waffen) rechnen. Deshalb waren die für das Verlassen der Kasernenanlagen derart kurze Zeiten gefordert.

Der Kommandeur, Major Schulz, erhielt von Generalmajor Stechbarth die Aufgabe, in kurzer Zeit Einsatzgruppen für den dezentralisierten Einsatz vorzubereiten und für eine Verlegung auszurüsten. Detailliert waren in dieser Aufgabenstellung Mannschaftsstärken und Ausrüstungen der einzelnen Einsatzgruppen aufgeführt. Außerdem wurden operative Gruppen gefordert, die diese Einsatzgruppen bei den Armeen bzw. bei der Front jeweils zu führen hatten.

Wir wussten, dass diese Aufgabe außerordentlich schwer war, denn für jede Einsatzgruppe, also Fallschirmjägergruppe, die sich aus einem Einsatzgruppenführer, einem *lMG-Schützen*, zwei RPG-Schützen 1 und 2, einem Scharfschützen, vier Mpi-Schützen sowie einem Funker zusammensetzte, musste die gesamte Ausrüstung aus dem Bestand des FJB aufgefüllt werden. Als Transportmittel verfügte eine Einsatzgruppe nur über einen LKW W50 LA/A.

Entsprechend den Vorschriften war es aus Sicherheitsgründen verboten, auf der Ladefläche mit dem Personalbestand gleichzeitig Munition größer als ein Kampfsatz zu transportieren. Die gesamte Munition war in Originalverpackung auf dem Wagen des Hauptfeldwebels und auf den Munitionsfahrzeugen des FJB verladen.

Die Fallschirmausrüstungen einer FJK wurden gleichfalls auf einem LKW mit beheiztem Kofferaufbau transportiert. Sie sollten nun auch auf die Ladeflächen der LKW umgeladen werden. Das widersprach den Lagerungsbedingungen von einsatzbereiter Fallschirmtechnik.

Die Erfüllung dieser Aufgabe war schier unmöglich, ohne gegen Sicherheitsbestimmungen und damit Festlegungen in den Dienstvorschriften zu verstoßen.

All diese Aufgaben sollten im Sammelraum, in dem das FJB im Marschband in einer Länge von mehr als einem Kilometer mit den Kfz hintereinander stand, praktiziert werden. Im Sammelraum sollte sich aber die Truppe maximal nur eine Stunde aufhalten.

Es begann eine Schlepperei und ein Durcheinander, von vorn nach hinten und umgekehrt, das mit einer militärisch organisierten Truppe nichts mehr zu tun hatte. Aber es war so gewollt, und es war eine Übung, um daraus geeignete Schlussfolgerungen zu ziehen, wie man dieses Problem besser lösen und vor allem in Einklang mit den gesetzlichen Bestimmungen bringen konnte.

Trotzdem war Generalmajor Stechbarth ungehalten und konnte die entstandenen Schwierigkeiten nicht verstehen. Vor allem leuchtete ihm nicht ein, warum an diese simple Verteilung der materiellen Mittel noch keiner so richtig gedacht und dazu bisher Vorschläge unterbreitet hatte.

Diese Jacke mussten wir uns anziehen und bekamen auch zu Recht Schelte. Da der Kommandeur in den Augen des Generals auch nicht die beste Figur machte und ihm der Stabschef besser und initiativreicher erschien, wurde er nach dieser Übung abgelöst und der Stabschef *Major Kurt Elsner* als *Kommandeur* eingesetzt.

Major Schulz erhielt als Kommandeur ein Wach- und Sicherstellungsbataillons in Luckenwalde.

Nun war in gemeinschaftlicher Arbeit mit dem Stab des FJB genau zu bestimmen, was in der Regel eine Einsatzgruppe an materiellen Mitteln, Fallschirmtechnik und vor allem an Munition, Handgranaten, Zünd- und Sprengmitteln mitzuführen hat. Das konnte nur in einem Anhänger gelagert und transportiert werden, da, wie bereits genannt, der Transport von Menschen und Munition auf derselben Ladefläche nur im begrenzten Maße statthaft war.

Unser Ziel war deshalb, an jeden LKW W50 LA/A, über den jede Fallschirmjägergruppe verfügte, einen Einachsgabelanhänger mit Kofferaufbau anzukoppeln, in dem alles verpackt und verladen war.

Dazu gehörte auch die Fallschirmausrüstung. Bisher war sie, wie schon genannt, in einem LKW G5 mit Kofferaufbau für eine ganze FJK verstaut (insgesamt 75 zum Sprung vorbereitete Fallschirmausrüstungen). Der LKW war beladen und in einer beheizten Halle abgestellt. Das war mit den Kofferhängern nun nicht mehr möglich, da in Prora nur eine Halle, zur Verfügung stand. Die gesamte Kfz-Technik stand im Freien und teilweise unter selbst errichteten Schleppdächern.

Die Problematik bestand auch darin, möglichst den bereits in der NVA vorhandenen Koffer auf dem Einheitsfahrgestell, das unter anderem auch für Feldküchen benutzt wurde, dafür einzusetzen. Eine Neuproduktion in dieser geringen Stückzahl wäre von vornherein gescheitert. Von der Gesamtmasse des Materials und der zulässigen Tragfähigkeit her reichte das Einheitsfahrgestell gerade so aus, um nicht überladen zu werden. Das Volumen des Koffers hingegen war äußerst knapp bemessen.

Über die Verwaltung KFZ-Dienst im MfNV wurde uns kurzfristig ein Anhänger mit Kofferaufbau als Erprobungsmuster zur Verfügung gestellt. In den Koffer wurden Regale eingebaut, so dass bis zu 13 gepackte Sprungausrüstungen darin gelagert werden konnten. Unterhalb des Koffers war in einer Größe von 180 x 60 x 50 cm ein Metallbehälter angebracht, der separat verschließbar war und in dem ein Kampfsatz Munition, Granaten und Zündmittel der Einsatzgruppe gelagert und transportiert werden konnte. Die Fallschirmjägertornister der Einsatzgruppe konnten gefechtsmäßig verpackt mit einem Kampfsatz Munition, dem Sprengstoff ohne Zündmittel, mit der Verpflegungsration und der Schutzausrüstung im Mittelgang abgestellt werden. Damit war die Einsatzgruppe mit den notwendigsten Kampfmitteln für den Einsatz ausgerüstet.

Innerhalb kurzer Zeit erhielt das FJB 20 Stück derartiger Einachsgabelanhänger mit Kofferaufbau. Damit war das Problem der schnellen Einsatzbereitschaft für einen dezentralisierten und universellen Einsatz von Einsatzgruppen des FJB gelöst.

Jedoch machte uns die Einhaltung der Lagerungsbedingungen in den Koffern vorerst ernste Sorgen. Bisher waren von der SLI für Fallschirmausrüstungen die Lagerungsbedingungen für gepackte und zum Sprung zu verwendende Fallschirme +10 °C bis +30 °C Temperatur bei 30 % bis 60 % relativer Luftfeuchtigkeit (rel. LF) vorgeschrieben. Diese Werte erreichten wir kaum in den Fallschirmlagern. Unmittelbar an der Ostsee herrschte vor allem im Herbst und Frühjahr teilweise eine Luftfeuchtigkeit in den Fallschirmlagern bis 85 %, und das trotz ständigem Heizen.

Zum Glück hatten wir keine Fallschirme aus Baumwollbatistgewebe mehr, sondern ausschließlich aus synthetischer Faser (Derongewebe). Damit war das Problem der Stockflecke in Verbindung mit Abfall der Reißfestigkeit des Gewebes beseitigt worden. Wir drängten sowohl das Fallschirmwerk als auch die SLI, uns eine Ausnahmegenehmigung für diese besonderen Lagerungsbedingungen zu erteilen und begannen umfangreiche Langzeitpackversuche mit Fallschirmen, um die Grenzen des Möglichen abzustecken. Dazu war allerdings Zeit erforderlich. Bis zum Abschluss dieser

KC. Ltn. Hoda bei einer Kontrolle der Ausrüstung in den Einachsgabelanhängern.

Die Abbildung zeigt einen LKW W50 LA/A mit einem Einachsgabelanhänger beim Einsatzpacken der Fallschirme in der Dienststelle in Prora. Links stehend der damalige Kommandeur des FJB-40 Major Friedhelm Reddig

Untersuchungen erhielten wir die Sondergenehmigung, die Fallschirme bei mindestens +5° C bei einer relativen Luftfeuchtigkeit bis 85 % in den Hängern lagern zu dürfen. Nach dieser Sondererlaubnis durften jedoch die Fallschirme nicht zur *Fallschirmsprungausbildung* eingesetzt werden, sondern nur für *Einsatzzwecke* auf Befehl des Kommandeurs des FJB.

Allerdings erforderte auch diese Genehmigung, die Koffer im Winter zu beheizen. In jedem Koffer wurde ein elektrischer 500-Watt-Heizkörper aufgestellt. Alle Heizkörper wurden zentral an das Elektronetz angeschlossen, die von dem diensthabenden Unteroffizier vom Park (UvP) bei Temperaturen unter +5 °C angeschaltet und bei +15 °C wieder ausgeschaltet wurden. Die Lagerungsbedingungen wurden mit Thermo-Hygrographen überwacht und dokumentiert.

Im Fallschirmwerk hatte man schon Versuche über zwei Jahre mit Fallschirmen aus Dederon vorgenommen und sie in Plastfolie eingeschweißt, unter ein Schleppdach gelegt und dem Wetter ausgesetzt. Reißfestigkeitsversuche ergaben keinen Abfall gegenüber Geräten, die unter normalen Bedingungen gelagert wurden. Das ließ uns hoffen, und wir begannen gleichfalls gepackte und auch nichtgepackte Fallschirme in Plastfolie einzuschweißen und nach einer Lagerzeit von sechs Monaten, zwölf Monaten und sogar nach 24 Monaten mittels Puppenabwürfen und Personensprüngen zu überprüfen. Dabei bin ich selbst mit Fallschirmen gesprungen, die diese lange Zeit unter Packdruck zwischen Temperaturen von -28 °C bis +43 °C in Plastfolie eingeschweißt gelagert hatten. Da man im Verhalten bei der Entfaltung des Fallschirms keinerlei Unterschiede feststellte und auch bei Festigkeitsproben abermals keinen Rückgang verzeichnete, konnte für die NVA in den Dienstvorschriften festgelegt werden: Die Lagerbedingungen und die Lagerzeit für in Plastfolie eingeschweißte Fallschirme betragen:

a) im *gepackten* Zustand bei einer Umgebungstemperatur von -30 °C bis +40 °C bis zu 13 Monate,
b) im *ungepackten* Zustand bei -30 °C bis +40 °C Umgebungstemperatur bis zu drei Jahren.

Voraussetzungen dafür sind die richtige Vorbereitung der Fallschirme vor dem Einschweißen, die Unversehrtheit der Folie sowie die Lagerung in trockenen, ungezieferfreien Räumen bzw. in der Fallschirmtransporteinrichtung. Das war ein jahrelanger Kampf, der auf der Basis von systematischen Untersuchungen geführt wurde und viel Zeit, Mut und Kraft kostete. Deshalb sollten diese Ergebnisse der Nachwelt erhalten bleiben.

Übung „Frühling 70“

Neben den vielen Aufgaben auf unserem speziellen Gebiet der Fallschirmausbildung und Ausrüstung wurde die Arbeitsgruppe Fallschirmdienst im Bestand der Unterabteilung Spezialausbildung auch für andere militärische Aufgaben herangezogen, und zwar als Schiedsrichter bei Übungen oder bei einer Vielzahl von Kontrollen der Gefechtsausbildung im FJB.

Die Offiziere der Unterabteilung arbeiteten in den Monaten Februar und März 1970 einen Plan zum Einsatz von Einsatzgruppen des FJB-2 für die Übung *Frühling 70* aus. Diese Übung war für den Stab des MB-III mit den Wehrbezirkskommandos zum Training von Mobilmachungsaufgaben angelegt. Der 1. Stellvertreter des Ministers für Ausbildung, *Generalleutnant Siegfried Weiß*, leitete sie.

Verschiedene Einzelkämpfer und Einsatzgruppen wurden gezielt eingesetzt, um dieses Vorhaben zu desorganisieren und speziell gegen den Stab des MB-III Diversionshandlungen zu imitieren.

Im Mittelpunkt dieser Übung standen die Wachsamkeit und die Geheimhaltung bei allen Handlungen. Um hier den Truppen und Stäben auch die dazu nötige Motivation zu geben, wurden sie auf den Einsatz von Diversionsgruppen der Fallschirmjäger der NVA aufmerksam gemacht. Die Kommandeure waren dabei recht scharf und stellten ihren Einheiten in Aussicht, dass jeder Soldat mit Sonderurlaub belobigt wird, wenn er einen Fallschirmjäger stellt oder Handlungen vereitelt.

Den Fallschirmjägern war es (abgesehen von zwei Ausnahmen) nicht gestattet, sich zu verkleiden, sondern sie hatten bei allen Einsätzen, zu ihrer in diesem Fall gegnerischen Kennzeichnung, das graue Barett zu tragen.

Das FJB-2 bezog einen Unterbringungsraum in der Nähe des Kyffhäuser-Denkmals. Von dort aus plante der Stab sämtliche Einsätze. Ich wurde als Schiedsrichter bei einer Einsatzgruppe eingesetzt, die der Zugführer Oberleutnant Kühn führte, und hatte das Absetzen dieser Gruppe am Absetzplatz mit einem Sanitäter und Fahrzeug sicherzustellen. Im Morgengrauen wurden aus 300 m Höhe über dem kleinen Waldgebirge südlich der Goldenen Aue aus einer AN-2 zehn Fallschirmjäger abgesetzt. Sie landeten im vorher festgelegten Raum in einer großen Waldlichtung.

Binnen weniger Minuten hatte die Gruppe den Landeplatz verlassen, sich am Waldrand gesammelt, die Fallschirme zentral versteckt abgelegt und danach einen gedeckten Sammelpunkt bezogen. Niemand hatte sich verletzt.

Diese Einsatzgruppe hatte die Aufgabe, den Konzentrierungsraum des Armeestabs zu erkunden, aufzuklären und *Punkt 15:00 Uhr einen Überfall*, möglichst auf das Führungs-

Der Zug von Oltn. Kühn (rechts im Bild sitzend) bei der Fallschirmsprungausbildung. Stfw. Nofz, Fallschirmwart/Ausbilder bei der Endkontrolle der Sprunggruppen

zelt des *Chefs des Armeestabs,* zu führen. Der Einsatz von Platzpatronen und Knallkörper war im entsprechenden Abstand unter Einhaltung aller Sicherheitsbestimmungen erlaubt.

Dieses Unternehmen war nicht einfach zu erfüllen, denn es hatte nachts geschneit und die Deckungsmöglichkeiten waren wegen des überwiegend hohen Laubbaumbestands nicht gerade günstig. Der Armeestab musste erst einmal gefunden werden und wurde ja schließlich vom eigenen Wach- und Sicherstellungsbataillons bewacht.

Außerdem wurde das Absetzen der Fallschirmjäger bereits erkannt, obwohl sich der Absetzplatz etwa 12 km vom Konzentrierungsraum des Armeestabs entfernt befand. Allerdings lagen in der Nähe noch andere Einheiten, die das Absetzen sicherlich bemerkt und sofort Spähtrupps ausgesandt hatten, um die Fallschirmjäger dingfest zu machen.

Oltn. Kühn hatte nicht viel Zeit, sich zu orientieren, sondern musste sofort handeln. Das Wichtigste war jetzt, die Verfolger abzuschütteln und gleichzeitig dem vorgegebenen Raum näher zu kommen, wo sich der Armeestab befinden sollte.

Oltn. Kühns Stellvertreter, ein Feldwebel, bildete mit zwei weiteren FJ als Sicherungstrupp die Spitze. Oltn. Kühn folgte mit der Hauptkraft der Gruppe in Sichtweite, den Deckungstrupp bildeten zwei FJ, die der Hauptkraft wiederum auf Sichtweite folgte.

Da die Geographie des Harzes doch sehr durchschnitten und bergig ist, konnten die Spähtrupps in ihren Fahrzeugen den Fallschirmjägern im Hochwald nicht folgen. Allerdings war allen klar, dass von nun an die Gruppe stets die Gejagte sein werde, denn die Meldungen über das Absetzen und die Bewegungsrichtung der Fallschirmjäger hatten den Armeestab bestimmt schon erreicht.

Die FJ bewegten sich mit Sprüngen, Kriechen oder Gleiten geschmeidig über offene

Landung eines Fallschirmspringers in einer Waldlichtung im hohen Farnkraut

Stellen im Gelände, und ich hatte zu tun, ihnen zu folgen. Auf keinen Fall durfte die Gruppe durch mein Verhalten erkannt werden. Das war das Schlimmste, was einem Kontrolloffizier passieren konnte. Nachdem sich die Einsatzgruppe über zwei Stunden bewegt hatte, kam von der Spitze, also vom Sicherungstrupp, das Signal: „Halt – Einsatzgruppenführer nach vorn!" Ich folgte ihm und sah, wie am gegenüberliegenden Vorderhang etwa alle 100 m Posten ausgestellt wurden. Nach längerer Beobachtung konnte man feststellen, dass hin und wieder Fahrzeuge, meistens Kübel, die Straße entlang fuhren. Sie verschwanden auf einem großen bewaldeten Plateau. Nun konnte man eindeutig daraus schließen, dass auf dieser gewaltigen, mit alten Buchen bewachsenen Hochfläche der Armeestab liegen musste. Oltn. Kühn stellte zwei Beobachter aus und zog die Einsatzgruppe zur Aufgabenstellung in einen gedeckten Winkel zusammen. Das Wichtigste war nun die Aufklärung des Raums, wobei die Postenkette unbemerkt durchbrochen werden musste. Er teilte vier Aufklärer ein, legte deren Weg, die Zeiten für die Aufklärung und drei Sammelräume fest, in der sie nach Rückkehr wieder mit der Gruppe zusammentreffen sollten und ihre Ergebnisse zu melden hatten. Die Sammelräume wurden von eins bis drei bestimmt und sollten beim Zusammentreffen mit dem Gegner der Gruppe das Ausweichen in die Räume zwei oder gar drei ermöglichen. So konnte mit hoher Wahrscheinlichkeit das Zusammenführen der Gruppe nach derartigen Aufgaben ermöglicht werden. Als die Aufklärer zu handeln begannen, zog Oltn. Kühn den Rest der Gruppe in einem naheliegenden Sammelraum 1 zusammen und stellte Sicherungen aus. Er wandte sich plötzlich vorwurfsvoll an mich und konnte nicht verstehen, warum der Überfall für Punkt 15:00 Uhr befohlen war: Bei strahlendem Sonnenschein, im Schnee ohne Schneehemden, zumal am Tag zuvor keiner damit gerechnet hat, dass es im April noch einmal schneit. Er bangte um seine Fallschirmjäger und wollte von mir eine Verschiebung der Zeit in die Dämmerung erwirken. Allerdings hatte ich dazu keine Befugnis und konnte ihm nur noch einmal den ausdrücklichen Befehl des Leiters der Übung, Generalleutnant Weiß, bezüglich des Zeitpunkts entgegenhalten. Der Funker erhielt die Aufgabe, dem Stab des FJB den erreichten Stand zu telegraphieren, natürlich verschlüsselt. Danach wurde zum System der *Ruhe* übergegangen, um Kraft für die bevorstehende Aufgabe zu sammeln.

Ich versicherte Oltn. Kühn, ihn in seinen Entscheidungen und Handlungen nicht zu beeinflussen. Jedoch versprach ich ihm, nach dem Überfall alle angreifenden Kräfte auf mich zu ziehen, um der Gruppe den vollständigen Rückzug zu ermöglichen.

Nach 1,5 Stunden meldete sich der erste Aufklärer zurück, der zweite eine halbe Stunde später und der letzte, abgekämpft, gegen 13:00 Uhr. Der erste Aufklärer wurde von einem Posten entdeckt und durch ein Jagdkommando verfolgt. Allerdings war es ihm gelungen, die Verfolger abzuschütteln. Der zweite, dessen Bewegungsrichtung gleichfalls von Kühn vorgegeben war, kam von der Ostseite zwar bis an den Konzentrierungsraum heran, fand aber in der Vielzahl der Fahrzeuge und Zelte nicht die Führung des Armeestabs. Der dritte, ein Stabsgefreiter, dessen Namen ich leider nicht mehr weiß, erreichte das Ziel und konnte den Weg mit den Gefahrenstellen sowie die Anordnung der Führungsfahrzeuge und Zelte in einer Skizze genau aufzeichnen.

Nun war Eile geboten, denn die Zeit für den Überfall – 15:00 Uhr – ließ sich nicht ändern, und man konnte vorher nie bestimmen, welchen Kräften man plötzlich gegenübersteht.

Kühn legte anhand der topographischen Karte mit dem Stabsgefreiten den genauen Weg der Einsatzgruppe fest, immer unter Ausnutzung jeder sich bietenden Deckung, seien es Geländeeinschnitte oder Bewachsungen. Er bestimmte als Sicherungstrupp, der stets an der Spitze handelt, die zwei physisch stärksten Fallschirmjäger. Sie hatten bei unmittelbarer Berührung mit dem Gegner diesen auf sich zu ziehen und dadurch der Gruppe die weitere Erfüllung der Aufgabe zu ermöglichen. Den Funker mit der schweren Funkstation SEG-15 ließ der Einsatzgruppenführer im Sammelraum zurück.

Wir hatten den herrlichsten Sonnenschein und frühlingshafte Temperaturen. Der Schnee schmolz zunehmend an den Stellen, wo die Sonne ihre Strahlen bis auf die Erde schicken konnte. Allerdings war der Wald zum größten Teil aufgeweicht und in den für die Deckung der Fallschirmjäger günstigsten Bewegungsmulden bildeten sich Pfützen. Bis zum Durchdringen der Postenkette konnte nur gekrochen oder musste gar am Boden geglitten werden.

Wir waren innerhalb kurzer Zeit bis auf die Knochen durchnässt. Jedoch war wegen der immensen Anspannung ein Frieren noch nicht zu befürchten. Die erste Hürde *Postenkette* überwanden wir, ohne erkannt zu werden. Nun konnten wir die Bewegung von Baum zu Baum in einzelnen Sprüngen beschleunigen, denn die Zeit saß uns gewaltig im Nacken.

Die mehr als hundertjährigen Buchen wurden immer dicker, und auch die Abstände von Baum zu Baum immer größer. Der Sicherungstrupp signalisierte das Wahrnehmen der ersten Fahrzeuge. Nun war äußerste Vorsicht geboten, denn wo Fahrzeuge getarnt abgestellt standen, waren auch Menschen, die Augen und Ohren hatten. Wir krochen hintereinander in einem flachen Graben, der sich durch bewachsenes Unterholz schlängelte, langsam vorwärts. Diese geringe Vertiefung sollte nach Aussage des Aufklärers direkt zum Kern der Fahrzeuge und Zelte führen. Plötzlich kam ein Offizier bis 50 m Entfernung an unsere Gruppe heran und urinierte an einen Baum. Das wiederholte sich öfter, je näher wir an das Zentrum gelangten. Manchmal waren die Männer zur Verrichtung eines größeren Geschäfts mit Feldspaten bewaffnet. In diesem Gewimmel unerkannt zu bleiben, war nur noch eine Frage der Zeit.

Der Sicherungstrupp erreichte einen mit Tarnnetzen versehenen Anhänger mit Kofferaufbau. Darunter waren wir einigermaßen getarnt und konnten einen größeren freien Raum überblicken.

Ständig bewegten sich weißgekleidete Ordonanzen mit Tabletts und köstlichen Speisen darauf zu einem 8 x 15 m großen Zelt. Unweit davon standen, in einer Reihe aufgefädelt und gut getarnt, große Fahrzeuge mit Kofferaufbau, die auf Führungsfahrzeuge des Armeestabs schließen ließen.

„So, Einsatzgruppenführer Oltn. Kühn, entscheide dich!" Er entschied sich für das Zelt in der Erwartung, hier die gesamte Führung des Armeestabs *vernichten* zu können. Ich glaube, ich hätte mich gleichfalls so entschieden.

Es war Zeit. Die Gefahr, vorher entdeckt zu werden, war riesengroß, und ohne Überraschungseffekt war in dem Menschengewimmel nichts auszurichten. Mit kurzer Zeichengebung, in welche Richtung jeder bei diesem Feuerüberfall angreifen sollte, begann das Knallkörperwerfen und Platzpatronenschießen mit gleichzeitigem Hervorspringen aus der Deckung, ein kräftiges „Hurra!" auf den Lippen. Im ersten Moment lag alles flach und war so erschrocken, dass keinerlei Gegenwehr spürbar wurde. Das dauerte so etwa zehn Sekunden bis ein Oberstleutnant aufsprang und rief: „Umzingeln und Einfangen!" Nun war für mich die Zeit gekommen, aus meinem Versteck hervorzuspringen und mich dem Oberstleutnant zu stellen. Der hatte die Pistole in der Hand, zog den Verschluss zurück, so dass eine Patrone ins Patronenlager schnappte, und brüllte: „Noch einen Schritt, und ich schieß dich nieder wie einen Hund!" Ich konnte nur im lauten Ton antworten: „Gehen so Offiziere miteinander um? Ich bin Ihr Gefangener, bringen Sie mich zu Generalleutnant Weiß!" Er antwortete: „Hände auf den Rücken!" Ein anderer band mir die Hände zusammen, und ich wurde abgeführt. Auf dem Wege zu den Stabsfahrzeugen konnte ich sehen, wie ein Schwarm den Fallschirmjägern hinterher tobte, ohne jedoch einen gefangen zu nehmen.

Vor einem Kofferfahrzeug stand Generalmajor Ernst, Chef des MB-III, und befahl mir, mich auszuweisen. Ich wurde von den Stricken befreit und überreichte ihm meinen Dienstauftrag, der vom Chef des Hauptstabs, Generaloberst Kessler, unterschrieben war. Ich bat den General, entsprechend meinem Auftrag mich bei Generalleutnant Weiß melden zu dürfen. Er wies auf sein Fahrzeug mit Kofferaufbau, ging die kleine Treppe hinauf, und ich folgte ihm in der Annahme, dort meinem Chef Meldung erstatten zu können. Falsch gedacht. Er ließ mich in Gegenwart eines weiteren Generals, so verdreckt ich war, Platz nehmen und sagte in einem ganz ruhigem Ton: „Genosse Major, wie schätzen Sie das Ergebnis des Überfalls ein, der ja eigentlich nur eine wilde nicht organisierte Schießerei war?" Ich antwortete gleichfalls ganz gelassen, dass es schon eine ganz große Leistung war, am helllichten Tag mit elf Mann bis in den Kern des Armeestabs unbemerkt vorzudringen. „Wie Sie sicher selbst wissen, ist der Verbündete der Fallschirmjäger die Nacht. Nun bitte ich Sie, mir Gelegenheit zu geben bei Generalleutnant Weiß, der sich mit Gewissheit hier befindet, Meldung zu erstatten." Ich erhob mich im selben Moment gleichzeitig von meinem Platz. Generalmajor Ernst war etwas erbost darüber und wollte mich wohl aus dem Gleichgewicht bringen, indem er fragte: „Wissen Sie überhaupt, wer Generalleutnant Weiß ist?" Schließlich wäre so ein Lapsus auf einer derartigen Kommandoebene eines *1. Stellvertreters des Ministers* doch unwürdig.

Ich konnte darauf nur antworten, dass ich diese Aufgabe als Offizier im MfNV von dem 1. Stellvertreter des Ministers persönlich erhalten habe und zur Vollzugsmeldung verpflichtet wurde. Daraufhin erhob sich General Ernst und sagte nur: „Dann folgen Sie mir, ich muss auch zu Generalleutnant Weiß." In der Zwischenzeit waren fast 20 Minuten vergangen, und ich wurde rechts und links flankiert von zwei Offizieren des Armeestabs wie ein ernster Gegner bis zum Zelt des Generals begleitet. Mir voran ging der Chef des MB-III, und ich kam mir vor, als führte man mich zum Schafott.

Im großen Zelt angekommen, immer noch dreckbeschmiert und klatschnass, stand Generalleutnant Weiß an einer großen Mobilmachungskarte und ließ sich von einem Oberst einiges erläutern. Als er sich umdrehte, wollte ich exakt zur Meldung ansetzen, doch er bremste mich mit folgenden Worten: „Na, Fallschirmjäger, haben sie dich gefangen genommen? Mit deinem Feuerwerk hast du uns das Prasdnik (Feier) versaut, denn um 16:00 Uhr kommen die Bezirkseinsatzleitungen. Ich hatte gehofft, du kommst hier heimlich ins Zelt geschlichen und flüsterst mir ins Ohr, dass die Wachen abgelöst und durch Fallschirmjäger ersetzt wurden und somit der Stab des Militärbezirks in deiner Hand ist!"

Oh Gott, kam ich mir erbärmlich vor. Das war ein Tiefschlag, der allen Anwesenden, besonders Generalmajor Ernst, ein Schmunzeln auf die Backen zog, und ich hätte in den Erdboden versinken können. Aber so war er nun mal, und nicht nur er, sondern ein Großteil der Generalität, die wirklich glaubte, Fallschirmjäger können alles und vor allem sich unsichtbar machen. Deshalb antwortete ich, fast etwas trotzig: „Genosse General, und das mit zehn Mann, am helllichten Tag, mit aufgesetztem Barett, in einer begrenzten Tageszeit für die Aufklärung und mit vorgegebener Überfallszeit, Punkt 15:00 Uhr und die wurde eingehalten. Das Überraschungsmoment war gegeben, so dass sicher bei der großen Anhäufung von Menschen zum Moment des Überfalls viele Opfer zu beklagen wären. Aus meiner Sicht haben die Fallschirmjäger ihr Bestes gegeben, keiner ist vor und nach dem Überfall gestellt und gefangen genommen worden!"

Generalleutnant Weiß schmunzelte nur und fragte General Ernst: „Ist bei Ihnen jemand zu Schaden gekommen?" Der Chef des MB meldete keinen Schaden. Daraufhin sagte er zu mir: „Hast du schon was gegessen, und wie kommst du denn wieder zurück?" Ich antwortete: „Zu Fuß, Genosse General!" Daraufhin wies er Oberstleutnant Karl Schmidt an, der auch aus unserer Verwaltung kam und bei der Übung sein Dolmetscher war, mir seinen Kübel für die Rückfahrt zu geben und bemerkte noch: „Wertet das mit den Jägern richtig aus!"

Ich sprach mit Karl Schmidt vor der Abfahrt noch ein paar Sätze über den Einsatz und war über diese Einschätzung richtig niedergeschlagen. Karl Schmidt sagte nur: „Du kennst ihn doch, der meint das nicht so, wie er das gesagt hat!"

Nun hatte ich vorgesorgt und eine alte Schirmmütze der Mot.-Schützen mitgenommen, die ich nach dem Verlassen des Zelts aufsetzte, um damit nicht mehr als *Feind* identifiziert zu werden. Ich schwang mich in den Kübel und fuhr langsam aus dem Unterbringungsraum des Armeestabs den Berg hinab. Auf einer Wiese sah ich, wie sich drei Fallschirmjäger mit einer Gruppe herumschlugen, und es einem nicht gelang, sich zu befreien. Zwei suchten bei Erscheinen des Kübels das Weite und verschwanden im Wald.

Mein Fahrzeug wurde von einem Unteroffizier angehalten. Er meldete: „Genosse Major, wir haben einen Fallschirmjäger gefangen genommen, was soll mit ihm geschehen?" Ich rief den Fallschirmjäger zum Fahrzeug und befahl: „Einsteigen!" Der Jäger, es war Stabsgefreiter Ulrich Maratzke, machte einen Satz und saß im Kübel wie ein Lamm. Ich antwortete dem Unteroffizier, dass ich gerade auf Kontrollfahrt sei und sowieso zum Stab zurückfahre und ihn deshalb gleich mitnehme. Der Unteroffizier monierte und wollte die Gefangennahme von mir bestätigt haben, denn schließlich hing ja ein Tag Sonderurlaub von dieser Gefangennahme ab. Ich antwortete: „Geben Sie mir Ihr Arbeitsbuch!" und ich schrieb:

Offiziere und Unteroffiziere der 3. FJK, KC Hptm. Graske (3. von links) Oltn. Kühn (5. von links)

Hiermit bestätige ich dem Genossen Unteroffizier die Gefangennahme eines Fallschirmjägers am Außenring des KR des MB-III am … Unterschrift … Major Meyer vom MfNV, Kontrolloffizier im WSB-3 (Wach- und Sicherstellungsbataillon-3).

Danach fuhr ich den Sammelpunkt 1 an und fand bis auf die noch zwei fehlenden Fallschirmjäger die gesamte Einsatzgruppe vollzählig ohne Verletzungen wieder.

Natürlich wollten die Jungs zu ihrer Arbeit die Meinung von Generalleutnant Weiß wissen. Ich sagte ihnen nur, dass ihr Verhalten und ihre Einsatzbereitschaft vorbildlich waren. Leider wurde jedoch der Überfall in die falsche Richtung geführt, woraus wir die entsprechenden Schlussfolgerungen zu ziehen hätten.

Allerdings gab es bei dieser Übung auch Beispiele, die zeigten, dass bei Aufklärungsunternehmen ohne äußere Kennzeichnung als Fallschirmjäger, sondern im Felddienstanzug der handelnden Kräfte des Militärbezirks, für uns verblüffende Resultate zu nennen waren. Zum Beispiel ist es *Feldwebel Werner Becker,* dem späteren Adjutanten von Generaloberst Stechbarth, gelungen, bei Nacht im Fahrzeug der VS-Stelle von einem zum anderen Konzentrierungsraum mitzufahren. In diesem Kofferfahrzeug befanden sich sämtliche Verschlusssachen des Armeestabs. In einem anderen Fall gelang es Hauptmann Volkmann (†), mit falschen Papieren in das Wehrbezirkskommando Erfurt einzudringen und an den Beratungen mit den Leitern der Wehrkreiskommandos teilzunehmen. Ich war fest davon überzeugt, dass die Einsatzgruppe von Oltn. Kühn es bei Nacht geschafft hätte, einen derartigen großen Führungsstab teilweise auszuschalten. Unter den heutigen technischen Bedingungen mit Nachtsichtgeräten und anderen neuen elektronischen Möglichkeiten wäre es schon wesentlich komplizierter, unbemerkt ans Ziel zu gelangen.

Die Übung „Waffenbrüderschaft 70" und die ersten Fallschirmsprünge aus dem Flugzeug AN-8

Die Übung *Waffenbrüderschaft* wurde 1970 das erste Mal organisiert und war vor allem auf das Zusammenwirken der verbündeten Armeen ausgerichtet. Sie hatte zum Ziel, die politische und militärische Geschlossenheit der Warschauer Vertragsstaaten zu demonstrieren.

Ich habe mir zwar vorgenommen, mich in politischen Argumentationen doch zurückzuhalten, aber was das Säbelrasseln der beiden sich gegenüberstehenden Systeme anbetraf, hat sich in den *groß angelegten Manövern* sicher keines etwas vorzuwerfen.

Ich glaube, da war die NATO mit ihren jährlichen ausgedehnten Manövern über ganz Westeuropa entlang den Grenzen der beiden Systeme kein Waisenknabe.

Ich will aber nur über das hier schreiben, was ich selbst erlebt und gesehen habe.

An der großangelegten Übung *Waffenbrüderschaft 70,* die im Oktober auf dem Territorium der DDR ablief, nahmen Einheiten aller sieben Armeen der Warschauer Vertragsstaaten teil. Das waren die Armeen *der UdSSR, Bulgariens, der ČSSR, der DDR, Ungarns, Polens und Rumäniens.*

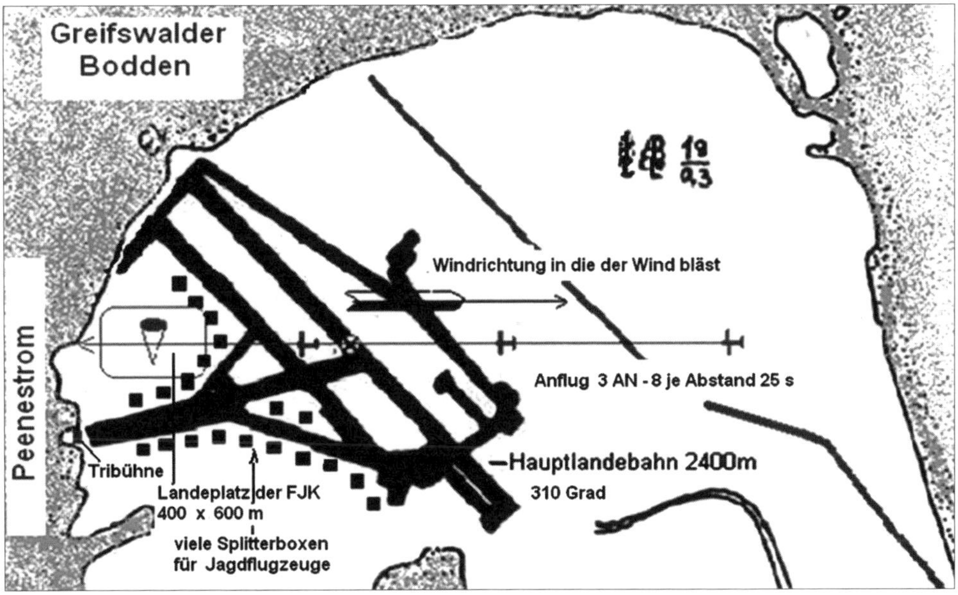

Skizze des Flugplatzes Peenemünde

Die NVA war mit der Ausarbeitung dieser Übung *Waffenbrüderschaft 70* und der Minister für Nationale Verteidigung, Armeegeneral Heinz Hoffman, mit der Leitung beauftragt. Die Verwaltung Ausbildung hatte dazu eine umfangreiche Arbeit zu leisten. Einen großen Teil der Dokumente erarbeiteten Oberstleutnant Horst Wolf und Major Werner Schulz. Die Verwaltung Ausbildung war für die ordnungsgemäße Vorbereitung der Plätze zuständig, auf denen Übungen stattfanden und hatte die dort vorzuführenden Kräfte allumfassend zu unterstützen. Dazu wurde für jeden Platz ein Offizier der Verwaltung Ausbildung verantwortlich gemacht, der bei der Vorbereitung der ausländischen Armeen auf ihren Einsatz eng mit den zuständigen Offizieren zusammenzuarbeiten hatte. Seine Aufgabe war es, Wünsche und Forderungen der vorführenden Einheiten entsprechend zu erfüllen und, wenn nötig, dazu den 1. Stellvertreter des Ministers für Nationale Verteidigung, Generalleutnant Weiß, um Hilfe zu bitten. Außerdem war der Offizier für den Besichtigungspunkt seines Platzes zuständig und hatte dort ganz besonders auf die Einhaltung aller Sicherheitsvorkehrungen bis hin zum Funktionieren der Toiletten zu achten. Das war, ganz am Rande bemerkt, ein ausdrücklicher Wunsch des Genossen Generalleutnant Weiß, denn er kannte als alter Stratege besonders genau, worauf es bei hochangebundenen militärpolitischen Übungen dieser Art *auch* ankam. Schließlich betraten jede Tribüne die Partei- und Staatsführung unter Leitung des Genossen Walter Ulbricht oder des Genossen Erich Honeckers, der zu dieser Zeit Vorsitzender des Nationalen Verteidigungsrats war, und hohe ausländische Vertreter der Warschauer Vertragsstaaten.

Mir wurde der Raum der Luftlandung eines Luftlanderegiments der Sowjetarmee in der Nähe des Truppenübungsplatzes von Altengrabow bei Lübars zugewiesen. *Das FJB erhielt die Aufgabe, mit einer verstärkten Fallschirmjägerkompanie (FJK) den Flugplatz in Peenemünde im Handstreich einzunehmen und diesen für die Landung nachfolgender Kräfte vorzubereiten und zu sichern.* Dazu stellte die Sowjetarmee drei Flugzeuge des Typs AN-8 zur Verfügung, aus denen die Fallschirmjäger springen sollten. Als verantwortlicher Offizier dieses Besichtigungspunkts war mein Stellvertreter Gerhard Aschekowski, *noch* Kapitänleutnant, eingesetzt.. Bei der Auswahl des Absetzplatzes war uns als Verantwortliche des Fallschirmdienstes doch etwas unwohl gewesen, denn der Flugplatz Peenemünde mit dem vorbestimmten Raum der Landung für die Kompanie lag unmittelbar am Greifswalder Bodden.

Die zur Verfügung stehende Landefläche in der vorbestimmten Anflugsrichtung war nicht größer als 400 x 600 m. Hinzu kamen die Splitterboxen der Jagdflugzeuge, die noch mit Drähten überspannt und mit Tarnnetzen versehen waren. Diese gewaltigen Hindernisse konnte nur eine gut ausgebildete und den Fallschirm beherrschende Truppe meistern.

Wir hatten großes Vertrauen zur neuen Technik und waren davon überzeugt, dass diese komplizierte Aufgabe bei möglichst 6 m/s-Wind machbar ist. Da uns aber die Erfahrungen im Springen aus der AN-8 über Heck fehlten, brauchten wir unbedingt für die handelnden Kräfte drei bis fünf Trainingssprünge. Sicherheitshalber konnte natürlich auf die Schwimmweste beim Sprung nicht verzichtet werden, und zusätzlich waren auch Rettungsboote als Sicherungsmittel bereitzustellen. Bisher hatten nur die Angehörigen des Fallschirmdienstes im Mai 1969 ein paar Sprünge beim Erproben des Fallschirms RS-8 aus dem Flugzeug AN-8 absolviert. Hierbei ging es auch um die Beurteilung des Verhaltens der Aufzugsleinen der Fallschirme, die nach dem Absprung im Flugzeug verblieben. Wenn die Aufzugsleine des Vordermanns nicht sofort von der Leinenfangvorrichtung im Flugzeug gehalten wird, besteht die Gefahr, dass der folgende Springer sich daran aufhängt. Die Geschwindigkeit der AN-8 konnte beim Absetzen bei noch stabiler Fluglage bis auf minimal 280 km/h gedrosselt werden, sofern nicht mehr als 25 Fallschirmspringer an Bord waren. Bei voller Besetzung mit 40 Fallschirmspringern war eine Mindestgeschwindigkeit von 300 km/h vorgeschrieben.

Bei der vorbereitenden Beratung mit den Vertretern der beteiligten Armeen wurden die einzelnen Plätze mit Offizieren der Gruppe der Sowjetischen Streitkräfte in Deutschland (GSSD) abgeflogen und die Mitwirkungshandlungen und Vorbereitungen auf die Vorführung detailliert abgesprochen. Dabei kam von den Fliegerkräften der Sowjetarmee, die die Flugzeuge AN-8 aus Oranienburg zu stellen hatten, sofort das Veto und die Ablehnung des Absetzens auf diesem Platz. Schließlich wurden sie auch für die Genauigkeit des Absetzens verantwortlich gemacht. Je Flugzeug sollten in einem Anflug 25 Fallschirmjäger abgesetzt werden. Das Sprungintervall von Mann zu Mann lag zwischen 0,6 bis 0,8 Sekunden. Also wurden für das Absetzen der 25 Fallschirmjäger knapp 18 Sekunden benötigt. Während dieser Zeit überfliegt allerdings das Flugzeug eine Strecke von rund *1400 m* (280 km/h = 78 m/s x 18 s). Der Platz hat aber nur eine Längsausdehnung von 600 m. Deshalb forderten die Freunde einen Platz in der Größe von 2000 m Länge und schlugen vor, entlang der Piste in 310° anzufliegen. So könnten die Fallschirmjäger über die Gesamtausdehnung des Flugplatzes landen und würden keine Gefahr eingehen, im Peenestrom zu wassern.

Allerdings passte das wiederum unseren Luftstreitkräften und der Volksmarine nicht so richtig, da die Tribüne aus Sicherheitsgründen unbedingt am Rande des Platzes positioniert werden sollte, um auch die Handlungen der Volksmarine von da aus besichtigen zu können. Im Übrigen sollten die Fallschirmjäger in der Nähe der Tribüne landen.

Nun wurde folgender Kompromiss geschlossen: Auf dem Flugplatz bei Demmin der Gruppe der Sowjetischen Streitkräfte in Deutschland (GSSD), der bei der Ortschaft Tutow liegt, sind von den Fallschirmjägern mindestens vier Trainingssprünge zu absolvieren. Bei diesen Trainingssprüngen sind auf dem Flugplatz Markierungen in der Größe von 600 x 400 m vorzunehmen, in denen die Fallschirmjäger zu landen haben. Landet keiner außerhalb, wird auf dem kleinen Platz am Wasser gesprungen, andernfalls muss entlang der Start- und Landebahn abgesetzt werden.

Mit diesem Kompromiss konnte jeder leben, und für uns Fallschirmjäger war das gleichzeitig Ansporn, über Wasser abgesetzt zu werden und möglichst in der Nähe der Tribüne landen zu können.

Transportflugzeug des Typs AN-8 der Sowjetarmee

Uns wurde für eine knappe Woche, vom 22. bis 25. September 1970, ein Flugzeug AN-8 auf dem Flugplatz in Tutow bereitgestellt, und wir konnten beweisen, ob wir in der Lage sind, die theoretischen Möglichkeiten, die uns der Fallschirm bietet, in die Praxis umzusetzen.

Der Flugplatz Tutow war für die GSSD ein Ausweichflugplatz mit einer etwa 2000 m langen Start- und Landebahn(SLB). Die dazugehörenden baulichen Einrichtungen waren nach Kriegsende alle gesprengt worden, so dass nur noch die Piste und eine Ringrollbahn genutzt werden konnten.

Diese Ringrollbahn am westlichen Ende der SLB, fasste eine Rasenfläche von genau der Größe ein, die uns als Landefläche 400 x 600 m in Peenemünde zur Verfügung stand. Deshalb wurde festgelegt, stets auf dieser Fläche zu landen. Das Wichtigste war nun die genaue Einweisung der Sprunggruppen von je 25 Fallschirmjägern je Flugzeug.

Da der Wind in den nördlichen Regionen zu mehr als 80 % aus westlicher Richtung kommt, wurde auch stets in 270 ° angeflogen. Je nach der genauen Richtung des Höhenwindes geschah das seitenversetzt. Bei Wind aus nordwestlicher Richtung, entlang der rechten Platzbegrenzung, kam er mehr aus südwestlicher Richtung, wurde die linke Platzbegrenzung benutzt. Die Absprunghöhe wurde generell für alle drei Maschinen auf 600 m über Grund festgelegt. Die Formation der drei Flugzeuge bei der Vorführung wurde in Reihe im Abstand von 25 Sekunden von Flugzeug zu Flugzeug befohlen.

Die Sprunggruppen wurden nach dem Eigengewicht der Springer so aufgestellt, dass jeweils der schwerste als erster und der leichteste als letzter das Flugzeug verlässt. Außerdem wurden die Sprungautomaten bei den ersten acht Springern auf fünf Sekunden, bei den folgenden acht auf nur vier Sekunden und bei den letzten neun Springern nur auf drei Sekunden eingestellt. Mit dieser Einstellung der Sprungautomaten öffneten sich die Fallschirme bei den ersten acht erst in etwa 430 m, der folgenden mit vier Sekunden schon in etwa 460 m und der letzten neun nach drei Sekunden Fallzeit einschließlich der Entfaltungshöhe des Fallschirms bereits in etwa 490 m Höhe über Grund.

Mit diesem automatisch erwirkten Höhenunterschied beim Öffnen der Fallschirme war erzielt worden, dass die ersten acht Fallschirmjäger bei 4 m/s-Sinken bereits nach 110 Sekunden landeten, die folgenden acht schon zehn Sekunden und die letzten neun sogar mehr als 15 Sekunden länger in der Luft verblieben. Dank diesem Effekt konnten sie auch durch den Wind und den Eigenvorschub des Fallschirms weitertreiben.

Wenn sich der zuletzt abgesprungene Fallschirmjäger demnach mindestens 125 Sekunden in der Luft befindet und den Fallschirm sofort nach der Öffnung in die Richtung der Landefläche dreht, also mit dem Wind fliegt, hat er bei einer durchschnittlichen Windgeschwindigkeit von 6 m/s plus seinem Schub des Fallschirms von 3 m/s eine Bewegungsgeschwindigkeit über Grund von 9 m/s. Multipliziert man diese Geschwindigkeit mit 120 Sekunden, bewegt sich der letzte Springer bei richtigem Steuern vom Punkt seines Absprungs über 1000 m in Richtung des Landeplatzes.

Endkontrolle vor dem Einsteigen in das Flugzeug AN-8 durch den FSW/A Fw. Kirsten

Nun wird man folgerichtig sagen, dies sei eine Milchmädchenrechnung, denn der Erstgesprungene bewegt sich bei sofortigem Gegenstellen seines Vorschubs gegen den Wind trotzdem 100 Sekunden lang mit 3 m/s rückwärts. Denn bei 6 m/s Wind gegen 3 m/s Schub verbleiben 3 m/s Rückwärtsbewegung.

Dem ist jedoch nicht so. Die besondere Eigenschaft des Fallschirms vom Typ RS-4/3 mit einer Leitfläche ist dadurch im Vorteil, dass sie durch ihr Verharrungsvermögen und ihre aerodynamische Eigenschaft bei 3 m/s eigenem Vortrieb jedoch bis zu 6 m/s Gegenwind auf vertikales Sinken absorbieren kann. Erst wenn der Gegenwind stärker als 6 m/s ist, bewegt sich der Fallschirmspringer um die höhere Windgeschwindigkeit als 6 m/s rückwärts.

Deshalb war es auch möglich, mit diesem Fallschirm bis zu 10 m/s Bodenwind zu springen. Allerdings musste man dann als Fallschirmspringer eine Rückwärtslandung in Kauf nehmen, denn ein Eindrehen an den Gurten, wie wir das von Rundkappenfallschirmen ohne eigenen Vorschub kennen, war nicht zu empfehlen, da sich die Fallschirmkappe sofort aus dem Wind drehte und dadurch die Landegeschwindigkeit enorm zunahm. In diesem Fall können aus der Rückwärtsbewegung von nur 4 m/s schnell 10 m/s und mehr werden.

Diese besondere Eigenschaft der Fallschirmkappe mit einer derartigen Leitfläche, wie sie die RS-Serien aus Seifhennersdorf heute noch haben, garantiert selbst bei Windböigkeit eine hohe Stabilität und eine weiche Landung, erst recht bei einer maximalen Belastung des Fallschirms.

Wir waren bereits nach dem ersten Übungssprung erstaunt, wie schnell die Fallschirmjäger, die aus der FJK des 3. Dienstjahres kamen, die theoretischen Anweisungen in die Praxis umsetzten. Kompaniechef dieser Kompanie war Oberleutnant Walter Wagner (†) mit den Zugführern Obltn. Kühn, Ltn. Friese und Ltn. Mulock. Man sollte dabei auch bedenken, dass die Fallschirmjäger das erste Mal aus einem Flugzeug mit Heckabgang sprangen. Trotz intensivem Training am Boden wurde beim ersten Sprung ein durchschnittliches Sprungintervall von 0,85 Sekunden erreicht.

Die 25 Springer benötigten vom ersten bis zum letzten Springer 21 Sekunden. Es dauerte zu lange, ehe die Sprunggruppe bei Erscheinen des Signals *Grün mit dem Hupsignal* im Flugzeug in Bewegung kam. Bei den folgenden Sprüngen wurde das schon besser.

Wir konnten bei günstigen Witterungsbedingungen bis zu sechs Vorbereitungssprünge durchführen. Zwei ohne Ausrüstung, zwei mit Waffe und Schutzmaske, je einen zusätzlich mit Schwimmweste, und den letzten mit Platzpatronenschießen aus der Luft.

Mit der Vorbereitung waren alle zufrieden, vor allem die Fallschirmjäger selbst, denn einige waren nicht von der Möglichkeit überzeugt, bei richtigem Absetzen und Verhalten in der Luft mit Sicherheit im vorher bestimmten Raum zu landen.

Wichtig für die Erfüllung der Aufgabe waren im Schnitt wenigstens 6 m/s Höhenwind. Bei der Generalprobe, die nach dem 7. Oktober 1970, dem Tag der Republik, angesetzt war, durfte ich meinen schon bezogenen Platz bei Altengrabow verlassen und mit einer IL-14

Absprung aus der AN-8 über der Ortschaft Tutow

nach Peenemünde mitfliegen. Hier wurde Kapitänleutnant Aschekowski von General Stechbarth unmittelbar im Zelt am Ostseestrand zum Korvettenkapitän befördert.

Ich erinnere mich noch, wie er danach Admiral Ehm, dem Chef der Volksmarine, sagte: „Siehst du, auch in den Landstreitkräften werden Kapitäne unmittelbar am Meeresstrand gemacht!"

Die übenden Truppen, Schiffseinheiten der Volksmarine, ein Bataillon des MSR-29, das gleichfalls noch in Prora stationiert war und sich in Landungsbooten auf See befand, hatten die Ausgangsräume bezogen.

Die Wetterbedingungen waren sehr gut, Sonnenschein und eine leichte Brise aus 280°.

Genau nach Zeitplan flog die erste AN-8 den Flugplatz an, im Schlepp mit vorgegebenem Abstand folgten die beiden anderen Maschinen. Am vorgesehenen Absetzpunkt verließen die Fallschirmjäger die erste Maschine. Die letzten Springer hingen weit über dem Peenestrom, wurden aber vom Wind in Richtung Landeplatz getrieben. Nun folgte die zweite Maschine, nachdem die ersten Springer bereits 150 bis 200 m tiefer hingen und das Mpi-Feuer eröffneten. Als die Springer der ersten Maschine eine Höhe von 100 m erreichten, setzte die dritte Maschine wie die zweite ab, und etwa 25 Sekunden lang waren drei Gruppen von je 25 Fallschirmjägern höhengestaffelt in der Luft, bevor die ersten landeten. Die Fallschirmjäger kämpften sich in östliche Richtung zur Einnahme des Flugplatzes vorwärts.

Die Generalprobe hatte gut geklappt, und alle waren mit dem Einsatz der Fallschirmjäger zufrieden. Bei der eigentlichen Vorführung am 15. Oktober 1970 durfte ich meinen Platz nicht mehr verlassen. Bis auf eine unbeabsichtigte Öffnung des Rettungsfallschirms unmittelbar nach Verlassen des Flugzeugs ist die Vorführung der Fallschirmjäger gleichfalls wieder gut abgelaufen.

Oberstleutnant Manfred Grätz hatte auf allen Besichtigungspunkten die Handlungen über Lautsprecher zu kommentieren. Bei Erscheinen des Rettungsfallschirms in der Luft wollte Erich Honecker wissen, warum der eine mit einem weißen Fallschirm springt. Man soll ihm gesagt haben, das sei der Kommandeur, und darüber war er erfreut.

In Wirklichkeit war das kein Lapsus. Dem Fallschirmjäger zog es bei der unbeabsichtigten Öffnung des Rettungsfallschirms die Augen zu, so hart war der Entfaltungsstoß.

Wie konnte das passieren? Die Fallschirmjäger verlassen im Laufschritt das Flugzeug, das infolge der Turbulenz auch seitlich mit dem Heckteil schlingert. Dadurch kann man im Laufschritt automatisch aus der Richtung kommen. Bei Erreichen der Absprungpforte blieb der seitlich angebrachte Aufzugsgriff des Rettungsfallschirms hängen. Der Fallschirm wurde dadurch geöffnet und entfaltete sich sofort mit dem Verlassen des Flugzeugs. In diesem Fall wird die Geschwindigkeit von 280 km/h unmittelbar auf null gebremst. Springt man jedoch aus dem Flugzeug und öffnet erst nach einer Sekunde den Verpackungssack, ist die Geschwindigkeit von 280 km/h, die man ja selbst in den Luftstrom bringt, schon auf 240 km/h und weniger abgebremst.

Deshalb wurde bereits bei dem Nachfolgetyp, dem Rettungsfallschirm BE-7, der Aufzugsgriff nicht mehr an der Seite, sondern an der oberen Klappe des Verpackungssacks angebracht. So konnte man mit dem Griff nicht mehr hängen bleiben und bei der Öffnung auch mehr Kraft anwenden.

Das waren die ersten Fallschirmsprünge der Fallschirmjäger aus einem Transportflugzeug mit Heckabgang und mit einer höheren Absetzgeschwindigkeit.

Unser Bestreben war von da an, jährlich mit dem FJB ein paar Sprünge aus Transportflugzeugen AN-8 und später aus AN-12 genehmigt zu bekommen.

Die Arbeitsgruppe Fallschirmdienst im Jahre 1972 im FJB in Prora: Von links Major Klinnert, Korvettenkptn. Aschekowski, ein Fallschirmjäger mit Fallschirmausrüstung und Major Leutert

Beim Vorbereiten der Übung *Waffenbrüderschaft* erhielt ich von Generalmajor Stechbarth den Auftrag, die Delegation der Sowjetarmee, die für die fliegerische Sicherstellung ihrer Luftlandung zuständig war, nahe Wünsdorf vom Flugplatz der Freunde in Sperenberg abzuholen und in das MfNV zu führen.

Der Chef des Stabs des Kommandos der Luftstreitkräfte/Luftverteidigung (LSK/LV), Generalmajor Reinhold, war zur Begrüßung der anreisenden Delegation auf dem Flugplatz eingetroffen. Ich hatte mich bei ihm zu melden. Da die Maschine aus Moskau mit einer Stunde Verspätung landete, konnte ich die Zeit nutzen und mit ihm, dem späteren Generaloberst und Stellvertreter des Ministers und Chef der LSK/LV, über alle Fragen des Fallschirmspringens und deren Sicherstellung sprechen.

Der kleine Soldatensender orakelte über diesen General etwas abfällig: Er sei unnahbar. Das kann ich nach meinem Gespräch mit ihm nicht bestätigen.

Er erklärte mir die eigentliche Misere der Transportflugzeuge in der NVA, und dass für den Einsatz der Fallschirmjäger kein Flugzeug der Luftstreitkräfte zur Verfügung stünde und auch nicht im Perspektivplan enthalten sei.

Bezüglich des Einsatzes der noch vorhandenen IL-14 berichtete ich über die Gefahren, die beim Absetzen von Fallschirmspringern damit verbunden sind.

In diesem Zusammenhang erklärte mir der General, dass diese Flugzeuge für den Transport von Raketen fest verplant sind. Man suche gegenwärtig einen geeigneten Ablösetyp für die IL-14, und er fragte mich, welcher Flugzeugtyp meiner Meinung nach gegenwärtig für das Absetzen von Fallschirmspringern am geeignetsten wäre. Uns schwebten zu dieser Zeit das neue Transportflugzeug JAK-40 oder die AN-26 T vor.

Zug von Leutnant Friese aus jenen Tagen

Wir sprachen auch über die notwendige Bereitstellung eines Heimatflugplatzes als Ausbildungsbasis für das Fallschirmspringen. Er klagte dabei über den sehr engen Luftraum, der den Fliegerkräften für Ausbildungsflüge zur Verfügung stand und wies auf die Schwierigkeiten hin, die nur dreimal in der Woche ein Fliegen der Geschwader zulassen.

Deshalb sah er momentan nur die Möglichkeit, jährlich im Plan der Zusammenarbeit mit der Gruppe der Sowjetischen Streitkräfte in Deutschland (GSSD) ein Flugzeug zeitlich zur Sicherstellung der Ausbildung im Fallschirmspringen einzuplanen, und das möglichst auf Flugplätzen der GSSD. Bezüglich der Suche nach einem geeigneten Platz für das Fallschirmspringen schlug er mir vor, mich mit seinem Stellvertreter für Flugsicherheit in Verbindung zu setzen. Das waren keine rosigen Aussichten für uns, aber es war eben die Realität.

Zu meiner Tätigkeit in Altengrabow kann ich mich sehr kurz fassen. Das umfangreiche Vorkommando des Luftlanderegiments forderte bei der Besichtigung der Landefläche sämtliche Zuckerrüben, das waren immerhin 6 ha, umgehend zu ernten, da die Rübe für die Füße der Springer beim Landen gefährlich werden kann. *Ich dachte dabei sofort an unsere Fallschirmjäger in Peenemünde.* Aber es musste geschehen, auch wenn wir erst Anfang Oktober hatten und die Rüben erst richtig zu wachsen begannen. Die Ernteausfälle fielen dem Staat als Manöverschaden auf die Geldkasse.

Der Absetzplatz wurde genau vermessen und insgesamt zwölf Fern- und Nahfunkfeuer aufgebaut. Die Fernfunkfeuer hatten den Verband von etwa 30 Flugzeugen AN-12 an den Absetzraum genau heranzuführen, und die Nahfunkfeuer bestimmten den Beginn und das Ende des Absetzens.

Am Tag der Handlungen war am Boden absolut keine Sicht. Man konnte nicht 50 m weit schauen. Ab 300 m Höhe war allerdings strahlend blauer Himmel, was im Herbst morgens keine Seltenheit ist. *Trotzdem wurde das Luftlanderegiment abgesetzt.* Die aufgestellten Funkfeuer leisteten eine zuverlässige Orientierung und man hörte nur Motorenlärm der Flugzeuge. Der dazu gegebene Kommentar von Oberstleutnant Grätz in deutscher und russischer Sprache war vorbereitet und konnte die Geschehnisse, die ungesehen abliefen, nur einigermaßen deuten.

Es wurde im Kettenverband aus 600 m Höhe mit fünf Sekunden stabilisiertem Fall abgesetzt, und man hörte nach dem Anflug der ersten Maschinen nur Mpi-Feuer und Kommandos. So vollzog sich das *Schauspiel in der Waschküche* über eine halbe Stunde lang, ohne dass man etwas sah. Man erblickte kaum einen Luftlandesoldaten, hörte nur, wie sie rechts und links an der Tribüne vorbei zum Angriff stürmten. Nach kurzer Zeit hörte man zwei starke Detonationen, die die Vernichtung der Raketenstellungen weit hinter der Tribüne markierten.

Das war die Luftlandung, und ich war traurig, *nichts* gesehen zu haben. Nicht einmal die Partei- und Staatsführung sowie die Vertreter der anderen Armeen bekam ich zu Gesicht, denn zu Beginn des Eintreffens der Gäste durfte auch ich nicht mehr in die Nähe der Tribüne. Dafür war ein besonderer Ausweis nötig, den ich allerdings nicht erhielt.

Als dann alles gelaufen und vorbei war, leckte die Sonne den Hochnebel nach etwa zwei Stunden auf, und man sah ein großes weites Feld, bedeckt mit weißen Fallschirmen.

Als ich mir die Fallschirme genauer betrachtete, musste ich feststellen, dass das bereits die neue Serie mit der Bezeichnung *D-5* war.

Handbuch für Fallschirmjäger und unser erstes Auto

Zu Beginn der 1970er Jahre wurde im MfNV das *Handbuchsystem* ins Leben gerufen. Dabei leistete die Verwaltung Ausbildung in Zusammenarbeit mit dem Militärverlag der DDR eine umfangreiche und koordinierende Arbeit mit allen Waffengattungen und Diensten im Ministerium. Das Handbuch war eine Ergänzung zu den Dienstvorschriften und sollte vor allem den Unteroffizieren und Offizieren der Kompanieebene das Vorbereiten der Ausbildung erleichtern. In den Handbüchern wurden in verständlicher Weise die wichtigsten Inhalte der Ausbildungszweige einer Waffengattung beschrieben. Damit erhielt der Ausbilder ein Nachschlagewerk in die Hand, das ihm das stufenweise Eindringen in die Stofffülle der Gefechtsausbildung beträchtlich erleichterte.

Bereits 1970 wurde entschieden, ein derartiges Handbuch auch für Fallschirmjäger zu erarbeiten. Im *Handbuch für Fallschirmjäger* wurden die Fallschirmausbildung, die Taktikausbildung, die Schutzausbildung, die Militärische Körperertüchtigung, die Topographie und in einem letzten Teil die Spezialausbildung für die Fallschirmjäger detailliert beschrieben. Allein für die Fallschirmausbildung wurden von der Arbeitsgruppe Fallschirmdienst 170 Druckseiten mit mehr als 190 Abbildungen, Skizzen und Zeichnungen erarbeitet. Das war eine gewaltige Arbeit, die aber – und das war das Entscheidende – im FJB als auch danach in den anderen fallschirmspringenden Einheiten der NVA Früchte trugen. Die Teile Taktik und Spezialausbildung erarbeiteten der Leiter der Unterabteilung Spezialausbildung, Oberstleutnant Gerhard Zander, der Oberoffizier, nun Oberstleutnant Hans-Dieter Militz, und der Offizier für Spezialausbildung, Major Franz Houdek.

In allen Phasen waren daran Offiziere des FJB beteiligt. Für die Militärische Körperertüchtigung zeichnete Major Dr. Baldur Kubieziel verantwortlich. Mit Major Baldur bin ich übrigens gemeinsam vom Wehrkreiskommando Freiberg im Jahre 1954 in die KVP eingestellt worden. Er hatte allerdings das Glück, in Döbeln in die Sportkompanie aufgenommen zu werden.

Ab 1970 kamen verstärkt vormilitärisch ausgebildete Jugendliche in das FJB, die sich drei Jahre für den Dienst als Fallschirmjäger verpflichtet hatten. Diese Männer hatten in der Regel bereits zwölf Fallschirmsprünge absolviert und wurden in den einzelnen Bezirksausbildungszentren der Gesellschaft für Sport und Technik (GST) vorbereitet. Infolgedessen wurden verschiedene Fallschirmpackmethoden, Absprungmethoden und Verhaltensweisen am Fallschirm in die Truppe hineingetragen, die die Ausbilder nun zu korrigieren hatten. Dabei halfen neben den Dienstvorschriften und Anleitungen für die einzelnen Geräte auch das *Handbuch für Fallschirmjäger*.

Es waren bewegte Jahre, die wir als recht junge Offiziere im MfNV erlebten und die uns auch an der Seite erfahrener Stabsoffiziere charakterlich formten. Die Verantwortung, die ich als Leiter der Arbeitsgruppe Fallschirmdienst zu tragen hatte, war nicht einfach, weil jede falsche Entscheidung doch recht hart hätte bezahlt werden müssen, ja sogar mit dem Leben von jungen Menschen. Aus diesem Grunde holte mich General Stechbarth fast alle Vierteljahr zur Aussprache und verwies auf meine hohe Verantwortung, für die ich mit der Arbeitsgruppe geradezustehen hatte. Jede Veränderung an der Fallschirmtechnik der NVA musste vom 1. Stellvertreter des Ministers, Generalleutnant Weiß, bestätigt werden. Und er wollte, ehe er eine Unterschrift gab, zunächst genau überzeugt werden, warum diese Änderung erforderlich ist.

In den Jahren 1970/71 wurde vom Werk ein neuer Rettungsfallschirm mit der Bezeichnung BE-7 herausgebracht. Der Fallschirm BE-3D, mit dem die Mehrzahl der Truppe noch ausgerüstet war, sollte durch diesen leichteren und auch in der Verpackung kleineren Rettungsfallschirm ersetzt werden. Außerdem war bei diesem Fallschirm bereits der Aufzugsgriff an der oberen Klappe angebracht. Diese Forderung hatten wir nach der Auswertung der Übung *Waffenbrüderschaft* erhoben.

Fallschirmspringer mit vollständiger Gefechtsausrüstung im stabilisierten Fall

Beim Einsatz dieses Rettungsfallschirms während des stabilisierten Falls mussten wir feststellen, dass er sich in ungünstigen Situationen nur mit Unterstützung des Fallschirmspringers öffnen ließ.

Im Bild ist ersichtlich, dass beim leichten Anhocken der Beine der sich vor dem Bauch befindende Rettungsfallschirm im vertikalem Fall beschattet und die untere Klappe des Verpackungssacks durch die Oberschenkel geklemmt wird. Beim Öffnen des Rettungsfallschirms in Luftnot wurde die untere Klappe von den einfachen und auch über den Boden des Verpackungssacks durchgehenden Spanngummis nicht zurückgezogen, sondern nur die obere Klappe. Deshalb war es nötig, die Aufzugskräfte mittels doppelter Spanngummis an der unteren Klappe zu erhöhen und die in der Truppe sich bereits befindenden Rettungsfallschirme nachzurüsten. Das war z. B. eine Änderung, die Generalleutnant Weiß zu bestätigen hatte.

Auch in der Familie gab es 1971 eine Neuigkeit von nennenswerter Bedeutung: Wir erhielten endlich den Bescheid, dass gemäß unserer 1963 getätigten Anmeldung für uns ein PKW Trabant zur Abholung bereitstand. Mit dem Anmeldeformular musste man an einem bestimmten Tag nach Berlin und dort alle Formalitäten klären, da eine Selbstabholung vom Werk in Zwickau eine *frühere* Entgegennahme des Autos ermöglichte. Natürlich konnte ich zu diesem Zeitpunkt nicht, denn ich hatte leider in Sachen Fallschirmerprobung in Tutow bei Demmin wieder wichtigere Dinge zu erledigen. Also musste meine liebe Frau den Kauf des Autos allein bestreiten.

An dieser Stelle möchte ich nochmals die Soldatenfrauen würdigen, die, oft auf sich allein gestellt, fast alles, was die Familie betraf, selbständig zu bewältigen hatten. Die Erziehung der Kinder lag fast ausnahmslos in den Händen der Frau.

Als ich am Wochenende nach Hause kam, konnte ich mir schon die Nummernschilder ansehen. EH-90 00, das war eine Nummer, auf die meine Frau besonders stolz war. *Allerdings konnte sie sich auch jeder Polizist leicht merken.* Jedenfalls fuhren wir am Montag mit dem Zug gemeinsam nach Zwickau. Unser Jens im stolzen Alter von schon acht Jahren bekam schulfrei und durfte auch mit. Im Zwickauer Werk angekommen, standen hunderte kleiner Trabbis vor uns. Nun hofften wir, dass wir uns einen aussuchen dürfen der uns gefällt, wenn wir den Wagen schon selbst abholen. Nein! Der unfreundliche Verkäufer ging mit uns in die äußerste Ecke an eine Mauer und sagte: „Das ist Ihr Fahrzeug!“ Ein Trabant de lux – mausgrau mit weißem Dach. Allerdings war das Dach nicht weiß, sondern schwarz vor Ruß. Er öffnete mit dem Schlüssel die Tür und wollte mit der Übergabe beginnen. Ich war sprachlos – und gewöhnt zu schlucken. Schließlich hatte man das ja in den bereits 17 gedienten Jahren in der NVA anerzogen bekommen.

Nun war ich froh, dass ich so eine kleine und vor allem couragierte Frau neben mir hatte. Meine Christel war nicht wiederzuerkennen. „So ein Dreckding bieten Sie uns an! Nach fast zehn Jahren Wartezeit? Dazu kommen wir nach fast 300 km Weg hier ins Werk …“ Jedenfalls schloss sie ganz bestimmt: „Den wollen wir nicht! Wir möchten den, der gerade vom Band kommt, den Weißen mit dem roten Dach!“ Und mein Sohnemann schrie: „Jawohl, Mami, den nehmen wir und keinen anderen!“

Ich bin ehrlich, ich habe mich geschämt. Nicht über die Ausführungen meiner Frau, nein, sondern vor meiner Frau und meinem Sohn, denn ich hätte geschluckt und auch die dreckige, graue Maus genommen. Ja, wir haben den Weißen mit dem roten Dach bekommen und sind über 14 Jahre gut damit gefahren.

Die Einführung eines Trainingsgeräts aus der UdSSR für das Absetzen aus Flugzeugen mit Heckabgang

Nach dem Einsatz einer verstärkten FJK bei der Übung *Waffenbrüderschaft 70* und der Entscheidung darüber, dass Fallschirmjägereinsatzgruppen im Kriegsfall vorrangig aus Flugzeugen der Sowjetarmee (CA) in das Einsatzgebiet geflogen und abgesetzt werden, wurde ab dem Jahr 1972/73 das Fallschirmspringen aus Transportflugzeugen der CA in das Ausbildungsprogramm der Fallschirmjäger aufgenommen.

Vor Beginn dieser Ausbildung wurde es erforderlich, aus der UdSSR ein *Trainingsgerät für das Absetzen von Fallschirmspringern aus Flugzeugen mit Heckabgang* einzuführen und am Standort Prora der Fallschirmjäger aufzubauen.

Das war eine gewaltige Aufgabe, denn das Gerät wog über 80 t, war in Litauen gefertigt und in Teilen mit fünf Eisenbahnwaggons geliefert worden. Den Aufbau unterstützten zwei Spezialisten des Herstellerwerks, und sie wiesen einen Mechaniker, den Fallschirmjäger Gefreiter Dombrowski, in die Bedienung und Wartung des Geräts ein. Das Gerät erhielt übersetzt die deutsche Bezeichnung *Komplexes Fallschirmbodentrainingsgerät.* Die Fallschirmjäger nannten es einfach *Hartmacher.*

Der *Hartmacher* besteht aus einem verkleinerten Rumpf eines Flugzeugs AN-8, der auf Stahlmasten auf eine Höhe von 6 m gestellt wurde (obere rechte Bildkante der Gesamtansicht). Weitere sieben Doppelstahlmasten mit Querträgern halten, leicht abfallend, zwei etwa 50 m lange Stahlschienen, in denen mittels Kettenzug Laufkatzen in einstellbarer Geschwindigkeit gezogen werden und an denen Gurtzeuge befestigt sind. Am Ende dieser Schienenstrecke werden mittels Weichensteuerung aus je einer Schiene gleich zwei, die, stark abfallend, die Landung der Springer simulieren (linke Bildseite).

An diesem Gerät war es möglich, die Sprunggruppen im Absprung und in den weiteren Handlungen bis zur Landung zu trainieren.

Auf den beiden Bildern Seite 163 ist links die Lage des Körpers eines Fallschirmspringers im stabilisiertem Fall und rechts das erfolgte Lösen der Stabilisierung und das Hineinfallen in die Gurte als Simulierung der Fallschirmöffnung ersichtlich. Dieser Ruck war stärker als der Entfaltungsstoß des Fallschirms, deshalb auch die neckische Bezeichnung *Hartmacher.*

Das komplexe Trainingsgerät ermöglichte die Vorbereitung von jeweils zwei Sprunggruppen bis zu 15 Fallschirmspringern. Sie nahmen Platz und Aufstellung zum Sprung wie im Flugzeug, und das Gurtzeug war mit je einer Laufkatze verbunden.

Nach dem Signal *Poschol!* („Sprung!") – akustisch ein lauter Hupton und optisch das Aufleuchten einer grünen Lampe – konnten gleichzeitig beide Sprunggruppen das Flugzeug in einem Sprungintervall von Mann zu Mann bis zu 0,8 Sekunden verlassen.

Komplexes Fallschirmbodentrainingsgerät aus der UdSSR. An diesem Großgerät wurde das Absetzen von Sprunggruppen über Heck vom Absprung bis zur Landung trainiert.

Die Körperhaltung beim Absprung trainierten wir so, wie es beim Absprung aus dem Flugzeug erforderlich war – in Paketform: Beine angehockt und Arme mit den Ellenbogen am Körper fest angelegt. Nach einem leichten Abfall wurde die Laufkatze vom Kettenantrieb erfasst und in gleichbleibender Geschwindigkeit gezogen, der von 3 bis 8 m/s eingestellt werden konnte. Jeder Springer hatte, beginnend beim Absprung, die vorgegebene Fallzeit im stabilisierten Fall zwischen drei und fünf Sekunden abzuzählen und sie danach mittels des Kabels am Gurtzeug manuell zu entriegeln. Danach fiel der Springer etwa 2,5 m tiefer und wurde von den Gurten aufgefangen. Je schneller der Kettenlauf eingestellt wurde, je größer war die Landegeschwindigkeit. Kam ein Springer bei der Landung nicht zum Stehen, und konnte nicht sofort Weiterlaufen, wurde er vom Kettenantrieb, wie bei starkem Bodenwind, am Boden geschliffen. Damit nun bei diesen doch geringen Abständen der folgende Springer seinen Vordermann bei der Landung nicht behindert oder auf einen Gestürzten springt, wurden mittels einer Weiche aus einer Bahn zwei. So landete einer rechts, der nächste links.

Bild links die Körperhaltung im stabilisiertem Fall und rechts das Lösen der Stabilisierung

Das konnte am Tag, bei Nacht, mit Gefechtsausrüstung oder sogar mit Training des Schießens aus der Luft und mit Ablassen des Fallschirmjägertornisters sowie Ausgurten vor einer Wasserlandung trainiert werden. Für das Üben der Wasserlandung ließ sich der Kettenantrieb auch kurzzeitig abschalten. Da Wassersprünge materiell und mit dem nachfolgenden Trocknen der Fallschirme auch zeitlich sehr aufwendig waren, wurde mit der Einführung dieses Geräts auf den Wassersprung im Ausbildungsprogramm verzichtet und die Wasserlandung an diesem Gerät bis zur Perfektion mit jedem Fallschirmspringer trainiert. Allerdings konnte dieses Training einen Wassersprung nicht ganz ersetzen. Es ist schon ein gewaltiger Unterschied, ob man die Verschlüsse der Beingurte in 2 bis 3 m Höhe oder bereits in 300 m Höhe öffnet.

Die größten Probleme hatten wir mit der Elektrik dieses Monstrums. Es entsprach nicht den Rechtsvorschriften der TGL-Normen der DDR. Deshalb war es bei auftretenden Fehlern nicht möglich, einen Elektrobetrieb zu verpflichten, dieses Gerät zu reparieren.

In der UdSSR war es rechtens, mit einem stromführenden und einem Massekabel einen Gleichstrommotor zu betreiben. Das führte hin und wieder dazu, dass die gesamte Anlage unter Kriechstrom geriet.

Dieses komplexe Ausbildungsgerät half aber, die Sprungvorbereitung für Fallschirmsprünge aus Transportflugzeugen mit Heckabgang bei Absetzgeschwindigkeiten über 250 km/h spürbar zu verbessern und realistisch zu gestalten. Außerdem erhielten wir ein Pendelgerüst aus der UdSSR und aus Luckenwalde über den Plan der LSK/LV Fliegertrainingsgeräte, wie Rhönräder auf Ständern, Triplexe und Batuden.

Wir waren alle froh, als mit der Umverlegung der Truppe von Prora nach Lehnin 1982

Das komplexe Bodentrainingsgerät, im Vordergrund das Pendelgerüst aus der UdSSR

Ausbildung am Pendelgerüst, Übung des stabilisierten Falls, hier Ausbilder und Kontrollierender Mj. Leutert

Übung an drei Rhönrädern auf Ständern

das komplexe Bodentrainingsgerät aus der UdSSR von einem Betrieb der DDR demontiert, generalüberholt und nach den elektrischen Bauvorschriften der DDR in Lehnin aufgebaut wurde. Danach gab es keine Probleme mehr, denn nun konnte ein Betrieb mit der Durchsicht und Wartung beauftragt und die Planstelle *Gerätewart* eingespart werden.

Die Bildung des Kommandos der Landstreitkräfte (KLaSK) – was wird mit der Arbeitsgruppe Fallschirmdienst?

Man munkelte schon wochenlang, dass in der Struktur der NVA, vor allem im Ministerium für Nationale Verteidigung (MfNV), Veränderungen vorgesehen sind. Gerade jetzt, da wir Fuß gefasst und die Familien sich an das neue Milieu gewöhnt hatten, sprach der *Kleine Soldatensender* von einer neuen Struktur, die vor allem die Verwaltung Ausbildung im MfNV treffen sollte. Sie war zu einem Stammkollektiv zusammengewachsen und keiner konnte sich so richtig vorstellen, aus dieser eingespielten Mannschaft herausgerissen zu werden. Es wurden neben der nicht gerade leichten und sehr verantwortungsvollen Arbeit auch Feste gefeiert, die die Abteilungen insgesamt näher aneinanderrücken ließen.

Beispielsweise wurde jährlich ein Verwaltungsfest auf die Beine gestellt, an dem alle Angehörigen des Bereichs mit ihren Frauen teilnahmen, und man kannte sich auch familiär schon recht gut. Ein weiterer Höhepunkt war das jährliche Zusammentreffen unserer Verwaltung mit der Verwaltung Ausbildung der Gruppe der Sowjetischen Streitkräfte in Deutschland.

Die sowjetischen Freunde luden uns nach Wünsdorf ein, wir sie nach Strausberg oder an einen anderen Ort. Diese Zusammentreffen wurden für die letzte Woche des Februar verordnet, die am Tag der Sowjetarmee, den 22. Februar, begann und am 1. März, dem Tag der NVA, endete. Bei dieser Art Waffenbrüderschaft ermittelten beide Seiten auch die Trinkfestigkeit der Armeen. Meistens hatten wir dabei das Nachsehen, denn hundertgrammweise Wodka mit Sakuschka (d. h., mit gutem Essen) hält nicht jeder lange durch. Für Nichteingeweihte soll hier einmal das abendliche Quantum je Ehepaar genannt werden: Das waren in der Regel eine Flasche Wodka (Weißer), eine Flasche Weinbrand (Brauner) oder zumindest eine Flasche Wein zum Wodka. Uns hat aber meistens das Bier zwischendurch die Beine und die Zunge wackelig werden lassen.

Es war vor allem für die Frauen kein Vergnügen, in fortgeschrittener Stunde die Männer in den richtigen Bus zu balancieren. Allerdings änderte sich das, denn schließlich wurde der Finanzhaushalt für diese Ausgaben jährlich immer enger. Unter den heutigen Bedingungen ist unvorstellbar, dass in den 1970er-Jahren nicht ein Pfennig für diese Gelage dazugezahlt werden brauchte. Wir lernten an einem dieser Abende einen russischen Oberst mit Frau näher kennen und freundeten uns an. Einmal folgte er unserer Einladung nach Strausberg, was ihm allerdings, wie man mir später mitteilte, zum Verhängnis wurde; denn diese Art Brüderschaft wurde von Seiten der Sowjetarmee nicht geduldet. Er soll kurzfristig aus Wünsdorf in die UdSSR zurückversetzt worden sein. Man fürchtete ernsthaft einerseits das unterschiedliche Lebensniveau, andererseits vor allem, so glaube ich, die Gefährlichkeit der Spionage.

Ja, wer wollte nicht gern im Ministerium bleiben, dem höchsten Führungsorgan der Armee? Jedoch arbeitete man fieberhaft an der Aufstellung eines Kommandos der Landstreitkräfte. Das hatte den Vorteil, das Ministerium von der direkten Verantwortung für die Militärbezirke zu entbinden, Fragen der Führung und Ausbildung wie bereits in den

Kommandos der Luftstreitkräfte/Luftverteidigung, der Volksmarine und der Grenztruppen in diesem KLaSK zu vereinen und damit nur noch für Grundsatzfragen im MfNV zuständig zu sein. Demnach konnten alle Offiziere, die bisher vorrangig zu Fragen der Ausbildung gearbeitet hatten, in das KLaSK übernommen werden. Das waren die gesamte Verwaltung Ausbildung und aus den anderen Bereichen der Pionier-, Kfz- und Chemische Dienst sowie fast die gesamte Verwaltung Artillerie. Und aus allen weiteren Verwaltungen, einschließlich der Politischen Hauptverwaltung, mussten Planstellen und Offiziere für den Aufbau des KLaSK bereitgestellt werden.

Wer wurde nun der Chef dieses immensen Stabes mit der größten Streitmacht, den Landstreitkräften der NVA? Das wurde unser Chef, der Chef der Verwaltung Ausbildung, General Horst Stechbarth, der am 7. Oktober 1972 zum Generalleutnant befördert wurde.

Übrigens auch ich wurde an diesem Tag zum Oberstleutnant befördert. Es wurde lange gerätselt: Was wird mit der Arbeitsgruppe Fallschirmdienst? Sie erfüllte gegenwärtig Aufgaben, die alle Teilstreitkräfte berührten, da auch in allen Teilstreitkräften gesprungen und in den Grenztruppen geflogen wurde.

Uns bewegte zu dieser Zeit die Frage: Wird die Arbeitsgruppe Fallschirmdienst mit in das neu zu bildende KLaSK eingegliedert? Wir erfüllten bisher im MfMV Aufgaben im Interesse aller Teilstreitkräfte. Aber im Ministerium zu verbleiben als selbständiger Dienst, waren wir viel zu klein. Außerdem war Generalleutnant Stechbarth interessiert jede Planstelle in das KLaSK mit zunehmen. Schließlich war klar, dass die Fallschirmjäger künftig diesem Kommando direkt unterstellt werden.

Jedoch musste nun eine andere Variante gefunden werden, die allen Teilstreitkräften Rechnung trug, ohne sie in ihrer Eigenverantwortung zu bevormunden. Allerdings wusste noch niemand, wohin die Reise ging. Darüber wurde sehr viel mit vorgehaltener Hand gemunkelt. Hoffentlich nicht zu weit weg, denn eine längere Trennung von der Familie würde unvermeidlich werden.

Im Sommer 1972 stand es dann fest: Das Kommando der Landstreitkräfte wird in Geltow bei Potsdam, in der ehemaligen Offiziersschule der Truppenluftabwehr, aufgebaut. Diese Kaserne, am Wildpark gelegen, kannte ich bereits seit 1956, als wir uns auf das Werner-Seelenbinder-Gedächtnisturnen vorbereiteten. Gerade hatte die Sowjetarmee das Objekt an die NVA übergeben. Na, immerhin knappe 120 km bis Strausberg!

Mein Unterabteilungsleiter Oberstleutnant Gerhard Zander (†) wehrte sich mit Händen und Füßen und bewarb sich in Schwerin um die Stelle des Stellvertreters des Vorsitzenden des Bezirksvorstandes der Gesellschaft für Sport und Technik. Hier schlug er zwei Fliegen mit einer Klappe: Er konnte auf dieser Planstelle Oberst werden, und er tat seiner Frau, die aus Schwerin stammte, einen außerordentlichen Gefallen. Da die gesamte Unterabteilung Spezialausbildung in das KLaSK integriert wurde, war für uns nicht unwichtig zu wissen, *wer nun unser neuer Chef wird.* Hier hatten wir Glück: *Oberstleutnant Egon Gleau,* hatte mit Erfolg die Militärakademie *Frunse* in Moskau absolviert und stand als Leiter der Unterabteilung Spezialausbildung zur Verfügung. Nun hatten wir einen Vorgesetzten, der sowohl die Spezialaufklärung genau kannte, als auch das FJB als Kommandeur bereits geführt hatte. Da er schon im Sommer 1972 aus Moskau zurückkehrte, bildete er unter anderen mit Oberstleutnant Horst Wolf, in Geltow das Vorkommando.

Dienst im Kommando der Landstreitkräfte

Das Trennen der Verantwortlichkeit auf dem Gebiet des Fallschirmdienstes in der NVA

Da die gesamte Unterabteilung in das Kommando der Landstreitkräfte (KLaSK) integriert wurde, war für uns nicht unwichtig zu wissen, wem nun unsere Unterabteilung unterstellt wird. Im Kommando gab es nicht wie im Ministerium Verwaltungen, sondern man nannte die Arbeitsgebiete Bereiche, außer einer der Politischen Verwaltung.

Ja, die Politiker hatten schon immer gesonderte, bevorzugte Regelungen, und deren Strukturelemente und Mitarbeiter wurden stets eine Stufe höher gestellt: Politische Hauptverwaltung im Ministerium, Verwaltung im Kommando, Hauptabteilung im MB, und so setzte sich das nach unten weiter fort; gleichfalls auch mit den Dienstbezügen.

Es stand bald fest, dass der Hauptbestand der Verwaltung Ausbildung in den Bereich Ausbildung des KLaSK übergeht. Dabei auch die Unterabteilung Spezialausbildung. Allerdings wurde sie nicht mehr dem Leiter der Abteilung Mot.-Schützen, sondern dem Stellvertreter des Chefs Ausbildung direkt unterstellt. Das wurde Oberst Zabelt, da Oberst Krüger, der Stellvertreter des Chefs der Verwaltung Ausbildung, aus Alters- und auch aus Krankheitsgründen aus der NVA entlassen wurde.

Als neuer Chef des Bereichs Ausbildung kam der ehemalige Kommandeur der 7. Panzerdivision, Generalmajor Werner Winter, zu uns. Er nannte sich Stellvertreter des Chefs der Landstreitkräfte und Chef Ausbildung. Sowohl der Chef des Stabs, als auch die Chefs der Politischen Verwaltung, des Rückwärtigen Dienstes sowie der Technik und Bewaffnung wurden gleichzeitig zu Stellvertretern des Chefs der Landstreitkräfte ernannt.

Generalleutnant Stechbarth rückte auf zum Stellvertreter des Ministers. Er war damit nach dem Minister, nach dem Chef des Hauptstabs und nach dem Chef der Politischen Hauptverwaltung vierthöchster Befehlshaber der NVA.

Im November 1972 wurden die Hauptkräfte für das zu bildende Kommando nach Geltow verlegt. Die Kaserne und die Einrichtungen befanden sich in einem einwandfreien Zustand. Die herrliche Lage unmittelbar am Ende des Wildparks, nur 5 km westlich Potsdams gelegen, war vom Standort und seiner Straßen- und Autobahnanbindung her ideal.

Die Kaserne wurde in den 1930er-Jahren zum Zeitpunkt der Machtübernahme Hitlers erbaut. Hier war das Führungskommando der Luftwaffe untergebracht. Bemerkenswert ist, dass vom Hauptgebäude aus ein Zugang zu einem komplett ausgebauten Führungsbunker führte, der allerdings vom KLaSK nicht genutzt wurde.

Es ist mir in den weiteren 28 Jahren, die ich in dieser Kaserne verbrachte, leider nicht gelungen, einmal in diesen Bunker zu gelangen.

Der Bereich Ausbildung gliederte sich in zwei Stellvertreterbereiche, die im Haus 6, dem zweitgrößten Gebäude, geschlossen untergebracht wurden. Es waren der Stellvertreterbereich Ausbildung unter Leitung von Oberst Siegfried Zabelt und der Bereich materielle Sicherstellung der Ausbildung unter Leitung von Oberst Günter Menger. Wie bereits erwähnt gehörten wir führungsseitig zu Oberst Zabelt, neben den Abteilungen Mot.-Schützen unter Oberst Josef Wejda; Panzer unter Oberst Erwin Dorn; Schulen und Weiterbildung unter Oberstleutnant (später Oberst) Horst Zahn, der Unterabteilung Grundsätze unter Leitung von Oberstleutnant Horst Wolf, sowie der selbständigen Arbeitsgruppe Militärische Körpertüchtigung und Sport (MKE) unter Oberstleutnant Hans Kluge.

Die erste Abteilung Planung der Gefechtsausbildung unter Leitung von Oberst Hanusa, danach Oberstleutnant (später Oberst) Gerhard Kaden war dem Stellvertreter des Chefs der LaSK und Chef Ausbildung direkt unterstellt.

Unsere Unterabteilung unter Oberstleutnant Egon Gleau, erfuhr im Kommando eine personelle Veränderung: Für Oberstleutnant Hans-Dietrich Militz kam Major Hans Hein, vom Mot.-Schützenregiment Mühlhausen zu uns. Er war über Jahre KC der 1. MSK im Regiment, die in ähnlicher Weise wie die FJ in Form von Einsatzgruppen, jedoch ohne Fallschirmsprünge, ausgebildet wurde. Hans-Dietrich Militz ging in die zweite Abteilung Mot.-Schützen zurück.

Nun, mit dem Umzug in das Kommando der Landstreitkräfte, war klar, dass eine weitere fachliche Unterstellung und Eingriffe in die Befugnis anderer Teilstreitkräfte nur auf der Grundlage von Befehlen des Ministers für Nationale Verteidigung vorgenommen werden konnten.

Der Leiter des Fallschirm- und Rettungsdienstes Oberstleutnant Horst Schöll, und die Arbeitsgruppe Fallschirmdienst hatten Vorschläge zu unterbreiten, wie künftig auf dem Gebiet des Fallschirmdienstes verantwortlich zu verfahren ist.

Es musste eine andere Variante gefunden werden, die allen Teilstreitkräften Rechnung trug, ohne sie in ihrer Eigenverantwortung zu bevormunden.

Also musste die Verantwortung, die bisher das MfNV hatte, auf die Teilstreitkräfte neu aufgeteilt werden. Allgemein formuliert hieß das:

- Der Chef der Landstreitkräfte ist in der NVA für alle fallschirmspringenden Einheiten zuständig, die nach dem Absprung Gefechtsaufgaben zu erfüllen haben.
- Der Chef der LSK/LV hingegen ist in der NVA verantwortlich für das Fallschirmspringen zur Lebensrettung der Flugzeug- und Hubschrauberbesatzungen.

Somit war die Teilung im Groben vollzogen, und es brauchte nur noch ein detaillierter Befehl des Ministers erarbeitet werden, der die Verantwortlichkeit konkret festlegte.

Dieser Befehl wurde Anfang des Jahres 1973 vom Minister für Nationale Verteidigung erlassen und regelte auch eindeutig die Teilung der Bedarfsträgerschaft für Fallschirme:

- Bedarfsträger für alle in der NVA benötigten Sprung- und Rettungsfallschirme zur Sicherstellung des Fallschirmspringens ist der Chef der Landstreitkräfte.
- Bedarfsträger für alle Rettungssysteme und Fallschirme des fliegenden und fliegenden Begleitpersonals ist der Chef der Luftstreitkräfte/Luftverteidigung (LSK/LV).

Mit dieser neuen Festlegung hatte die Arbeitsgruppe Fallschirmdienst außer zu den fallschirmspringenden Einheiten in den Landstreitkräften nur noch eine besondere Verantwortung gegenüber dem Kampfschwimmerkommando 18 der Volksmarine (KSK-18 der VM).

Alle, die in den anderen Teilstreitkräften Fallschirm sprangen, waren Angehörige des fliegenden Personals und des fliegenden Begleitpersonals, die im Verantwortungsbereich des Stellvertreters des Ministers und Chefs der LSK/LV standen. Dafür war der Leiter des Fallschirm- und Rettungsdienstes der LSK/LV zuständig.

Jedoch behielten die Dienstvorschrift *DV-30/17 Fallschirmsprungbetriebsdienst der NVA* (FSBD) und die Anleitungen für die einzelnen Sprungfallschirmtypen in der NVA für den gesamten fallschirmspringenden Personalbestand in der NVA weiterhin Gültigkeit. Die Bestimmungen blieben in der Neufassung und Überarbeitung weiterhin Aufgabe der Arbeitsgruppe Fallschirmdienst des KLaSK. Das FJB wurde dem Chef der Landstreitkräfte direkt unterstellt und erhielt von nun an die Bezeichnung FJB-40.

Doch die für alle interessanteste Frage war: Wann erhalten die Berufssoldaten im neuen Standort Potsdam eine Wohnung? Bis dahin wurden mit Zustimmung des Ministeriums für die Berufssoldaten, die keinen Dienst über das Wochenende hatten, Busse für die Fahrt nach Strausberg eingesetzt. Sie fuhren sonnabends gegen 12:30 Uhr ab und am Montag früh um 6:00 Uhr wieder zurück. Damit war der pünktliche Dienstbeginn um 7:30 Uhr gesichert.

In Potsdam wurden in den 1970er-Jahren sehr viele Wohnungen gebaut. Es entstanden die Neubaugebiete in Potsdam West, in Potsdam Ost und auch in Waldstadt II. Es wurde ehrlich versucht, das Wohnungsproblem für die Berufssoldaten so schnell wie möglich zu lösen. Schließlich war das auch sicher mit eine der wichtigen Fragen, sich für den Standort Potsdam zu entscheiden.

Nach der Größe unserer Familie mit einer nun schon 14-jährigen Tochter und einem zehn Jahre alten Sohn, stand uns eigentlich eine Vier-Raum-Wohnung zu. Allerdings hätten wir darauf bis Ende 1974 warten müssen.

Deshalb holte mich Oberst Zabelt Anfang Januar 1973 in sein Dienstzimmer und bot mir eine Drei-Raum-Wohnung in Potsdam West an. Ich konnte mich nicht entscheiden und wollte dem Wunsch meiner Familie, besonders meiner Tochter, nachgeben.

Da sagte er ganz offen zu mir: „Hör mal, wie lange willst du denn noch mit dieser Heimfahrtsdroschke fahren? Lange geht das sowieso nicht mehr, dann fährt nur noch der Zug. Merke dir eins: Lieber eng und zusammen als ein weiteres Jahr getrennt leben. Sprich mit deiner Frau, und am Montag tragen wir dich ein! Du kannst dir sogar dann noch in der Stormstraße das Stockwerk und die Wohnung aussuchen!“

Das war ein Angebot, dem auch meine Frau nicht widerstehen konnte. Und wir waren uns darin einig, und sind heute noch froh darüber, mit Hilfe von Oberst Siegfried Zabelt, später dann Generalmajor Zabelt, so entschieden zu haben.

Fallschirmausbildung mit ausländischen Militärkadern, und ein schwerer Beinbruch beim Fallschirmspringen

Die Aufgaben der Arbeitsgruppe Fallschirmdienst wuchsen von Jahr zu Jahr. Bald wurden Forderungen an uns gerichtet, spezielle Kader des In- und Auslands im Fallschirmspringen zu unterweisen. In der Militär-Technischen Schule (MTS) in Prora wurde begonnen, ausländische Militärkader zu Unteroffizieren und Offizieren heranzubilden.

Hier stellte die Volksrepublik KONGO das zusätzliche Ansinnen, ihre Unteroffiziers- und Offiziersanwärter im Fallschirmspringen ausbilden zu lassen. Diese Aufgabe wurde in den ersten Jahren von 1971 bis 1973 der Arbeitsgruppe Fallschirmdienst übertragen.

Das waren jährlich ein bis zwei Lehrgänge, in denen zwölf bis fünfzehn Offiziers- und Unteroffiziersanwärter bis zur Erlangung des Fallschirmsprungabzeichens ausgebildet wurden. Das war keine leichte Sache, denn keiner der Teilnehmer war der deutschen Sprache mächtig. Alles lief über einen Dolmetscher. Dieses Vorhabens hatte sich Major Klinnert anzunehmen. Er tat das neben dem jährlichen Reparatur-Lehrgang für Fallschirme und der Ausbildung von Offiziersschülern der Fachrichtung Aufklärung der OHS der Landstreitkräfte.

Die ausländischen Militärs absolvierten zehn bis zwölf Fallschirmsprünge aus dem Flugzeug AN-2 oder aus dem Hubschrauber Mi-4 mit Waffe und Schutzmaske (Sprunghöhe

Sprunggruppe hat angelegt und ist bereit zum Einsteigen in das Flugzeug AN-2.

400 m bis 600 m Höhe). Im Kongo wurde nur der Vorgesetzte besonders anerkannt, der ein Fallschirmsprungabzeichen an der Brust trug.

Die Aufgabe war auch deshalb nicht einfach, weil der Wille zur Erlangung dieser Auszeichnung sehr groß, indessen die Überwindung vor der Tür, selbst zu springen, eher klein war. Jedoch gab es bei den vielen Lehrgangsteilnehmern, die dann später an der Offiziersschule Ausländischer Militärkader in Prora von ehemaligen Fallschirmjägeroffizieren wie Oberstleutnant Edmund Volkmann (†) und Major Rüdiger Schwerin ausgebildet wurden, keine besonderen Vorkommnisse.

Der Fallschirm RS-4/3 war für die Anfängerausbildung ideal. Erst in den 1970er-Jahren konnten wir auch die verantwortlichen Ausbilder in der Gesellschaft für Sport und Technik (GST) davon überzeugen, diesen Schirm statt des PD-47 als Ausbildungsfallschirm einzusetzen. Zum einen spielte hier auch die Kostenfrage eine bedeutende Rolle, zum anderen steckte vielen Ausbildern der GST noch das besondere Vorkommnis der Nichtöffnung des Erprobungsfallschirms RS-4/2 in Halle/Oppin, von dem ich berichtete, in den Köpfen. Dieser Fallschirm wurde allerdings für die GST, wie auch für die LSK, ohne Stabilisierungseinrichtung geliefert und nannte sich RS-4/3 C. Die Fallschirme mit der Bezeichnung RS-4/3 A (für Ungarn), B (FJ und Aufklärer) als auch D (KSK der VM) hatten eine Stabilisierungseinrichtung. Die Ausführung RS-4/3D hatte zusätzlich einen Verpackungssack gleich der Ausführung C ohne Stabilisierungseinrichtung, der überwiegend zu Wassersprüngen der Kampfschwimmer eingesetzt wurde.

Es war in den Monaten Mai und Juni 1973, als einer der Sprunglehrgänge im FJB auf der Insel Rügen stattfand. Ich fuhr mit meinem Unterabteilungsleiter Oberstleutnant Egon

Gleau zur Ausbildungskontrolle und schaute mir unter anderem die ersten Sprünge der *Schwarzen* an.

Es war für Major Klinnert immer ein schwerer Tag die *Schwarzen Männer* beim ersten Sprung aus der Tür des Hubschraubers Mi-4 hinaus zu bekommen. Wie bereits beschrieben, war es hier unumgänglich, auf das Trittbrett hinauszutreten, sich in Flugrichtung zu drehen und nach hinten abzuspringen. Zu dieser Jahreszeit, in der Höchstform der Vegetation, erhielten wir auch von den umliegenden Landwirtschaftlichen Produktionsgenossenschaften (LPG) keine Fläche, auf denen wir per Fallschirm landen konnten. Es blieb uns deshalb nur das Ausbildungsgelände in Tribberatz in der Nähe der Wolfseiche, von der ich ja schon geschrieben habe. Natürlich waren darauf Unebenheiten bis hin zu ganzen Schützengräben. Jedoch gab es eine Fläche von etwa 400 x 400 m, die relativ eben war.

Da der Wind böig sehr stark auffrischte, wie das an der Küste im Einklang mit der Sonnenthermik so üblich war, und die Auszubildenden ihren Sprung erfolgreich ohne Verletzungen absolviert hatten, drängte mich Klinnert, zum Abschluss selbst noch einen Sprung zu machen. Ich willigte ein, und wir legten an. Wir hatten nur eine Freigabe bis zu einer Höhe von 1300 m, da sich darüber die Jagdflugzeuge aus Peenemünde tummelten. Aber 15 Sekunden freier Fall war doch schon eine angenehme Fallzeit. Im Jahr 1972 erhielten wir für die Angehörigen des Fallschirmdienstes eine geringe Stückzahl von zehn Sportfallschirmen PTCH-8 für die gesamte NVA zur Verfügung gestellt. Mit diesem Fallschirm waren derzeit die Fallschirm-Sportspringer der DDR ausgerüstet.

Nun darf ich nach so vielen Jahren auch einmal die eigentliche Wahrheit ans Tageslicht bringen: Im Grunde hätten wir die Fallschirme gar nicht planen und kaufen dürfen, aber *wo kein Kläger ist, gibt es auch keinen Richter!*

In allen anderen Staaten, ob beispielsweise in den Warschauer Vertragsländern oder in der NATO, wurde der Kern der Nationalmannschaften im Fallschirmspringen, zumindest aber der Männer, aus dem Bestand der jeweiligen Armee gestellt. Oder Armeen waren die Träger dieser Sportart. In der DDR spielte in dieser Frage nicht die NVA, sondern das Ministerium für Staatssicherheit die erste Geige. Deshalb gab es auf dieser Strecke für uns eigentlich keine müde Mark und auch keine Flugstunde, geschweige eine Planstelle.

Also mussten wir uns, gemeinsam mit dem Fallschirm- und Rettungsdienst der LSK/LV etwas einfallen lassen, denn schließlich wollten auch wir einmal mit derartiger Hochleistungstechnik springen. Eine Begründung für die Planung und die Freistellung der erforderlichen finanziellen Mittel ließen wir uns nach Abstimmung mit dem Leiter des Fallschirm- und Rettungsdienstes, Oberstleutnant Schöll, einfallen. Und schon funktionierte die Lieferung.

Sportfallschirm PTCH-8

Die Ausbildung an diesem Fallschirmtyp erhielten wir bei einem Sprunglehrgang der Luftstreitkräfte in Kamenz. Dazu haben wir einen Sprunglehrer der GST namens Scholz eingeladen. Ich glaube, er trainierte derzeit die Sportmannschaft der GST. Er erteilte uns nach einer theoretischen Pack-

Sportleistungsfallschirm RL-3/5

und Sprungausbildung die notwendigen Berechtigungen. Nun konnten wir selbst mit diesem Fallschirm springen.

Der Fallschirm hatte nicht die übliche, gewölbte Form, die, von der Seite gesehen, einem Halbkreis gleicht, sondern die Fallschirmkappe wurde mit sogenannten Zentralleinen im Scheitel eingezogen. Dadurch wurde sie flacher. Diese Form machte den Fallschirm im Vorschub (6 m/s) wie auch beim Bremsen dieses Schubs lebendiger.

Die Vielzahl von Steuerschlitzen und Öffnungen verliehen ihm ein temperamentvolles Reagieren, und man musste beim Steuern schon behutsamer mit ihm umgehen als mit der herkömmlichen Kalottenform.

Das Gewebe hatte derzeit eine außergewöhnliche Farbenprächtigkeit und Qualität und stammte aus den USA. Die Tschechen importierten es, und die USA ließen ihnen dieses kleine Bonbon trotz der Exportsperre in das sozialistische Wirtschaftsgebiet. Die Tschechen fertigten diesen Hochleistungsfallschirm und belieferten damit auch eine Reihe sozialistischer Länder. Allerdings war der Export stillschweigend für längere Zeit *nur* für Sportfallschirme vereinbart worden, und, soweit ich weiß, eine Weiterveräußerung dieses Gewebes ausgeschlossen.

Nun zu meinem Sprung im Gelände von Tribberatz: Der Wind hatte nach dem Start rapide zugenommen und betrug bei der Landung schon 10 bis 12 m/s. Der Absprung und die Fallschirmöffnung verliefen optimal, wobei jedoch der Entfaltungsstoß merklich heftiger war als bei seinem Vorgänger, dem in Seifhennersdorf gefertigten Sportfallschirm RL-3/5, mit dem noch Günter Gerhard 1968 in Leipzig Weltmeister werden konnte (siehe Bild).

Es war mein zehnter Sprung mit diesem Hochleistungsfallschirm. Wegen des Windes stellte ich den Schub bereits in 100 m gegen die Windrichtung und spürte das seitliche Ausbrechen aus der Richtung wegen der Böigkeit sehr deutlich. Ich musste ständig korrigieren. Bis in 20 m Höhe bewegte ich mich noch ständig rückwärts. Plötzlich kam eine absolute Windflaute, die Fallschirmkappe schob schnell nach vorn, und als ich versuchte, dem durch leichtes Bremsen Einhalt zu gebieten, kam die nächste Böe, dabei noch etwas seitlich, und ich wurde durch einen Pendelausschlag fast aus der Horizontalen seitlich auf Mutter Erde geworfen.

Als ich meine Knochen wieder bewegen wollte, spürte ich starke Schmerzen im linken Fuß- und auch im linken Handgelenk. Ich konnte nicht mehr aufstehen. Bei genauerem Anschauen meines Fußgelenkes sah ich, dass es nicht mehr gerade, sondern nach innen verkantet war. Mein Handgelenk schmerzte zwar, aber ich konnte es bewegen. Das ging mit dem Fuß gar nicht mehr. Und das alles vor den Augen aufmerksamer Zuschauer aus Afrika, die eigentlich sehen wollten, wie es fehlerfrei gemacht wird.

Das war nun insgesamt schon mein 505. Fallschirmsprung, und ich wusste, dass es dieses Mal nicht ohne Krankenhausaufenthalt ausgehen wird.

Der Umzug der Familie von Strausberg nach Potsdam stand fast vor der Tür. All das ging mir durch den Kopf, und ich verfluchte den Sprung. Doch was passiert war, ließ sich nicht mehr rückgängig machen.

Nun kam der SANKRA (Sanitätskraftwagen), ein Robur, langsam durch das Gelände gerollt, und Klinnert sprang als Erster vom Fahrzeug und rannte zu mir. Ich konnte nur mit quälendem Lächeln hervorbringen: „Alles vorbei – Tom Duly!" Der Feldscher, für mich ein alter Bekannter, Oberleutnant Westpfahl, die Fallschirmjäger nannten ihn *Hingfong*, sah mein schief stehendes Bein und holte mit dem Kraftfahrer gleich eine Liege aus dem Fahrzeug. Nun wurde ich vom Fallschirm befreit, auf die Trage gelegt und in den Fahrzeugkoffer geschoben. Jetzt hatte ich Zeit, unter Schmerzen über meine Zukunft weiter nachzudenken.

In der Dienststelle der Fallschirmjäger in Prora angekommen, durfte ich mir eine schmerzstillende Spritze durch den Kampfanzug in den Oberschenkel jagen, und mein Chef, Oberstleutnant Egon Gleau, begleitete mich ins Krankenhaus nach Bergen. Hier hüpfte ich noch auf einem Bein bis in den Fahrstuhl und landete im 2. Stock in der Chirurgischen Abteilung. Ein Oberarzt stellte sich meinem Chef vor, und nun war klar, nicht transportfähig, sofortiges Richten des Beines und längerer Aufenthalt im Krankenhaus. Daraufhin wünschte mir OSL Egon Gleau alles Gute, versprach mir Unterstützung durch die Truppe und übernahm die Information an meine Frau. Der Oberarzt stellte mir noch eine Reihe meiner Ansicht nach überflüssige Fragen und sagte dann fast im väterlichen Ton: „Mach dir mal keine Sorgen, mein Zweitberuf ist Schmied und ich habe schon oft derartig verbogene Knochen mit Erfolg gerichtet!"

Ich dachte nur, warum spricht der mich so einfach mit *Du* an. Mir wurde dann klar, dass ich eigentlich keine militärische Erkennung wie Dienstgradabzeichen und dergleichen am Kampfanzug hatte.

Nachdem man mich, unter immensen Schmerzen, von dem Schuh, von der Bandage, von den Socken und dem Kampfanzug befreit hatte, wurde mein Bein geröntgt. Danach wurde ich auf eine Pritsche gelegt, die fest mit dem Fußboden verankert war, und mit den Worten des Oberarztes: „Damit du mir bei meiner Arbeit keine Schwierigkeiten machst!", schnallte man Körper und Hände mit Riemen fest. Er sprach weiter: „Du bist doch ein Fallschirmjäger und erträgst Schmerz. Ich muss nun dein Bein wieder in die richtige Stellung ziehen. Deine Bänder sind heil geblieben, aber der kugelförmige Knochen, um den sich das Fußgelenk in alle Richtungen bewegen kann, man nennt ihn Talus, den haben deine straffen Bänder geteilt. Der muss nun wieder in die alte Stellung gebracht werden und möglichst genau so zusammenwachsen, damit du wieder richtig laufen und vielleicht mal wieder springen kannst!"

Das waren Aussichten! Vielleicht mal wieder springen! Er sprach weiter: „Nun muss ich mit einem Bohrer ein Loch durch das Fersenbein bohren und einen Metallstab durchstecken." Ich dachte, ich höre nicht richtig. Er sagte nur ganz ruhig: „Nun schauen wir mal ganz konzentriert an die Decke und beißen die Zähne zusammen!" Ich hörte die Bohrmaschine laufen und verspürte einen durchaus erträglichen Schmerz. „Na siehst du – das war doch eines Fallschirmjägers würdig!" Die Schwester tupfte an der Lochstelle, und der Oberarzt kam mit einer Spritze und erklärte: „Nun muss ich den Metallstab durchstecken und kräftig ziehen, um die Normalstellung wieder hinzubekommen. Allerdings geht das nur unter einer kleinen Narkose." Er setzte die Spritze an und fragte: „Der wievielte Sprung war das?" Ich sagte: „Der 505.!" „Oh, und welchen Dienstgrad hast du bei den Fallschirmjägern?" „Oberstleutnant!", antwortete ich. Ich hörte nur noch wie er sagte: *„Entschuldigen Sie!"* Und schon war ich im siebten Himmel.

Als ich aufwachte, lag ich in einem großen Saal, in dem auf jeder Seite zwölf Betten standen. Also insgesamt 24 voll belegte Betten in einem Raum. Das war ein Erwachen! Außerdem war mein Bein eingegipst und an dem Metallstab glänzte eine Art Bügel. An dem hatte man ein Seil angebracht, das über eine feste Rolle lief und von einem Gewicht gezogen wurde. Also, ich lag im Streck, das Bein fest mit dem Bett verbunden. Das bedeutete, der unangenehme und für jeden Menschen abscheuliche *Schieber* zum Verrichten der kleinen und großen Notdurft war mir sicher. Und das bei so vielen Zuschauern! Ich war doch ganz schön schockiert und dachte, hoffentlich nicht *gleich* auf den Topf.

Die erste Nacht war fürchterlich. Das Bein schmerzte und hackte unaufhörlich. Das Handgelenk wurde auch geröntgt. Es war zum Glück nur verstaucht.

Neben mir lag ein älterer Mann, fast auf blanken Brettern. Er hatte fürchterliche Rückenschmerzen. Er konnte sich selbst kaum bewegen, stöhnte die ganze Nacht und wurde stündlich gedreht. Mir gegenüber lag ein junger Mann, dem das Fußgelenk abgequetscht worden war.

Am folgenden Tag erhielt ich plötzlich und unerwartet außerhalb der Besuchszeit von einem *Weißkittel* Besuch. Es war Hptm. Burghardt Guster, unser erster Feldscher, mit dem ich 1960 im Bataillon begonnen hatte. Er begrüßte mich ganz kurz und ging danach zu dem jungen Mann, begrüßte auch ihn. Dann sagte er zu mir ironisch: „Der oberste Sprungherr bricht sich die Hufe, und dazu noch so extrem, dass ich dich noch lange besuchen kann. So lange du im Streck liegen musst, bleibst du an dieses Bett gefesselt." Er machte mir aber Mut und meinte, maximal noch 14 Tage wird es dauern. Burghardt Guster studierte in Greifswald Medizin und war im Kreiskrankenhaus Bergen zum Praktikum eingesetzt. Er hat mit dem mich behandelnden Oberarzt gesprochen, lobte ihn als Kapazität auf diesem Gebiet und meinte auch: „Laufen wird wieder werden, aber Springen wohl kaum!?"

Ich fragte ihn, ob er den mir gegenüber liegenden Jungen gut kenne? Daraufhin antwortete er fast entrüstet, das sei der Fallschirmjäger, der bei der Panzernahbekämpfung sein Fußgelenk verloren hat. Nun dämmerte es bei mir. Es war bereits vor etwa drei bis vier Wochen passiert, als der Junge beim Versuch, auf einen fahrenden Panzer aufzuspringen – und das nicht von hinten, sondern seitlich –, dabei abrutschte und mit dem Fuß in den Kettenantrieb kam.

Ich errötete vor Scham und dachte: „Mein Bein ist noch dran und ich werde wieder laufen können, bei diesem jungen Menschen gibt es jedoch keine Hoffnung mehr, außer einer Prothese."

Am folgenden Tag besuchte uns der Kommandeur des FJB-40, mein bester Freund Oberstleutnant Kurt Elsner. Wir waren eigentlich seit der Existenz dieser Truppe gute Freunde geworden. Kurt Elsner, so hatte ich bereits erwähnt, war von Anbeginn im Stab als Operativer Gehilfe tätig, nach Hauptmann Arndt, Stellvertreter des Stabschefs, und wurde nach dem Weggang von Major Fritz Jüling Stabschef des Bataillons. Nun hatte ihn General Stechbarth bereits seit 1972 als Kommandeur dieser speziellen Truppe eingesetzt. Er hatte in diesen mehr als zehn Jahren ein sehr gutes Verhältnis zu seinen Unterstellten aufgebaut und ein besonders gutes und offenes Herz für seine Fallschirmjäger. Deshalb galt dieser Besuch doch in erster Linie dem betroffenen Fallschirmjäger, ehe er zu mir kam. Er hatte mit dem Oberarzt gesprochen und mir Hoffnung gemacht, vielleicht nach erfolgreichem Röntgen als *transportfähig* aus dem Krankenhaus entlassen zu werden. Es hänge aber ganz vom morgigen Ergebnis ab.

Er versicherte mir, seinen Dienstwagen für die Fahrt nach Hause zur Verfügung zu stellen, denn ohne PKW keine Entlassung. Das Ergebnis am folgenden Tag war positiv: Es gab in den drei Tagen keine veränderte Lage des gebrochenen Talus. Danach ging alles sehr schnell. Der Stationsarzt kam mit einer Zange, schnitt an einer Seite des Gipses den starken Draht durch und befreite mich von dem Bügel, der mich am Bett festhielt. Nun zog er mittels Zange den Draht mit einem Ruck aus dem vergipsten Bein, wonach das Blut aus dem nun entstandenem Gipsloch lief. Jetzt war ich frei und konnte endlich mit Krücken auf die Toilette gehen. Ich wurde daraufhin mit dem *Liegegips* entlassen und konnte wieder nach Hause zu meiner Familie in Strausberg fahren.

Unsere Wohnung in Potsdam war bereits seit Mai bezugsfertig, unsere Kinder sollten jedoch erst das Schuljahr in Strausberg beenden. Außerdem hatte sich unsere Tochter Bärbel schon ein Vierteljahr mit einem Teil ihrer Klasse auf die Weltfestspiele in Berlin als Tänzerin vorbereitet. Die Teilnahme wollten wir ihr auf keinen Fall verwehren. Deshalb zogen wir den Umzug bis zum Juli hinaus. Nun musste meine Frau den Umzug selbst in die Hand nehmen, denn ich wurde für diese Zeit in das Potsdamer Lazarett eingeliefert.

Nach sechs Wochen bin ich dort den Gips losgeworden, und hatte kein richtiges Bein mehr, sondern nur noch schlaff herabhängende, blau-grüne Haut mit ein wenig Fleisch daran.

Nun galt es, neu laufen zu lernen. Die ersten Bewegungen des Gelenks waren nur im Wasserbad möglich, und so gelang täglich eine Steigerung, bis ich nach 14 Tagen wieder laufen und als *Innendienstfähig* endlich entlassen werden konnte.

Meine Familie begann, sich den Umständen entsprechend in Potsdam einzuleben. Unsere Kinder in den neuen Schulklassen trauerten jedoch Strausberg nach.

Für mich hatte wieder ein anderes, schöneres Leben begonnen, denn die Zeit der wöchentlichen Trennung war vorbei, und ich konnte täglich zum Dienst und zurück durch den Wildpark mit dem Fahrrad fahren.

Erst im Juli 1974 hatte ich meine nächste Flug-Medizinische-Kontrolle (FMK) in Königsbrück. Hier wurde mir von der Ärztekommission die *Sprungtauglichkeit* wieder erteilt, und am 18. Juli 74 durfte ich nach mehr als einem Jahr Unterbrechung meinen nächsten Sprung wagen.

Allerdings war mir das Glück nicht gerade lange hold. Bereits am 11. April 1975, beim Dienstsport, wurden mir beim Fußball die Beine weggezogen, und ich bin dabei auf dem Hartfeldsportplatz in der Dienststelle so unglücklich gefallen, dass ich mir eine Schulterverletzung rechts zuzog, die wiederum im Armeelazarett operativ behandelt werden musste. Die Sehnen, die das Schlüsselbein im Glavikulargelenk halten, waren gerissen und mussten genäht werden. Um die genähten Sehnen zu entlasten, wurden ein Nagel und zwei Drähte in und um das Schlüsselbein so operiert, dass dies im Gelenk zusätzlichen Halt bekam. Damit war das Fallschirmspringen 1975 für mich wiederum nicht möglich.

Diese Verletzungen waren für mich doch Nackenschläge, denn ich blieb bei Kontrollen ungern unten stehen, sondern bin selbst sehr gern gesprungen, wenn sich diese Möglichkeit mit der Erfüllung meiner Dienstpflichten vereinbaren ließ.

Erprobung einer erweiterten Öffnungseinleitung mit Hilfsschirm Optimus in Tutow aus AN-12

Ein Flugzeug AN-12 wurde gemäß den Planungseingaben jeweils auf dem Ausweichflugplatz der GSSD in Tutow bei Demmin bereitgestellt. Neben der Besatzung wurde ein Leiter des Absetzens hinzu kommandiert, der vom Boden aus den Funkverkehr mit der Maschine führte und für das genaue Absetzen der Fallschirmjäger verantwortlich war.

Das waren Höhepunkte in der Fallschirmausbildung der Truppe. Die Fallschirmjäger des 2. und 3. Dienstjahres absolvierten in der Regel drei bis fünf Fallschirmsprünge bei 300 bis 320 km/h Absetzgeschwindigkeit mit unterschiedlicher Bewaffnung und Ausrüstung. Dabei wurde aus 600 m Höhe abgesetzt und der Fallschirm nach fünf Sekunden stabilisiertem Fall automatisch vom Fallschirmsprungautomaten geöffnet.

Wie bereits erwähnt, ist das Springen aus derart großen Maschinen mit einem Absprung aus einer AN-2 mit lediglich 150 km/h oder aus einem Hubschrauber nicht zu vergleichen.

Nach dem Anlegen der Sprung- und Gefechtsausrüstung erfolgt die Vorkontrolle durch den Sprunggruppenführer, die Endkontrolle erfolgte durch den Fallschirmwart/Ausbilder.

Vor allem die Sprünge aus der AN-12 mit mindestens 320 km/h Absetzgeschwindigkeit sind doch spürbar anders. Der Absprung soll so erfolgen, dass man mit angehockten Beinen und fest angelegten Ellenbogen mit Blick zur Erde genau waagerecht in den Luftstrom fällt. Dabei muss das Gesäß den ersten Schlag der 320 km/h (etwa 88 m/s) abfangen.

Der durch die Aufzugsleine frei werdende Stabilisator schießt in Bruchteilen von Sekunden am Körper vorbei, zieht den Verzögerungssack bis zu den Verriegelungsbändern aus der Verpackung und man spürt den zweiten Stoß durch die plötzliche Zugkraft des Stabilisators. Diesen Stoß empfindet man fast so stark, als öffne sich der Fallschirm.

Die Fallschirmausrüstungen werden zur Kontrolle vorbereitet und der Sprungfallschirm an den Rettungsfallschirm gelehnt (Bockstellung).

Vorkontrolle (links) durch den Sprunggruppenführer, Endkontrolle (rechts) durch den Fallschirmwart/ Ausbilder hier Ufw. Stoninski

Innerhalb von nur zwei Sekunden wird man in der Geschwindigkeit von den 320 km/h, die man ja mit dem Flugzeug mitgeflogen ist, auf etwa 160 km/h abgebremst. Hinzu kommt, dass dieser Vorgang mit einem lautem Dröhnen der vier Turbo-Triebwerke einhergeht und der Körper beim Eintauchen in den kräftigen Luftstrom wie ein Blatt Papier erfasst wird. Wenn dann die Körperhaltung nicht, wie oben beschrieben, beim Eintauchen in die Strömung eingenommen und alle Muskeln fest angespannt wurden, dann sind Drehungen und Überschläge vorprogrammiert und unvermeidlich. Der Körperteil, der der Strömung zuerst eine Angriffsfläche bietet, wird erfasst und leitet die Drehung ein, ehe der Stabilisator fassen kann. Also, Abgänge wie aus dem Flugzeug AN-2 oder aus einem Hubschrauber führen folgerichtig zu Überschlägen rückwärts. In diesem Fall werden zuerst die Beine vom Luftstrom erfasst, die sofort den Überschlag rückwärts einleiten.

Man spürt bei zunehmender Absetzgeschwindigkeit dieses Phänomen sehr deutlich, das gerade für den Öffnungsablauf sehr gefährlich werden kann. Wenn man beispielsweise noch die Beine beim Überschlag spreizt und damit durch Verklemmen den Stabilisator bei seiner Öffnung beeinträchtigt, kann das mindestens zu Öffnungsverzögerungen bis hin zur Nichtöffnung des Sprungfallschirms führen.

Die Fallschirmspezialisten der Sowjetarmee haben uns gesagt: „Wenn ein Fallschirm beim Absprung aus dem Flugzeug AN-12 einwandfrei funktioniert, dann kann er aus allen in der Sowjetarmee vorhandenen Transportflugzeugen eingesetzt werden!“

Der Unterschied zwischen der AN-8 mit 280 km/h und nur zwei Triebwerken war gegenüber der AN-12 mit vierTriebwerken doch vehement spürbar.

Die richtige Körperhaltung nach dem Absprung

Da die Fallschirmjäger nun fast jährlich einmal im Springen aus dem Flugzeug AN-8, später dann der AN-12, ausgebildet wurden, zeigten sich auch Schwachstellen in

Beide Abbildungen zeigen einen Überschlag rückwärts, der ungewollt zustande kommt, wenn beim Absprung zuerst die Beine in die Luftströmung fallen.

der Öffnungseinleitung der Fallschirme, die dringend geändert werden mussten. Wenn man seinen Körper nicht angehockt als Paket in diesen Luftstrom bringt, bekommt man sofort ein Drehmoment, das zu horizontalen Drehungen oder Überschlägen des Körpers führt. Am besten kann man diese wirkenden Kräfte verspüren, wenn man bei der Fahrt im PKW mit mehr als 150 km/h das Fenster öffnet und einen Arm in den Luftstrom hält.

Beim Öffnen des Stabilisators wird man durch einen starken Ruck an der oberen Kante des Verpackungssacks erfasst und sofort stabilisiert. Für die Absetzer, die im Flugzeug verblieben, kam es immer zu großem Herzklopfen, wenn beim Abspringen der Gruppe im Sprungintervall von nur 0,6 bis 0,8 Sekunden der eine oder andere nicht, wie vorgesehen, das Flugzeug verließ, sich dadurch überschlug, und sich der kleine Stabilisator nicht sofort öffnete, sondern auf den Springer oder auf die mitgeführte Ausrüstung als kleine Fahne geschleudert wurde. Es traten wiederholt Öffnungsverzögerungen auf, die man wegen des unheimlich schnellen Ablaufs ursächlich schlecht feststellen konnte.

Auch die Fallschirmjägertornister (FJT) wurden von der Strömung nach oben angekippt, und, wenn der Stabilisator gegriffen hatte, wieder nach unten an die Oberschenkel geschlagen.

Einmal passierte es Leutnant Krug, dem späteren Kommandeur des Luftsturmregiments, dass der FJT von der Strömung angehoben wurde, der Stabilisator sich darunter legte und der Tornister ihn einklemmte. Hier konnte nur noch der Rettungsfallschirm sein Leben retten. Das war Anlass genug zu handeln und die weiteren Sprünge nur bei 300 km/h Absetzgeschwindigkeit und vorerst ohne FJT auszuzuführen.

Da in den Tagen der Sprungausbildung aus Flugzeugen der Sowjetarmee stets Entwicklungsingenieure des Fallschirmwerks zugegen waren, berieten wir, wie man diese ernsten Probleme in den Griff bekommen könnte.

Wir entschieden uns für Filmaufnahmen. Dabei wurden in einer Sekunde bis zu 90

Bilder aufgenommen, die dann nach dem Entwickeln des Films langsam, also für das menschliche Auge wahrnehmbar, angesehen werden konnten. Was da bei der Auswertung des Materials sichtbar wurde, war erschreckend und erforderte umgehende Veränderungen.

Um den FJT besser mit dem Fallschirmspringer zu verbinden, wurde er von einem Fixiergurt, der am Boden des FJT befestigt war und beidseitig über die Oberschenkel zu den Enden an den Haltegurten verlief, zusätzlich gehalten (siehe Bild).

Fallschirmspringer mit angelegtem Fallschirm und FJT mit Fixiergurt

So konnte sich der FJT nicht mehr vom Gesäß weg nach oben bewegen. Das erschwerte zwar das Anlegen, beim Ablassen des FJT in der Luft zur Vorbereitung der Landung gab es aber keine zusätzlichen Handgriffe und Schwierigkeiten. Dennoch genügte das nicht. Wir mussten uns Gedanken machen, wie bei höherer Absetzgeschwindigkeit das Kollidieren des Stabilisators mit dem Springer bzw. mit seiner Ausrüstung verhindert werden kann.

Das System der Freunde, das mit der Weiterentwicklung vom Fallschirm D-3 zum D-5 hervorragend gelöst wurde, war patentrechtlich geschützt und durfte nicht nachgebaut werden.

Hier hatte man die kleine Fallschirmkappe des Stabilisators in eine Art Mütze verpackt, an der ein Karabinerhaken zum Einhängen im Flugzeug angebracht war. Die Stofflamellen dieses kleinen Fallschirms dienten bis zum Absprung aus dem Flugzeug gleichzeitig als Aufzugsleine. Beim Absprung wurde die mit einem Band verschlossene Mütze durch die Zugkraft durchtrennt, die Fallschirmkappe mindestens in 1,5 m über dem Springer in den Luftstrom gebracht und konnte so nicht mehr mit dem Springer oder deren Ausrüstung in Berührung kommen. Aber das war der Fallschirm D-5 der Luftlandetruppen der Sowjetarmee, und wir waren nun gezwungen, mit unserem Fallschirm andere Wege zu suchen, denn schließlich hing an unserer Technik nun auch die ungarische Armee.

Da wir die Mehrzahl aller Ausbildungssprünge aus dem Flugzeug AN-2 und dem Hubschrauber vornahmen, wollten wir unbedingt bis zu einer Absetzgeschwindigkeit von 250 km/h an der bisherigen Öffnungseinleitung festhalten.

Bei Fallschirmsprüngen über 250 km/h aus großen Transportflugzeugen und beim Absetzen über Heck lösten wir das Problem, natürlich stets gemeinsam mit dem Fallschirmwerk und der SLI, folgendermaßen: Bisher öffnete die Aufzugsleine nach Verlassen des Flugzeugs den Verpackungssack und zog, *gegen die Absprungrichtung und auch gegen die Luftströmung,* nachfolgend den Stabilisator aus dem Sack heraus. Der kleine Verzögerungssack, in dem der Stabilisator verpackt war, hing am Ende der Aufzugsleine und blieb an dieser im Flugzeug.

Dieser Vorgang passierte noch im Strömungsschatten der Luke. Nun fielen der Fallschirm-

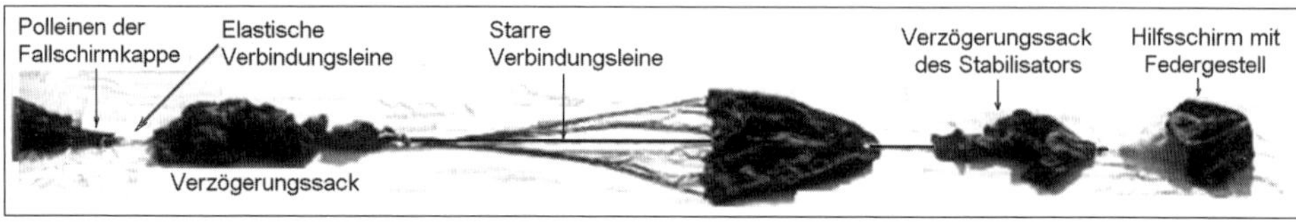

Die Teile der Öffnungseinleitung des Fallschirmes RS-4/4 B mit der durch einen Pfeil gekennzeichneten starren Verbindungsleine, die eine Länge von drei Meter hatte.

springer und auch der freie, aber oft noch nicht geöffnete Stabilisator in die starke Strömung und es kam dadurch hin und wieder zum Hängenbleiben am Körper oder an der Ausrüstung. Um das zu verhindern, musste nach dem Öffnen der Verpackung durch die Aufzugsleine ein kleiner Hilfsschirm mit Sprungfedergestell das Herausziehen des Stabilisators übernehmen.

Auf diese Weise wurde mit dem Öffnen der Verpackung der Stabilisator mittels Hilfsschirm, der mit einer Sprungfeder versehen war, sofort vom Fallschirmspringer weg in die Strömung gezogen.

Nun durften ja auch keine Teile des Fallschirms auf Nimmerwiedersehen wegfliegen. Deshalb wurde eine starre Verbindungsleine erfunden, die durch eine Zeltöse im Zentrum der Kappe des Stabilisators und durch den kleinen Verzögerungssack verlief. So blieben alle Teile des Fallschirms mit den Polleinen der Fallschirmkappe verbunden.

Es war keine elegante Lösung, aber sie erfüllte den Zweck und erhöhte die Sicherheit.

Die ersten Puppenabwürfe sahen beträchtlich besser aus und wir entschieden, zu Personensprüngen überzugehen. In derartigen Situationen ging ich als Leiter immer mit gutem Beispiel voran und setzte meine Unterstellten nie zuerst der Gefahr aus. Die größten Bedenken hatten wir, dass bei höherer Fallzeit im stabilisierten Fall Vibrationen entstehen könnten, die zur Unstabilität des Springers führen.

Schließlich wurde der Hilfsschirm mit der Hülle des Stabilisators an der starren Verbindungsleine über dem geöffneten Stabilisierungsschirm bis zu 50 m/s, das sind immerhin 180 km/h, hinterher gezogen. Jedoch war das glücklicherweise nicht so. Außerdem wurden Fallschirmsprünge mit einer längeren Fallzeit als fünf Sekunden entsprechend den Programmen aus dem Flugzeug AN-2 oder aus dem Hubschrauber gesprungen, und hier wurde der Hilfsschirm mit der starren Verbindungsleine nicht benötigt.

Jedenfalls konnten wir gemeinsam einschätzen, dass diese Art der Fallschirmöffnung bei Absetzgeschwindigkeiten über 250 bis 350 km/h für die Sicherheit des Fallschirmspringers weitaus günstiger ist. Nun galt es zu entscheiden, wie die Fallschirmausrüstungen für die ständige Gefechtsbereitschaft gepackt und in den Fallschirmtransporteinrichtungen verladen werden. Bisher hatten wir zwei Einsatzvarianten, einmal ohne Fallschirmsprungautomat mit Sofortöffnung des Fallschirms, die zweite mit Fallschirmsprungautomat und automatischer Fallschirmöffnung bis fünf Sekunden.

In dieser Variante wurden nun die Sprungfallschirme gepackt gelagert, denn im Einsatzfall war es doch wahrscheinlicher, aus größeren Transportflugzeugen springen zu müssen. Das war nun nicht einfach, denn mit der neuen Öffnungseinleitung mit Hilfsschirm konnte die Fallschirmausrüstung maximal nur 30 Tage gepackt lagern. Wir waren aber bereits schon bei 90 Tagen. Würde der kleine Hilfsschirm ständig mit zusammengedrückter Feder 90 Tage lagern, könnte sie erlahmen und an Spannkraft verlieren. Deshalb entschieden wir uns bei 90 Tagen zu verbleiben, den Hilfsschirm jedoch erst bei

Absprung mit dem RS-4/4B, beim 3. Springer wurde der Hilfschirm kurzzeitig behindert.

der Startvorbereitung einzulegen. Das wiederum verlängerte die Zeit der Vorbereitung einer Einheit auf den Sprung. Jedoch gingen wir davon aus, dass bei einem bevorstehenden Einsatz in einer Spannungsperiode vor dem Ausrücken aus der Kaserne für das Einlegen der Hilfsschirme noch die Zeit vorhanden sein wird. Jedenfalls war uns klar, dass diese Art der Öffnungseinleitung über den zusätzlichen Hilfsschirm keine Dauerlösung sein konnte und man sich unbedingt weitere Gedanken über bessere Lösungsmöglichkeiten machen musste. Der Sprungfallschirm mit dieser zusätzlichen Ausrüstung für den Einsatz bis zu einer Absetzgeschwindigkeit von 350 km/h erhielt vom Werk die Bezeichnung *RS-4/4 B.*

Gerade in jenen Tagen zweifelte ich oft an der Richtigkeit des eingeschlagenen Wegs. Die Stunden, in denen uns ein Flugzeug AN-12 zur Ausbildung und Erprobung unserer Fallschirmtechnik zur Verfügung stand, waren sehr bemessen.

Bei einseitiger Betrachtung wäre es für uns viel leichter gewesen, die komplette Fallschirmausrüstung aus der UdSSR zu importieren. Man hätte sich damit alle Sorgen und ein Großteil der Verantwortung erspart, die auf uns lastete, dass etwas schief gehen könnte. Jedoch gab es eine Menge Vorteile, die unsere Fallschirmkappe gegenüber dem sowjetischen Luftlandeschirm hatte.

Absprache mit dem Flugleiter

Einsteigen in das Flugzeug AN-12

Besatzungskommandant

Der Navigator bei der Arbeit

Das Flugzeug AN-12 nach dem Aufsetzen auf die Landebahn

Noch immer lag das Primat des Einsatzes auf kleinen beweglichen Gruppen, die, möglichst unbemerkt, im Hinterland des Gegners aus geringsten oder auch sehr großen Höhen abgesetzt werden konnten. Dazu eignete sich unser steuerbarer Fallschirm eben besser.

Andererseits waren wir auch angehalten, ökonomisch zu denken. Importe aus der UdSSR waren teuer. Auch stand die ungarische Armee ohne Zweifel hinter unserem Fallschirm. Deshalb hatten wir auch einen gewissen Stolz, konnten auf Ergebnisse verweisen, und erhielten bei Übungen wie gerade in Peenemünde anerkennende Worte. Eine derartige Anerkennung wurde auch den ungarischen Aufklärern für ihre Leistungen bei Übungen mit diesem Fallschirm aus dem Munde von Militärs im Warschauer Pakt zuteil.

Warum stürzte das Überschallpassagierflugzeug TU-144 der UdSSR in Frankreich ab?

Im August 1974 bei der Fallschirmausbildung in Tutow bei Demmin hatten wir wiederum ein Flugzeug AN-12 der Sowjetarmee zur Verfügung, bei der ein Oberstleutnant als Vorgesetzter und Verantwortlicher die Besatzung anführte. Zugleich fungierte er als Flugleiter.

Die Männer nahmen ihre Arbeit sehr ernst und waren sich ihrer Verantwortung sehr bewusst. Zu uns wurden auch nur sehr gut ausgebildete Besatzungen kommandiert, die im Absetzen von Fallschirmspringern über große Erfahrung verfügten. Es war immer wieder beeindruckend, mit welcher Genauigkeit sie unsere Leute absetzten. Daraus entwickelte sich in sehr kurzer Zeit eine gegenseitige Achtung und einer vertraute dem anderen. Man kam sich auch persönlich näher und redete über alles, was so in der großen Welt vor sich ging und passierte, vorausgesetzt, man konnte sich mit ihnen verständigen.

Unter anderem sprach ich mit dem Flugleiter dank der Unterstützung unseres Dolmetschers Hauptmann Otto Schimkat auch über das tragische Ereignis, das sich beim 30. AEROSALON LE BOURGET 1973 in Frankreich zugetragen hatte.

Offiziell wurde in den Medien der DDR darüber berichtet, dass das Überschallflugzeug am Schlusstag des Salons bei einem Ausweichmanöver abgestürzt sei, um einen Zusammenstoß mit einem *Sportflugzeug* zu verhindern. Der Oberstleutnant erzählte mit tränenden Augen dem Dolmetscher und mir die nach seinen Kenntnissen wahre Tragödie und schlug sich wiederholt vor Ärger auf die Brust, was uns beide sehr beeindruckte. Man musste ihm einfach glauben, denn anders konnte es nach seinen Darlegungen nicht zu diesem verhängnisvollen Unglück gekommen sein, da eine Reihe von Folgeerscheinungen seine Aussagen untermauerten: Die Maschine Tu-144 mit dem Kennzeichen CCCP-77102 stammte bereits aus der Serienproduktion. Gegenüber dem Prototyp, der vor zwei Jahren vorgestellt worden war, hatte sie eine beträchtliche Anzahl markanter Unterschiede und Verbesserungen, die vor allem auf eine höhere Effektivität des Flugzeugs für den Überschallpersonenverkehr ausgerichtet waren. So wurde die Flügelspannweite um mehr als einen Meter verlängert, um die Abheb- und auch Landegeschwindigkeit zu verringern und damit die mittlere Start- und Landestrecke auf 1800 m zu verkürzen. Der Rumpf der Maschine wurde um 6,3 m verlängert und bot damit 140 Passagieren Platz, mehr als 20 gegenüber der Entwurfsphase. Die Leistung der Triebwerke wurde um 10 % gesteigert, um die nun erhöhte Startmasse von 180 t bequem zu bewältigen. Wie wir wissen, gab es einen überaus harten Konkurrenzkampf zwischen der TU-144 und der Concorde. Dabei hatte die TU-144 bisher weit die Nase vorn und war im Vergleich auch deutlich überlegen.

Überschall-Passagierflugzeug TU-144 der Sowjetunion

Die folgende Auflistung gibt die Daten beider Überschallflugzeuge an (entnommen aus der Zeitschrift *Flieger-Revue Nr. 8/1973*):

	TU-144	*Concorde*
Passagiere	140	128
Triebwerke	4	4
Startschub	4 x 19 000 kp	4 x 17260 kp
Spannweite	28,8 m	25,6 m
Länge	65,7 m	62,17 m
Startmasse	180 t	176 t
Reisegeschwindigkeit	M 2,35	M 2,05
Reichweite	6500 km	6200 km .

Was war nun eigentlich passiert: Die Zuschauer und besonders die Käufer eines Flugzeugs beeindruckt bei einer Flugschau doch am meisten, was sie vom Flugzeug beim Start und bei der Landung zu sehen bekommen, wenn sie schon nicht mitfliegen können.

Bereits am ersten Tag des Salons rollte die Concorde auf der Startbahn an, nahm unter Auslastung der Gesamtlänge der Bahn Fahrt auf, stieg danach im steilen Winkel in den Himmel und verschwand nach kurzer Zeit aus den Augen der Zuschauer. Die TU-144 hingegen startete mit Normalschub, hob schon bei 350 km/h von der Bahn ab und ging danach zum allmählichen Steigflug über.

Da war von *großer Schau* nichts zu sehen, denn die Maschine wurde nicht von der Bahn gerissen, sondern nahm, wie bei einem Passagierflugzeug üblich, nach dem Abheben zunehmend an Fluggeschwindigkeit auf und ging dabei allmählich zum Steigflug über.

Das war natürlich für *ganz bestimmte Zuschauer* keine Augenweide, und man fing an, ganz bewusst zu sticheln, dass so eine Schubkraft die TU nicht aufweisen kann, die angegebenen Daten davon nichts unter Beweis stellten usw.

Nun hatten der Testpilot und die nach Frankreich mitgereisten Entwicklungs-Ingenieure keine Macht, das Flugprogramm zu ändern. Jedoch nahmen die Besatzung und auch die mitgereisten Konstrukteure die Herausforderung an und erklärten offiziell, dass die TU-144 gleichfalls in der Lage sei, einen derartigen Start zu demonstrieren.

Diese Änderung des Programms musste allerdings bestätigt werden. Eine Verbindung zum Chefkonstrukteur Alexei Tupolew kam nicht zustande. Da der sowjetische Botschafter in Frankreich auch an dieser Vorführung der Tu-144 interessiert war, bestätigte er die Änderung des Flugprogramms ohne Rücksprache mit dem Chefkonstrukteur und Vertretern der Regierung. Der besondere Befürworter dieser Änderung war der nach Paris mitgereiste und gesamtverantwortliche Chefkonstrukteur für Triebwerke der TU-144. Er wusste, welche Kraft in seinen Triebwerken steckte, und wollte das unbedingt unter Beweis stellen. Nachdem die von ihm vorgelegte Änderung des Flugprogramms vom Botschafter der UdSSR in Frankreich unterzeichnet war, erfolgte die Vorführung am letzten Tag des Aerosalons in Frankreich im Vergleich zur Concorde.

Die Besatzung der TU 144 machte es der Concorde nach, startete mit Vollgas und riss am Ende der Bahn das Flugzeug im steilen Winkel über 45 Grad in den Himmel.

Alle Augen und Kameras der Welt waren auf dieses Ereignis gerichtet.

Bereits nach mehreren 100 m Höhe war die Maschine nicht mehr manövrierfähig. Infolge der starken Überbelastung der gesamten Zelle war vor allem der hintere Teil des Rumpfes mit dem Höhen- und Seitenruder so deformiert, dass die Maschine nicht mehr steuerbar war und bei laufenden Kameras danach vor den Augen der Welt abstürzte.

Der Oberstleutnant hatte Tränen in den Augen, schlug sich mit der Faust an die Brust und konnte diese Naivität der dort Handelnden, bestens ausgebildeten sowjetischen Konstrukteure und Piloten nicht verstehen.

Das war offener Konkurrenzkampf zwischen beiden Systemen, den die SU im Grunde aus Dummheit mit dem Absturz vor den Augen der Welt verlor.

Er glaube zu wissen, sagte der Oberstleutnant, dass die Konstrukteure der Concorde die Zelle der TU-144 besser kannten als die Besatzung und genau wussten, was bei so einem Start passiert!

Was soll's. Wenn es um den Verkauf des Flugzeugs der Concorde und damit ums Geld geht, ist jedes Mittel recht, um den Konkurrenten auszuschalten. Und das ist den Franzosen und Engländern ausgezeichnet gelungen. Der Botschafter der UdSSR in Frankreich wurde sofort abgelöst und dafür der langjährige Botschafter der UdSSR in der DDR, Pjotr Abrassimow, als Nachfolger eingesetzt. Eine Vielzahl bereits geschlossener Verträge über den Kauf der TU-144 wurden sofort nach dem Absturz annulliert, jedoch mussten nach Aussage des Oberstleutnants und Flugleiters von der SU hohe Beträge an Vertragsstrafen bezahlt werden.

Es war ein millionenfacher Schaden für die UdSSR, der durch diese Tragödie, man muss sagen, Dummheit, entstanden ist, und von dem sich das tatsächlich beste Überschallflugzeug der Welt nicht mehr erholen konnte.

Es wurde nach meinem Wissen trotz weiterer Verbesserungen und Vorstellungen auf den folgenden Aerosalons in Le Bourget nur noch als Inlandspassagierflugzeug eingesetzt.

Bezeichnend ist, dass wir in der DDR über die tatsächlichen Ursachen des Absturzes nichts erfuhren. Ein kleines Flugzeug, dem die TU ausgewichen sein soll, sowie Frankreichs Unordnung im Luftverkehr wurden uns als Ursache des Absturzes präsentiert.

In Wirklichkeit war es ein ganz gemeiner plumper Trick, auf den die dort handelnden Vertreter der SU reinfielen. Schaut man heute nach so vielen Jahren ins Internet, findet man vier Vermutungen über den Absturz:

These 1: Ein französisches Jagdflugzeug vom Typ Mirage soll plötzlich aufgetaucht sein und die Besatzung zu einem Sturzflug als Ausweichmanöver verleitet haben.

These 2: Teile der Systeme sollen versehentlich für den Testbetrieb konfiguriert gewesen sein und dem Flugzeug ungewöhnlich starke Sinkraten gegeben haben.

These 3: Es soll sich nicht genug Treibstoff in den Tanks befunden haben, worauf die TU-144 antriebslos in den Sturzflug kippte, aus dem sie nicht mehr abgefangen werden konnte.

These 4: Aus Daten der Blackbox der Maschine ging hervor, dass die Mannschaft Manipulationen an der Flugsteuerung vorgenommen hatte. Es sollte dadurch eine besonders spektakuläre Flugshow ermöglicht werden, um die ebenfalls anwesende Concorde zu übertrumpfen.

Und These 4 bestätigt die Aussage des Oberstleutnants der Sowjetarmee, denn eine Veränderung des Flugprogramms muss mit Änderungen an der Blackbox einhergehen, sonst hätte man die Maschine gar nicht so überziehen können.

Schaut man sich die Videos im Internet über den Start genau an, sieht man, dass die TU-144 erst am Ende der Bahn zum Abheben gerissen und danach weiter zum Steigflug mehr als 60° hochgezogen wurde. Diese Überbelastung hat die Zelle nicht ausgehalten, sie verformte sich. Das Flugzeug war nicht mehr steuerfähig und konnte nach dem Abkippen nicht aus dem Sturzflug gezogen werden. Es zerbrach und explodierte noch vor dem Aufschlag.

Deshalb glaube ich dem Oberstleutnant der Sowjetarmee. Die UdSSR konnte der Welt nicht die Wahrheit über diese Tragödie kundtun, denn dann hätte sie sich selbst ins Gesicht geschlagen.

Leider verloren neben der Besatzung und einem Reporter im Flugzeug bei diesem Unglück noch weitere acht Menschen ihr Leben. Insgesamt waren es vierzehn.

Die Entwicklung des Sprungfallschirms RS-9

Leider konnte ich 1975, wie bereits erwähnt, wegen meiner Schulterverletzung zu keinem Fallschirmsprung antreten. Erst als die Drähte und der Nagel aus der Schulter entfernt waren, erhielt ich im Frühjahr 1976 nach einer intensiven Untersuchung auf Beschluss der Flug-Med.-Kommission (FMK) der LSK in Königsbrück, meine Sprungtauglichkeit wieder bescheinigt. Aus diesem Grund konnte ich an der entscheidenden Nullserienerprobung, die bereits 1975 begann, nur als Mitglied der Erprobungskommission und als Beobachter teilnehmen.

In den Jahren 1973/74 wurden zu dieser wichtigen Weiterentwicklung die theoretischen wie auch funktionellen Voraussetzungen geschaffen. Das geschah wiederum auf der Basis einer mit vielen Spezialisten erarbeiteten Aufgabenstellung, die letztlich von der Arbeitsgruppe Fallschirmdienst zusammengefasst und dem Fallschirmwerk als Entwicklungsaufgabe unterbreitet wurde.

Wir arbeiteten nicht nach dem Prinzip anderer Armeen, wie beispielsweise auch der Bundeswehr: „Wir brauchen einen neuen Fallschirm, wo finden wir den?"

Geleitet von den Einsatzgrundsätzen der fallschirmspringenden Einheiten in der NVA und dem bisher Vorhandenen erarbeiteten wir taktisch-technische Forderungen, in denen wir ideell vorgaben, was der künftige Fallschirm zur Erfüllung unserer militärischen Aufgaben alles bringen muss.

Wir hatten zwar zu der Zeit einen Fallschirm RS-4/4, der wirklich gut war, sich aber, wie schon erwähnt, gegenüber der D-5-Technik der CA beim Springen aus Flugzeugen über Heck und erhöhter Absetzgeschwindigkeit in einigen Fällen doch problematisch zeigte.

Es ist nicht dauerhaft vertretbar, wenn bei der Öffnungseinleitung durch die im Flugzeug befestigte Aufzugsleine ein Seil, an dem drei Stifte angelötet sind, die den Verpackungssack verschließen, entgegen der Steckrichtung mit einem Ruck herausgezogen wird, ohne dass dabei an diesen Teilen Beschädigungen auftreten. Gerade beim Absetzen über Heck war der Verschleiß an diesen Aufzugsseilen infolge Verbiegens der Stifte bis hin zur Beschädigung von Kabelschläuchen enorm. Deshalb musste diese Schwachstelle, die sogar bei Abriss eines Stifts zum Nichtöffnung des Fallschirms führen konnte, unbedingt beseitigt werden.

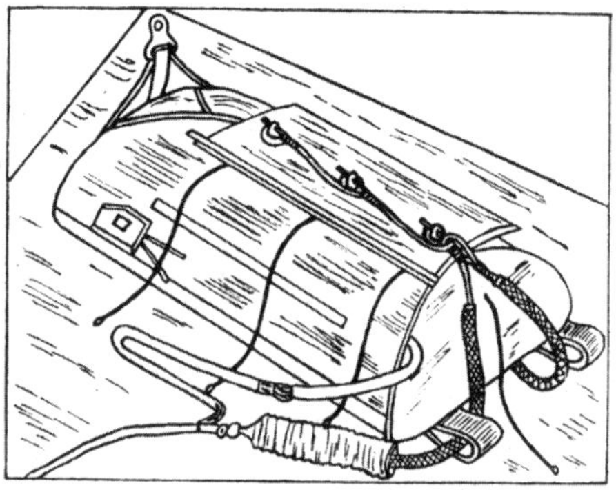

Auf dem Bild sind der mit drei Stiften verschlossene RS-4-Verpackungssack und der Kabelschlauch mit der Aufzugsleine abgebildet (die untere Klappe ist noch nicht verschlossen). Die Stifte, die in die drei Metallkegel hineingeschoben werden, können nur in gleicher Richtung wieder herausgezogen werden, ohne sich zu deformieren.

Bei hohen Absetzgeschwindigkeiten und bis zur entgegengesetzten Aufzugsrichtung musste das zu Deformierungen vor allem beim obersten Stift führen. Ein weiteres Problem bei der Öffnungseinleitung war nach dem Öffnung des Verpackungssacks die doch relativ lange Phase, bis der Hilfsschirm und der Stabilisator die Teile der Öffnungsvorrichtung bis zum Doppelkegelschloss gestreckt hat und danach erst den Fallschirmspringer packt und stabilisiert. Das waren immerhin 5,5 m (siehe dazu Bild auf Seite 180).

Zum anderen lehrte uns die Vergangenheit, dass ein frei in den Luftstrom gebrachter Hilfsschirm doch stets eine etwas kontrollierte Körperlage verlangt, damit er nicht durch eine schnelle Drehrichtung oder einen Überschlag des Springers in seiner Funktion beeinträchtigt wird. Deshalb sollte die Öffnungsleitung etwa der des Fallschirmsystems D-5 der Sowjetarmee nahe kommen, ohne in patentrechtliche Schwierigkeiten zu gelangen. Einer Übernahme dieser Fallschirmöffnung, in dem die Leinen oder die Lamellen eines Stabilisierungsschirms gleichzeitig als Aufzugsleine dienen, wäre uns patentrechtlich verboten worden.

Der neue Fallschirm sollte weiterhin nur eine Packvariante besitzen. Mit der Montage eines Fallschirmsprungautomaten sollte gewährleistet werden, dass neben Fallschirmsprüngen mit Sofortöffnung des Fallschirms, vorrangig mit automatischer Öffnung von zwei bis fünf Sekunden am Stabilisator hängend, mit verzögerter Öffnung gesprungen werden kann. Mit dieser verzögerten Öffnung sollte es möglich sein, aus Flugzeugen bis zu einer Absetzgeschwindigkeit von 400 km/h zu springen. Das entspricht immerhin 110 m/s.

Die eigentlich einmalige Forderung an den Fallschirm war, die Fallschirmkappe mit dem Steuersystem so zu konstruieren, dass es möglich wird, diesen Fallschirm auch als Luftlandefallschirm, d. h. ohne Entwicklung eines eigenen, ständig wirkenden Vorschubs während des Sinkvorgangs herzustellen. Damit sollte erreicht werden, diesen Fallschirm problemlos auch bei Massenabsprüngen einsetzen zu können und dabei Kollisionen weitgehend auszuschließen.

Es sollte auch möglich sein, den Fallschirm nach dem Öffnen mit einer einfachen Steuerung seine vom Wind bestimmte Bewegungsrichtung schnell mit der Blickrichtung in Übereinstimmung bringen zu können. So konnte der Springer stets kontrollieren, in welche Richtung er getrieben wird. Er kann Hindernisse im Landeraum frühzeitig erkennen und einer gefahrvollen Landung entgegenwirken.

Überdies sollte es gelingen, die Fallschirmkappe in der Luft während des Sinkens bei Notwendigkeit in eine Vor- oder Rückschubstellung einfach umwandeln zu können. Der Vorteil wäre, Hindernissen ausweichen und bei bis zu 12 m/s Wind am Boden mit richtiger Handhabung schadlos landen zu können. Nach der Landung müsste eine einseitige Trennung von der Fallschirmkappe garantiert sein, damit man am Boden nicht hilflos geschliffen wird. All das sollte bei dem neuen Fallschirm berücksichtigt und zum Positiven verändert werden.

Wie setzte nun das Fallschirmwerk unsere Aufgabenstellung um? Es war eine sehr hohe Forderung, die besonders an die Fallschirmkappe gestellt wurde.

Für die Lösungsschritte dieser Aufgabe wurden in der Regel die vierteljährlichen Beratungen der SAF (Selbständige Arbeitsgemeinschaft Fallschirm-Technik) genutzt, in denen die Entwicklungsstelle ihr Herangehen zur Diskussion stellte. Hier will ich betonen, dass sich die Zusammenarbeit aller Bedarfsträger mit dem Fallschirmwerk unter Leitung der Staatlichen Luftfahrtinspektion (SLI) gerade in diesen Jahren als SAF ausgezeichnet bewährte.

So konnten Gedanken der einzelnen Bedarfsträger in die Entwicklung einfließen. Das hatte den Vorteil, dass man mit dem Stand der Entwicklung und deren Weg ständig vertraut war, parallel dazu konnten schon Gesichtspunkte der Ausbildung an dieser kommenden Generation von Fallschirmen gedanklich vorbereitet werden. Auch so konnte man sich letztlich mit dem neu entstehenden Produkt frühzeitig identifizieren.

Nach umfangreichen Windkanalversuchen, der Entwicklung von Beschlagteilen und vielem mehr, wurden dann im Werk die ersten Funktionsmuster für Puppenabwürfe gefertigt.

Sie wurden sowohl in Kamenz bei den Luftstreitkräften, in Eilenburg beim MfS als auch in Verbindung mit der Sprungausbildung bei den Fallschirmjägern praktiziert.

Natürlich entstanden bei der Entwicklung auch Kosten. Diese wurden von der VVB Konfektion, später vom Textilkombinat getragen und schließlich auf das Enderzeugnis umverlegt. Also auch Ungarn hatte seinen finanziellen Beitrag zu leisten. Ehe ich zu den Ergebnissen komme, muss ich noch erwähnen, dass das Fallschirmwerk mit der Erprobung des Rettungsfallschirms BE-8 1972 einen eigenen Erprobungsspringer in der Abteilung Forschung und Entwicklung einstellte. Es war *Hans-Günter Seibt*, der große Sprungerfahrung hatte, und das vor allem im Fallschirmsportbereich.

So wurde die Forderung des Stellvertretenden Ministers und Chef der Landstreitkräfte erfüllt, und für uns waren derartige problematische Sprünge nun nicht mehr erforderlich.

Damit der Erprobungsspringer des Fallschirmwerks Einblick in die militärischen Eigenheiten des Fallschirmjäger-Einsatzes erhielt, wurde er als einer der *Wenigen* als Wehrdienstpflichtiger im November 1973 eineinhalb Jahr ins FJB-40 einberufen. Dort diente Hans-Günter Seibt nach der Grundausbildung als Fallschirmwart und lernte die Ausrüstung der Fallschirmjäger und auch die Ausbildung kennen.

Das war für ihn ein großer Erfahrungsschatz, der ihn bei Erprobungssprüngen im Interesse der Fallschirmjäger und aller fallschirmspringenden Einheiten besser befähigte, Einschätzungen vorzunehmen.

Wie wurde nun das Problem der Öffnungseinleitung gelöst?

Das Wichtigste, das erreicht werden sollte, war eine schnelle Führung des Fallschirmspringers sofort nach dem Verlassen des Flugzeugs oder des Hubschraubers.

Deshalb musste der Streckvorgang der Teile kurz sein und der Stabilisator nach dem Absprung möglichst über dem Fallschirmspringer verbleiben, damit er nach Öffnen den Springer sofort stabilisiert und vor Überschlägen bewahrt.

Aus diesem Grund wurde die Kausche des Stabilisators mit der des Verzögerungssacks direkt verbunden. Da die Entfernung von der Kausche bis zu den Verriegelungsbändern mit Schlossösen des Verzögerungssacks jetzt nur noch 50 cm betrug, wurde der Fallschirmspringer mit dem Öffnen des Stabilisators sofort stabilisiert. Die Öffnung des Stabilisators, nun ohne Fangleinen, nur mit Lamellen bestückt, wurde beim Packen der Metallring am Scheitel mit dem Federring an der Aufzugsleine verbunden und in die Packhülle verpackt. Erst wenn die Leine den Stabilisator aus dieser Hülle gezogen hat und die 50 cm des Verzögerungssacks gestrafft sind, löst sich die Feder-Ringverbindung, und der Stabilisator tritt in Aktion. Dank dieser Feder-Ringverbindung konnte auf eine aus Bindfaden übliche Sollbruchstelle verzichtet werden. Das sah aus dem Flugzeug AN-2 und auch aus dem Hubschrauber sauber und vom Ablauf sehr ordentlich aus.

Selbst bei längerer Fallzeit am geöffneten Stabilisator, der nur eine Fläche von 0,5 qm hatte, gab es in der Funktions- und Fertigungsmustererprobung bezüglich Beschattung des kleinen Schirms durch den Fallschirmspringer oder hinsichtlich des Vibrierens des Stabilisators keine negativen Anzeichen.

Die Fallschirmkappe war aus 28 Bahnen gefertigt und nur noch 66 qm groß. Der Zuschnitt und die Form mit der tausendfach bewährten Leitfläche wurden erhalten, denn das Wichtigste war weiterhin die hohe Stabilität beim Sinken des Fallschirms.

Um nun noch bei verringerter Kappenfläche, bei 130 kg Last, auch nicht in der Sinkge-

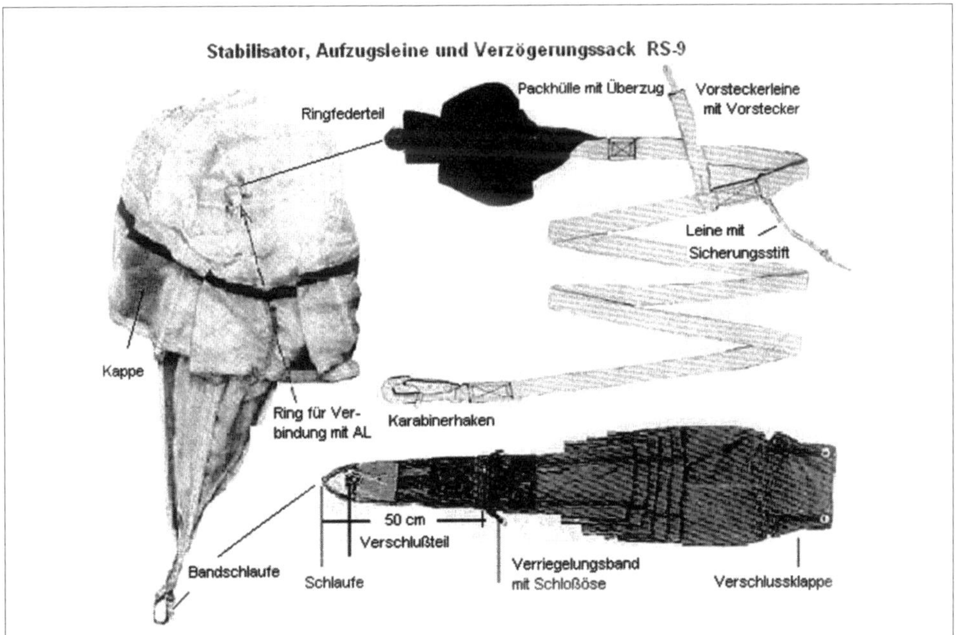

Stabilisator – nicht mit Fangleinen, sondern mit Lamellen, die Aufzugsleine für den Sprungfallschirm RS-9, an einem Ende mit einer Packhülle für den Stabilisator und der Verzögerungssack

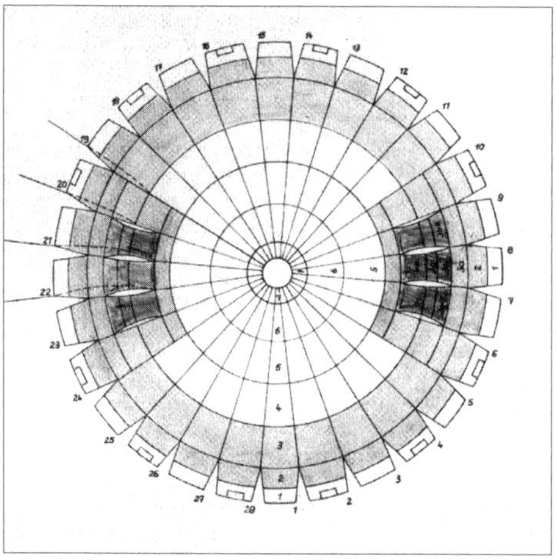

Fallschirmkappe RS-9 (Draufsicht)

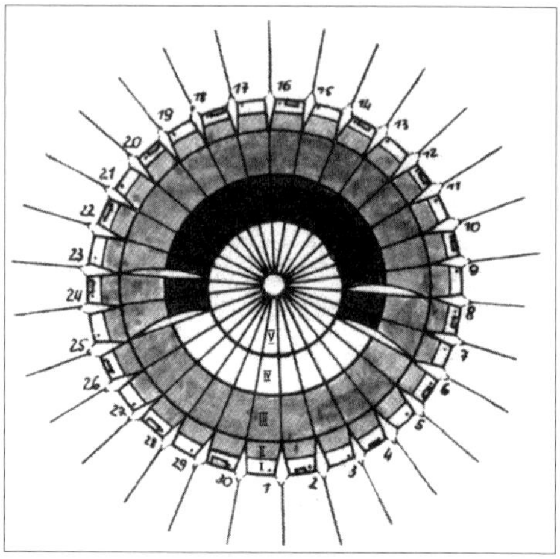

Fallschirmkappe RS-4/3 (Draufsicht)

schwindigkeit schneller als 5 m/s zu werden, wurde der Ring über den Feldern 2 und 3 mit luftundurchlässigem Gewebe versehen (graue Färbung im Bild links).

Den in der Luft einstellbaren Vor- oder Rückschub erreichte man mittels der rechts und links der Fallschirmkappe erkennbaren vier relativ kleinen Schlitze, die bis in das 4. Feld mit luftundurchlässigem Gewebe eingefasst wurden. Dadurch stellte sich insgesamt in der Fallschirmkappe ein geometrisch gleichmäßiges Bild bezüglich des Einsatzes des Gewebes mit den eingearbeiteten Schlitzen dar. Die zwischen den vier Schlitzen befindlichen drei Flächen rechts und links (dunkel) wurden als Steuer- oder Kippbahnen bezeichnet.

Diese Geometrie gewährleistet, dass die Fallschirmkappe nach der Öffnung keinen eigenen Vortrieb entwickelt. Bei der Fallschirmkappe des RS-4/3 hingegen wurde im vorderen Bereich mehr luftundurchlässiges Gewebe als im hinteren Bereich eingesetzt.

Deshalb entwickelte sich, unterstützt von der stets in einer Richtung geöffneten und auch nach hinten gerichteten Steuerschlitzen, ein ständiger Schub der Fallschirmkappe von 3 m/s während des Sinkvorgangs gegenüber ruhender Luft (siehe Skizze RS-4/3 Kappendraufsicht). Beim RS-9 kann es jedoch nur dann eine Bewegung der Fallschirmkappe gegenüber ruhender Luft geben, wenn der Fallschirmspringer an einer der Steuer- oder Vorschubleinen zieht.

Das folgende Bild zeigt das Steuersystem des Fallschirms RS-9. Die oberen drei Flächen stellen die Steuerbahnen dar, an denen an jeder Kante vorn und hinten zwei Steuerzweigleinen befestigt sind. Jedes Steuerzweigleinenpaar ist wiederum mit einer Steuernebenleine verbunden.

Alle an den vorderen Kanten befestigten Steuerzweig- und Nebenleinen wurden an der Vorschubleine befestigt, die mit dem Vorschubgriff verbunden ist. Alle Leinen an den hinteren Kanten wurden mit den Steuerleinen vernäht, die mit dem Steuerknebel verbunden sind.

Zieht der Fallschirmspringer an einer Seite am Steuerknebel, werden die hinteren Kanten der drei Bahnen heruntergezogen, und die gestaute Luft in der Fallschirmkappe wird gezwungen, an den vorderen Kanten zu entweichen. Nach dem Prinzip *Aktion = Reaktion* drehte sich die Kappe seitengleich, d.h. rechts ziehen – rechts drehen oder umgekehrt.

Wurde der Steuerknebel wieder losgelassen, hörte die Drehbewegung auf.

Damit konnte sich der Fallschirmspringer stets nach der Fallschirmöffnung in Blickrichtung zum Landeplatz drehen, ohne dass die Fallschirmkappe einen eigenen Schub entwickelte. Vor der Landung konnte der Fallschirmspringer bei starkem Bodenwind durch Ziehen an beiden Steuerknebeln gleichzeitig die Vorwärtsbewegung bremsen und somit die Landegeschwindigkeit verringern.

Diese Art der Landung bezeichneten wir als *Landeverfahren II*, das wir bei Massenabsprüngen, Sprüngen bei Nacht und vor allem bei Bodenwind über 6 m/s anwandten.

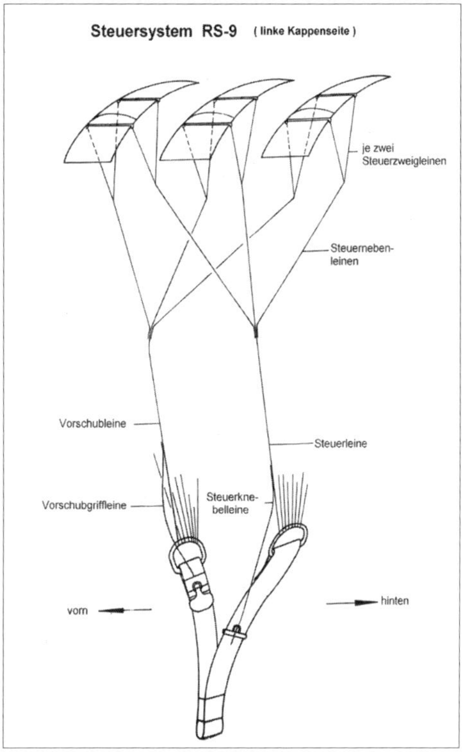

Steuersystem RS-9

Eine weitere Möglichkeit gestattete der Fallschirm, indem man ihn nach dem Öffnen durch beidseitiges Herunterziehen und Einhängen der *Vorschubgriffe* in eine ständige Vorschubvariante verwandelte. In dieser Stellung wurden die vorderen Kanten der drei Bahnen an jeder Seite um etwa 30 cm heruntergezogen und durch das Einhängen der Griffe genau so gehalten. Auf diese Weise entwickelte der Fallschirm einen ständigen Vorschub von 3 m/s und war damit in seiner Eigenschaft der Fallschirmkappe seines Vorgängers, des RS-4/3, fast gleich. Man konnte den Fallschirm mittels der Steuerknebel seitengleich drehen und jederzeit vor dem Landen die Griffe wieder aushängen und den Vorschub beseitigen. So ist es möglich im Landeverfahren II, wie oben beschrieben, zu landen. War jedoch der Wind am Boden geringer als 6 m/s, konnte man den eigenen Schub vor der Landung gegen die Windrichtung stellen und wie mit dem RS-4/3 landen.

Diese Methode bezeichneten wir als *Landeverfahren I,* das wir bevorzugt bei Sprüngen in kleinen Gruppen anwandten, wenn es darum ging, so nah wie möglich am Landeplatzmittelpunkt zu landen.

Das Problem Verschließen des Verpackungssacks ohne den 3-Kegel-Stift-Verschluss wurde, wie nachstehend abgebildet, sehr positiv gelost.

Das Verschließen der oberen Klappe wurde nun mit einem Vorstecker vorgenommen, der in eine Leinenschlaufe gesteckt wurde. Dieser gerundete Metallstecker war an der Aufzugsleine befestigt und konnte nun nach dem Absprung problemlos durch diese aus der Leinenschlaufe in alle Richtungen gezogen werden, ohne dass Verklemmungen oder Beschädigungen auftraten.

Danach zog die Aufzugsleine die Packhülle mit dem eingelegten Stabilisator und den oberen Teil des Verzögerungssacks heraus, das System straffte sich, und mit dem Abziehen der Packhülle löste sich die Feder-Ringverbindung. Der Stabilisator war sofort geöffnet und stabilisiert den Fallschirmspringer. Erst wenn der Fallschirmsprungautomat oder der

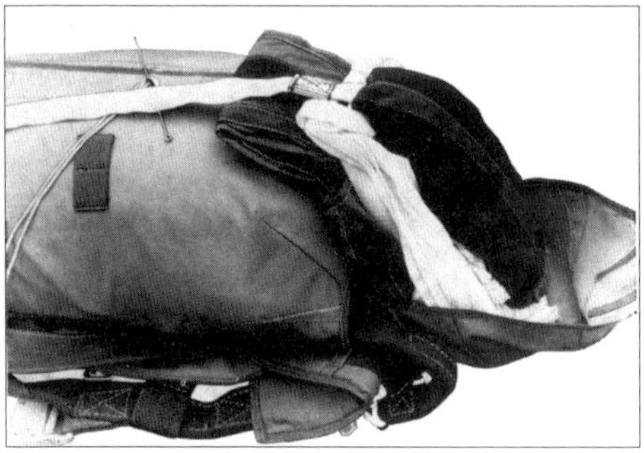

Packhülle des oberen Teils des Verzögerungssackes mit eingelegtem Stabilisator

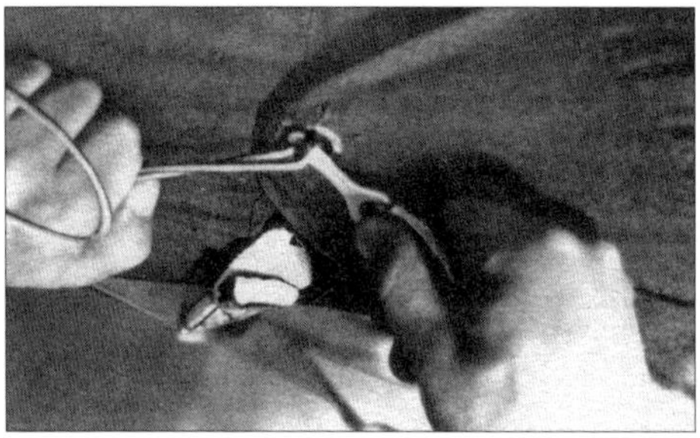

Verschließen der oberen Klappe

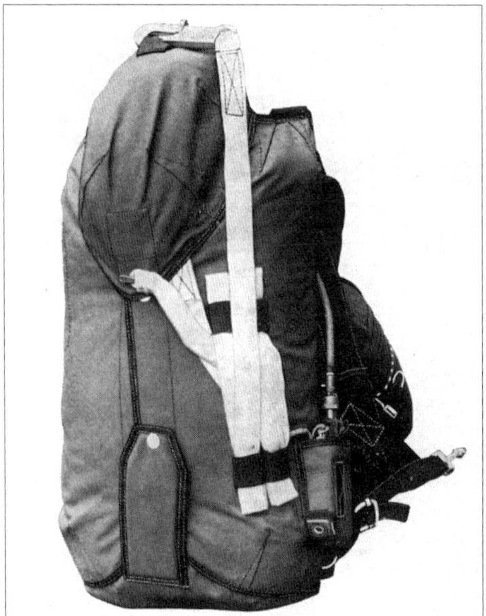

RS-9 Verpackungssack fertig verschlossen, bereit zum Anlegen in Bockstellung mit dem Rettungsfallschirm BE-8

Fallschirmspringer das Doppelkegelschloss öffnete, wurden die Schlossösen freigegeben und der Fallschirm öffnete sich.

Die Erprobungen 1975 aus dem Flugzeug AN-2 wie auch aus dem Hubschrauber MI-8T ergaben zufriedenstellende Ergebnisse. Im Monat Juni erhielten wir gemäß der Planung eine AN-12 der CA zur Sicherstellung der Ausbildung und parallel zur Erprobung des neuen Fallschirms RS-9. Hans-Günter Seibt, der Erprobungsspringer des Fallschirmwerks, machte nun den ersten Heckabsprung mit der neuen *Stabilisierungseinrichtung kurz* bei 300 km/h. *Nun passierte etwas, womit niemand gerechnet hatte:* Unmittelbar nach dem Absprung überschlug er sich rückwärts und hatte den Stabilisator zwischen den Beinen. Er bekam das gar nicht so schnell mit, und da sich über fünf Sekunden nichts tat, öffnete er folgerichtig den Rettungsfallschirm BE-8 und landete wohlbehalten am Platzrand. Natürlich waren wir alle sprachlos und konnten vorerst nicht verstehen, warum der Stabilisator nicht auch in dieser Situation seine Pflicht getan hat.

Er konnte es gar nicht, denn wegen der Beschattung am Körper des Springers hatte er gar nicht die Kraft, den Springer zu drehen, und weg vom Körper konnte er nicht, weil er ja nur 50 cm Spielraum ab seinem Befestigungspunkt hatte.

Der gesamte Personalbestand des Sprunglehrgangs, das waren immerhin 200 Mann, hatte dieses *Schauspiel* gesehen. Jeder machte sich so seine eigenen Gedanken. Der einzige positive Aspekt dieser Misere war die einwandfreie Funktion des Rettungsfallschirms BE-8, der erst kurz zuvor in die Truppe eingeführt worden war, und die meisten hatten ihn noch nicht in Funktion bei Luftnot gesehen.

Bei vielen Erprobungen war es ein negativer Beigeschmack, dass sie parallel zur Ausbildung, also vor den Augen vieler junger Fallschirmjäger, abliefen, denen nicht gerade das Nervenkostüm gestärkt wurde.

Sie führten zu einem gewissen Vertrauensschwund. Aber hier mussten wir alle durch und zu einheitlichen Überzeugungen kommen, wie es nun weitergehen kann.

Uns war nach genauer Rekonstruktion klar geworden, dass diese so kurze Befestigung des Stabilisators beim Verlassen des Flugzeugs und bei Überschlägen des Fallschirmspringers zu gefahrvollen Situationen führen konnte, aus denen man sich nur noch mit dem Rettungsfallschirm in Sicherheit zu bringen vermochte.

Man musste dem Stabilisator also die *Freiheit* geben, sich so weit vom Springer entfernen zu können, dass seine Öffnungs- und auch Zugfunktion erhalten blieb. Wenn nun der uns bekannte Vorfall eintrat und der Springer nach einem Überschlag den schon geöffneten Stabilisator zwischen die Beine bekam, musste er mittels einer Verlängerung so weit vom Körper weg sein, dass er die volle Zugkraft entwickeln konnte und den Springer wieder in die richtige Richtung brachte.

Unser Physiker und Themenbearbeiter für diesen Fallschirm vom Fallschirmwerk, Helmut Hentschel, sah jedoch damit einen weiteren gefährlichen Faktor auf uns zukommen, der nur durch Puppenabwürfe bestimmt und nachgewiesen werden konnte. Die Verlängerungsleine für den Stabilisator, die nun nötig wurde, brachte ihn im gestreckten Zustand in der Phase des stabilisierten Falls vom Springer weiter weg. Wenn es nun aus welchen Gründen auch immer notwendig wurde, in dieser Situation den Rettungsfallschirm zu öffnen, dann durfte der Stabilisator den Füllprozess der Fallschirmkappe des Rettungsfallschirms keinesfalls behindern.

Ehe nun weiter zu Personensprüngen übergegangen werden konnte, musste das mit Puppenabwürfen erst ausgelotet, erprobt und durch Wiederholungsabwürfe bestätigt werden.

An den folgenden zwei Tagen machten wir eine Reihe von Abwürfen mit unterschiedlicher Leinenlänge. Die Puppen wurden aus dem Flugzeug AN-2 abgeworfen, ohne die Stabilisierung zu lösen (sie hingen also nur am Stabilisator), und nach fünf Sekunden hatte der Fallschirmsprungautomat in diesem vertikalem Fall den gleichfalls angebrachten Rettungsfallschirm BE-8 an der Puppe zu öffnen.

In einem bestimmten Längenintervall, bei dem der Stabilisator die Möglichkeit hatte, sich unter den gestreckten Rettungsfallschirm in die Nähe der Basis zu schieben, wurde der Füllprozess der Fallschirmkappe teilweise, ja sogar ganz, durch den Stabilisator behindert. Der Fallschirm kam aus der Birnenform nicht heraus und öffnete sich bis zum Aufschlag nicht. Wurde sie kürzer, funktionierte die Öffnung wieder einwandfrei. Wurde sie so lang, dass der Stabilisator den Basisrand der Fallschirmkappe erreichte, funktionierte auch die Öffnung des Rettungsfallschirms wieder.

Rettungsfallschirm BE-8 mit Erprobungsspringer Hans-Günter Seibt

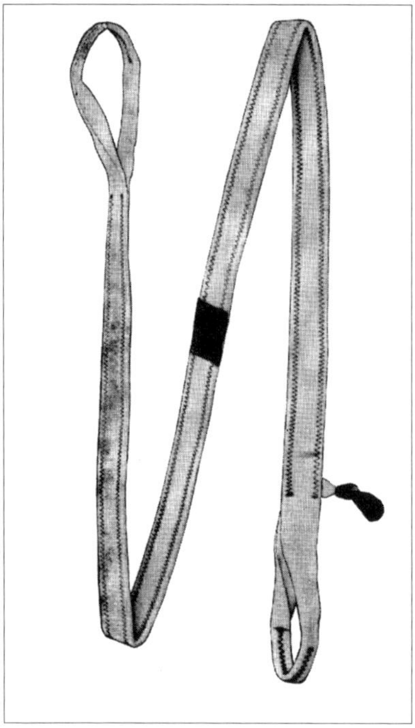

Stabilisatorleine 1,5 m

Die richtige Länge für den am besten funktionierenden Abstand, der aber wiederum auch der eigentlichen Bestimmung Rechnung tragen musste, wurde genau ausgelotet und die einwandfreie Funktion wurde mehrmals durch wiederholte Abwürfe bestätigt. Die Länge der Stabilisatorleine, so wurde sie von nun an genannt, wurde auf 1,5 m festgelegt.

Diese Abwürfe belasteten wahrlich das Nervenkostüm aller ganz schön und die Entscheidung, nun wieder zu Erprobungssprüngen überzugehen, war das eine, aber das auch mit allen Erprobungsspringern zu tun, das andere.

Werkerprobungsspringer Hans-Günter Seibt führte den ersten Sprung ohne Probleme vor. Nun sollten die alten Hasen, die im Erprobungsprogramm bestätigt waren, alsbald folgen.

Ich konnte leider nicht mit gutem Beispiel vorangehen, denn ich war *sprunguntauglich*. Trotz aller versuchter Überzeugungsarbeit und einer detaillierten Auswertung des Geschehenen mit dem gesamten in Tutow springenden Personalbestand gelang es der Erprobungskommission nicht, alle bestätigten Erprobungsspringer die Arbeit mit dem RS-9 fortsetzen zu lassen.

Nur Oberstleutnant Klinnert, Arbeitsgruppe Fallschirmdienst, und Hauptmann Wolfgang Fründt, Offizier für Fallschirmdienst im Bataillon, setzten die Erprobung mit dem Werkspringer fort. Wir sprachen sehr oft miteinander über diesen schweren Entschluss, und sowohl Klinnert als auch Fründt war dieser erste Sprung nicht einerlei.

Nichts ist für einen Fallschirmspringer belastender mit ansehen zu müssen, wenn der Rettungsfallschirm seinen Dienst versagt, und man sich vorstellt, dass, statt der Puppe, *ich* das hätte sein können!

Allerdings waren wir uns als Erprobungskommission ohne Zweifel darüber im Klaren, dass mit der Auslotung des Intervalls die Funktion des Rettungsfallschirms auf der Grundlage bestätigter Ergebnisse bei den Puppenabwürfen gegeben war. Ohne diese Überzeugung hätte es kein *o.k.* gegeben.

Nach den weiteren drei Erprobungssprüngen der oben genannten Kameraden mit der Stabilisatorleine 1,5 m konnten wir feststellen, dass der Stabilisator selbst bei Überschlägen weiter in voller Funktion blieb und den Fallschirmspringer zurück in die Lage des stabilisierten Falls drehte. Danach sind auch die Fallschirmwarte/Ausbilder wieder in die Erprobung des RS-9 eingestiegen.

Wir konnten am Ende des Jahres 1975 eine recht positive Erprobungsbilanz ziehen und sie mit folgendem Ergebnis abschließen: Die Öffnungseinleitung verbesserte sich durch eine schnelle Führung des Springers nach dem Verlassen des Fluggeräts entscheidend und ist mit der Verkürzung der Teile der Öffnungseinleitung von bisher 5,5 m auf nur 2 m (1,5 m Stabilisatorleine und 0,5 m Spitze des Verzögerungssacks) weniger störungsanfällig, packfreundlicher und vor allem sicherer geworden.

Die Verpackung ohne den Stift-Kegelverschluss erhöht gravierend die Sicherheit bei dessen Öffnung unabhängig von der Körperlage des Springers und lässt sich beim Packen leichter schließen. Außerdem reduziert sie die Kosten für Ersatzteile.

Das Prinzip der Steuerbarkeit des Fallschirms nach der Fallschirmöffnung hinsichtlich Kappendrehungen bei Neutralstellung oder bei eingehängtem Vorschub bestätigte sich in der Praxis ausnahmslos. Das gilt auch für die Anwendung des einhängbaren Vorschubs wie für die Anwendung des Rückschubs zur Verminderung der Landegeschwindigkeit. In diesem Punkt ist der Fallschirm anspruchsvoller als der RS-4/3, und erfordert eine unbedingte Beherrschung des Steuersystems.

Die Masse und das Packvolumen konnten gesenkt und insbesondere das Gurtzeug entscheidend verbessert werden.

Insgesamt waren wir mit dem Ergebnis der Verbesserungen sehr zufrieden, und die erste Serie dieses Fallschirms mit der Bezeichnung RS-9 wurde im Jahr 1976 gefertigt.

Die ersten Fallschirmsprünge aus dem Flugzeug AN-26 T

Nachdem in der NVA die Entscheidung über die künftige Transportfliegertechnik entschieden und vorgesehen war, die Transportfliegerstaffel-24 von IL-14 auf den Typ AN-26T (Transport-Variante) umzurüsten, war in Aussicht gestellt worden, auch aus diesem Flugzeugtyp Fallschirmsprungausbildung zu organisieren.

Es war nun folgerichtig zu versuchen, in den Plan der gemeinsamen Ausbildungsmaßnahmen mit der GSSD (Gruppe der Sowjetischen Streitkräfte in Deutschland) dieses Flugzeug für das FJB künftig aufzunehmen, um schon Erfahrungen beim Absetzen von Fallschirmspringern zu sammeln. Im Juni 1976 war es dann so weit. Die AN-26T war die Transportvariante der seit Jahren in der Interflug der DDR vorhandenen AN-24, die jedoch nur im Inlandsflug eingesetzt wurde.

Die AN-26T konnte 30 Fallschirmspringer aufnehmen, die entlang des Rumpfs zu je 15 rechts und links Platz fanden. Auf den Sitzen unmittelbar an der Luke saßen der Absetzer und der Bordmechaniker des Flugzeugs. Die mit Kreuzen versehenen Plätze blieben frei.

Abhängig von der Größe des Absetzplatzes konnten bei einem Anflug bis zu 30 Fallschirmspringer abgesetzt werden. Zuerst sprangen die Fallschirmspringer der rechten Reihe (1. Gruppe), danach die der linken Reihe (2. Gruppe). Allerdings muss man bedenken, dass selbst bei einem 0,8-Sekunden-Sprungintervall von Mann zu Mann etwa 24 Sekunden vom ersten bis zum letzten Fallschirmspringer zum Absprung benötigt wurden. In dieser Zeit überfliegt das Flugzeug bei 280 bis 300 km/h Absetzgeschwindigkeit fast 2 km. Das sind 77 bis 82,5 m/s. Deshalb wurden in der Ausbildung bei einem Anflug maximal 15 Fallschirmspringer abgesetzt.

Das Fallschirmspringen aus diesem Flugzeug selbst ergab keinen großen Unterschied gegenüber den Flugzeugtypen AN-8 oder AN-12. Allerdings erzeugte die ausgefahrene Luke unter den Rumpf einen etwas labilen Flugzustand, und die Luftverwirbelung war in unmittelbarer Nähe der Luke beim Absprung doch spürbar heftiger. Wegen dieses Flugzustands konnte die Absetzgeschwindigkeit auf keinen Fall

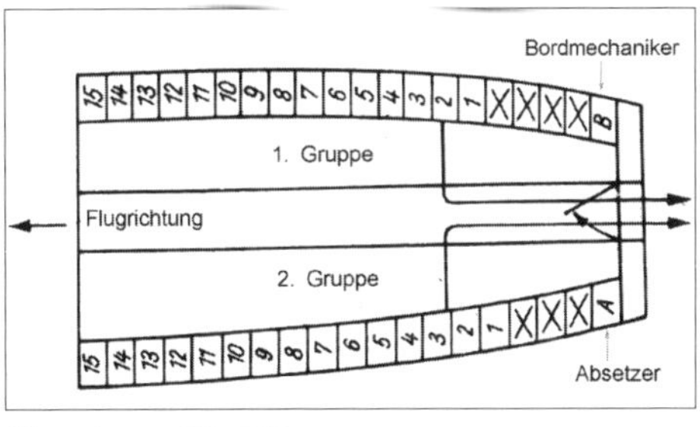

Sitzordnung AN-26T

Flugzeug AN-26T der Sowjetarmee. Das Besondere ist, dass die Luke, die abgelassen als Rampe für die Beladung dient, sich beim Öffnen im Fluge unter den Rumpf des Flugzeuges schiebt und so den Absprung nicht behindert.

Fallschirmspringer im Flugzeug AN-26T

Die Wirkungsweise des Stabilisators mit der Stabilisatorleine des Fallschirmes RS-9 unmittelbar nach dem Absprung und im rechtem Bild die Leinenfangvorrichtung

unter 280 km/h gedrosselt werden. Dieser Luftwirbel wirkte sich nach dem Absprung auch negativ auf die Aufzugsleinen aus. Damit sie in den Leinenfangvorrichtungen am Innenrumpf des Flugzeugs (siehe rechts Bild) gehalten werden, war es nötig, die Aufzugsleinen um 80 cm zu verlängern, damit sich die folgenden Fallschirmspringer nicht an den umher schlagenden Leinen verletzen. Das kannten wir bereits aus den Flugzeugtypen AN-8 und AN-12. In diesen Maschinen waren diese Verlängerungen gleich an den Seilen für das Einhängen der Aufzugsleinen befestigt. In diese wurden dann die Karabinerhaken der Aufzugsleinen der Fallschirme eingeklinkt. Nach der Anschaffung dieses Flugzeugtyps in der NVA wurden in die Pläne der Sprungübungen je Ausbildungsjahr mindestens zwei Sprünge für die Fallschirmjäger und später auch für die Aufklärer aufgenommen und auch absolviert.

Lehrvorführung der Landstreitkräfte auf dem Truppenübungsplatz Klietz 1976

Als Vorbereitung auf das 2. Ausbildungshalbjahr entschloss sich der Chef der LaSK, Generaloberst Horst Stechbarth, im Monat Mai 1976 mit allen Waffengattungen und Diensten des Kommandos der Landstreitkräfte (KLaSK) für alle Führungsebenen (ab Bataillonskommandeur aufwärts) eine Lehrvorführung zu organisieren. Am 28. Mai 1976 fiel dazu der Startschuss. Das Ziel dieser Lehrveranstaltung bestand darin, den Kommandeuren die Einsatzmöglichkeiten zu demonstrieren, über die die Landstreitkräfte verfügten, vor allem die neu eingeführte Technik und Ausrüstung.

Dazu hatten alle Waffengattungen und Dienste des KLaSK ihre Vorschläge zu unterbreiten. Die Unterabteilung Spezialausbildung in ihrer neuen Zusammensetzung hatte dazu gleichfalls ihren Beitrag zu leisten.

Bei uns hatte sich in den vergangen Jahren personell viel verändert: Oberstleutnant Egon Gleau wurde bereits 1974 als Kommandeur des MSR-2 in Stahnsdorf eingesetzt.

Nach weiteren zwei bis drei Jahren besuchte er die Generalstabsakademie in Moskau und wurde danach Kommandeur der 4. MSD in Erfurt. Hier wurde er zum Generalmajor ernannt und war der einzige General, der aus dem FJB hervorging.

Oberstleutnant Kurt Elsner, bisher Kdr. des FJB, wurde in der Unterabteilung als Oberoffizier für Spezialausbildung eingesetzt und konnte auf dieser Planstelle die weitere Entwicklung der Spezialausbildung profilieren. Da er nicht die Absicht hatte, eine Militärakademie zu besuchen, blieb er auch nur kurzzeitig Leiter der UA-Spezialausbildung. Das war leider im militärischen Leben so und wurde auch so durchgesetzt, Akademieplanstellen möglichst mit Akademikern zu besetzen.

Vom Regiment Mühlhausen wurde der Stellvertreter Ausbildung, Oberstleutnant Koch, zum Leiter der UA-Spezialausbildung ausgewählt. Allerdings fehlten ihm für diese Aufgabe die spezialfachlichen Kenntnisse. Er war im eigentlichen Sinne für uns keine echte Hilfe und ließ uns auf den speziellen Gebieten unserer Spezialausbildung und des Fallschirmdienstes allein handeln und auch entscheiden.

Zur oben genannten Lehrvorführung schlugen wir vor:

- die komplette Ausrüstung der Fallschirmjäger zu zeigen und zu erläutern, einschließlich des Mitführens dieser Ausrüstung beim Fallschirmsprung;
- die neu entwickelte Fallschirmausrüstung RS-9 und BE-8 vorzustellen und deren Funktion zu erläutern;
- als militärische Vorführung das Absetzen einer verstärkten Einsatzgruppe aus dem Flugzeug AN-26T aus 300 m Absetzhöhe mit anschließendem Gefechtsschießen zu zeigen und
- zum Abschluss eine Gruppe bestausgebildeter Fallschirmjäger aus 4000 m Absprunghöhe und im 70 Sekunden stabilisierten Fall mit dem neu entwickelten Fallschirm RS-9 abzusetzen.

Diese Vorschläge wurden von unserem Chef, dem Stellvertreter des Chefs der LaSK und Chef Ausbildung, Generalmajor Werner Winter, unterstützt und vom Chef der LaSK bestätigt.

Nun konnten wir an die Vorbereitung dieser für mich nicht leichten Aufgaben herangehen. Im Plan der Zusammenarbeit mit der Gruppe der Sowjetischen Streitkräfte in Deutschland (GSSD) hatten wir bereits ein Flugzeug AN-26T bestätigt erhalten. Allerdings war mit der Bestätigung noch nicht der Absetzraum festgelegt worden. Und der war nun der Truppenübungsplatz Klietz, der von zwei *zeitweiligen Luftverbindungswegen* der West-Alliierten flankiert war.

Die zeitweiligen Luftverbindungswege waren für den Flugbetrieb in der DDR ein ernstes Problem, was uns als Fallschirmspringer besonders traf, weil der Flugdienst prinzipiell die Priorität vor dem Sprungdienst in der NVA hatte.

Zum besseren Verständnis der Problematik habe ich hier einen Auszug aus der Flugbetriebsvorschrift der Luftstreitkräfte über die Festlegungen von Flügen in, an und über den zeitweiligen Luftverbindungswegen und der Berliner Kontrollzone aufgenommen. Darin sind die von den West-Alliierten und der UdSSR getroffenen Vereinbarungen festgelegt:

Zeitweilige Luftverbindungswege (ZLVW) und Berliner Kontrollzone (BKZ)

1. Für Flüge von Militärtransportflugzeugen der USA, Großbritanniens und Frankreichs von der BRD nach Berlin (West) auf die Flugplätze Tempelhof, Gatow und Tegel und zurück wurden im Hoheitsgebiet der DDR drei ZLVW und die Berliner Kontroll- Zone festgelegt.

ZLVW 1: Berlin – Hamburg

- Die Flüge nach Berlin erfolgen in den Stafflungshöhen 1050 m, 1700 m, 2300 m, 2900 m, und aus Berlin in den Stafflungshöhen 750 m, 1350 m, 2000 m und 2600 m. (nach dem Luftdruck von 760 mm Hg, 1013,2 hPa)

ZLVW 2: Berlin – Bückeburg (Braunschweig/Hannover)

- Die Flüge erfolgen in den gleichen Stafflungshöhen wie im ZLVW 1

ZLVW 3: Berlin – Frankfurt/Main

- Die Flüge nach Berlin erfolgen in den Stafflungshöhen 900 m, 1500 m, 2150 m, 2750 m,
- und aus Berlin in den Stafflungshöhen 1200 m, 1850 m, 2450 m, 3050 m.
- Die Breite der ZLVW beträgt *32 km*
- Die Berliner Kontrollzone (BKZ) ist ein Kreis mit einem Radius von 32 km.
- Die Flüge in der BKZ erfolgt im Höhenbereich von 0 bis zu 3050 m.
- Die Koordinaten des Mittelpunkts der Zone sind: 52° 29'37" N, 13° 21' 35" O

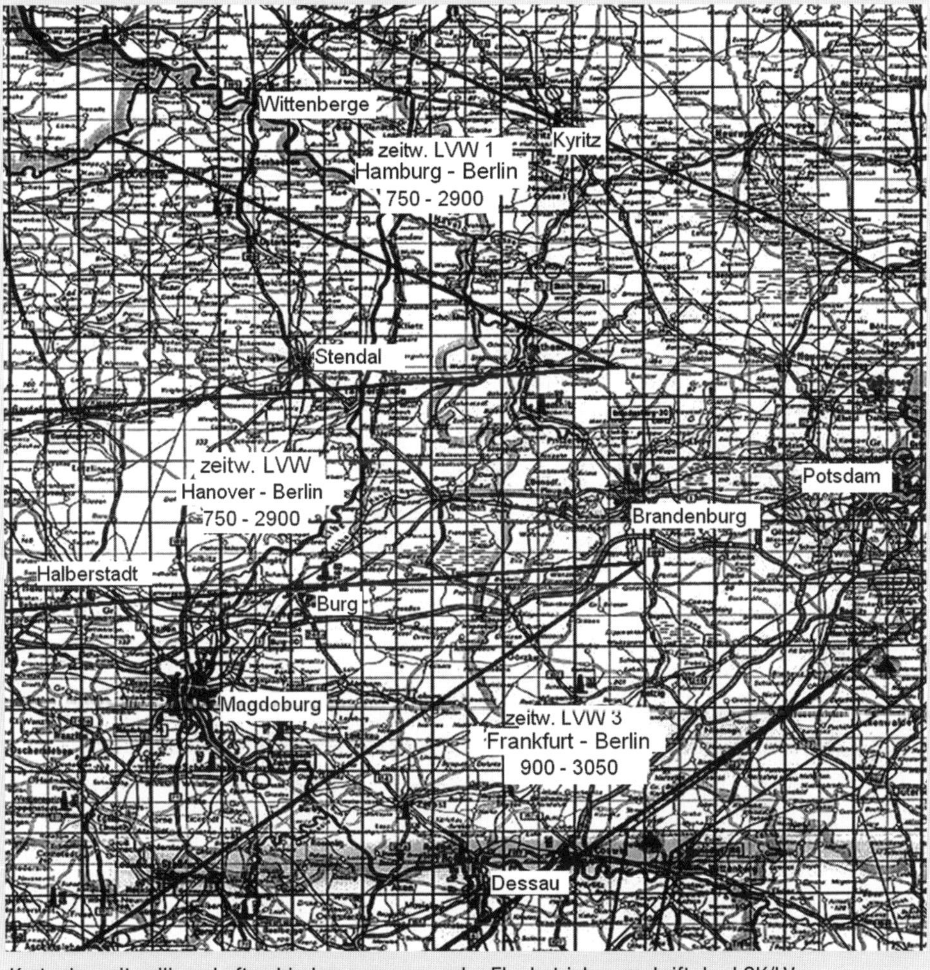

Karte der zeitweiligen Luftverbindungswege aus der Flugbetriebsvorschrift der LSK/LV

2. Flüge über den ZLVW in den Höhen 3350 m und höher nach dem Luftdruck von 760 mm Hg unter dem ZLVW in 450 m (600 m für den ZLVW 3) und tiefer nach Sichtflugregeln gestattet.

3. Flüge über der BKZ sind nur über 3350 m gestattet.

4. In den ZLVW und der BKZ sind verboten:
- Abwurf von Lasten und Gegenständen
- Durchführung von Flakartillerieschießen und Schießen vom Boden auf Erdziele mit Flugbahnhöhen über 600 m ohne vorherige Abstimmung mit der Berliner Flugsicherheitszentrale

5. Die Flüge der Transportflugzeuge der USA, Großbritanniens und Frankreich werden von der Berliner Flugsicherheitszentrale sichergestellt, in der die UdSSR durch ihre Sektion vertreten ist. Die sowjetische Sektion der Berliner Flugsicherheitszentrale informiert den HGS der LV der GSSD und den ZGS der LSK/LV der NVA über die geplanten Flüge ausländischer Flugzeuge in den ZLVW sowie über deren Starts und führt gemeinsam mit dem HGS der LV der GSSD die Kontrolle der Flüge in den ZLVW und der BKZ durch.

Die Schwierigkeit auf dem Truppenübungsplatz Klietz bestand vor allem darin, dass ein Absetzen problemlos nur möglich war, wenn die ZLVW 1 und 2 mit dem Flugzeug AN-26 in 400 m Höhe unterflogen oder in 3200 m überflogen werden.

Damit wurden die 300 m Stafflungshöhe bei Flügen über 250 km/h Fluggeschwindigkeit zu 700 m und 2900 m eingehalten. Allerdings wurde von Seiten der Luftarmee der GSSD der Einsatz aus 3200 bis 4000 m Höhe trotzdem abgelehnt. Als Begründung wurde genannt, dass die Gefahr zu groß sei, wenn Fallschirmspringer bei zu zeitiger Öffnung des Fallschirms in einen gesperrten ZLVW getrieben werden.

Diese Befürchtung war ohne weiteres gerechtfertigt, denn würde ein Springer, aus welchen Gründen auch immer, z. B. sofort nach dem Absprung seinen Fallschirm öffnen, konnte bei starkem Höhenwind ein Hineintreiben in die Sperrzone schon möglich sein.

Nun wurde von Seiten der West-Alliierten auch nicht immer in der Mitte des ZLVW geflogen, sondern oft direkt am Rand. Schließlich waren doch diese frei gegebenen Wege Möglichkeiten der Aufklärung, die immens genutzt wurden. Ein Hineintreiben eines Springers würde zu internationalen Verwicklungen führen, die schließlich keiner wollte. Aber wir wollten zeigen, zu was wir fähig waren, und versuchten es direkt durch persönliches Herantreten an den Kommandierenden der Luftarmee der GSSD in Wünsdorf.

Generalmajor Werner Winter, in seiner Eigenschaft als Stellvertreter des Chefs der Landstreitkräfte und Chef Ausbildung, setzte sich dafür ein und erhielt einen Termin für mich zu einem persönlichen Gespräch mit dem Kommandierenden der Luftarmee, einem Generalmajor. Dazu wurden Tag und Uhrzeit, mein Name und der Name unseres Dolmetschers nach Wünsdorf gemeldet, und man konnte, von Zossen kommend, bis zum Schlagbaum heranfahren. Hier hatte man sich beim Wachhabenden zu melden und wurde von einem Offizier des Stabs der Luftarmee abgeholt.

Wir mussten warten, denn der Kommandierende war noch in einer Beratung. Als er kam, erhielten wir Einlass, und ich konnte ihm unser Vorhaben allumfassend schildern. Ich versicherte dem Kommandierenden, dass zu diesem Einsatz nur Fallschirmspringer eingesetzt werden, die über eine große Sprungerfahrung verfügen und derartige Stabilisierungssprünge aus großer Höhe schon oft ausgeführt hätten. Sie beherrschen Fallzeiten bis zu 70 Sekunden perfekt.

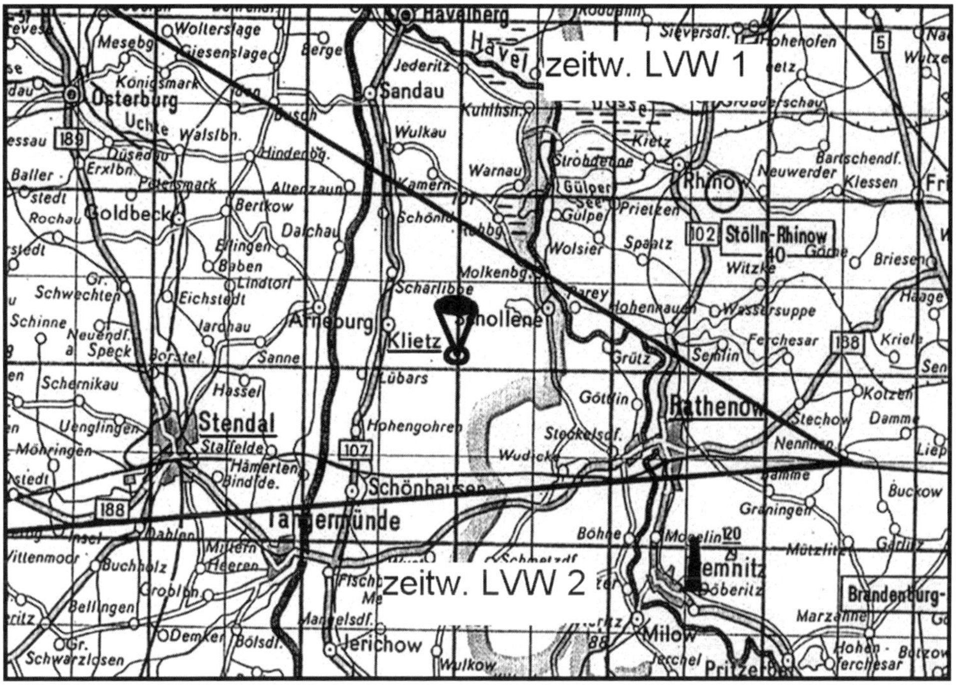

Kartenausschnitt – Truppenübungsplatz Klietz – zwischen den zeitw. Luftverbindungswegen 1 + 2

Er wies nochmals auf die Gefahren hin, die entstehen können, wenn ein Springer zu früh öffnet, und legte danach fest, dass der Einsatz nur bei *einfachen meteorologischen Bedingungen* genehmigt wird. Damit wurde bestimmt, dass ein Absetzen der Fallschirmspringer nur durch Befehl des von der Luftarmee gestellten Flugleiters am Absetzplatz erfolgen darf, wenn von ihm die Maschine in dieser Höhe im Anflug bis zum Absetzpunkt klar gesehen wird.

Das war für uns ein Erfolg, den wir aber nur genießen konnten, wenn wir am Tag des Trainings und der Vorführung klare Sichtbedingungen hatten. Wir konnten den Gesamtablauf einmal als Generalprobe proben und hatten gutes Wetter mit viel Wind, die Sichtbedingungen waren jedoch wegen hoher Schleierwolken sehr getrübt.

Das Absetzen einer verstärkten Einsatzgruppe mit Fallschirmen RS-4/4 B aus 300 m mit automatischer Fallschirmöffnung zwei Sekunden ging wegen des starken Winds am Boden und zu späten Absetzens gänzlich daneben. Die Gruppe landete nicht im vorgegebenen Raum, sondern bereits hinter den Mylbergen (Zentrum des Truppenübungsplatzes Klietz) direkt im Überfallobjekt und Zielgebiet, das die Gruppe nach der Landung anzugreifen und mit scharfem Schuss aus Mpi, lMG und mit RPG-7 zu vernichten hatte.

Das Absetzen aus 4000 m wurde wegen der schlechten Sichtbedingungen nur von einem Berechnungsspringer, Oberstleutnant Klinnert, vorgeführt, der in mehr als 2 km Entfernung vom berechneten Raum in der Nähe der Straße Steckelsdorf – Schollene landete. Im zweiten Anflug wurde die Gruppe nur aus 3200 m Höhe abgesetzt, die aber auch ihr Ziel Mylberge verfehlte.

Zu unser aller Glück war der Chef der Landstreitkräfte Generaloberst Stechbarth an diesem Tag nicht am Platz. Er hätte uns zu dieser Meisterleistung bestimmt *anständig* die

Beim Bekämpfen von Zielen mit Mpi nach der Landung. Hier im Bild links im Vordergrund ein Zugführer mit der kleinen Funkstation R-116

Beim Bekämpfen gepanzerter Ziele mit der RPG-7 vor dem Abschuss der Granate unmittelbar nach dem Abschuss

Meinung gesagt. Unser Chef, Generalmajor Werner Winter (†), schüttelte nur den Kopf, und ich schämte mich in Grund und Boden. Wir werteten das *Danebengehen* der Generalprobe kritisch aus, auch mit dem Flugleiter der CA, und hofften am folgenden Tag der Vorführung auf weniger Wind und bessere Sichtbedingungen. Und wir hatten Glück, der Wettergott war mit uns gnädig, und das Absetzen mit dem anschließenden Gefechtsschießen der verstärkten Einsatzgruppe war gut gelungen und auch die Schießergebnisse, wenn ich nicht irre, konnten mit „*gut* und *sehr gut* bewertet werden.

Nach dem Gefechtsschießen flog in 3200 m Höhe die AN-26T an, und man hörte nur ein uns bekanntes, aber doch relativ leises Motorengeräusch. Wir hatten uns entschlossen nicht aus 4000 m, sondern aus der für uns niedrigsten Höhe eine Gruppe, bestehend aus acht Fallschirmwarten/Ausbildern sowie zwei Offizieren für Fallschirmdienst, abzusetzen. Der Kommandeur des FJB, Oberstleutnant Friedhelm Reddig, stand neben mir und dem Flugleiter.

Alles schaute gespannt gen Himmel und man hörte nur das schwache Brummen der Motoren. In großer Höhe war nur ein leichter Wolkenschleier erkennbar, der die Maschine in sich verschluckte. Oberstleutnant Elsner kommentierte über Mikrofon die Handlungen der Fallschirmjäger und wusste in diesem Augenblick der Anspannung nichts, was er noch zu dem nun Folgenden sagen könnte.

Plötzlich rief der Fahrer des Kommandeurs des FJB, ein Gefreiter, die Maschine sei genau über uns und zeigte gen Himmel. Nun sah ich sie auch und rief zum Flugleiter, der sie aber nicht ausgemacht hatte: „Paschol, Paschol!“ (auf Deutsch: „Sprung!“). Er war geradezu verdattert und sprach endlich „Paschol!“ ins Mikrofon der Funkstation.

Darauf kam nach etwa zehn Sekunden die Meldung: „Fallschirmspringer abgesetzt!“ Nun vergingen 50 lange Sekunden. Nach etwa 40 Sekunden Fallzeit hörte man ein zunehmendes Rauschen am Himmel und nach genau 55 Sekunden Fallzeit öffneten sich über den Mylbergen in etwa 500 m Höhe fast gleichzeitig zehn Fallschirme. Die Öffnung der Fallschirmkappen erzeugte ein nicht zu überhörendes Klatschen und unsere Männer schwebten danach dem vorgesehenen Landeraum entgegen. Es war geschafft, und ich war der glücklichste Mensch auf Erden! Beim Absetzen gab es aber einen Vorfall, den die mehr als 200 Generale und Offiziere kaum bemerkten. Beim Absetzen aus nur 300 m Höhe mit zwei Sekunden automatischer Öffnung kam es zu einer Unregelmäßigkeit, die die Entwicklung einer neuen Öffnungseinleitung nachhaltig als Erfordernis bestätigte.

Es wurde mit dem Fallschirm RS-4/4 B mit zusätzlichem Hilfsschirm *Optimus* gesprungen. Diese Art der Fallschirmöffnung habe ich bereits genau beschrieben.

Die Absetzgeschwindigkeit betrug 300 km/h, und wie bereits angeführt, löste nach zwei Sekunden der Fallschirmsprungautomat die Stabilisierungseinrichtung, und in etwa in 270 m Höhe öffneten sich die Fallschirme.

Wegen der am Vortag danebengegangenen Generalprobe wurden die Fallschirmjäger nochmals eingewiesen, die Sprungabstände von 0,6 bis 0,8 Sekunden von Mann zu Mann einzuhalten und keine größeren Zwischenräume zuzulassen. Es musste also aus dem Flugzeug in Reihe gerannt und zum Vordermann nicht mehr als ein Schritt Abstand gehalten werden. Dabei den genauen Absprung an der Heckluke zu bekommen, war nicht einfach.

Deshalb kam es oft vor, dass der Vordermann ohne Absprung am Ende des Flugzeugs herausfiel und der Folgende nach oben absprang. Damit beschrieb jeder eine andere Flugbahn. Wenn nun noch der Hilfsschirm nur Bruchteile einer Sekunde beschattet, aber der des Vorspringers sofort ergriffen wird bzw. dieser sogar mit dem Absprung manuell, also vor Ablauf der zwei Sekunden, öffnet, kann es vorkommen, dass der folgende Springer dem Vorspringer in die Fallschirmöffnung fällt. Und das war bei der Vorführung leider geschehen.

Ein Fallschirmjäger durchbohrte den hinteren Teil der Fallschirmkappe seines Vorspringers und als er die prall geöffnete Kappe durchhechtet hatte, öffnete sich sein Fallschirm ohne irgendwo hängenzubleiben. Das war wirklich Glück.

Trotz des großen Lochs in der Fallschirmkappe, durch das ein PKW-TRABANT hätte fahren können, landete der Fallschirmjäger unbeschadet und erfüllte nachfolgend seine Aufgabe. So etwas ereignet sich in Sekundenschnelle und kann beim Betrachten auf größere Entfernung kaum wahrgenommen werden. Entscheidend war, dass keinem etwas passierte und die Fallschirmjäger ihre Aufgabe militärisch vorbildlich erfüllten. Wir konnten bei einer Lehrvorführung erstmals die zwei Möglichkeiten des Absetzens *ganz tief und sehr hoch* demonstrieren.

Eine Dienstreise in die Volksrepublik Bulgarien im Auftrag des Vereinten Oberkommandos (VOK)

Während meiner langen Dienstzeit kam es sehr selten vor, auf dem Dienstwege ins Ausland zu gelangen. Deshalb war die Freude groß, wenn es eine derartige Gelegenheit für uns gab.

Wir erhielten im Frühjahr 1977 über das Vereinte Oberkommando (VOK) der Warschauer Vertragsstaaten in Moskau eine Einladung nach Bulgarien zur Bildung einer zeitweiligen Arbeitsgruppe *Fallschirmtechnik* unter Leitung des VOK. Die bulgarische Volksarmee hatte einen interessanten Fallschirm entwickelt, über den zu befinden war, ob er in das *einheitliche Verzeichnis der Bewaffnung und Ausrüstung* (eVdBA) der Armeen der Warschauer Vertragsstaaten aufzunehmen sei.

Da wir mit unserer Entwicklung des Fallschirms RS-9 seinerzeit glaubten, so gut wie fertig zu sein, stellten wir den Antrag, unseren Fallschirm gleichzeitig für die Aufnahme in das eVdBA in Bulgarien mit vorstellen zu dürfen. Dieser Vorschlag wurde vom VOK abgelehnt und es wurde nur gestattet, unsere Technik ohne Begutachtung für die Aufnahme vorzuführen.

Für die Aufnahme in das eVdBA wäre doch als Vorbereitung ein umfangreiches Material beim VOK einzureichen gewesen. Das hätten wir in der Kürze der Zeit auch nicht mehr geschafft.

In das eVdBA der Warschauer Vertragsstaaten wurden alle Bewaffnungs- und Ausrüstungsgegenstände aufgenommen, die von einer Spezialistenkommission der einzelnen Armeen für geeignet befunden wurden, in alle Armeen der Warschauer Vertragsstaaten angeschafft zu werden. Geführt wurde dieses Verzeichnis im VOK. Jedoch war es Sache jeder Armee selbst zu entscheiden, welchen Ausrüstungsgegenstand vom eVdBA man einführte oder nicht.

Wie ich schon einmal beschrieb, konnte man mit Fallschirmen gutes Geld verdienen, und deshalb spielten doch die eigenen wirtschaftlichen Interessen eines Landes, in dem die Kapazitäten und Voraussetzungen für den Fallschirmbau gegeben waren, eine nicht unwichtige Rolle.

Als Beratungsteilnehmer wurden der Leiter der Unterabteilung und die Angehörigen der Arbeitsgruppe Fallschirmdienst mit dem Dolmetscher Hptm. Roland Große, ausgewählt. Wir flogen am 12. Juni 1977 mit einer Linienmaschine nach Sofia, wurden dort im Ministerium für Nationale Verteidigung empfangen und dem Leiter des Fallschirm- und Rettungsdienstes der bulgarischen Volksarmee vorgestellt.

Nach einer kurzen Stadtbesichtigung flogen wir mit einer AN-24 der bulgarischen Volksarmee von Sofia nach Varna ans Schwarze Meer. Hier wurden wir in dem bekannten Badeort *Albena* mitten unter den Badeurlaubern aus aller Welt recht komfortabel untergebracht. Das Hotel stand unmittelbar am Strand und das Besondere war, dass unmittelbar neben unseren Zimmern eine Familie aus der BRD ihren Urlaub hier verbrachte. Das hätte es bei uns mit Sicherheit nicht gegeben, denn jede Berührung mit Bürgern der BRD war meldepflichtig. Eigentlich hätten wir nach der Rückkehr aus Bulgarien eine Meldung über das Zusammentreffen mit Bürgern der BRD machen müssen. Wir haben es aber nicht getan, denn außer einem „Guten Morgen!" und „Schönes Wetter heute“ und „Wo kommen Sie denn her“ wurde nichts gewechselt. Im Hotel waren alle Delegationen untergebracht, und auf der Fahrt zum Flugplatz oberhalb Albenas, machte unser Dolmetscher ein Gruppenfoto.

Die hier fehlenden zwei Obristen der Sowjetarmee als Vertreter des VOKs und die bulgarische Delegation waren woanders untergebracht. Beratungen und Vorführungen

Von links nach rechts, stehend: Oberstltn. Koch (†), ein Oberstltn. der Tschechoslowakischen Volksarmee, Fregattenkpt. Aschekowski, ein Oberst und ein Oberstltn. der Polnischen Armee, ein Oberst der Rumänischen Volksarmee, ein Oberstltn. der LLT der Sowjetarmee, ein Bulgarischer Oberst, der die Delegationen betreute, und, kniend Oberstltn. Leutert, ein Oberstltn. der Rumänischen Volksarmee sowie Oberstleutnant Klinnert

fanden in einer in der Nähe liegenden Kaserne nördlich von Albena statt, die zu einem Flugplatz der bulgarischen Luftstreitkräfte gehörte. Die Sprungvorführungen des neuen bulgarischen Fallschirms mit der Bezeichnung UP 9 (für die genaue Bezeichnung möchte ich mich nicht verbürgen), erlebten wir als Absetzen über dem Schwarzen Meer mit Wasserlandung.

Was war nun das Besondere an diesem Fallschirm?

Bezeichnend war, dass ein Flugzeugführer der bulgarischen Luftstreitkräfte den Fallschirm entwickelt hatte, mit dem man aus geringsten Absetzhöhen springen konnte. Man verfolgte auch das Ziel, einen Tiefenrekord im Fallschirmspringen in der Welt zuerkannt zu bekommen.

Die Besonderheit lag in dem Vorhandensein einer Dämpfungskuppel, die eigentlich einem Schieber ähnelte und die Aufgabe erfüllte, das Spreizen der Leinen zu beschleunigen und dadurch eine schnellere, geordnete Fallschirmöffnung bei geringem Entfaltungsstoß zu bewirken.

Zur Vorführung wurden wir mit einem Schiff der bulgarischen Marine auf das Schwarze Meer gefahren und konnten das Geschehen in der Nähe des vorgesehenen Landeorts der Fallschirmspringer beobachten. Leider war das Fotografieren aller Handlungen streng verboten, so dass ich über keinerlei Dokumente dieses interessanten Fallschirms verfüge.

Man flog in nur 60 m Flughöhe über dem Meer mit einem Hubschrauber Mi-4 an und setzte einen Fallschirmspringer im Taucher-Nassanzug (Neoprenanzug) mit etwa 140 km/h ab. Die Fallschirmöffnung ging rasant schnell vonstatten, und der Schirm war in einer Höhe von etwa 30 m über dem Meer völlig geöffnet. Die Dämpfungskuppel hatte als wichtigste Funktion ein Verdrehen der Fangleinen während des Streckvorgangs zu verhindern und hing danach am geöffneten Fallschirm unmittelbar über dem Springer.

Eine weitere interessante Besonderheit waren an der Fallschirmkappe angebrachte Luftkammern, die nach der vollen Entfaltung der Fallschirmkappe durch Leinen geöffnet werden konnten und damit dem Fallschirm einen Vor- oder auch einen Rückschub verliehen, je nachdem, ob man die vorderen oder hinteren Kammern öffnete. Aber eine einmal geöffnete Kammer ließ sich dann nicht mehr schließen. Allerdings konnten wir das leider wegen der geringen Öffnungshöhe nie in Perfektion, d. h. in der Luft, beobachten.

Der tollkühnste Teil der Vorführung waren Sprünge aus nur *40 m* Absprunghöhe. Um diese Höhe auch doppelt zu dokumentieren, flog neben dem Hubschrauber Mi-4 noch ein Hubschrauber Mi-2. Nach der Öffnung des Fallschirms befanden sich die Springer unmittelbar über der Wasseroberfläche. In einem Fall klatschte ein Springer bereits vor der vollständigen Öffnung seines Fallschirms, jedoch schon abgebremst, ins Wasser. Er hatte sich zwar nicht verletzt, aber der Aufprall muss wehgetan haben.

Wir stellten uns im internen Kreis die Frage, warum springt man so tief ab und setzt die Fallschirmspringer einer derart großen Gefahr aus?

Man wollte wirklich unter den Augen der zeitweilig gebildeten Arbeitsgruppe den Tiefenrekord zumindest von den Vertretern des Warschauer Vertrags bestätigt wissen. Es wurde aber offiziell nicht darüber diskutiert, sondern man reagierte, schon aus der Geste der Freundschaft heraus, äußerst beeindruckt und auch zustimmend zu dieser Leistung. Also Hut ab vor den Männern, die diese Sprünge vorführten, denn schließlich kann Wasser hart zuschlagen – wie Beton.

Diese Sprünge waren wirklich mit einem hohen Risiko verbunden und erforderten, schon den Menschen gegenüber, die sich in diese Gefahr begaben, eine gewisse Wertschätzung und auch Respekt.

Am Geburtstag meiner Frau, dem 14. Juni 1977, sagt mein Sprungbuch, durften Klinnert und ich unseren Fallschirm vorstellen. Nach einer kurzen Einweisung der Mitglieder der Spezialistengruppe in das Fallschirmsystem RS-9 führten wir jeder zwei Fallschirmsprünge aus einem Hubschrauber Mi-4 auf dem der Grenze zu Rumänien nahegelegenen Flugplatz direkt am Schwarzen Meer vor. Das Wetter war herrlich, jedoch gab es zur Demonstration der Eigenschaften des Fallschirms in der Luft und bei der Landung etwas zu wenig Wind. Den ersten Sprung zeigten wir aus 600 m mit Sofortöffnung des Schirms, den zweiten aus 1500 m mit 20 Sekunden stabilisiertem Fall. Man schrie gleichfalls nicht „Hurra, das ist er!“, sondern verhielt sich ebenfalls sehr reserviert. Schließlich sollte über unseren Fallschirm auch nicht offiziell debattiert und entschieden werden. Trotzdem schätzte man die Lösung der möglichen Einstellung der Schubrichtung des Fallschirms in der Luft und die Art und Weise der einfachen Handhabung bis hin zur Öffnungseinleitung inoffiziell als gelungen ein.

Nach einer ersten kurzen Wertung durch die beiden Vertreter des VOKs organisierten die bulgarischen Genossen am folgenden Tag eine Exkursion nach Varna und an den Goldstrand der Schwarzmeerküste. Dazu hatten alle in Zivil zu erscheinen.

Bei dieser Exkursion ergab sich die Möglichkeit beim Spaziergang am Goldstrand, sich auch mit den Vertretern des VOK über Fragen der Fallschirmtechnik auszutauschen. Ich hatte bereits vorab unseren Dolmetscher gebeten, mir bei der Diskussion über das Doppelkegelschloss-Problem zur Seite zu stehen. Dazu informierte ich beide Obristen darüber, dass wir 1968 einen Menschen beim Fallschirmspringen im stabilisierten Fall verloren haben, weil das aus der ČSSR importierte Schloss nicht dem erforderlichen Härtegrad entsprach.

Meine ganz gezielte Frage war: „Warum ist es im Warschauer Vertrag nicht möglich z. B. aus der UdSSR, die über die größten Erfahrungen über den Bau und die Fertigung verfü-

Spaziergang in Varna, (von links): Fregattenkapitän Aschekowski, unser Dolmetscher Hptm. Große, Oberstleutnant Koch und Oberstleutnant Klinnert

gen, Doppelkegelschlösser für den eigenen Fallschirmbau zu kaufen? Warum muss jedes sozialistische Land für seine Armee selbst die Beschlagteile für Fallschirme herstellen? Irgendwie widerläuft doch diese Haltung der gemeinsamen Verteidigung der sozialistischen Staatengemeinschaft? Sollten wir nicht bei der morgen folgenden Beratung auch einmal über dieses Problem offiziell reden können?"

Nun erwachten beide Obristen und lehnten diese Argumentation kategorisch ab. „Wir haben hier über einen militärischen Fallschirm zu befinden, ob er Wert ist in das eVdBA aufgenommen zu werden. Über den Kauf und Verkauf von Fallschirmen und auch Fallschirmteilen, also auch Beschlagteilen, haben wir nicht zu befinden, weil das im Kompetenzbereich der einzelnen Länder und ihrer Außenhandelsorgane liegt." „Aber man könnte doch zumindest darüber offiziell reden und im Ergebnis dieser Beratung über das VOK im Bericht dazu eine Empfehlung formulieren!", antwortete ich. Das wurde konsequent abgelehnt und das Gespräch war beendet.

Schade, denn das hätte allen Ländern des Warschauer Vertrags geholfen, die Sicherheit beim Fallschirmspringen zu erhöhen sowie vorhandene Fertigungskapazitäten besser auszulasten.

Am folgenden Tag berieten wir über die *Aufnahme des Fallschirms der Bulgaren* ins einheitliche Verzeichnis für Bewaffnung und Ausrüstung der Warschauer Vertragsstaaten.

Wir hatten uns vorgenommen, erst die anderen Nationen zu Wort kommen zu lassen, um ggf. Ergänzungen zu den bereits getroffenen Aussagen machen zu können. Auf alle Fälle wollten wir erst den Vertreter der Sowjetarmee sprechen lassen, da dieser Mann über die größten Erfahrungen verfügte und letztlich sein Wort das *Ausschlaggebende* sein würde. Er hatte bereits über 2000 Sprünge und war Mitglied der Entwicklungsgruppe für Fallschirmtechnik bei Generalleutnant Lissow, dem Vater des Fallschirmspringens in der

Sowjetarmee. Er war bei der Erprobung des Absetzens von Panzern an Fallschirmsystemen mit Besatzung dabei und ist selbst von einem am Fallschirmsystem zur Erde schwebenden Panzer noch mit seinem Fallschirm abgesprungen. Nach der Landung konnte der Panzer, vollauf munitioniert, nach dem Abwerfen der Fallschirme mit der Besatzung sofort in das Gefecht eingreifen. Das war revolutionierend und erforderte außerordentlichen Mut der Panzerbesatzungen.

Nach dieser komplizierten Erprobung übertrug der Chef der Luftlandetruppen, Armeegeneral Margelow, diese Aufgabe für das erste Absetzen *seinem eigenen Sohn, der in den LLT als Offizier* als Kommandant einer Panzerbesatzung diente, um allen zu beweisen, dass er persönlich von der Sicherheit dieses Absetzsystems zweifelsfrei überzeugt ist.

Nun zurück zur Beratung. Ein Oberst des VOK eröffnete und teilte sinngemäß mit, dass bei Verhandlungen im VOK die Reihenfolge der auftretenden Delegationen durch das kyrillische Alphabet bestimmt wird.

Da die bulgarische Volksarmee der Antragsteller war, gab als erste die Germanski Delegazija, d. h. die Delegation der NVA der DDR, ihre Stellungnahme zum vorliegenden Antrag ab.

Damit hatten wir natürlich nicht gerechnet, und ich musste *als Erster* unsere Meinung zum Fallschirm abgeben, was nicht einfach war. Meine Antwort sei hier, kurz zusammengefasst, wiedergegeben:

- Eine sehr interessante Vorstellung mit brisant schneller Öffnung, jedoch nur bei geringer Absetzgeschwindigkeit mit Sofortöffnung bzw. über 180 km/h nur im freien Fall einsetzbar.
- Durch die Dämpfungskuppel kann die Fallschirmkappe *nicht* nach der Öffnung vom Fallschirmspringer eingesehen und somit deren Zustand kontrolliert werden.
- Hochachtung vor den Fallschirmspringern, die die Sprünge aus derart geringer Absprunghöhe vorgeführt haben. Warum setzt man dazu nicht Puppen ein? Wir haben im Film den tiefsten Einsatz aus 20 m Abwurfhöhe nachgewiesen und ihnen allen hier vorgeführt.
- Insgesamt plädiert unsere Delegation für die Aufnahme in das eVdBA.

Nach uns mussten die Polen ran und haben sich der Meinung der Germanen angeschlossen.

Nach den Polen sprach lange und beeindruckend der Oberstleutnant der sowjetischen Luftlandetruppen. Er konnte auch nicht verstehen, warum so tief abgesetzt wurde.

Er begründete: Als minimale Absetzhöhe seien aus der Sicht der Sowjetarmee im mitteleuropäischen Raum mindestens 250 m notwendig, da eine Vielzahl natürlicher und auch künstlicher Hindernisse vorhanden sei.

Was kann ein Fallschirmspringer noch ausrichten, wenn er aus weniger als 100 m Höhe abgesetzt wird? Er hat nach der Öffnung des Fallschirms keine Möglichkeit mehr irgendeinem Hindernis auszuweichen, geschweige denn, sich auf eine Hindernislandung vorzubereiten. Deshalb machen Fallschirmsprünge aus derart geringer Höhe keinen Sinn, da die Fallschirmspringer eigentlich wie Bomben abgeworfen werden und nie ganz genau bestimmen können, wo sie einschlagen. Der Mensch selbst, dessen Fallschirm sich unmittelbar über der Erde öffnet, hat keine Chance mehr, Schaden von sich abzuwenden. Außerdem benötigt er auch Zeit, die mitgeführte Gefechtsausrüstung gleichfalls auf die Landung vorzubereiten. Der sowjetische Oberstleutnant favorisierte das Fallschirmsystem D-5 mit der neuen Stabilisierungseinrichtung, stimmte aber zum Schluss doch *für* die Aufnahme des bulgarischen Fallschirms in das eVdBA der Armeen des Warschauer Vertrags.

Auch die Rumänen hatten nichts gegen den Fallschirm und gaben ohne Kommentar ihr Einverständnis.

Der Vertreter der Armee der ČSSR stimmte abschließend allen Aussagen zu und machte Vorschläge zur Verbesserung des Gurtzeugs.

Damit wurde dieser Fallschirm ins eVdBA aufgenommen, jedoch wollte ihn keiner haben, weil, wie ich schon erwähnte, in jedem Land die eigenen wirtschaftlichen Interessen doch die dominierende Rolle spielten. Wer eine eigene Kapazität für die Entwicklung und Fertigung von Fallschirmen im Lande hatte, kaufte keine Fallschirme für konvertierbare Rubel ein.

Mit dieser Reise wurde uns klar, dass wir keinen Antrag für die Aufnahme des Fallschirms RS-9 in das eVdBA beim VOK in Moskau stellen werden, denn außer der ungarischen Volksarmee, die ja schon seit 1966 unsere Fallschirmtechnik nutzte, zeigte bisher kein anderes Land Interesse.

Am 31. August 1977 gab es eine Veränderung in der Arbeitsgruppe Fallschirmdienst. Oberstleutnant Klinnert hatte sein 25jähriges Dienstjubiläum erreicht und wurde seinem Wunsch entsprechend in die Reserve versetzt.

Leider ist zuvor nach einem Schlaganfall der langjährig für die Fallschirmtechnik der DDR zuständige Mitarbeiter der Staatlichen Luftfahrtinspektion (SLI), *Bernhard Pröger*, verstorben.

Da Klinnert nun viele Jahre auf dem Gebiet der Fallschirmtechnik Erfahrungen gesammelt hatte und über eine Flugzeugingenieursausbildung verfügte, wurde er in die SLI übernommen. Er war fortan für die Prüfungen und Freigabe von Fallschirmen aller Art in der DDR zuständig. Nach der Wende wurde er in das Bundesluftfahrtamt übernommen, zog nach Braunschweig und arbeitete dort bis 1999, bis zu seiner wohlverdienten Rente.

Nach einem Fallschirmsprung auf dem Flugplatz Schönhagen (von links): Fä. Müller, Hptm. Fründt, Ofä. Schmidt, Hptm. Kowalski, OSL Leutert, Ing. Bernhard Pröger und Frkpt. Aschekowski

Ausbildung mit dem Fallschirm RS-9

Gerade in der Woche, in der die Arbeitsgruppe Fallschirmdienst in Bulgarien weilte, begann die erste Ausbildung der Fallschirmjäger mit dem neu eingeführten Fallschirm RS-9. 1977 suchte sich der Kommandeur Oberstleutnant Reddig den *GST-Flugplatz in Ballenstedt* für diese Ausbildung aus. Zum einen waren hier die Bedingungen zur Freigabe des Luftraums für das Fallschirmspringen günstiger als im Norden der Republik, zum anderen war in unmittelbarer Nähe im Harz das Bergsteigen möglich. Außerdem war die Entfernung zum Flugplatz Kochstedt der GSSD für das Starten und Landen einer AN-26T der CA relativ schnell überbrückbar.

Nun liegt der Flugplatz in Ballenstedt unmittelbar an den Gegensteinen, einem kleinen Gebirgshügel, der bei ungünstiger Windrichtung besonders ab 100 m Höhe vor der Landung zu Luftverwirbelungen und damit hin und wieder zu unkontrollierten Landungen führte. Infolgedessen kam es bei einigen Fallschirmjägern zu Verletzungen, die wir mit dem Sprungfallschirm RS-4/3 schon gar nicht mehr kannten.

Beim Auswerten dieser Ausbildung im FJB musste eingeschätzt werden, dass sich mit dem *Neuen* die Öffnungseinleitung bei allen Absetzgeschwindigkeiten, ob aus der AN-2, aus dem Hubschrauber und besonders aus der AN-26 bedeutend verbessert hat. Auch das Packen des Fallschirms und die gesamte Handhabung beim Anlegen usw. wurden als Fortschritt anerkannt. Allerdings musste kritisch eingeschätzt werden, dass das Landeverfahren II, Landung mit Wind und stark gebremstem Fallschirm, von einigen Fallschirmspringern trotz intensiver Einweisung nicht völlig beherrscht wurde. Das gab uns zu denken und bei genauerem Hinhören hielt sich die Begeisterung doch in Grenzen.

Was tun? Zuerst glaubten wir, dass doch die Windverhältnisse bei der Landung in unmittelbarer Nähe der Gegensteine und die dort nicht gleichbleibende Strömung bis zur Landung schuld daran sei. Wir entschieden uns, die bevorstehende Kompanieübung, bei der eine FJK in der Nähe von Neu-Mukran abgesetzt wurde, zu nutzen, um die Ursachen noch einmal genau zu ergründen, warum einige Fallschirmjäger nicht mit dem neuen System der Steuerung und Landung des Fallschirms zurechtkamen.

Wir luden dazu den verantwortlichen Entwicklungsingenieur Helmut Hentschel ein und hatten mit dem Wetter außerordentliches Glück. Der Wind blies am Boden mit voller Kanne bis zu 12 m/s in relativ gleicher Richtung und auch ohne große Windböen. Der Sprungauftrag lautete: *Sprung aus 300 m Höhe mit automatischer Öffnung – drei Sekunden und Landung im Landeverfahren II.* Was konnten wir beobachten? Einige Fallschirmjäger hängten nach der Fallschirmöffnung sofort den Vorschub ein und stellten sich, aus Angst über den Platz getrieben zu werden, gegen den Wind. Danach erfolgte richtig das Aushängen des Vorschubs, das Drehen der Kappe mit dem Wind und das Bremsen, das aber in den meisten Fällen erst in etwa 80 m Höhe begann.

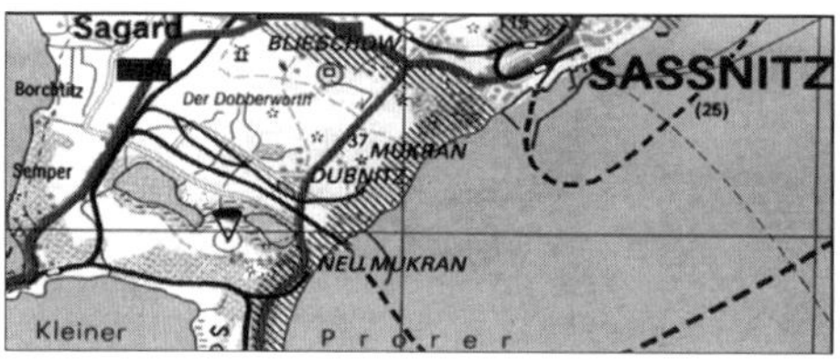

Absetzplatz bei Neu-Mukran in der Nähe der Wostewitzer Teiche

Bei diesem Vorgang nach dem Aushängen des Vorschubs und dem Drehen der Kappe, erhielt diese durch den Wind eine erhöhte Geschwindigkeit über Grund, und das eingeleitete Bremsen wirkte nicht sofort, sondern erst nach etwa fünf und mehr Sekunden. In dieser Zeitspanne wurde die Landegeschwindigkeit immer deutlicher wahrgenommen, je näher man der Erde kam, und man glaubte nun doch, einen Fehler gemacht zu haben. Plötzlich verfielen einige in Panik, stellten das Bremsen ein und wollten wieder zurück zum Landeverfahren I, und gegengestellt, mit eingehängtem Vorschub landen. Das war natürlich der größte Fehler, denn nun konnte man nicht in Blickrichtung, sondern nur noch rückwärts mit der Windgeschwindigkeit von 12 m/s landen, das sind immerhin mehr als 40 km/h, und das war sehr hart.

Die Fallschirmjäger, die sich rechtzeitig auf die Landung vorbereitet und das volle Bremsen bis zur Landung durchgestanden hatten, landeten teilweise in den Stand. Jedoch mussten wir eingestehen, dass das aktive 5-Sekunden-Bremsen, ohne das sich die Wirkung der Handlung spürbar zeigte, so nicht weiter hingenommen werden konnte. *Hier musste noch etwas getan werden.*

Vom Wind aufgeblähte Fallschirmkappe des Sprungfallschirms RS-9

Auf dem Bild der aufgeblähten Fallschirmkappe des RS-9 erkennt man rechts und links die drei Steuerbahnen. Sie haben eine Breite von nur knapp 1 m. Werden sie beim Bremsen an den Kanten stark heruntergezogen, benötigt die gestaute Luft in der Kappe zu lange, bis sich die Strömungsverhältnisse in der Kappe so angelegt haben, dass die Schubrichtung wirksam und für den Fallschirmspringer auch spürbar wahrgenommen wird. Deshalb musste am Steuersystem eine Veränderung vorgenommen werden.

Die Weiterentwicklung des Sprungfallschirms RS-9 zum RS-9 Serie 2

Es war oft nicht einfach meinen Vorgesetzten verständlich zu machen, dass es erforderlich sei, die Entwicklung fortzusetzen, um zu einem besseren Ergebnis zu gelangen. Wer sich nicht ganz intensiv mit dieser Problematik beschäftigt hat, für den ist es auch äußerst schwer zu verstehen, warum wir erst jetzt, da die 1. Serie in der Produktion bereits angelaufen war, zu dieser neuen Erkenntnis kamen. Ja, das war schwer, und man fragte mich oft ironisch, *ob ich vom Fallschirmwerk Seifhennersdorf ein zweites Gehalt beziehe.*

Gerade in jenen Wochen gab es abermals in mir oft innere Vorwürfe, nicht auch den Weg des geringsten Widerstandes gegangen zu sein und einfach den Fallschirm D-5 der LLT der CA eingeführt zu haben. Aber schließlich verfügten wir über eine ausgezeichnete Fallschirmkappe des RS-4/3, die man auch in die Verpackung des RS-9 mit der neuen Öffnungseinleitung hätte stecken können.

Andererseits hatten wir diesen Fallschirm mit großem Erfolg in der *vormilitärischen Ausbildung* eingesetzt und den überaus großen Vorteil Fallschirmspringer zu erhalten, die mit diesem Fallschirm bereits zwölf Fallschirmsprünge absolviert hatten. Sie kannten also das Landeverfahren I, gegen den Wind zu landen, bei der GST jedoch nur bis maximal

6 m/s Bodenwind. Beim Armee-Einsatz musste es aber möglich sein, bei 12 bis 14 m/s Bodenwind mit geringem Risiko *unverletzt* zu springen, wenn es die Situation erforderte. Und das war bei guter Ausbildung nur mit dem RS-9-System möglich.

Nun, wie ging es weiter? Helmut Hentschel, der Themenbearbeiter des Fallschirmwerks, erkannte, warum die Umwandlung der Strömungsverhältnisse in der Fallschirmkappe so lange dauerte. Die Steuerbahnen waren zu kurz und bildeten beim Einziehen der Kanten von bis zu 30 cm und nur einer Breite von 1 m *keine* aerodynamische Form, die sofort Wirkung zeigt. Deshalb musste die Fallschirmkappe grundlegend verändert werden. Die Steuerbahnen wurden in der Breite verdoppelt, und aus drei Steuerbahnen wurden zwei.

Das war aber mit zwei Steuerbahnen an jeder Seite der Fallschirmkappe aus geometrischen Gründen nicht machbar. Deshalb musste die Kappe von 28 Bahnen auf 26 Bahnen reduziert werden. Das hatte zur Folge, wollte man bei der Kappengröße von 66 qm bleiben, dass jede einzelne Bahn um einige Zentimeter zu verbreitern war.

So leicht und einfach das hier von mir beschrieben wird, war es beileibe nicht. Dazu waren umfangreiche Puppenabwürfe und viele Personensprünge erforderlich, um die Festigkeitsnachweise neu zu erbringen und aus insgesamt sechs Lösungsvorschlägen den günstigsten heraus zu filtrieren.

Diese Aufgabe wurde nun gemeinsam mit ehemaligen Fallschirmjägern erfolgreich gelöst – mit Rainer Grygas, jetzt schon Hauptmann, sowie mit Heinz Nofz und Henner Thiele, beide schon Leutnant, die im FJB begonnen hatten und jetzt auf dem Flugplatz in Eilenburg ihren Dienst als Fallschirmausbilder im Ministerium für Staatssicherheit (MfS) versahen.

An dieser Stelle möchte ich einfügen dass sich das MfS bereits 1970 den Stfw. Grygas, einer unserer besten Fallschirmwarte, holte, und er sofort mit dem Dienstgrad Leutnant eingestellt wurde.

1975 wurde gleichfalls der allein für das FJB als Fallschirmautomatenwart ausgebildete Stfw. Nofz, Heinz, zum MfS als Leutnant gelockt, und wir mussten umgehend als Ersatz Stfw. Günter Schmidt nach Glashütte zu dieser speziellen Qualifizierung schicken und als Fallschirmautomatenwart ausbilden lassen.

Grund allein war, dass es im FJB für diese Spezialisten keine weitere Perspektive im Dienstgrad gab. Die eröffnete sich erst später mit der Einführung der Fähnrich-Laufbahn.

Vom 23. November bis 9. Dezember 1977, also ganze drei Monate nach der Entscheidung bei Neu-Mukran, warfen wir in Eilenburg bereits Puppen ab und absolvierten Erprobungssprünge mit verschiedenen Mustern.

Vom 11. Januar bis zum 22. Februar 1978 setzten wir die Erprobung fort, bei der ich laut meinem Sprungbuch allein 19, im April 1978 16 und im Mai/Juni 1978 weitere acht, also insgesamt 33 Erprobungssprünge mit verschiedenen Erprobungsmustern nachweisen kann.

In dieser relativ kurzen Zeit ist es uns gelungen, mit vereinten Kräften, also mit dem VEB BEWES, der SLI, dem Eilenburger Fallschirmdienst und dem des FJB, einschließlich der Verantwortlichen des Fallschirmdienstes des KSK-18 der VM, diesen Fallschirm mit der endgültigen Bezeichnung *RS-9/2* 1978 durch die Phasen *der Funktions-, Fertigungs- und Nullserienerprobung* zu bringen und in die Produktion überzuleiten.

Ende 1978 erhielt das FJB die erste Lieferung dieses neu entwickelten Fallschirms *RS-9/2*.

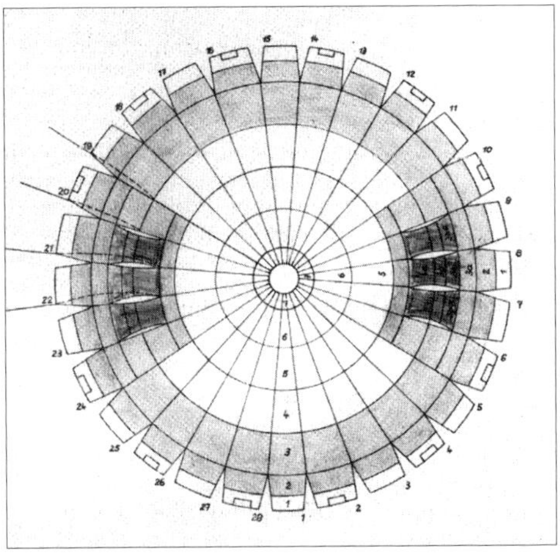

Fallschirmkappe RS-9

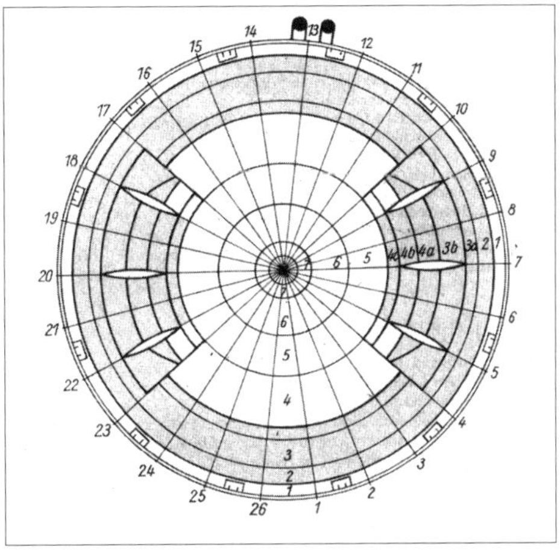

Fallschirmkappe RS-9/2

Welche Unterschiede gab es, und was wurde geändert?

Die Kappenfläche beider Fallschirme blieb gleich und betrug 66 qm. Die Steuerbahnen des RS-9/2 waren mehr als doppelt so groß, wurden aber je Seite von drei auf zwei reduziert. Trotzdem hatte sich die Steuerfläche insgesamt vergrößert, und das Ansprechen der Steuerung war entschieden besser geworden. Die Anzahl der Steuerneben- und Steuerzweigleinen, die innen durch die Fallschirmkappe verlaufen und auch eine Gefahr für Brandstellen darstellten, konnten gleichfalls je Seite um ein Drittel verringert werden.

Zusätzlich wurden neben der Fangleine 13 rechts und links zwei Basishaltestreifen angebracht. Sie bewirkten, dass ein Spreizen-Entfalten der Fallschirmkappe erst nach dem Strecken und nach dem Abziehen des Verzögerungssacks erfolgte.

Ein weiteres positives Merkmal bei der Anwendung des Landeverfahrens II war, dass selbst im gebremsten Zustand nun durch einseitiges Nachlassen eines Steuerknebels noch kurz vor der Landung Richtungskorrekturen möglich waren.

Die schrittweise Einführung dieses Fallschirms RS-9/2 in das FJB/LStR und alle weiteren fallschirmspringenden Einheiten der NVA haben doch entscheidend zur weiteren Sprungsicherheit beigetragen.

Mit dem RS-9/2 hatten die Fallschirmjäger, Spezial- und Fernaufklärer und auch die Kampfschwimmer keinerlei Schwierigkeiten mehr bei der richtigen Handhabung dieses in der Konstruktion doch einmaligen Sprungfallschirms.

Der RS-9/2 mit dem zu Beginn der 1970er-Jahre entwickelten Rettungsfallschirm BE-8 bildeten nun eine Einheit. Beide Schirme waren vollkommen aufeinander abgestimmt. Die Arbeit und der Aufwand der Weiterentwicklung der Sprungfallschirmtechnik hatten sich gelohnt.

Die folgenden Einsatzjahre dieses Fallschirmsystems erbrachten dafür den Beweis, ob bei der Ausbildung oder bei Truppenübungen am Tag oder bei Nacht.

Einstieg

Die Abbildung zeigt einen Fallschirm RS-9/2 mit eingehangenem Vorschub.

RS-9/2 mit dem Rettungsfallschirm BE-8/2 in Bockstellung

Die Aufstellung einer 4. FJK im FJB-40 als Wachkompanie

Diese Abbildung zeigt das Unterbringungshaus der Wache Strausberg.

1980 fasste das Politbüro der Sozialistischen Einheitspartei Deutschlands den Beschluss, in Anbetracht der sich verschärfenden internationalen Situation und des notwendigen Schutzes der Partei- und Staatsführung mehr für deren Sicherheit zu tun. Vom Mitglied des Politbüros und Minister für Staatssicherheit wurde der von ihm eingebrachte Vorschlag, die Mitglieder der Partei- und Staatsführung und ihre Familien geschlossen in Wandlitz bei Bernau unterzubringen und von Angehörigen des Ministeriums für Staatssicherheit zu bewachen, zum Beschluss erhoben. Diesem Beschluss, Bewachung durch Angehörige des MfS, widersetzte sich unser Minister für Nationale Verteidigung Armeegeneral Heinz Hoffmann indirekt mit dem Argument, dass er und die gesamte militärische Führung der NVA genauso von seinen Fallschirmjägern in Strausberg bewacht und beschützt werden können, und er obendrein sofort im Interesse der Gefechtsbereitschaft der NVA stets im MfNV vor Ort wäre. Dem wurde letztlich vom Politbüro der SED zugestimmt.

Es war im Januar 1981, als wir in der Unterabteilung Spezialausbildung die Aufgabe erhielten, eine Wacheinheit als 4. FJK in die Struktur des FJB einzuarbeiten. Dazu wurden nach einem Befehl des Ministers für Nationale Verteidigung über 130 Planstellen geschaffen.

Daraus wurde eine Kompaniestruktur mit vier Zügen gleich Wacheinheiten erarbeitet und die Aufgaben dieser 4. FJK formuliert.

Ein Wachzug hatte, von Prora auf Rügen kommend und jeweils auf sich allein gestellt, den Minister, seine Stellvertreter und die Familien in einem kleinen Wohngebiet von Strausberg- Süd zu bewachen. Die Soldaten waren vormilitärisch bei der GST ausgebildete Fallschirmjäger, die weniger gern auf Wachposten zogen, sondern gemäß ihrer Verpflichtung innerhalb der drei zu dienenden Jahre richtige Fallschirmjäger werden wollten.

Deshalb fühlte sich jeder, der in die 4. FJK einberufen oder dorthin versetzt wurde, zum *Wachsoldat degradiert.* Das war gegenüber den Fallschirmjägern dieser FJK schwer zu entkräften, und da half auch keine Argumentation, dass man schließlich die Führung der NVA bewache.

Deshalb wurde Ende 1982 nicht mehr die Wache nur von der 4. FJK gestellt, sondern alle Fallschirmjägerkompanien wurden von da an in diesen Wachdienst einbezogen.

Die Entfernung des Standorts Prora zur wachstehenden Einheit in Strausberg betrug 300 km, die alle acht bis zehn Tage zum Wachwechsel zu fahren waren. Das erschwerte auch die Führungstätigkeit erheblich. Auch das war ein Grund, warum die Verlegung des FJB von der Insel Rügen ins Landesinnere unbedingt erforderlich wurde.

Die Vorbereitung und das Umverlegen des FJB-40 von der Insel Rügen nach Lehnin bei Brandenburg

In der Arbeitsgruppe Fallschirmdienst gab es bereits am Ende des Ausbildungsjahres 1980 personelle Veränderungen, die sich aus Krankheitsgründen erforderlich machten. Der langjährige Oberoffizier für Fallschirmausbildung, Fregattenkapitän Gerhard Aschekowski, war bereits mehrere Jahre *sprunguntauglich* und wurde nach 25 Jahren aktivem Dienst am 30. November 1980 aus der NVA entlassen. Er sollte als *Wissenschaftlicher Mitarbeiter für Sicherheit bei MINOL Potsdam* eine neue Tätigkeit aufnehmen. Leider nahm er sich krankheitsbedingt das Leben. Das war für uns alle ein harter Schlag. Für ihn wurde am 1. März 1981 auf diese Planstelle Major Horst Graske, bisher Stellvertreter des Kommandeurs für Ausbildung im FJB-40, eingesetzt.

Am 1. Dezember 1981 erhielt die Unterabteilung Spezialausbildung (UA-Spez.Ausb.) nach dem Weggang von Oberstleutnant *Werner Koch* (†), ebenfalls aus Krankheitsgründen, als Leiter Oberstleutnant Dieter Militz, der bereits von 1971/72 Oberoffizier für Spezialausbildung in unserer Unterabteilung war (damals noch im MfNV).

Er übernahm die Führung zu einem Zeitpunkt, als eine Fülle komplizierter Aufgaben zu bewältigen war. Gerade war die 4. FJK als Wachkompanie ins Leben gerufen worden, zugleich wurde nach hartem Kampf der neue Standort Lehnin für das FJB festgelegt und begonnen, alles für den Um- und Ausbau vorzubereiten. Endlich war auch ein Flugplatz gefunden worden, auf dem eine Fallschirmjägerausbildungsbasis (FJAB) für alle fallschirmspringenden Einheiten in der NVA errichtet werden konnte.

Diese Jahre waren sowohl für das FJB als auch für uns Offiziere im vorgesetzten Stab nicht einfach. Die Verlegung einer militärischen Gefechtseinheit, dazu noch einer derart spezifischen Art, erforderte von jedem Spezialgebiet perspektives Denken und Vorbereitungsmaßnahmen. Dazu waren Zuarbeiten aller Fachoffiziere des FJB nötig, die in der

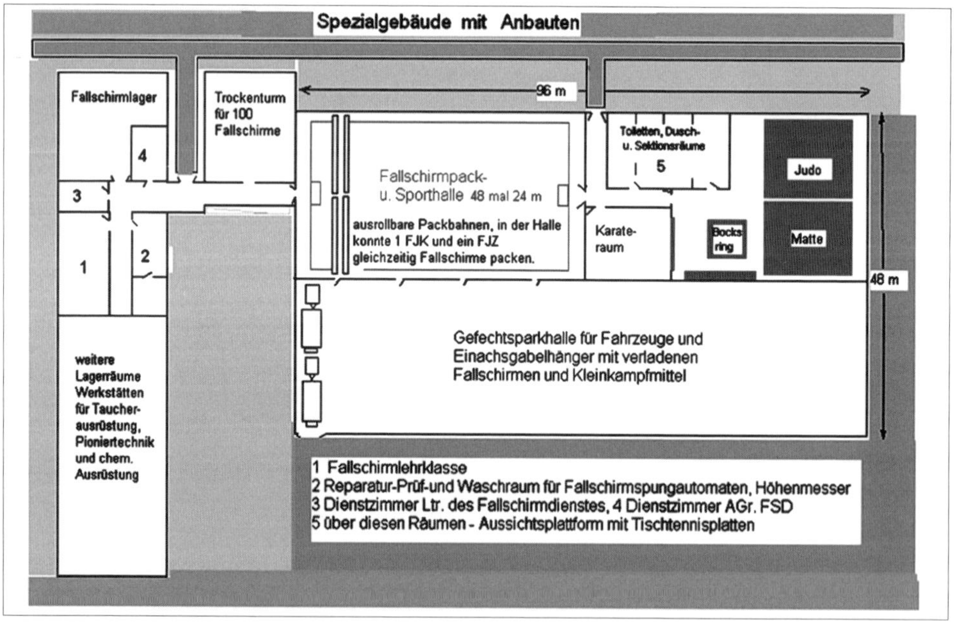

Skizze vom Spezialgebäude mit Anbauten der neuen Kaserne des FJB in Lehnin

UA-Spezialausbildung zusammengefasst und mit den Waffengattungen und Diensten im Kommando der Landstreitkräfte abzustimmen waren.

Als Dislozierungsort wurde anfänglich Beelitz bei Potsdam festgelegt. Hier entstand eine neue Kasernenanlage für Einheiten der 1. MSD. Das FJB sollte hier integriert werden. Das gefiel uns allen nicht recht, da es unter anderem schwierig war, die Geheimhaltungsbestimmungen für die Spezialtruppe zu wahren. Es war gelungen, die Kaserne in Lehnin, in der das Aufkl.-Batl.-1 (AB-1) dieser 1. MSD lag, für das FJB zu nominieren und dafür diese Divisionseinheit nach Beelitz zu verlegen.

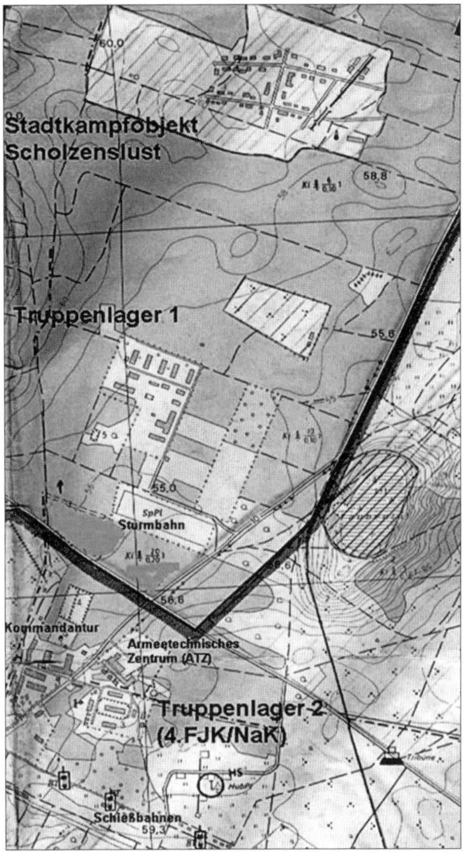

Topographischer Kartenausschnitt vom Truppenübungsplatz Lehnin

Allerdings mussten hier für die fachspezifische Unterbringung und Versorgung der Spezialtruppe ein *Unterkunfts- und ein großes Spezialgebäude* neu errichtet werden. Das *Spezialgebäude* hatte eine Größe von *96* m Länge und *48* m Breite ohne Anbauten. Das Spezialgebäude war sozusagen der größte Hammer dieser Baumaßnahme. In diesem wurden auf der einen Seite eine *Fallschirmpack- und Sporthalle sowie eine spezielle Nahkampfhalle* eingerichtet, auf der anderen Seite eine große *beheizte Kfz-Halle,* in der alle Transportfahrzeuge der FJK mit den Einachskofferanhängern, beladen mit der Fallschirm- und Gefechtsausrüstung, abgestellt werden konnten.

Zu den *Anbauten* dieses Spezialgebäudes gehörten ein *Fallschirmtrockenturm* und ein Flachanbau für ein *zentrales Fallschirmlager*, eine *Reparatur- und Prüfwerkstatt für Fallschirmsprungautomaten,* eine *Lehrklasse Fallschirmausbildung* und *weitere Lager und Werkstätten anderer Fachdienste.*

Das Spezialgebäude war von der Arbeitsgruppe Fallschirmdienst gemeinsam mit der Arbeitsgruppe Militärische Körperertüchtigung (MKE) nach den neuesten Gesichtspunkten für die Fallschirm- und Sportausbildung sowie für die Lagerung und Wartung der Fallschirmausrüstung konzipiert worden. Höchste Priorität hatte die verschiedenartige komplexe Nutzung dieser Halle und deren Einrichtungen durch die Fallschirmjäger während der Ausbildung, aber auch zur sportlichen Betätigung in der Freizeit.

Es galt an vieles zu denken, was baulich berücksichtigt werden musste, denn war die Kaserne einmal fertig, ließen sich im Nachhinein kaum noch zusätzliche Forderungen realisieren. Alle vier Wochen war Baubesprechung mit dem Leiter des Baukombinats, der Abteilung Bauwesen und auch Offizieren der UA.-Spezialausbildung im Beisein des Stellvertreters des Ministers und Chefs der Landstreitkräfte Generaloberst Stechbarth. Hier

Sportausbildung in der Pack- und Sporthalle

Nahkampfplatz

hatten wir oft wegen zu hoch gestellter Forderungen, besonders das Spezialgebäude betreffend, *Schelte* bekommen. Doch als die Kaserne bezogen wurde, war sie für das Leben und die Ausbildung von Fallschirmjägern ideal und zweifellos eine großartige Bereicherung auf allen Gebieten des militärischen Lebens.

Aber soweit war es ja noch lange nicht, denn das Baugeschehen zog sich über zwei Jahre hin. Die Ausbildungsbasis im angrenzenden Gelände musste grundlegend neu geschaffen werden, obendrein noch in Truppeneigenleistung. Deshalb wurde entschieden, das FJB bereits vor Fertigstellung der Kaserne in das Truppenlager des Truppenübungsplatzes der 1. MSD nach Lehnin zu verlegen.

Bereits am 15. März 1982 begann das FJB mit der Verlegung. Ein derartiger Standortwechsel eines ganzen Truppenteils, zumal vorübergehend noch in einem Truppenlager in Baracken untergebracht, war äußerst kompliziert und mit hohen Anforderungen verbunden, sowohl für die Fallschirmjäger als auch für die Berufssoldaten und deren Familien. Mehr als 20 Jahre existierte das Bataillon schon auf der Ostsee-Insel Rügen, und es war mit dem Inselgeschehen auch familiär fest verwachsen.

Insgesamt sprachen jedoch wichtige Fakten für diesen Schritt, der einfach erforderlich geworden war, da es bei einer gegnerischen Aggression unter den Bedingungen des modernen Kriegs sehr schwierig gewesen wäre, diese Spezialeinheit überhaupt von der Insel herunterzubekommen.

Das komplexe Fallschirmbodentrainingsgerät. Im Vordergrund die Trapezschaukel mit den beiden Podesten.

Eingang Karserne Lehnin

Stabsgebäude

Das FJB bezog mit den Hauptkräften das *Truppenlager 1.*
Die Nachrichtenkompanie (NaK) und die 4. FJK kamen im *Truppenlager 2* unter. Das Stadtkampfobjekt (siehe Kartenausschnitt) befand sich in diesen Tagen bereits im Bau. Vorher mussten unsere Einheiten zu dieser Art Ausbildung stets von der Insel Rügen nach Streganz südlich Storkow oder nach Belzig verlegt werden.

Neben der täglichen Ausbildung wurde nun angestrengt an der Ausbildungsbasis in der Nähe des Objektes gebaut, eine Basis, die modernen Bedingungen entsprach. Die Entfernung vom Truppenlager bis zur künftigen Kaserne betrug nur etwa 3 km.
Zu dieser Basis gehörte unter anderem neben dem Sportplatz ein Militärsportkomplex mit Nahkampfplatz, eine Kampfbahn, ein Taktik- und Pionierausausbildungsplatz, der Fallschirmbodenausbildungsplatz mit dem Kernstück des komplexen Bodentrainingsgeräts und schließlich ein kleines Häuserkampfobjekt mit Seilbahn.

Wie bereits erwähnt, wurde das Umsetzen des komplexen Fallschirmbodentrainingsgeräts von Prora nach Lehnin vertraglich einem Betrieb übertragen, der danach auch mit den periodischen Durchsichten beauftragt werden konnte.

Nun einige Gedanken zu den Neuerungen der Fallschirmausbildung sowie zur Wartung und Pflege der Fallschirmausrüstung, die sich nach Fertigstellung der Kaserne für die Truppe ergaben. Fallschirmausbildung planten wir im FJB in der Regel zugweise.

Dazu richteten wir eine Lehrklasse ein, die sich im Fallschirmtrakt des Spezialgebäudes

l. U-Gebäude TV-Kp. und r. 1. bis 3. FJK

U-Gebäude 4. FJK und UAZ

Fallschirmtrockenturm mit Spezialwerkstätten

Fallschirmpack- und Turnhalle

befand. Hier konnten wir alle theoretischen Themen der Ausbildung anschaulich, wenn erforderlich, auch unmittelbar in der angrenzenden Packhalle vermitteln.

Die Pack- und Sporthalle war über insgesamt vier Türen mit dem Gefechtspark verbunden. Damit entfiel ein Bewegen der Technik zum Einsatzpacken der Fallschirme. Das Packen der Fallschirmausrüstungen für den Gefechtseinsatz konnte in der Halle gleichzeitig mit einer FJK und einem Zug, insgesamt mit etwa 100 Mann, organisiert werden. Dazu wurden zur Vorbereitung 48 Packbahnen mit Gummieinlage ausgerollt, die an den Hallenseiten bereitlagen. Das Packen konnte beginnen.

Am Vortag wurden dazu im Trockenturm die Fallschirmausrüstungen zum Lüften aufgehängt, und mit dieser Komplexität entfielen Transportwege der Gefechtsfahrzeuge.

Der Aufbau einer Fallschirmjägerausbildungsbasis (FJAB-40)

Seit Jahren waren wir bemüht, eine Heimstätte für die Fallschirmsprungausbildung aller fallschirmspringenden Einheiten in der NVA zu schaffen. Letztlich scheiterte dieses Ansinnen ständig im Kampf um den Luftraum über der DDR. Wo mit Fallschirmen gesprungen wurde, war es kaum möglich, gleichzeitig auch Flugausbildung, dazu noch mit den *Schnellen*, den MiGs, zu planen.

In dieser Frage nannte ich schon die Vorherrschaft des Flugdienstes vor dem Sprungdienst. Es war auch sehr kompliziert, ohnehin wegen der drei zeitweiligen Luftverbindungswege (ZLVW 1-3) von je 32 km Breite. Dann waren auf dem Territorium der DDR mehr als zwei Luftarmeen stationiert, die alle möglichst uneingeschränkt fliegen und ausbilden wollten. Darum teilte man sich den vorhandenen Luftraum schon so ein, dass in der Regel jedes Geschwader in der Woche drei Flugtage zur Verfügung hatte.

Man muss sich einmal vorstellen, welche Luftbewegungen, höhengestaffelt, über dem Territorium der DDR so abliefen. Bis zu einer Höhe von 50 m flogen die Maschinen des Agro-Chemischen Dienstes, sprich die Düngerstreuer. Darüber, bis 300 m Höhe, außerhalb der Luftstraßen, Verbindungsflieger und Hubschrauber, die größere Ortschaften in 600 m Mindesthöhe zu überfliegen hatten. In 750 m Höhe begannen die nach dem Krieg festgelegten zeitweiligen Luftverbindungswege, die bis zu 3000 m Höhe durchs Land zogen, und darüber tummelten sich die Jagdflugzeuge zwischen den internationalen Luftstraßen, die bis in 10.000 m Höhe beflogen wurden. Und nicht zuletzt gab es auf dem Territorium der DDR mehr als 50 Flugplätze, die Einflugschneisen in mindestens zwei Richtungen von teilweise mehr als 10 km Länge je Platz benötigten. Es war schon sehr schwierig sich im Luftraum der DDR zu bewegen. Eine außerordentliche gute Ausbildung und diszipliniertes Verhalten gehörten dazu.

Als ich wieder einmal beim Chefsteuermann im Kommando der LSK/LV zu einer Beratung wegen eines Standorts für eine Fallschirmausbildungsbasis war, sagte er mir, dass er gerade in Moskau gewesen sei und dort einen alten Freund und Studienkollegen getroffen habe, mit dem er die Flieger-Militärakademie besucht hatte. Der hatte eine Karte unter dem Arm, schimpfte und beschwerte sich, dass man ihm für seine Luftverteidigungsdivision den Luftraum in der UdSSR so beschnitten hätte. Er könne nicht mehr richtig fliegen und ausbilden. Als er ihn danach bedrängte, einmal einen Blick auf die Karte werfen zu dürfen, stellte er lächelnd fest, dass das markierte Territorium für das Fliegen seiner Division größer als die gesamte DDR war.

Es war wirklich ein Kunststück, in irgendeinen bereits vergebenen Luftraum hineinzukommen, aber mit der Aufstellung der Funk-Funk-Technischen Aufklärungs-Bataillone (FuFuTAB) in den Militärbezirken und dem künftigen Fallschirmspringen der Fernaufklärungszüge (FAZ) der AB der Divisionen, der Offiziersschüler der Fachrichtung Aufklärung sowie der bevorstehenden Verlegung des FJB musste etwas geschehen.

Nun sollte besagte Basis nach Möglichkeit zentral und nicht am Rande des DDR-Territoriums liegen, wobei die grenznahe Zone zur BRD sowieso tabu war. Der zuletzt gemachte Vorschlag der Luftstreitkräfte aber, sich an einem Ausweichflugplatz an der südlichen Grenze zur ČSSR im Sachsenland Kreis Freiberg, in Lippersdorf, zu beteiligen war jedenfalls unannehmbar, wie der bezüglich des aufgegebenen GST-Flugplatzes bei Mittweida.

Nun gab es vom Ministerium für Verkehrswesen der DDR wie auch von der NVA Gedanken, von der periodischen Sperrung des Autobahnabschnittes *Werder – Potsdam-Nord für das Paradetraining der motorisierten Truppen* wegzukommen.

Man wollte im Zusammenhang mit der Schaffung einer Fallschirmausbildungsbasis auf dem Truppenübungsplatz Lehnin unter Nutzung des Truppenlagers 1 und 2 eine Start- und Landebahn bauen, die für das Paradetraining und auch das Fallschirmspringen genutzt werden konnte. Für diesen Vorschlag setzte sich vehement der Chef der Landstreitkräfte, Generaloberst Stechbarth, ein, und ich durfte an einer dieser Beratungen vor Ort teilnehmen.

Das wäre natürlich der ideale Standort für die Basis geworden, hätte er nicht unmittelbar an der Berliner Kontrollzone unterhalb des ZLVW 3 gelegen.

Wir stützten uns darauf, dass gerade dieser ZLVW Frankfurt – Berlin – Frankfurt als geringste Flughöhe von 900 m eine ständige maximale Absetzhöhe von 750 m garantierte und wir ggf. zeitweilig eine größere Höhe erhalten könnten.

Die zentralen Gefechtsstände der Luftarmee der GSSD und der LSK/LV der NVA lehnten unser Vorhaben aber mit der Begründung ab, gerade in diesem Raum könnte sehr starker Luftverkehr, *dazu noch mit Fallschirmspringen*, zu internationalen Komplikationen führen. Damit war auch Lehnin als Standort für diese Basis gestorben.

Nach diesen Verhandlungen schlug uns der zentrale Gefechtsstand der LSK/LV jedoch als Möglichkeit den *GST-Flugplatz südlich von Burg* vor. Der lag im Gebiet des Flugplatzes Zerbst der GSSD. Dank seines unmittelbaren Angrenzens an den ZLVW 2 waren mit Zustimmung des Flugplatzknotens Zerbst ständig 600 m Höhe gegeben, und nach telefonischer Freigabe war auch zeitweilig eine größere Flughöhe für das Fallschirmspringen möglich.

Allerdings war die Beschaffenheit des Rasenplatzes mit einer nur etwa 400 m langen, noch gebrauchsfähigen Start- und Landebahn in einem fürchterlichen Zustand. Auf diesem Platz praktizierten seit Jahren die in Burg stationierten Einheiten der Sowjetarmee mit Räder- und Kettenfahrzeugen Fahrschulübungen. Nur ein 400-m-Abschnitt diente der GST an Wochenenden für das Segelfliegen mit Windenschlepp.

Wir wussten, dass uns hier eine Mammutaufgabe bevorstand, aus diesem Sturzacker einen vernünftigen Platz zumindest für das Fliegen mit dem Flugzeug AN-2 zu machen.

Es gab sehr wenig, was noch nutzbar war und worauf man aufbauen konnte. Keine vernünftige Zufahrtsstraße, keine Telefonverbindung, weder Wasser- noch Elektroanschluss. Nur eine allein stehende, verkümmerte Segelfliegerhalle. *Wichtig waren jedoch die zentrale Lage und darüber der relativ freie Luftraum.* Die Verkehrsanbindung, unmittelbar an der Autobahn gelegen, war nicht unwesentlich, da die Entfernung nach Lehnin etwa 70 km betrug. Auch die 60 km Entfernung zum nächsten Startplatz einer AN-26T bei Brandenburg waren noch erträglich, zumal begonnen wurde, für dieses Flugzeug eine verlängerte Start- und Landebahn zu bauen. Also, es sprach sehr viel für diesen Standort. Positiv zu werten war auch die gedeckte Lage mit Wald zur Autobahn hin, die auch Möglichkeiten für andere Ausbildungszweige bot. Außerdem konnte der nahegelegene Schießplatz und das angrenzende Ausbildungsgelände des Panzerregiments 1(PR-1), später des Ausbildungszentrums 19 (AZ-19), genutzt werden. Schließlich bot es sich an, sich diesem Truppenteil auch verpflegungsmäßig anzuschließen, bis man auf eigenen Füßen stand.

Es gab wirklich viele Vorteile, die für den Standort sprachen, das Entscheidende war jedoch: *Wird man auf diesem Platz mit dem Flugzeug AN-2 bei Tag und mit dem Hubschrauber Mi-8 T auch bei Nacht fliegen und Fallschirmspringer absetzen können?*

Die Größe des Platzes mit einer Ausdehnung von 800 m Länge in Ost-West-Richtung und etwa 700 m in Nord-Süd-Richtung sprach dafür. Zumal sich in östlicher Richtung das Ausbildungsgelände der NVA und in nördlicher Richtung Ackerland befand. Der nächste Schritt war also, das Urteil der Flugzeugspezialisten zu hören.

Mein Chef, Generalleutnant Klaus Winter, kannte den Standort Burg, der früher zu seiner Division gehörte, ganz genau. Er gab mir grünes Licht mit den Luftstreitkräften in Verbindung zu treten. Mit Zustimmung des Kommandeurs der Verbindungsfliegerstaffel,

Kartenausschnitt über die Lage des THG-34 in Brandenburg und der FJAB-40 in Burg

Oberstleutnant Schmidt, verabredete ich mich mit seinem Stellvertreter für fliegerische Ausbildung. Der wollte nun am Telefon von mir wissen, ob er auf diesem Platz noch mit einer AN-2 landen könne. Ich *bejahte* das, und er kam wie vereinbart, überflog den Platz einmal und landete danach auf diesem doch holprigen Acker.

1970 auf dem Strausberger Flugplatz

Nach der Landung sagte er mir: „Mein lieber Gerhard, diese Landung werde ich nicht gleich vergessen. Hier hast du mir etwas Schönes zugemutet." Er brachte weitere Spezialisten zur Begutachtung des Platzes mit, unter anderem einen Ingenieur aus der Arbeitsgruppe Flugplatzwartung vom Kommando der Luftstreitkräfte/ Luftverteidigung.

Wir entwickelten zueinander bereits in den zurückliegenden Jahren ein sehr gutes Arbeitsverhältnis. Major Dieter Baron ist leider schon tot. Wir schätzten gemeinsam alle Für und Wider ab und kamen im Gleichklang mit weiteren Spezialisten zu der Überzeugung, dass aus diesem Platz, auch mit Unterstützung der LSK/LV, etwas werden könnte. Dazu mussten wir Generalleutnant Winter überzeugen. Ich hatte bis Mitte 1981 für diesen Platz eine Konzeption zu erarbeiten und diese zwecks Vorlage beim Chef der Landstreitkräfte bereitzuhalten.

Die erste Frage, die zu bedenken war, lautete: Was soll hier in Zukunft entstehen? Und was ist an Anschlüssen für Energie, Wasser, Abwasser und Verbindungen aller Art erforderlich?

Wir berieten gemeinsam in der Unterabteilung darüber und entschieden uns, für eine verstärkte FJK (etwa 100 Armeeangehörige) alle Voraussetzungen fürs Unterbringen, Verpflegen und Ausbilden zu schaffen. Für diese Ausbildungsbasis war unbedingt ein gewisses Stammpersonal erforderlich, das diesen kleinen Flug- und Fallschirmausbildungsplatz mit Leben erfüllte. Ja, und Planstellen waren ganz schwierig zu bekommen, wenn man keine konkreten Vorschläge parat hatte, woher man sie nehmen könnte. Also ging das nur über Kürzungen im eigenen Bestand: Bei uns, der AG Fallschirmdienst selbst, im FJB oder auch in anderen Einheiten, die zum Bestand der Militärbezirke gehörten.

Wichtig war, sofort einen verantwortlichen Offizier einzusetzen, der die gesamte Organisation und auch das Abstimmen mit den örtlichen Organen in die Hand nahm. Dazu wurde von Generalleutnant Winter, Major *Horst Graske*, Oberoffizier für Fallschirmausbildung, befohlen. Nach der Bestätigung des Stellenplans und Ausrüstungsnachweises sollte er als Leiter dieser Basis eingesetzt werden. Eine Neubesetzung der Planstelle in der AG-Fallschirmdienst wurde nicht mehr vorgenommen.

Sofort begannen das Vermessen des Platzes und der Bau einer Rasenstart- und Landebahn in Ost-West-Richtung. Die Bahn wurde auf 600 m Länge und 40 m Breite für das Starten und Landen von Flugzeugen vorbereitet. Dazu wurden hunderte von Kubikmetern Muttererde herangefahren, und schon im September säte eine Landwirtschaftliche Produktionsgenossenschaft (LPG) von Burg Grassamen aus. Es war unsere Absicht, in

Burg bereits möglichst 1982 zu den ersten Sprunglehrgängen in Burg schreiten zu können. Allerdings musste bis dahin vom Flugplatz Burg eine Telefonstandverbindung zu den Gefechtsständen der LSK/LV und des Flugplatzes Zerbst der Sowjetarmee vorhanden sein.

Das hört sich unter den heutigen Bedingungen selbstverständlich an, aber in jenen Tagen ungeplante Mengen Telefonerdkabel zu bekommen, schien unmöglich zu sein. Doch unser Chef, Generalleutnant Winter, hat uns in allen komplizierten Situationen sehr unterstützt. Ohne seine Hilfe wäre ein Vorankommen undenkbar gewesen. Auch Major Graske hatte schnell zu den örtlichen Einrichtungen Kontakt knüpfen können, vor allem erhielt er von der *Zwischenbetrieblichen Organisation Burg* (ZBO) als Baubetrieb große Unterstützung hinsichtlich der Lieferung *nicht bilanzierten Materials.*

So konnte schon im Oktober 1981 in Truppeneigenleistung mit dem Bau des Hauptgebäudes für das Stammpersonal der FJAB begonnen werden. Dazu wurde ein Zug des FJB kommandiert, der mit Unterstützung zweier Spezialisten der ZBO Burg das Gebäude errichtete.

Es war unumgänglich, bei den Luftstreitkräften einen Flugleiter ausbilden zu lassen, der berechtigt wurde, einzelne Flugzeuge und Hubschrauber starten und landen zu lassen und der stets die Verbindungen zum Gefechtsstand Zerbst und zum Zentralen Gefechtsstand (ZGS) der LSK/LV aufrechterhielt. Dafür wurde Oltn. Uhlemann auserwählt, der im FJB als zweiter Offizier für Fallschirmdienst eingesetzt war. Der Stellenplan und Ausrüstungsnachweis (STAN) der FJAB-40 wurde bereits am 31. Mai 1982 vom Stellvertreter des Ministers und Chef der Landstreitkräfte bestätigt. Die Ausbildungsbasis wurde dem Stellvertreter des Chefs der Landstreitkräfte und Chef Ausbildung, Generalleutnant Winter, direkt unterstellt.

Es war für uns alle ein großer Erfolg, diese Planstellen für die FJAB bestätigt zu bekommen. Doch wollte der Chef der Landstreitkräfte das gesamte bauliche Vorhaben persönlich genau in Augenschein nehmen.

Bereits im Juni 1982 konnten Einheiten des FJB die FJAB das erste Mal nutzen. Der erste Sprung wurde am 8. Juni 1982 aus einer AN-2 absolviert. Erstmals stattete der Chef der Landstreitkräfte, Generaloberst Stechbarth, der FJAB am 5. Juli 1982 einen Besuch ab. Der Stellvertretende Minister wollte von den Offizieren der Unterabteilung Spezialausbildung allumfassend über die einzelnen Ausbaustufen der Basis informiert werden. Unser Chef, Generalleutnant Winter, schickte mich zu diesem Zweck schon am Vortag nach Burg. Er trug mir auf, mit den Fallschirmjägern eine eindrucksvolle Lehrvorführung zu organisie-

Hauptgebäude für die Unterbringung des Stammpersonals im Bau. Dahinter ist das Dach der Segelfliegerhalle sichtbar. Auf den Vorsprung in der Mitte des Gebäudes (Bild links) wurde der Fliegerleitturm aufgesetzt.

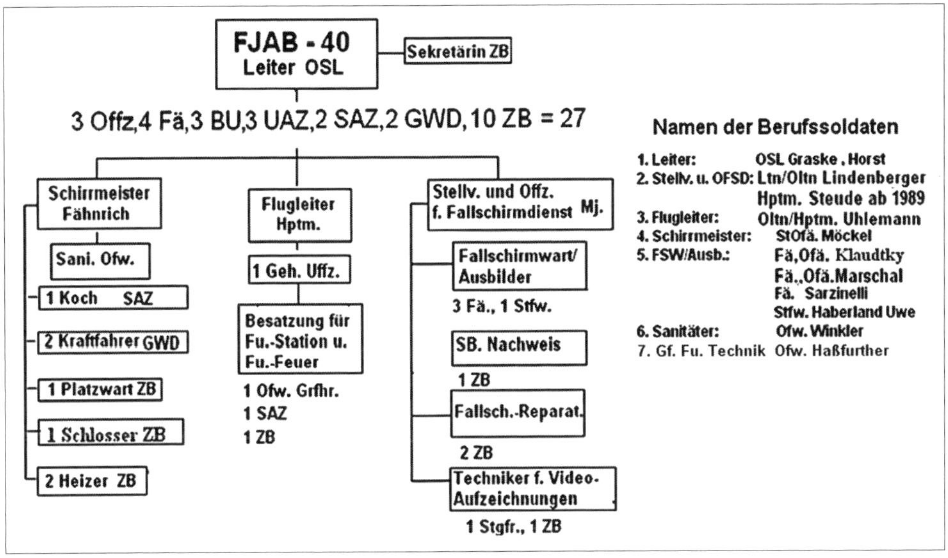

Stellenplan der FJAB-40

ren. Das sollte Generaloberst Stechbarth stimulieren, für die Realisierung der einzelnen Bauvorhaben noch fehlendes Geld und auch Technik locker zu machen. Bedauerlicherweise spielte das Wetter nicht mit. Der Wind war mehr als stark und blies am Boden die ganze Nacht in einer Stärke von bis zu 15 m/s. Leider war auch in Burg zur Ausbildung nur die FJK des 1. Dienstjahres anwesend. Es hatte gerade mal mit dem Fallschirm RS-9/2 zwei Fallschirmsprünge hinter sich. Deshalb war an einen Einsatz dieser jungen Fallschirmjäger zur Vorführung nicht zu denken, denn die Dienstvorschrift ließ als Spitzenwerte in diesem Fall nur einen Bodenwind von maximal 8 m/s zu.

Was tun? Ich rief bereits um 6:00 Uhr Generalleutnant Winter zu Hause an, schilderte ihm die Situation und schlug vor, eine Vorführung nur mit den Ausbildern zuzulassen. Ich selbst wollte einen Sprung mit dem Gleitfallschirm RL-10 vorführen, den ich vom Fallschirmwerk erhalten hatte. Ich beabsichtigte, diesen Gleiter dem Chef der LaSK vorzustellen. Der Generalleutnant bestätigte meinen Entschluss, und wir hatten noch zwei Stunden Zeit bis zum Eintreffen des Chefs und seines Stellvertreters, das Springen unter diesen widrigen Windbedingungen einmal zu trainieren.

Wir wussten genau, was Generaloberst Stechbarth sehen wollte und was ihn beeindruckte. Die Offiziere und Unteroffiziere wurden mit den im FJB zur Ausrüstung gehörenden Waffen und Ausrustung bepackt und sprangen aus nur 100 m und 300 m Höhe. Meine Absicht hingegen war, so hoch und so weit entfernt wie möglich vom Platz zu springen und nach kilometerlangem Gleiten vor dem Chef sicher zu landen.

Nach dem Übungssprung war alles klar, jeder hatte seine Aufgabe und wusste, worauf es nun ankam. Ich kannte nun auch den genauen Verlauf der Luftströmung und konnte noch paar weitere Kilometer vom Platz entfernt abspringen. Leider erhielten wir vom Gefechtsstand nur eine maximale Flughöhe von 1500 m. Beim Eintreffen der hohen Generale meldete der Leiter der Unterabteilung, Oberstleutnant Militz, dem Chef der Landstreitkräfte den zur Begrüßung angetretenen Personalbestand und bat um sein Einverständnis für die kurze Sprungvorführung. Er bedauerte, dass die jungen Fallschirmjäger nicht daran

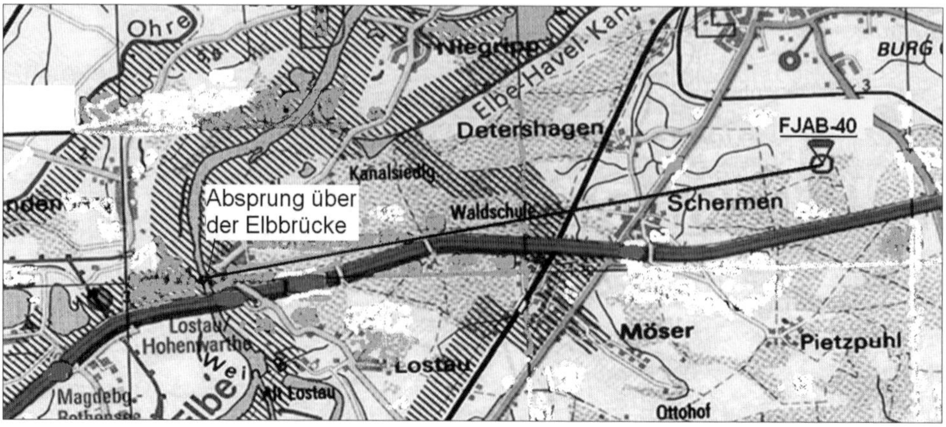

Skizze zur Erläuterung eines Sprunges mit dem Gleitfallschirm RL-10. Absprung über der Elbe bei Magdeburg aus 1500 m Höhe und Landung in Burg an der FJAB-40

teilnehmen konnten, bestätigte jedoch, dass sich die FJK vor Beginn der Taktikausbildung das Springen ihrer Vorgesetzten ansehen durfte.

Er fragte mich vor dem Einsteigen, wo ich landen werde. Ich antwortete ihm: „Unmittelbar vor Ihnen, Genosse Generaloberst!" Das Gefechtsspringen der Fallschirmjäger hatte er ja schon oft gesehen, aber noch keinen Stauflügelgleiter.

Nach dem Absetzen der Fallschirmjäger ging die AN-2 zum Steigflug über und flog in Richtung 260° (siehe Kartenausschnitt) 12 km bis zur Elbe. Ich sprang aus 1500 m und öffnete sofort den Gleiter. Nachdem sich der RL-10 geöffnet hatte und steuerbereit war, hatte ich nur noch eine Höhe von 1350 m über der Elbe.

Ich drehte den Gleitfallschirm sofort in Richtung des Platzes und hatte doch Schwierigkeiten, trotz guter Sicht den Platz zu finden. Allerdings war unter mir die Autobahn, die mich zum Ziel führte, und auch der große Schornstein, der sich nördlich des Flugplatzes befand, war für mich ein idealer Orientierungspunkt. Dagegen hatten es die *Beobachter am Platz* viel schwerer, mich auf diese Entfernung, fast am Horizont, überhaupt zu sehen.

Generaloberst Stechbarth schüttelte den Kopf und fragte wiederholt Oberstleutnant Militz: „Wo will Leutert landen – das schafft er doch niemals bis zum Platz!" Er schaute dabei aufmerksam durch das ihm gereichte Doppelfernglas. Aber am Platzrand angekommen, hatte ich noch eine Höhe von knapp 100 m, und mir ist es gelungen mein Versprechen zu halten. Ich landete neben dem Chef der Landstreitkräfte ganz sicher in den Stand.

Er beglückwünschte mich und sagte in seiner kameradschaftlichen Art: „Du brauchst kein Fahrzeug mehr, um nach Hause zu fahren. Du kannst mit dem Schirm heimfliegen."

Damit war es gelungen, den Genossen Generaloberst Stechbarth von der Möglichkeit des Einsatzes von Gleitfallschirmen für militärische Zwecke zu gewinnen, und ich konnte daraufhin zehn Fallschirme RL-10 zur weiteren Untersuchung derartiger Einsätze für die Landstreitkräfte in Auftrag geben. Bei der nun folgenden Baubesprechung erläuterte der Leiter der Unterabteilung, Oberstleutnant Militz, dem Chef detailliert das Gesamtvorhaben der FJAB. Nach einigen Fragen, immer auf eine stichhaltige Begründung aller erwogenen Vorhaben gerichtet, bestätigte der Chef der Landstreitkräfte unseren Plan mit geringen Abstrichen in zwei Bauabschnitten. Das war im Ergebnis für

Lehrvorführung 1987 an der Fallschirmjägerausbildungsbasis-40 anlässlich des 25. Jahrestages des FJB/LStR-40 Von li. nach re: Obltn. Lindenberger, Stellv. des Leiters der FJAB , Fä. Fischer, Oberst Dr. Reddig, OSL. Leutert, OSL. d. Res. Schulz, Major Ott, Fä. Lück, StOFä. Heilek (verstorben 1997)

An der hinteren Front der Wand sind drei von sechs Pendelaufhängungen erkennbar, an denen die Handlungen am geöffneten Fallschirm trainiert werden konnten. An der rechten Längsseite der Halle sind die Fallschirmlagerungsschränke sichtbar.

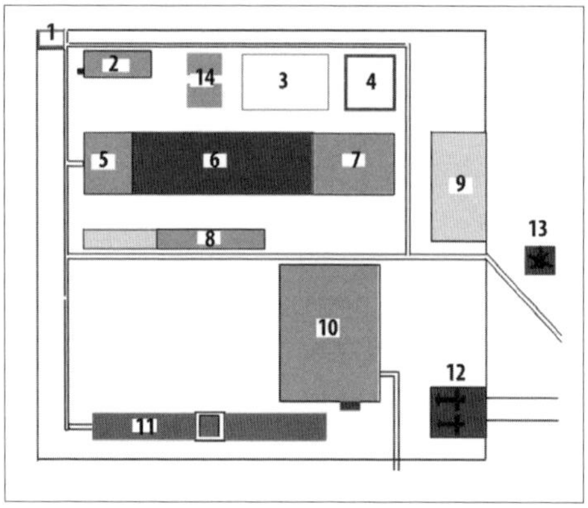

Lageskizze der FJAB (Kasernenanlage)
1) kl. Wachgebäude, 2) Heizhaus, 3) Zeltplatz, 4) Bodenausbildungsplatz, 5) U-Gebäude Berufssoldaten, 6) U-Gebäude Soldaten auf Zeit, 7) Küche u. Speisesaal, 8) zwei Lehrklassen u. Lagerräume in einer Raumzelle, 9) Kfz- Wartungs- und Lagergebäude, 10) Pack- u. Sporthalle, 11) Hauptgebäude Stammpersonal mit Flugleitturm, 12) u. 13) Abstellflächen für Flugzeuge u. HS. 14) Zwei Volleyballplätze.

die weitere Fallschirmsprungausbildung ein großer Erfolg und wir konnten nun mit Volldampf an die Errichtung dieser Heimstätte des Fallschirmspringens herangehen.

Im ersten Bauabschnitt waren als wichtigste Aufgaben die Fertigstellung des Hauptgebäudes, die Schaffung aller Erschließungsarbeiten und der Ausbau der Segelfliegerhalle vorgesehen. Überdies wurden die zweite Start- und Landebahn in Nord-Süd-Richtung fertiggestellt und zwei Tiefbrunnen gebohrt. Die Brunnen dienten der Versorgung der FJAB mit Trinkwasser und dem Beregnen der Start- und Landebahnen. Für das Beheizen des Hauptgebäudes wurde vorerst ein Heizcontainer aufgestellt. Die Segelfliegerhalle in einer Größe von 25 x 15 m wurde zur Pack- und Sporthalle umgebaut. Darin wurden in Fallschirmschränken auch die 150 Fallschirmausrüstungen gelagert. In der Halle konnte

FJAB: Lage des Objektes

eine FJK bei schlechtem Wetter die Fallschirme packen und bereits am Vortag konnten sie für das Anlegen in Bockstellung vorbereitet und kontrolliert werden. So war es möglich, bei Sonnenaufgang mit dem Fallschirmsprungbetrieb zu beginnen.

Im zweiten Bauabschnitt lag der Schwerpunkt beim Unterkunftsgebäude (5–7), beim Kfz-Wartungs- und Lagergebäude (9) und bei einem kleinen Heizhaus (2).

1984 konnten alle Baumaßnahmen abgeschlossen werden, und die FJAB-40 war zu diesem Zeitpunkt auch personell aufgefüllt und arbeitsfähig.

Zwei Fallschirmschneiderinnen hatten im Fallschirmwerk die Reparaturberechtigung erhalten. Von nun an wurden alle Fallschirmreparaturen, die gesamte Ersatzteilbestellung und die Auslieferung der Fallschirme aller fallschirmspringenden Einheiten der Landstreitkräfte von der FJAB wahrgenommen.

An der FJAB wurden ab 1984 in Lehrgangsform alle Fallschirmsprunglehrgänge des FJB, der Spezialaufklärungskompanien der FuFuTAB, der Fernaufklärungszüge der Divisionen sowie der Offiziersschüler der Fachrichtung Aufklärung/FJ der OHS der LaSK und des KSK-18 der Volksmarine vorgenommen.

Außer dem FJB durchliefen die Aufklärungseinheiten auch die theoretische und bodenpraktische Ausbildung an der FJAB.

Zur Vorbereitung der Sprünge aus dem Flugzeug AN-26T haben diese Einheiten für das Absprungtraining im FJB auch das komplexe Bodentrainingsgerät genutzt.

In der weiteren Perspektive war die Möglichkeit gegeben, eine weitere Rasenstart- und Landebahn in einer Länge von 1200 m für das Flugzeug AN-26T anzulegen. Die Maschinen starteten und landeten vorerst jedoch in Brandenburg.

Da sich von 1983 bis 1985 die Start- und Landebahn (SLB) in Brandenburg noch in der Bauerweiterung befand, kam für diesen Flugbetrieb auch der Flugplatz in Mahlwinkel südlich Tangermünde in Frage. Dieser Flugplatz gehörte der Gruppe der Sowjetischen Streitkräfte in Deutschland (GSSD) und lag in Luftlinie nur etwa 20 km nördlich der FJAB.

Doch bis dahin war die Elbe bei Magdeburg zu überqueren und so ergab sich ein gleicher Fahrweg wie bis zum Flugplatz Brandenburg.

In der Aufbauphase der FJAB und bei der Organisation des Zusammenwirkens zwischen dem FJB und dem Transporthubschraubergeschwader-34 (THG-34) der Luftstreitkräfte erhielten wir große Unterstützung von Generalleutnant Baarß, dem Stellvertreter des Chefs der LSK/LV für die Luftstreitkräfte. (siehe folgendes Bild)

Neben den Sprunglehrgängen der fallschirmspringenden Einheiten setzten wir auch an der FJAB jährlich Absetzer- und Qualifizierungslehrgänge für die Angehörigen des Fallschirmdienstes in den Landstreitkräften und für Offiziere und Unteroffiziere fest. Letztlich hatten sie neben den Sprunglehrgängen an der FJAB auch halbjährlich mit ihren Einheiten Gefechtssprünge bei Übungen in eigener Verantwortung zu organisieren und selbst sicher zustellen. Mit der Arbeitsfähigkeit der FJAB war es auch möglich, mit den Ausbildern der Gesellschaft für Sport und Technik, die unsere künftigen Fallschirmjäger auf den Dienst vorzubereiten hatten, jährlich einen Kurzlehrgang im Fallschirmspringen zu planen. Dabei lernten sie die Fallschirm- und auch Sprungtechnik in der NVA persönlich kennen.

Die Beratungsgruppe nach der Zusammenkunft im THG-34. Von rechts nach links und von unten nach oben: GL Baarß , GL Winter, StCCA LaSK, GM Bittner, Chef der Fliegerkräfte i. d. LaSK, ein OSL Kdo LSK/LV, OSL Krug, K-FJB-40, Leiter Flugsichg. des THG-34,ein Mj. v. THG-34, Mj. Schleusner, AG Fallschirmdienst, OSL Streißel, K-THG-34, und OSL Leutert

GST-Ausbilder nach einem Lehrgang im Fallschirmspringen bei Tag und Nacht aus dem Hubschrauber Mi-8T. Vorn re. kniend OSL Graske, in der hellen Kombination Werner Klinnert als Verantwortlicher der SLI, in der Mitte mit Barett OSL Leutert, re. dahinter Kam. Stötzner und Ludewig, die noch heute Fallschirmspringer ausbilden.

Aufgabenstellung an die Sprunggruppe vor dem Einstieg durch Hptm. Uhlemann

Ausbilder der GST und Berufssoldaten des FJB/LStR vor dem Sprung aus dem Flugzeug AN-26 T.; Rechts im Bild Heinz Wolf, der langjährige Verantwortliche für die vormilitärische Laufbahnausbildung „Fallschirmjäger“ im Zentralvorstand der GST und heutiges Ehrenmitglied des Fallschirmjägertraditionsverbandes Ost e.V.

Stauflügelgleitfallschirm RL-10/2 ST

Bereits Ende der 1970er-Jahre produzierte der VEB BEWES den ersten Gleitfallschirm mit der Bezeichnung RL-6 und stellte ihn 1968 bei den Weltmeisterschaften in Graz/Österreich aller Welt vor. Helmut Hentschel, der wissenschaftliche Mitarbeiter in der Forschungs- und Entwicklungsstelle des Fallschirmwerks, entwickelte diesen Gleiter und leitete damit weltweit eine neue Ära im Fallschirmbau ein.

Das war ein sehr temperamentvoller Gleiter mit sehr guten Gleiteigenschaften, auf dessen Grundlage man hätte weiter aufbauen können. Leider war aber 1968 die Zeit dafür noch nicht reif genug.

In den 1960er-Jahren waren Rundkappenfallschirme, die eine Zentralleine hatten, noch Mode. Man flog mit ihnen bei Ziellandungen prinzipiell mit dem Wind an und bremste den Fallschirm vor der Landung ab.

Gleitfallschirme hingegen müssen wie Flugzeuge nur gegen den Wind gelandet werden. Dadurch erhalten sie einen zusätzlichen Auftrieb, der – bei richtiger Handhabung – butterweiche und punktgenaue Ziellandungen ermöglicht.

Da von Seiten der Sportspringer kein wahres Interesse am RL-6 gezeigt wurde, schlief diese Entwicklung leider wieder ein. Erst nach etwa vier bis fünf weiteren Jahren kam aus

Der erste Gleitfallschirm der Welt mit der Bezeichnung RL-6, der 1968 im Fallschirmwerk Seifhennersdorf entwickelt und gebaut wurde.

RL-10 im leicht gebremsten Zustand. Die Fläche der Oberkappe besteht aus luftundurchlässigem, hingegen die kleinere Unterkappe aus stark luftdurchlässigem Gewebe. Die dadurch entstehenden Druckunterschiede bewirken entscheidend den Auftrieb und somit die geringere Landegeschwindigkeit.

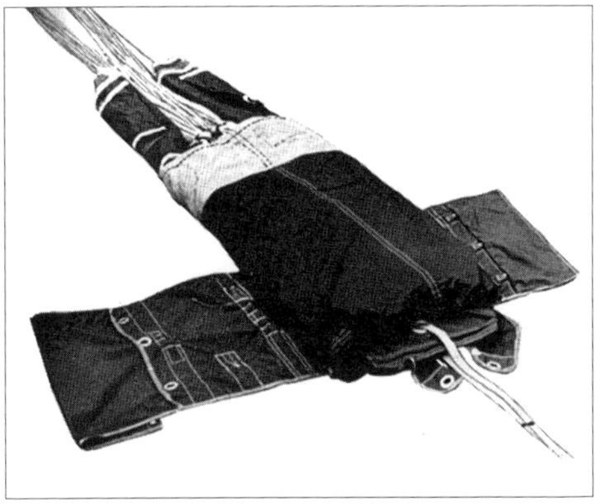

Fallschirmkappe gelegt und Reffleine durch die Zeltösen geordnet herausgezoge

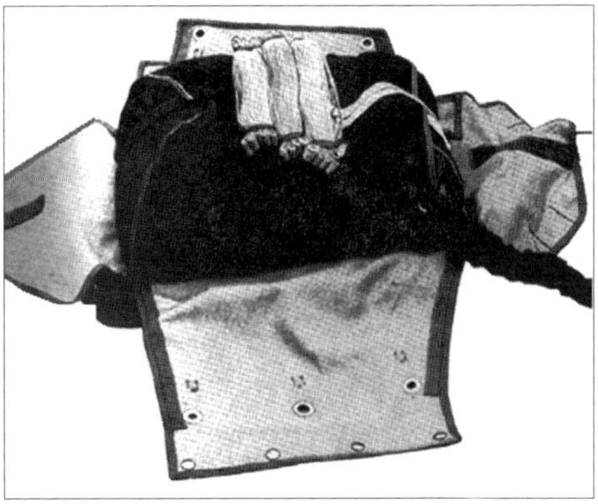

Reffleine nach dem Einlegen der Fallschirmkappe in den Verpackungssack eingeschlauft

den USA der erste Stauflügelgleiter des Typs *Strato Star* auf den Markt, und plötzlich war auch das Anfliegen bei der Landung gegen den Wind für alle Fallschirmsportler der Welt Normalität geworden.

Bereits 1977 wurde von Seifhennersdorf der erste Staufügelgleiter mit der Bezeichnung *RL-10* in Serie gefertigt, 1978 holte die DDR-Männermannschaft bei den XIV. Weltmeisterschaften in Jugoslawien damit den Weltmeistertitel im Einzel- und auch im Gruppenzielsprung. Das war für den Seifhennersdorfer RL-10 ein grandioser Erfolg, der auch in der Fallschirmwelt Beachtung fand.

Bereits am 19. Mai 1977 erhielt ich vom Konstrukteur *Helmut Hentschel* eine Einweisung in die aerodynamischen Eigenschaften und in das Packen des Staufügelgleiters RL-10 und am selben Tag schritt ich zu meinem ersten Einweisungssprung mit diesem Gerät.

Allerdings bekam ich erst am 1. September 1977 die Packberechtigung für diesen Gleiter von Helmut Hentschel persönlich in mein Sprungbuch eingetragen. Und zum persönlichen Kennenlernen erhielt ich einen RL-10 vom Fallschirmwerk für längere Zeit als Leihgabe. Einige wichtige technische Daten:

• Kappenbreite	ca. 5,80 m
• Kappentiefe bei gefüllten Staukammern	ca. 3,40 m
• Fläche der Oberkappe	ca. 21 qm
• Fläche der Unterkappe	ca. 18 qm
• Anzahl der Staukammern	14
• Anzahl der Fangleinen	16
• Kappenmaterial	PAS-Gewebe
• Hilfsschirm-gesteuertes Reffsystem	
- Reffleine PAS-Schlauchband	22 m lang
• Nutzlast	50–100 kp
• Vorwärtsgeschwindigkeit	ca. 10–11 m/s
• Max. Gleitzahl	ca. 2,7
• Sinkgeschwindigkeit:	
- bei vollem Gleiten	ca. 4 m/s
- im gebremsten Zustand	ca. 3 m/s

- beim Landeaufbau und einwandfreier Beherrschung des Schirms ca. 1 m/s.

Auf diesem Bild ist die Wirkung der Reffleine nach dem Strecken der Fangleinen zu erkennen.

Das per Hilfsschirm gesteuerte Reffsystem war beim RL-10 gegenüber anderen Gleitschirmen eine von Seifhennersdorf eingesetzte Neuerung. Andere Gleiter hatten zur Minderung des Entfaltungsstoßes ein Schiebersystem.

Die 22 m lange Reffleine durchlief in Rundringen, die am unteren Rand der Kappe an den Fangleinenpunkten angenäht waren, die Gleiterunterkappe und wurde danach durch das Zentrum der Unter- und Oberkappe herausgeführt. An beiden zusammengeführten Enden der Reffleine wurde der Hilfsschirm vom Typ *Optimus* befestigt.

Der Stauflügelgleiter darf jedoch nur von Springern benutzt werden, die vor der Öffnung des Fallschirms eine einwandfreie Standlage einnehmen können. Ansonsten kann es Probleme bei der Öffnung geben. Ein Springen mit automatischer Öffnung, also die Aufzugsleine im Flugzeug bzw. Hubschrauber eingehängt, konnte nicht praktiziert werden.

Nach dem Absprung und der oben beschriebenen Standlage wurde der Verpackungssack geöffnet, der Hilfsschirm sprang in den Luftstrom, zog die Reffleine heraus und nun das gesamte eingelegte Paket. Danach wurden die Fangleinen herausgezogen und gestreckt. Jetzt strömte die Luft in die Kappe des Gleiters (siehe Bild Wirkung der Reiffleine), der von der Reffleine gehalten, sich nur langsam entfaltete, indem sich die Reffleine, entgegen dem Zug des Hilfsschirms, zurückzog und sich bei geringem Entfaltungsstoß (maximal nur 400 kp) vollständig öffnete.

Das Fallschirmspringen mit dem Stauflügelgleiter war für mich immer etwas ganz Besonderes. Nach der Öffnung des Gleiters und dem Lösen der Bremsleinen spürte man den Vorschub ganz deutlich. Richtungsänderungen waren mittels der Steuerleinen überhaupt kein Problem. Die 10 m/s Vorschub gegenüber ruhender Luft ermöglichten, dass bei einigermaßen richtigem Absetzen eine Ziellandung immer gegeben war. Natürlich konnte man bei starkem Höhenwind über 10 m/s auch nicht gegen diesen Wind ankommen. Allerdings hatte man dann immer noch die Möglichkeit, die Flughöhe durch starkes Drehen der Fallschirmkappe schnell abzubauen. Dabei wurde man durch die Zentrifugalkräfte fast in die Horizontale zur Kappe des Gleiters hinausgetragen und man spürte diese wirkenden Kräfte ganz deutlich im Sitzgurt. Ein irres Gefühl, aber nicht ungefährlich, wenn man in der Nähe anderer Springer war oder sich schon in geringer Höhe befand. Mit zwei bis drei derartigen überzogenen Drehungen verlor man sehr schnell 100 m und mehr an Höhe.

Eine weitere Möglichkeit Höhe abzubauen war ein Überziehen des Gleiters, vorausgesetzt, man war noch höher als 600 m. Beim Herunterziehen beider Steuerknebel und Überziehen des Gleiters wird aus der Vorwärts- eine Fahrstuhlbewegung. In diesem Fall verharrt der Gleiter kurze Zeit im vollgebremsten Zustand, danach rutscht man nach hinten weg. Die Kappe des Gleiters wird wie ein Handtuch, und es geht sehr schnell abwärts.

Aus der internationalen Presse erfuhren wir, dass auch in anderen Ländern, besonders in den westlichen, schon Spezialkräfte an Gleitern ausgebildet wurden und versuchsweise bereits den Ärmelkanal überflogen hatten. Mit den zehn Gleitern RL-10, die wir zur weiteren Untersuchung 1983 einführten, konnten wir nun die Angehörigen des Fallschirmdienstes ausbilden, die eine einwandfreie Lage im *freien Fall* nachwiesen.

Kappe des RL-10 im völlig geöffneten Zustand. Infolge der ständigen Vorwärtsbewegung werden die sieben doppelten Spanten ständig mit Luft gefüllt. Deshalb spricht man von einem Stauflügel. Überzieht man den Gleiter, können sich die Spanten nicht mehr mit Luft füllen, und es geht wie oben beschrieben vehement abwärts.

Im militärischen Bereich wurden alle Fallschirmsprünge mit verzögerter Öffnung im *stabilisierten Fall* absolviert. Aus diesem Grunde bildeten wir vorerst außer dem Fallschirmdienst keine Fallschirmjäger und Aufklärer im Fallschirmspringen im *freien Fall* und am Gleiter aus.

An das Mitführen von Ausrüstungsgegenständen beim Sprung war noch nicht zu denken. Deshalb wurde geprüft, inwieweit eine Öffnungseinleitung für den Gleiter in gleicher Weise wie beim Fallschirm RS-9/2 im *stabilisierten Fall* angewandt werden kann.

Hier haben die Kameraden aus Eilenburg unter Leitung von Rainer Grygas in Zusammenarbeit mit dem Fallschirmwerk eine akzeptable Lösung gefunden, die die Öffnung des Gleiters auch nach einem kurzen stabilisierten Fall ermöglichte.

Wie sah nun der RL-10/2 ST mit Stabilisierungseinrichtung aus (wobei „2 ST“ die 2. Serie mit Stabilisierungseinrichtung kennzeichnet)?

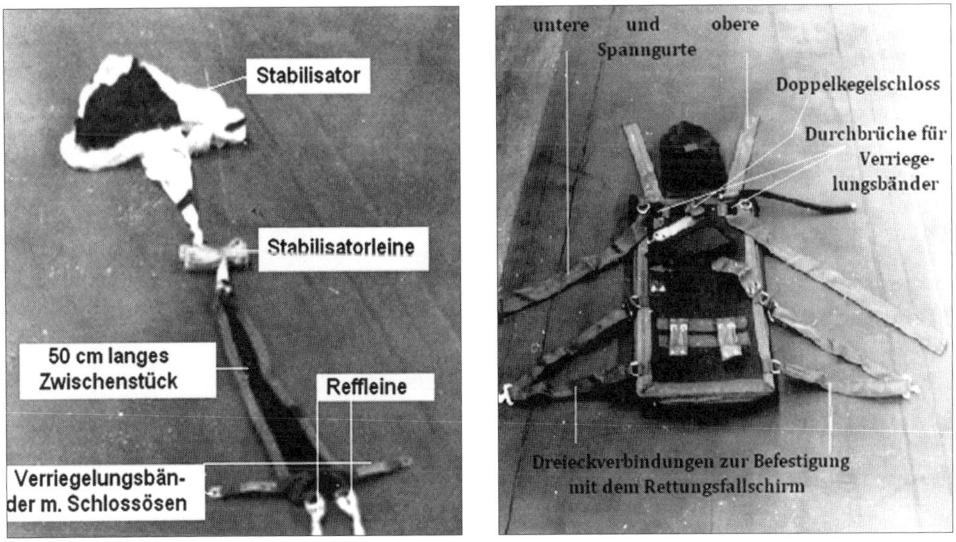

Stabilisator mit Zwischenstück und Verpackungssack RL-10/2ST

Der Stabilisator mit der Stabilisatorleine wurde mit einem speziell gefertigten, nachgebildeten oberen Teil des Verzögerungssacks des Fallschirms RS-9/2 verbunden, das als Zwischenstück bezeichnet wurde (siehe Bild links, auf Seite 235). An diesem Zwischen stück sind unten die Verriegelungsbänder mit Schlossösen angebracht. Unterhalb der Verriegelungsbänder sind zwei Bandschlaufen angenäht, mit denen je eine Seite der Reffleine verbunden wird. Der Verpackungssack und das Gurtzeug sind mit dem Fallschirm RS-9/2 fast identisch.

Das Packen des Gleiters erfolgt bis zum Verschließen des inneren Verpackungssacks und dem Einschlaufen der Reffleine gleich dem RL-10 ohne Stabilisierungseinrichtung.

Der innere Verpackungssack wird danach in den Verpackungssack eingelegt und nach dem Verschließen werden die Verriegelungsbänder, wie in den Bildern unten dargestellt, gleichfalls wie beim RS-9/2 eingelegt. Nun wird das Doppelkegelschloss mit den eingelegten Schlossösen verriegelt.

Wenn der RL-10/2 ST fertig gepackt ist, kann man auf einen Blick schlecht den Unterschied zwischen Gleiter und Sprungfallschirm RS-9/2 erkennen. Das Positive bei dieser Lösung war doch letztlich die fast gleiche Handhabung in der Verpackung wie beim militärischen Sprungfallschirm RS-9/2, den jeder fallschirmspringende Soldat in der NVA seit Jahren kannte. Die Vorbereitung im Flugzeug oder Hubschrauber mit dem Einhängen der Aufzugsleinen, die Methoden des Absprungs usw. waren identisch. Damit konnten wir mit Gleitern problemlos aus allen in der NVA zur Verfügung stehenden Flugzeugen und Hubschraubern springen.

Jeder Fallschirmspringer, ob Fallschirmjäger oder Aufklärer, war im Springen mit der Stabilisierungseinrichtung vertraut, und es bedurfte keiner zusätzlichen Ausbildung. Nach dem Lösen der Stabilisierung, ob manuell durch den Springer oder automatisch, konnte nach drei bis fünf Sekunden die Lage des Fallschirmspringers keinen negativen Einfluss mehr auf die Öffnung des Gleiters auslösen, wie etwa in einer unstabilen Öffnungslage bei Fallschirmsprüngen im freiem Fall.

Damit waren alle Voraussetzungen zur Ausbildung an Gleitern für auserwählte Fallschirmjäger, Aufklärer und auch Kampfschwimmer in der NVA gegeben. Wir entschie-

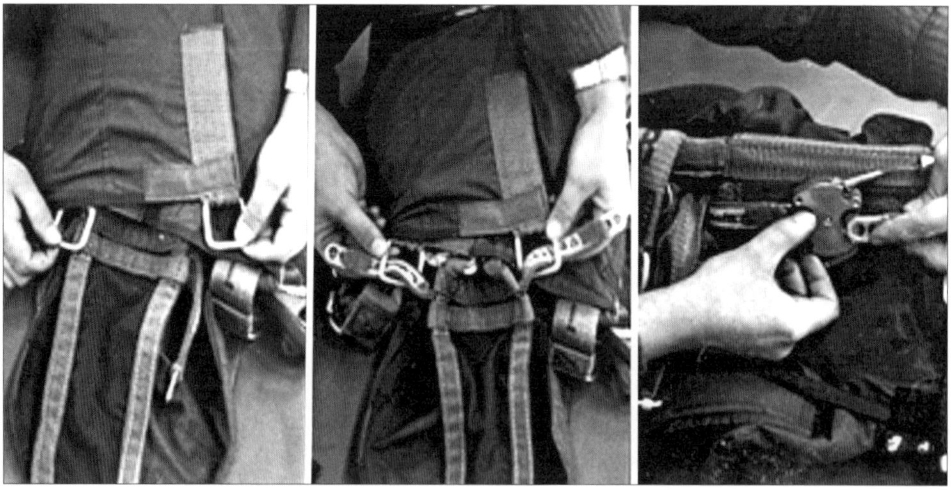

Das Verschließen des Verpackungssackes und das Einlegen der Verriegelungsbänder mit den Schlossösen in das Doppelkegelschloss

den uns beim Einführen von 20 Geräten RL-10/2 ST 1986 mit der Ausbildung des Aufklärungszuges (AZ) im FJB/LStR zu beginnen, nachdem wir alle Angehörigen des Fallschirmdienstes mit diesem Gleitersystem RL-10/2 ST sowie mit dem Rettungsfallschirm BE-8/2 vertraut gemacht und ihnen dafür die Ausbildungsberechtigung erteilt hatten.

Gleitfallschirm RL-10/2ST mit dem Rettungsfallschirm BE-8/2 angelegt

Bei dieser Ausbildung mit Gleitfallschirmen erhielten wir vom Stellvertreter des Chefs der LSK/LV für Luftstreitkräfte, Generalleutnant Baarß, sehr große Unterstützung und konnten diesen Zug jährlich zwei Wochen lang auf dem Ausweichflugplatz der Luftstreitkräfte in Müncheberg ausbilden. Hier war es nach Abstimmung mit den angrenzenden Flugplätzen der Luftstreitkräfte möglich, zeitlich eine Höhenfreigabe von mehr als 2000 m zu erhalten.

Bei einem dieser Lehrgänge habe ich noch eine Erinnerung, die man im Leben nie vergisst: Die Ausbildung des 2. und 3. Dienstjahres des AZ am Gleiter RL-10 ST war fast beendet und es standen noch zwei Sprünge aus 4000 m Höhe mit der Zielsetzung im Programm, nach dem Gruppenabsprung möglichst eine große Strecke zu überfliegen und in einem vorher festgelegten kleinen Raum zu landen. Leider hatten wir nur einen schwachen Höhenwind von etwa 5 m/s aus 50° kommend. Vom Flugplatz Marxwalde (heute Hardenberg) erhielten wir eine Höhenfreigabe von 3500 m für eine Zeit von zwei Stunden.

Der Sprunggruppenführer erhielt, abgestimmt mit dem Piloten, die Aufgabe, in Richtung Gusow anzufliegen und über der Ortschaft in 3500 m abzusetzen.

Ich stieg mit ins Flugzeug, sprang aber bereits in 1500 m über der Ortschaft Eggersdorf ab und öffnete meinen RL-10 in etwa 1200 m Höhe. Über der Ortschaft erwischte ich eine Thermik, die mich nicht wieder los ließ. Ich konnte das Flugzeug bis zum Absetzen gut verfolgen und die Gruppe bis zur Landung auf dem Flugplatz bei Eggersdorf beobachten.

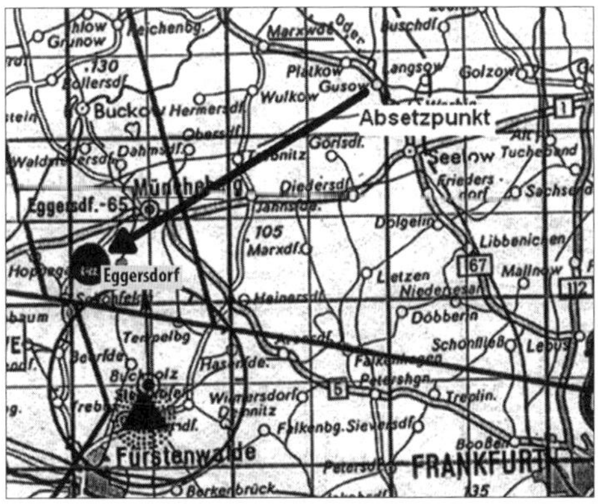

Kartenausschnitt zur Darstellung der Ausbildung am RL-10/2ST im Raum Müncheberg

Erst als ich ein paar rasante Drehungen mit dem Gleiter machte, die Gruppe war inzwischen gelandet, ließ mich die Thermik los, und ich landete nach etwa 25 Minuten, am Gleiter hängend, wohlbehalten wieder auf dem Flugplatz.

Nach dem letzten Sprung im Mai 1989 auf dem Feldflugplatz in Müncheberg. Von links: Stfw. Haberland Uwe, FSW/Ausb. FJAB-40; Stfw. Kunze Uwe, (†) FSW/Ausb. LStR-40; Hptm. Hoda Fred, Stellv. des Leiters Fallschirm- und Rettungsdienstes KLSK/LV; OSL Dittrich Wolfgang (†), Leiter des Fallschirm- und Rettungsdienstes KLSK/LV; OSL Leutert Gerhard, OOffz. FSD KLaSK

Es war sowohl für die Aufklärungsgruppe als auch für mich ein bleibendes Erlebnis. Allerdings war das nicht immer so. Bei einer Übung auf dem Truppenübungsplatz in Nochten plante der Kommandeur Oberstleutnant Krug erstmalig das Absetzen einer Gruppe Aufklärer im Gleiter-Einsatz. Im Morgengrauen sollte vom Flugplatz Preschen eine AN-26T starten und die Springer möglichst weit entfernt vom zu sichernden Landeplatz absetzen. Sie sollten diesen Landeplatz lautlos erreichen. Da es der erste Gleiter-Einsatz bei einer Übung war, bat mich der Kommandeur um Unterstützung bezüglich des richtigen Absetzens der Gruppe. Ich sprach am Vorabend mit dem Meteorologen des Flugplatzes Preschen und bat um einen Ballonaufstieg zur Ermittlung des Höhenwindes bis zu 4000 m Höhe.

Aber wie das Leben so spielt, war beim Eintreffen auf dem Flugplatz nichts vorbereitet. Es stellte sich heraus, dass der Flugplatz gar nicht dazu in der Lage war und Ballonaufstiege dieser Art in besagter Höhe nur in Strausberg für die gesamte NVA vorgenommen wurden. Allerdings nur einmal täglich zu einem bestimmten Zeitpunkt. Es waren Ergebnisse nur vom Vortage verfügbar. Was tun? Wir hatten eine Startfreigabe für 5:30 Uhr für eine Höhe von 3000 m im Absetzraum und waren nahezu fast 200 km von Strausberg entfernt.

Wohin bläst der Wind in dieser Höhe? Das war die Gretchenfrage. *Gerhard, entscheide dich!* Ich einigte mich mit dem Navigator der AN-26T und dem Meteorologen, entsprechend der Großwetterlage und den Höhenwindangaben von Strausberg des Vortags, in 90° über Boxberg anzufliegen und nach dem Überfliegen der großen Kraftwerksschlote abzuspringen. Ich sprang als Erster und hatte die Gruppe eingewiesen unbedingt zusammenzubleiben, denn man musste auf alles gefasst sein. Und es war auch so. Der Wind blies mit etwa 12 bis 15 m/s aus genau 270°, trieb uns in östliche Richtung und ließ erst in etwa 500 m Höhe nach.

Für mich war sofort klar, dass ein Erreichen des vorgegebenen Landeplatzes, der nun in nördlicher Richtung lag, ein Ding der Unmöglichkeit war. In diesen Minuten gehen einem Gedanken durch den Kopf, die nur einen Wunsch signalisieren: Ja nicht im Wald landen! Wer mit diesem Gleiter nur etwa zehn Sprünge hinter sich hat, für den kann es sehr gefährlich werden.

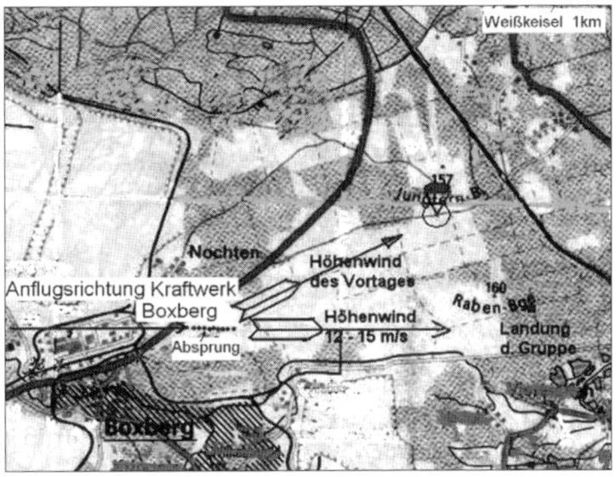

Skizze über den ersten Gleitereinsatz einer Aufklärungsgruppe des LStR im Raum des TÜP Nochten

Die Aufklärer verhielten sich jedoch vorbildlich. Als wir dem zu erwartenden Landeabschnitt näher kamen, war im Wald eine große Panzerbahnkreuzung sichtbar, und auf dieser kleinen Fläche landeten alle wohlbehalten. Zugführer Leutnant Kalkofen nahm seine Gruppe zusammen und musste nun fast 3 km per Fuß im Eilmarsch zurücklegen, um seine Aufgabe zu erfüllen, denn in weniger als einer Stunde landete im befohlenen Landeraum eine FJK mit Hubschraubern, den diese Aufklärungsgruppe ja aufklären und sichern sollte. Das war das erste Mal, dass wir Fallschirmjäger mit Gleitern einsetzten. Bei dieser Übung wurde mir völlig klar, dass ein Landeunternehmen mit Gleitern in einem vorher genau bestimmten Raum ohne genaue Windangaben nicht machbar ist. Auch ein Gleiter mit einem Vorschub von 10 m/s kann nicht gegen einen stärkeren Wind gleiten.

Wie ging es nun weiter? Wir stellten an Seifhennersdorf die Forderung, im Verlauf der weiteren Entwicklung der Stauflügelgleiter die maximale Belastbarkeit auf mindestens 130 kg zu erhöhen, um auch künftig die gesamte Ausrüstung mit Gleitern wie beim Sprungfallschirm RS-9/2 mitführen zu können. Dabei wurde ins Auge gefasst, diese Gleiterkappe auch bei einem Schülergleiter einzusetzen, der in der GST benötigt wurde. Erst am 3. und 4. Mai 1990 absolvierte ich in Burg die ersten Sprünge mit dem Schülergleiter. Er trug die Bezeichnung SG-1 und es handelte sich um das Erprobungsmuster M33-A4.

Schulgleiter RL-18 bei der Öffnung, die Kappe RL-18 im leicht gebremsten Zustand. Über dem Springer ist der Ösenschieber deutlich erkennbar.

Dieser Gleiter, er erhielt später die Bezeichnung RL-18, hatte jedoch als Dämpfungssystem keine Reffleine mehr, sondern einen Ösenschieber. Mit diesem Gleiter konnte ich bis zum Ende der DDR noch zwölf Sprünge ausführen.

Technische Daten des RL-18

Kappenfläche:	25,5 m²
Anzahl Doppelkammern:	7
Anzahl Fangleinen:	16
Anzahl Zweigleinen:	16
Steuersystem:	2 Steuerleinen mit je 4 Steuernebenleinen
Dämpfungssystem:	Ösenschieber 62 x 72 cm
Nutzlast:	50–130 kg
Einsatzgeschwindigkeit:	100–240 km/h
Entfaltungsstoß bei max.	ca. 650 daN
Sinkrate Gleiten:	4,0–5,0 m/s
Landung:	2,5–3,0 m/s
Vorschub Gleiten:	10–12 m/s
Gleitzahl:	3,0
Drehgeschwindigkeit 360°:	2,0–3,0 s
Kappenvolumen:	12,3 dm³
Kappengewicht:	4,9 kg
Kappengewebe:	F 111 A
Fangleinenmaterial:	Dacron, Reißfestigkeit 280 daN
max. zulässige Packdauer:	180

Die Kappe zeichnet sich bei hoher Form- und Flugstabilität vor allem durch ein gutmütiges Flugverhalten aus. Die Steuerleinen waren werksseitig so eingestellt, dass *bei normalem Bremsleinenzug* ein *Überziehen der Kappe nicht möglich war.* Aufgrund dieser Eigenschaften war die Kappe sowohl für den Schulbereich als auch für die militärische Nutzung besser geeignet als die des RL-10. Die maximale Belastung lag bei 130 kg.

Nach den Untersuchungen mit dem RL-10/2 ST im Aufklärungszug des Luftsturmregiments wurde bereits dieser möglichen Methode des relativ unbemerkten Eindringens ins Hinterland eines Gegners nur eine nebensächliche Bedeutung beigemessen. Man sollte nicht vergessen, dass die NVA in den Warschauer Vertrag genauso wie die Bundeswehr in die NATO fest eingebunden war. Beide Systeme standen sich *nicht freundschaftlich* gegenüber. Deshalb war es wegen der Windverhältnisse im mitteleuropäischen Raum irreal, in westliche Richtung *gleiten* zu wollen. Als Einsatz wäre nur denkbar gewesen, mit Bomberverbänden in westliches Gebiet zu gelangen, aus großer Höhe mit Gleitfallschirmen abzuspringen und danach unbemerkt in Operationsgebiete zu gelangen. Dazu fehlte der NVA allerdings jegliche Voraussetzung, und selbst die Sowjetarmee zog nach meiner Kenntnis diesen Weg des Einsatzes mit Gleitern in westliche Richtung nie in Betracht. Eher wurden Versuche unternommen, mit Fallschirmsystemen, auch mit Gleitern, im Falle einer Aggression aufs schnellste die südlichen Gebirgspässe zu China besetzen zu können. Dazu wurden schon in den 1970er-Jahren unter anderem auch auf dem höchsten Berg *Pik Lenin* Versuchssprünge vorgenommen.

Deshalb fand ich auch den Artikel in der Zeitschrift *Der Deutsche Fallschirmjäger Nr. 5/2009*, von Stabshauptman a. D. Helmut Schlecht *Gleitfallschirmeinsatzverfahren von der Stunde Null bis zur Einsatzreife von 1977–1989* interessant, in dem er schreibt: „Der damalige Kommandeur der Luftlande- und Lufttransportschule (LL/LTS), Oberst Abele, erteilte den Auftrag, zu prüfen, inwieweit Gleitfallschirme für militärische Zwecke verwendbar seien. Inspiriert durch einen Bericht in der Tageszeitung >>Die Welt<<, in der damals berichtet wurde, „dass Aufklärungskräfte des Fallschirmjägerregiments der NVA mittels Gleitfallschirmen fähig seien, tief in den Operationsraum des Gegners einzudringen, erstreckte sich der Auftrag des Kommandeurs insbesondere auf das Gleitfallschirm-Einsatzverfahren" (Ende des Zitats).

Man bedenke, 1977 hatten wir erstens kein Fallschirmjägerregiment, sondern noch in Prora auf Rügen nur ein Fallschirmjägerbataillon, und zweitens – auch 1977 – in der Ausrüstung der NVA noch keinen einzigen Gleitschirm. Sollten aber laut der Springerpresse schon fähig sein, mit Gleitfallschirmen tief in den Operationsraum des Gegners eindringen zu können. Ja, zur Zeit des „Kalten Krieges" waren wir Fallschirmjäger der NVA sogar schon laut BRD-Presse *mit 5000 Mann in Zaire* gewesen.

Ich möchte auf keinen Fall den Autor des Artikels, StHptm. Helmut Schlecht, in Frage stellen. Ich habe ihn 1990 bei einem Besuch an der LL-LTS persönlich kennen und schätzen gelernt. Seinen Aktivitäten wie auch denen der Mitwirkenden bei den umfangreichen Erprobungen des Gleitfallschirmeinsatzverfahrens und den erzielten Ergebnissen zolle ich meinen Respekt. Man kann die Fallschirmjäger der BW zu dem erreichten Stand auf diesem Gebiet nur beglückwünschen, denn sie waren laut Bericht sogar innerhalb der NATO führend und haben Spezialisten anderer Armeen im Gleitschirmeinsatzverfahren ausgebildet.

Aus meiner Sicht war die Meldung in der Springerpresse für den Kommandeur der LL-LTS ein gegebener Anlass in dieser Richtung etwas zu tun, da ja die meteorologischen Bedingungen, mit dem Wind in *östliche Richtung zu gleiten,* weitaus größere Möglichkeiten bieten als umgekehrt.

Ich bin davon überzeugt, dass die Geheimdienste der BRD über die Struktur sowie über den Ausrüstungs- und Ausbildungsstand der Fallschirmjäger der NVA sicher besser Bescheid wussten, als die Springerpresse.

Die Auflösung der Unterabteilung Spezialausbildung 1986

1986 wurden in der NVA, darunter auch im Kommando der Landstreitkräfte, abermals alle Stellenpläne und Ausrüstungsnachweise überarbeitet. Dazu hatte jeder Bereich ein bestimmtes Limit an Planstellen einzusparen. Uns allen war klar, dass gespart werden musste, aber wenn schon, dann bitte nicht bei uns. Das war eigentlich in der NVA und überall – ja heute noch – der große Slogan. Jeder war von sich und seiner Arbeit so überzeugt, dass es ohne ihn und seine Planstelle sicher zum *Zusammenbruch* führen könnte oder würde.

Wir Offiziere in der Unterabteilung wussten, dass diese Überarbeitungsperiode nicht ohne tiefe Einschnitte an uns vorbeigehen würde. In der damaligen Zusammensetzung sah es folgendermaßen aus: Als Leiter der Unterabteilung war *OSL Dieter Militz,* eingesetzt. An seiner Seite kämpfte *OSL Kurt Elsner,* vormals langjähriger Kommandeur des FJB und nun seit Jahren schon Oberoffizier für Spezialausbildung. Von den drei Planstellen der Arbeitsgruppe Fallschirmdienst waren die des Leiters mit *OSL Gerhard Leutert,* und die eines Oberoffiziers mit *Major Bernd Schleusner* besetzt. *OSL Horst Graske* war bereits als Leiter der FJAB-40 eingesetzt worden. Major Schleusner hatte im FJB keine Perspektive mehr und wurde 1984 nach der Entlassung von *OSL Heinrich Kowalski* auf dessen Planstelle versetzt.

Mit der Bildung der Fallschirmjägerausbildungsbasis, die nun ganz aufgefüllt und arbeitsfähig war, wurden eine Reihe von Aufgaben an diese Basis delegiert, beispielsweise die Verantwortung für die Fallschirmsprungausbildung und deren Sicherstellung, wie auch die gesamte Ersatzteilbestellung und Auslieferung für den Verantwortungsbereich der Landstreitkräfte, einschließlich der Fallschirmreparatur. Außerdem wurde uns bereits mit der Bestätigung des Stellenplans für diese Basis angekündigt, dass zum Tag vollständiger Arbeitsfähigkeit eine weitere Offiziersplanstelle der Arbeitsgruppe Fallschirmdienst zu streichen ist. Und da traf es meinen Platz als Leiter der AG, und es verblieb nur noch eine Oberoffiziersplanstelle *Fallschirmdienst*. Ohne die Existenz der Arbeitsgruppe Fallschirmdienst konnte aber im Bestand keine Unterabteilung weiterexistieren. Deshalb wurde auch *OSL Dieter Militz* als Oberoffizier wieder in der Abteilung Mot.-Schützen eingesetzt. Bei der Aussprache mit Generalleutnant Winter bestand er darauf, dass *OSL Kurt Elsner* und *OSL Gerhard Leutert* im Verantwortungsbereich als Oberoffiziere Spezialausbildung und Fallschirmdienst verbleiben. Er war fest davon überzeugt, dass wir diese Aufgabe allein bewältigen konnten. Wir wurden seinem *Stellvertreter Ausbildung Oberst Josef Wejda, später Generalmajor,* direkt unterstellt.

Nach der Streichung dieser Planstelle wurde Major Schleusner auf eigenen Wunsch am 1. November 1986 zum Fallschirm- und Rettungsdienst der LSK/LV versetzt. Leider ist er am 31. August 1988 auf dem Flugplatz der LSK/LV in Laage bei einem Sprung im freien Fall mit dem Fallschirm RS-8 tödlich verunglückt. Das war für uns alle ein tiefer Schock, innerhalb kurzer Zeit zwei Kameraden, mit denen wir viele Jahre zusammengearbeitet hatten, auf tragische Weise zu verlieren. Es war für Kurt Elsner und mich nicht einfach, mit dem Wulst anfallender Aufgaben allein fertigzuwerden. Ich hatte dabei noch Glück, da die Entwicklung der Fallschirmtechnik erfolgreich abgeschlossen war, die FJAB-40 unter Leitung von *OSL Horst Graske* selbständig arbeitete und sich alle Dienstvorschriften und Anleitungen des Fallschirmdienstes auf dem neuesten Stand befanden. OSL Elsner hingegen hatte seit Beginn 1986 eine gewaltige Aufgabe zu meistern, bei der ich ihn, so gut ich konnte, unterstützte.

Vom Vereinten Oberkommando der Warschauer Vertragsstaaten wurde der NVA die Aufgabe gestellt, das FJB zum Luftsturmregiment (LStR) umzustrukturieren.

Die Luftsturmvariante der Sowjetarmee hatte strukturell zum Ziel, im Einsatzfall jeder Armee ein Luftsturmbataillon zu unterstellen. Diese Forderung wurde auch gegenüber der NVA durchgesetzt. Die Ausbildungsprogramme und die Gefechtsvorschriften der Sowjetarmee wurden übersetzt und teilweise übernommen bzw. unseren Bedingungen und Möglichkeiten gemäß geändert und angepasst.

Aus dem LStR-40 wurden *bei einer Mobilmachung* zwei Luftsturmbataillone mit der Bezeichnung LStB-40 und LStB-41 aufgestellt und den MB-III und V je ein LStB unterstellt. Zu einem LStB gehörten zwei Fallschirmjägerkompanien, eine Luftsturmkompanie, eine Granatwerferbatterie und eine Panzerjägerbatterie.

Im Buch *Vom Himmel auf die Erde ins Gefecht – die Fallschirmjäger der NVA* wurden die Struktur und die Einsatzgrundsätze des LStR-40 mit den zu bildenden zwei LStB eindeutig beschrieben. Den Grundstock beider Bataillone bildeten die vorhandenen vier FJK, und die weiteren dazugehörigen Einheiten wurden nur zum Teil aufgestellt. Im Mobilmachungsfall sollten die offenen Planstellen mit Reservisten aufgefüllt werden. In diesem Fall wechselte der Personalbestand der FJAB-40 in die zu bildenden Luftsturmbataillone.

Die Friedensstruktur des LStR-40 wurde am 1. Dezember 1986 mit Beginn des neuen Ausbildungsjahres eingenommen. Darin wuchs das LStR bereits auf 673 Soldaten und zehn Zivilbeschäftigte.

OSL Kurt Elsner (Bild Mitte) bei einem Besuch an der Offiziershochschule der Luftlandetruppen der Sowjetarmee in Rjasan im Gespräch mit dem „Vater des Fallschirmspringens der Sowjetarmee“, Generalleutnant Lissow. Rechts der Dolmetscher des FJB, Hauptmann Otto Schimkat

Generalmajor Wejda, OSL Elsner und der Kdr. des FJB OSL Langer (Bild rechts) bei der Auswertung der Häuserkampfausbildung mit den Kompaniechefs der FJK. In der Mitte der KC Hptm. Seiffert, der spätere Kdr. des LStR-40

Kurz vor der Umbenennung des FJB zum LStR wurde bei OSL Elsner ein bereits fortgeschrittener Darmkrebs festgestellt. Er kämpfte verbissen gegen diese heimtückische Krankheit und verstarb leider im Juli 1987. Mit ihm verloren die Fallschirmjäger einen hervorragenden Offizier und Kameraden, und ich verlor einen meiner besten Freunde.

Trotz des schweren Verlustes für uns alle, besonders jedoch für die Fallschirmjäger, musste es weitergehen. Für *OSL Kurt Elsner* wurde *OSL Hartmut Richert* als Oberoffizier für Spezialausbildung eingesetzt. Hartmut Richters Weg begann als Offizier gleichfalls im FJB. Da es nach dem Besuch der Militärakademie *Friedrich Engels* auch für ihn bei den Fallschirmjägern keine weitere Perspektive gab, war er einige Jahre in der Abteilung Aufklärung im Kommando der Landstreitkräfte eingesetzt worden.

Damit bestand die *Unterabteilung Spezialausbildung* seit ihrer Bildung 1969 im MfNV der Verwaltung Ausbildung bis zum 30. November 1986 im Bereich Ausbildung des Kommandos der Landstreitkräfte 17 Jahre, und die Arbeitsgruppe Fallschirmdienst 18 Jahre.

Kommandeursübergabe: OSL Frank Lippert (rechts) übergibt im Beisein von Generalmajor Josef Wejda das LStR-40 an Major Norbert Seiffert (2. v. li.). Links im Bild OSL Hartmut Richert

Das Abseilen von Spezialeinheiten aus Hubschraubern Mi-8 T und Mi-8TB

Mit der Bildung des Luftsturmregiments wurde in den Ausbildungsprogrammen gefordert, Spezialisten im Abseilen aus Hubschraubern des Typs Mi-8 aus der Standschwebe auf Land und Objekte auszubilden. Jedoch fehlten dazu jegliche Vorrausetzungen. In den Hubschraubern stand nur eine elektrisch betriebene Seilwinde zur Verfügung, die vorrangig nur für die Aufnahme einzelner Personen vorgesehen war, die sich in Not befanden. Diese wurde vor allem bei der Seenotrettung angewandt.

Ich erhielt von Generalleutnant Winter die Aufgabe, in Zusammenarbeit mit den Luftstreitkräften dazu entsprechende Möglichkeiten zu prüfen. An uns wurde die Forderung gestellt, Spezialisten in Gruppenstärke in relativ kurzer Zeit aus einem vorbereiteten Hubschrauber auf Gelände mit hoher Bebauung oder Bewachsung beziehungsweise auf Objekte, die über eine geeignete Plattform verfügen, durch Abseilen absetzen zu können. Diese Methode sollte dann angewandt werden, wenn das Absetzen wegen höherer Aufbauten und größeren Bodenbewuchses oder anderer Hindernisse eine höhere Standschwebe des Hubschraubers als 2 bis 3 m erforderten und folglich freie Sprünge undurchführbar waren. Die Abseilhöhe sollte von 5 bis 40 m möglich sein.

Der Fliegeringenieurdienst im Kommando der LSK/LV sah vorerst keine Möglichkeit, uns in dieser speziellen Forderung Hilfe leisten zu können. An der Zelle, d. h. an der Innen- oder Außenhaut des Hubschraubers, dürfen keinerlei Veränderungen oder Anbauten vorgenommen werden. Also zusätzliche Löcher bohren und Schrauben anbringen war nicht möglich. Das konnte zu Festigkeitsabfall führen, die auch eine Garantieleistung des Herstellers, der UdSSR, insgesamt für den Hubschrauber infrage stellt. Da war guter Rat teuer. Schließlich kamen wir gemeinsam im THG-34 in Brandenburg/Briest auf den Gedanken, einen speziellen Metallrahmen zu fertigen, der die gesamte Last des abzuseilenden Fallschirmjägers aufnahm, ohne das am Hubschrauber an der Zelle Veränderungen vorgenommen werden mussten. Der Rahmen wurde in der Größe und in den Ausmaßen so bestimmt, dass er in zwei bereits vorhandene Ausnehmungen im unteren Türrahmen des Hubschraubers, die in jedem Mi-8T oder Mi-8TB gleich waren, eingesetzt und gemäß seiner Größe am oberen Türrahmen innen befestigt werden konnte. Er war auf diese Weise mit dem Hubschrauber fest verbunden und konnte nicht herausfallen. Die Tür ließ sich mit eingebautem Rahmen ohne Einschränkung öffnen und schließen. An diesem Spezialrahmen, der aus besonderem Stahl und mit speziellem Schweißverfahren hergestellt wurde, waren an der oberen Querstrebe des Rahmens vier Steckbolzen angeschweißt. An jedem Steckbolzen wurde ein 50 m langes Bergsteigerseil befestigt. Die Bolzen wurden zusätzlich durch Splinte gesichert. Wurde nur aus einer Höhe bis 20 m abgeseilt, wurden vier Seile jeweils in der Mitte an den vier Steckbolzen befestigt. So konnten nacheinander acht Fallschirmjäger je an einem 25 m langen Seilende abseilen. Wa-

In der geöffneten Tür ist der Spezialrahmen zu erkennen. Der Absetzer verfolgt jeden Abseilenden bis zu seiner Landung, ehe er mittels Bolzenzug das Seil löst.

ren die ersten beiden gelandet, wurde vom Absetzer der erste Bolzen gezogen, das freie Seil fiel zu Boden, ehe der nächste, der am zweiten Bolzen befestigte Fallschirmjäger, abseilen konnte. Musste aus einer größeren Höhe als 20 m abgeseilt werden, wurde das 50 m lange Seil an einem Ende am Steckbolzen befestigt und es konnten nur vier Fallschirmjäger nacheinander abseilen.

Abseilen von Fallschirmjägern aus dem Hubschrauber MI-8TB auf ein Häuserdach

Für das Abseilen aus dem Hubschrauber wurden nur Armeeangehörige zugelassen, die sprungtauglich waren, an der Bergsteigerausbildung erfolgreich teilgenommen hatten und auf das Abseilen aus Hubschraubern vorbereitet wurden. Da diese Art des Absetzens sehr gefährlich war, wurden nur Berufssoldaten als Absetzer zugelassen, die über entsprechende Kenntnisse und Erfahrung verfügten. Der Einbau des Rahmens wird vom Absetzer und Bordmechaniker vorgenommen. Das Zusammenspiel mit der Hubschrauberbesatzung und dem Absetzer ist beim Abseilen unbedingt notwendig. Da es vorkommen kann, dass der Abseilende die Plattform, auf der er landen soll, nicht trifft, muss das Seil eine Mindestlänge von der Höhe des Hubschraubers über dem Objekt plus der Höhe des Objekts haben.

Erfahrungsgemäß sollte in Abhängigkeit der erforderlichen Höhe des Hubschraubers in der Standschwebe über Grund die Größe der Aufsprungfläche:

- bis 15 m Höhe gleich 5 x 5 m,
- bis 30 m Höhe 10 x 10 m und
- über 30 m bereits 15 x 15 m betragen.

Sehr gefährlich kann es werden, wenn der Absetzer das freie Seil nach dem Abseilen nicht abwerfen kann. Das Seil darf dann nur in den Hubschrauber gezogen werden, wenn eine Masse von mindestens 5 kg am unteren Ende angehängt wurde. Ansonsten konnte die Tragschraube das Seil hochwirbeln und erfassen.

Der genaue Ablauf, die Zuständigkeiten und die Sicherheitsbestimmungen für das Abseilen wurden in der Anleitung Fallschirmspringen und Absetzen präzise festgelegt.

Mein 1000. Fallschirmsprung

Am 11. August 1988 absolvierte ich meinen *1000. Fallschirmsprung*. Das geschah nach genau 28 Jahren und einem Tag, als ich erstmals per Schirm in die Tiefe gesprungen war. Es war ein Höhepunkt in meinem Springerleben, von dem ich eigentlich schon lange geträumt hatte. Teile ich jedoch die Gesamtsprungzahl 1000 durch die 28 Jahre, komme ich im Schnitt nur auf runde 35 Fallschirmsprünge jährlich. Allerdings waren es 1962 nur zwei, und 1975 durfte ich, verletzungsbedingt, zu keinem einzigen Fallschirmsprung antreten.

1988 schaffte ich sogar 95 Fallschirmsprünge. Das hatte ich zum großen Teil meinem Chef, Generalleutnant Winter, zu verdanken. Er unterstützte mich insofern, als dass er mir das Erreichen des tausendsten Sprungs für 1988 als eine meiner Aufgaben stellte.

So nutzte ich an der FJAB-40 jede Gelegenheit, der 1000 näher zu kommen. Am 11. August 1988, einem wunderschönen Sommertag, war es dann soweit. Dieser Sprung in Burg sollte für mich aber auch etwas Besonderes sein und keiner aus 300 m Absprunghöhe mit automatischer Öffnung des Fallschirms. Nein! Etwas *Besonderes* waren 4000 m Absprunghöhe in der Gruppe von sechs Fallschirmspringern und 65 Sekunden freier Fall. Natürlich mit Gratulation der Mitspringer bereits während des freien Falls in der Viererkombination. Das heißt, sechs Springer verlassen bei möglichst geringstem Sprungintervall den Hubschrauber MI-8T und bilden nach fünf bis zehn Sekunden Fallzeit einen Kreis, indem sich vier Fallschirmspringer an den Handgelenken festhalten und mit einer Fallgeschwindigkeit von 180 km/h (gleich 50 m/s) gemeinsam in Richtung Erde fallen. Ich sprang zuerst ab, und weitere fünf Fallschirmwarte/Ausbilder folgten mir. Der Absprung in 4000 m Höhe erfolgte genau südlich des Platzes über der Autobahn A2. Nach etwa 40 Sekunden gemeinsamen Fallens begann die Trennung, und jeder drehte sich nach dem Abdocken in die entgegengesetzte Richtung in der Absicht, vor der Öffnung des Gleiters einen großen Abstand zu den anderen zu gewinnen.

Es war für mich ein bleibendes Erlebnis, da es meine erste Beteiligung an einer Viererformation war, und ich danke noch heute Öfä. Jens Klaudtky, Ufw. d. Res. Horst Prellwitz, Ofä. Andreas Marschall (verstorben 1991), Fw. Elvio Sarzinelli, später Fähnrich, und Stfw. Uwe Kunze (verstorben 2011), die mich bei diesem Sprung begleiteten. Nach unserer Landung war auch gleich ein Fotograf da, der dieses Ereignis für mich im Bild festhielt.

Vom Chef der Landstreitkräfte, Generaloberst Stechbarth, erhielt jeder Fallschirmspringer der Landstreitkräfte nach der Absolvierung des 1000. Sprungs eine Armbanduhr mit Gravur sowie eine Urkunde.

In den Landstreitkräften absolvierten der Reihe nach folgende Angehörige während ihrer Dienstzeit 1000 Fallschirmsprünge: *Stofä. Günter Schmidt, OSL Gerhard Leutert, OFä. Jens Klaudtky, Major Jürgen Fischer und Stfw. Uwe Kunze (†).*

Nach dem Sprung, v.l.: Fw. Sarzinelli, Stfw. Uwe Kunze (†), OSL Leutert, Ufw. d. Reg. Prellwitz und OFä Klaudtky

Urkunde

In Anerkennung
vorbildlicher Leistungen
in der Fallschirmsprungausbildung
wird

OSL Leutert, Gerhard

für den

1 000.

Fallschirmsprung
ausgezeichnet

Stellvertreter des Ministers und
Chef der Landstreitkräfte

Stechbarth
Generaloberst

Potsdam, den 11. 08. 1988

Urkunde des Stellv. des Ministers und Chef der Landstreitkräfte für Fallschirmspringer, die den 1000. Fallschirmabsprung absolviert haben.

Beispiel einer Viererkombination im freien Fall

Die politische Wende in der DDR und mein erstes Zusammentreffen mit Angehörigen der Bundeswehr

Montagsdemonstration im November 1989 in Leipzig

Es war für uns Soldaten eine äußerst komplizierte Zeit. Man war seinem Staat, der DDR, per Eid verpflichtet und schaute zu, wie dieser Staat, ja das gesamte sozialistische System, in sich zusammenbrach. Zum 40. Jahrestag der DDR sagte noch der Mann, der Partei und Staat fest in der Hand glaubte: „Den Sozialismus in seinem Lauf, den hält nicht Ochs noch Esel auf!" Und dabei stand auf der Tribühne neben *Erich Honecker* ein *Michael Gorbatschow*, der zu dieser Äußerung noch leicht mit dem Kopf nickte. Im Grunde stand zu dieser Zeit bereits fest, dass mit der Abkehr vom Sozialismus durch den führenden Staat, die Sowjetunion, die DDR politisch und vor allem auch wirtschaftlich nicht mehr weiter existieren konnte.

Positiv wurde von allen Offizieren, die ich kenne, die militärische Entspannung in der Welt aufgenommen und hoch eingeschätzt, denn gerade wir wussten, was aus Deutschland werden könnte, wenn zwischen der NATO und dem Warschauer Pakt die Waffen sprechen sollten. Deshalb waren die Beobachterübungen eine gute Basis, um gegenseitiges Vertrauen aufzubauen. Das LStR-40 nahm an einer Reihe dieser Übungen teil. Selbst ein Oberst der Bundeswehr konnte sich die Fallschirmausbildung an der FJAB-40 ansehen und sprach bereits von gemeinsamen militärischen Wettkämpfen der Fallschirmjäger beider Länder, ob in Burg oder an der Luftlande-Lufttransportschule (LL/LTS) in Altenstadt in Oberbayern.

Es war an einem Sonnabend, dem 6. November 1989, als Generalleutnant Winter seinem Stellvertreter Generalmajor Josef Wejda und mir die Aufgabe stellte, mit drei *Hundertschaften* des LStR-40 nach Leipzig zu fahren, um dort bei der *Montagsdemo* auf besonderen Wunsch von Erich Honecker bei Notwendigkeit präsent zu sein und *bei Erfordernis auch einzugreifen*.

Schon der Befehl *drei Hundertschaften* war aus militärischer Sicht für uns unverständlich, denn strukturell gab es in der NVA keine derartigen Formationen, sondern Züge, Kompanien und Bataillone usw. Damit war uns klar, dass dieser Befehl tatsächlich von ihm, dem noch Obersten Befehlshaber der DDR, erteilt worden sein muss. Eine konkrete Aufgabe für den eventuellen Einsatz sollten wir von der Bezirkseinsatzleitung Leipzig unter Vorsitz des 1. Sekretärs der Bezirksleitung der SED und seinem Stellvertreter, dem Chef des MB-III, Leipzig, erhalten. Generalleutnant Winter stellte uns die Aufgabe, alles zu versuchen, dass die Fallschirmjäger in Leipzig *nicht* zum Einsatz kommen. Es wurden auf besondere Anweisung des Nationalen Verteidigungsrats nur die Handfeuerwaffen mitgeführt, *jedoch ohne Munition*. Der Kommandeur des LStR-40, Major Seiffert, erhielt dazu die Aufgabenstellung und meldete seinen Entschluss. Darin war unter anderem festgelegt, die Kaserne des Artillerieregiments 3 in Leipzig am Sonntag, den 7. November 1989, gegen 24:00 Uhr zu erreichen und darin Unterkunft zu beziehen. Nachdem die Truppe die Kaserne bezogen hatte, fuhr Generalmajor Wejda mit mir zum Stab des MB-III. Hier war, auch wie im Kommando der Landstreitkräfte, für führende Offiziere aller Waffengattungen und Dienste die erhöhte Gefechtsbereitschaft ausgelöst. Alle saßen in einem großen Saal in Bereitschaft. Wir quartierten uns dort gleichfalls ein, und ich weilte am Telefon und wartete auf die Dinge, die da kommen werden.

Der Chef des MB-III, Generalmajor Wiegand, gab am folgenden Tag, einem Montag, in einer Lagebesprechung das Ergebnis der Beratung mit der Bezirkseinsatzleitung bekannt. Darin schilderte er die Unterredung mit den Organisatoren der Demonstration, darunter mit Kurt Masur, gegenüber dem sich diese führenden Männer verpflichteten, alles dafür zu tun, dass keine Gewalt in irgendeiner Art und Weise angewandt wird, und eine Besetzung von staatlichen Gebäuden und Einrichtungen zwecks Sicherung vorerst nicht notwendig wäre. Abschließend sagte der Generalmajor, dass aus seiner Sicht, „wenn es erforderlich sein würde, zuerst die Fallschirmjäger zum Einsatz kommen."

Hier machte sich jedoch anschließend mein Generalmajor stark und er versuchte in einem persönlichen Gespräch, den Chef des MB von diesem Ersteinsatz der Fallschirmjäger abzubringen. Wäre ich zu dieser Zeit Chef des MB gewesen, hätte ich wohl ebenso gehandelt und in dieser explosiven Lage vorerst meine Truppen geschont.

Schließlich war der Einsatz der NVA gegen das eigene demonstrierende Volk politisch keinesfalls zu rechtfertigen und widersprach der Militärdoktrin, d. h. den Gesetzen der DDR. Deshalb nicht zuerst meine Truppen, sondern die Fallschirmjäger, die ja auf *Wunsch des noch Ersten Mannes des Staates* nach Leipzig befohlen worden waren.

Glücklicherweise verlief für uns alle, aber ganz besonders für die Fallschirmjäger, auch diese Montagsdemonstration friedlich, jedoch mit einer überaus großen Beteiligung von mehreren Zehntausenden Menschen. Bezeichnend für die *Berichterstattung im 1. Fernsehen der DDR*, das ständig im Bereitschaftssaal des Militärbezirks eingeschaltet lief, war die Auskunft in den 20-Uhr-Nachrichten, dass nur einige Wenige daran teilgenommen hätten und die Montagdemonstration bereits friedlich beendet sei. Und das zu einem Zeitpunkt, als die *Demo* noch im vollen Gange war.

Ich war erstaunt, wie daraufhin ein Protest der Mehrheit der anwesenden Offiziere im Saal über diese Art der Berichterstattung losbrach und völliges Unverständnis darüber herrschte, dass die Partei- und Staatsführung die Stadt Leipzig so auf sich allein gestellt ließ.

Glücklicherweise war dieser Einsatz in Leipzig der erste und letzte für die Fallschirmjäger. Jedoch hinterließ er in den Köpfen der Fallschirmjäger erste Wunden. Sie fühlten sich in ihrem Vertrauen enttäuscht, und es entstanden erste Zweifel an ihrem spezifischen Dienst. Das Schlimme an dieser Situation war, dass keiner, auch nicht die vorgesetzten Stäbe, im Kommando der LaSK so richtig wussten, wie es weitergehen soll.

Die Sowjetunion überließ jedem sozialistischen Staat die volle Eigenständigkeit. Keiner fühlte sich mehr dem Warschauer Vertrag verbunden, und nach der Öffnung der Grenzen zwischen beiden Blöcken, darunter auch der innerdeutschen, war im Grunde der Untergang des Sozialismus besiegelt. Und aus dem Ruf in Leipzig: „Wir sind das Volk!" wurde „Wir sind ein Volk!" Aber was wird aus uns Soldaten?

Das war die Frage, die in diesen Tagen niemand beantworten konnte. War mein nun schon 35 Jahre währender Dienst in der NVA umsonst oder gar falsch gewesen? Nein, damit konnte und wollte sich niemand abfinden, denn letztlich haben die Angehörigen der NVA mit dazu beigetragen, dass durch die Parität der Kräfte zwischen den Blöcken der Weltfrieden erhalten blieb. Es begannen Wochen, in denen sich die Armee vordergründig mit sich selbst beschäftigte. Täglich kamen neue Meldungen vom *Runden Tisch*, und in der Truppe der Fallschirmjäger wurde vor allem freudbetonte Ausbildung, wie viel Sport, Bergsteigen und Fallschirmspringen, befohlen. Das Leben ging weiter und es wurde der größte Pazifist, ein Pfarrer und Spatensoldat, der keine Waffe in die Hand nehmen wollte, *Rainer Eppelmann*, in der neu gewählten Regierung in der *noch* existierenden DDR neuer Minister für Verteidigung und Abrüstung.

Mein erstes Zusammentreffen mit Angehörigen der Bundeswehr

Von dem ehemaligen Fallschirmwart/Ausbilder des FJB und derzeitigem Fallschirmausbilder im Zentralvorstand der GST *Bernd Ludewig* erfuhr ich, dass auf dem Flugplatz der GST in Halle/Oppin ein Oberstleutnant der Fallschirmjäger der BuWe, *Dieter Engel*, zuständig für die Männermannschaft im Fallschirmsportspringen der BRD, an einem Wochenende im Mai 1990 zu Besuch käme, und ich erhielt dazu von Bernd Ludewig eine Einladung.

Ich fuhr mit meiner Frau Christa und meinem Enkel Martin, der gerade mal acht Jahre alt war, nach Halle und war von der Offenheit und dem kameradschaftlichen Verhalten des Oberstleutnants der Fallschirmjäger der BuWe positiv beeindruckt. Wir verstanden uns sofort und vereinbarten kurz darauf ein weiteres Treffen mit dem Ziel, ihn mit unserer Fallschirmtechnik vertraut zu machen, einschließlich des Springens aus dem Flugzeug der GST mit dem Fallschirm RS-9/2. Dazu kam es auch kurz darauf am selben Ort. Ich lud dazu den Leiter der Fallschirmjägerausbildungsbasis Oberstleutnant Horst Graske ein, der die erforderliche Fallschirmtechnik mitbrachte.

Nach der Einweisung und dem Sprung versprach ich, dem Oberstleutnant der BuWe das Fallschirmsprungabzeichen der NVA mit Urkunde und Trageberechtigung zu überreichen.

Anfang Juli 1990 erhielt der Chef der Landstreitkräfte (nun Generalleutnant Skerra, da Generaloberst Stechbarth bereits in den Ruhestand gegangen war) von Minister Eppelmann den Auftrag, eine Fallschirmsportmannschaft bzw. eine Beobachterdelegation zu den *XX. CISm-Meisterschaften im Fallschirmspringen* nach Altenstadt in Oberbayern zur Luftlande- und Lufttransportschule (LL-LTS) der BuWe zu delegieren (CISM ist die Abkürzung für *Conseil International du Sport Militaire,* die Internationale Militärsport-Vereinigung, in der vorrangig die Armeen der NATO-Staaten und weitere Länder Mitglied waren). 1990 gehörten bereits 88 Mitgliedsstaaten rund um den Erdball dem CISM an. Die Armeen der Warschauer Vertragsstaaten waren bisher im SKDA (Sportkomitee der befreundeten Armeen) vereinigt. Generalleutnant Winter ließ mich rufen und übergab mir die Einladung mit dem Auftrag, ihm umgehend einen Vorschlag dazu zu unterbreiten.

Über eine Sportmannschaft im Fallschirmspringen verfügten wir in der NVA nicht. Wir hatten unter den Angehörigen des Fallschirmdienstes der einzelnen Teilstreitkräfte, vor allem unter den alten Hasen in den Luftstreitkräften, gute Zielspringer, jedoch reicht gut noch lange nicht aus, um an CISM-Meisterschaften teilzunehmen, die Weltmeisterschaften gleichzusetzen sind und in denen ausschließlich die Nationalmannschaften der einzelnen Länder vertreten waren. Im Figuren- und Formationsspringen steckten wir nicht einmal in den Kinderschuhen. Die DDR wurde im Sportspringen fast bei allen bisherigen Wettkämpfen ausschließlich vom MfS mit Sitz in Eilenburg bei Leipzig vertreten, wobei sich im Höchstfall von der GST, je nach Leistung, ein oder zwei Springer einen Platz in der Nationalmannschaft erkämpfen konnten. Bei den SKDA-Meisterschaften der Armeen der Warschauer Vertragsstaaten nahmen nur Fallschirmspringer des SC Dynamos teil. In allen anderen Ländern, ob östlich oder westlich, waren die Armeen der betreffenden Länder dominierend. Nur bei uns war das grundlegend anders. Das ärgerte uns Armeeangehörige und tat uns auch weh! Deshalb war mir sofort klar, nur eine Beobachterdelegation nach Altenstadt zu entsenden, damit wir uns nicht international absolut blamieren. Wer sollte dieser Beobachterdelegation angehören?

General Winter entschied selbst und legte fest: „Du fährst dorthin und nimmst einen guten Fallschirmsportspringer der Landstreitkräfte mit. Für die Fahrt erhältst du den PKW Lada von Generalmajor Wejda mit Kraftfahrer. Was du mitnimmst, kannst du selbst entscheiden." Damit konnte ich wegtreten und mein Herz blubberte in lauten Tönen. Der beste Sportspringer in den Landstreitkräften war unbestritten Oberfähnrich Jens Klaudtky. Wir nahmen jeder einen Gleitfallschirm mit. Ofä. Klaudtky den gerade von BEWES empfangenen neuen TD-3, und ich meinen RL-18 sowie einen Sprungfallschirm RS-9/2 plus je ein Rettungsgerät BE-8/2. Da war der Kofferraum des kleinen Lada fast voll.

Bezeichnend war, dass niemand mit mir über besondere Verhaltensweisen sprach, etwa nach dem Motto: Was darfst du tun und sagen, was nicht.

Aber ich bin ehrlich: Mir ging es an den Tagen vor der Abreise nicht gut. Was wird dich erwarten und mit welchen Fragen wirst du dich auseinandersetzen müssen? Ich war froh, dass ich ein paar Wochen vorher schon Oberstleutnant Dieter Engel kennengelernt hatte. Außerdem: Wir hatten ja eine offizielle Einladung *in die Höhle des Löwen* in der Tasche.

Wir fuhren am 15. Juli 1990 los und passierten gegen 10:00 Uhr auf der A9 über die Saale die offene Grenze bei Hirschberg. Nun waren wir im anderen Teil Deutschlands, in Ausgangsuniform der NVA-Fallschirmjäger und das Fahrzeug mit dem Kennzeichen unserer Armee. Wir waren ab sofort *das interessanteste Fahrzeug auf der A9* in Richtung München. Wer uns überholte, ließ sich noch mal zurückfallen, um genau zu schauen, ob er sich beim ersten Hingucken nicht versehen oder gar eine Fata Morgana vor sich hatte.

Je tiefer wir in die BRD fuhren, umso größer wurden die Augen derer, die uns überholten. Irgendwie konnte man das auch verstehen: Fallschirmjäger der NVA in der BRD? Wir wurden angestarrt wie Exoten. In der Stadt München erreichte das Erstaunen seinen Höhepunkt. Wir wurden sogar mit Hupkonzert begleitet und uns wurde zugewunken, uns, den *eigentlichen Feinden der BRD*.

Ohne Übertreibung: Es herrschte in jenen Tagen eine wahre Euphorie, von der man, wenn man nicht ein ausgesprochener Holzklotz war, und das waren wir nicht, sofort angesteckt wurde. Nun kamen wir gegen 16:00 Uhr vor der Kaserne in Altenstadt an. Der Posten bat den „Herrn Oberstleutnant", einen Augenblick zu warten, und schon holte uns der mir bereits bekannte Oberstleutnant Dieter Engel ab und führte uns umgehend zum Schulkommandeur *Oberst Ulrich Quante*.

Hier wurden wir, ohne zu übertreiben, kameradschaftlich empfangen und es wurde uns ein Offizier, Major Horst Gimmerthal, zugeteilt, der uns für die gesamte Zeit zur Verfügung stand. Wir wurden in der Kaserne vorbildlich untergebracht und man hielt uns, verglichen mit den anderen angereisten Mannschaften und Delegationen, weniger angebunden, sondern wir fügten uns mehr in das Stammpersonal der LL-LTS ein. Ofä. Klaudtky und unser Ufw. Kraftfahrer (leider ist mir sein Name entfallen) beim Unteroffizierskorps und ich beim Offizierskorps.

Uns wurde angeboten die Bedingungen für das Fallschirmspringerabzeichen der BuWe abzulegen und die dazu entsprechenden Fallschirmsprünge mit der Fallschirmtechnik der BuWe zu absolvieren. Natürlich nahmen wir dieses Angebot mit Freude an, denn schließlich wollten wir diese Technik ja auch kennen lernen. Am 18. Juli 1990 war es soweit, und wir machten aus 450 m Höhe mit 140 km/h Absetzgeschwindigkeit den 1. Sprung aus dem Transporthubschrauber des Heeres CH-53. Als Sprungausrüstung erhielten wir einen bereits gepackten Sprungfallschirm T-10 mit dem Rettungsfallschirm R-10.

In der BuWe packen die Fallschirmjäger ihre Fallschirme prinzipiell nicht selbst. Dafür gibt es an der LL-LTS einen Fallschirmpacker-Zug, der für die auszubildende Truppe sämtliche Fallschirme packt. Damit soll Ausbildungszeit eingespart und mit der Spezialisierung der Packer Packfehler vermieden und die Sicherheit erhöht werden. Diese Art der Fallschirmbehandlung wurde von der Hitlerarmee übernommen und wird, meiner Kenntnis nach, auch in der US-Armee so gehandhabt.

Fallschirmsprung aus dem Hubschrauber CH-53 der Bundeswehr

Auf dem Bild lassen die heraushängenden Aufzugsleinen mit den inneren Verpackungssäcken erkennen, dass vier Männer bereits gesprungen sind. Die Leinen werden an der rechten Seite in Flugrichtung am Boden des Hubschraubers befestigt, und der Springer verlässt die Maschine über die heruntergefahrene Rampe.

Am folgenden Tag sprangen wir aus dem Transportflugzeug Transall C-160. Dazu konnten wir nicht in Altenstadt einsteigen, sondern fuhren mit einem Bus nach Landsberg am Lech auf einen Flugplatz der BuWe, der etwa 30 km in nördlicher Richtung lag. Das Fahrzeug war mit etwa 40 Fallschirmjägern gefüllt, die einen Gefechtssprung mit vollständiger Ausrüstung vor sich hatten. Die Ausrüstung wurde auf einem LKW mitgeführt. Auf dem Flugplatz, auf dem eine Staffel C-160 stationiert war, machte sich die Truppe zum Sprung bereit. Es war sehr interessant, sich dieses Schauspiel anzusehen, weil wir hier Gleiches zu sehen bekamen, als wäre bei uns eine FJK beim *Anschirren.* Jedoch überwachten und kontrollierten nur drei Unteroffiziere das Anlegen der Fallschirm- und Gefechtsausrüstung. Bei der Vorbereitung der Truppe auf den Sprung war kein Offizier anwesend. Die Männer waren gleichsam wie Maulesel bepackt und überall drückte die Last auf den Schultern. Aber nicht nur in diesem Fall gab es Parallelen. Die C-160 rollte an, stellte die Triebwerke ab, und die Truppe quälte sich über die Rampe ins Innere der Maschine. Es erfolgte für uns eine kurze Einweisung über Reihenfolge und Absprung. Gesprungen wurde nur aus der rechten Tür. Es war aber auch möglich, aus beiden Türen rechts und links bzw. durch eine Tür und über Heck abzusetzen.

Nun passierte unvermutet das, was ich in meiner Laufbahn nicht erlebt habe. Die Maschine rollte auf die Bahn und setzte zum Start an. Plötzlich wurde der Start abgebrochen und die Maschine rollte zurück an den Platz, an dem wir eingestiegen waren. Die Besatzung gab den Befehl: „Alles aussteigen, wir müssen erst tanken.“ Die Truppe quälte sich wieder aus dem Flugzeug heraus und setzte sich hin. Nach 30 Minuten wurde eingestiegen und erneut zum Start gerollt. Nun wurde der Start wiederum abgebrochen, weil ein Instrument nicht funktionierte und erst gewechselt werden musste. Wieder alles aussteigen und Platz nehmen. Nach einer guten Stunde kam die Maschine abermals, und jetzt stimmte

Absetzen von Fallschirmspringern aus dem Flugzeug Transall C-160 der Bundeswehr

endlich alles. Ich schreibe das nicht, um uns schönfärben zu wollen, denn in die Technik (außer in den Tank) kann man nicht hineinschauen und Sicherheit ist das oberste Gebot.

Ich musste nur feststellen, dass bei den Luftstreitkräften der BuWe auch nur mit Wasser gekocht wird. Bei meiner Landung wurde ich nach beiden Sprüngen über meine Eindrücke befragt und konnte nur sagen, dass ich mich mit unseren Fallschirmen wohler und auch sicherer gefühlt hätte. Der Fallschirm hat zwar trotz der 280 km/h Absetzgeschwindigkeit eine schnelle und relativ weiche Öffnung, jedoch benötigte ich fast 100 m Sinken, ehe ich mich von den eingedrehten Fangleinen befreien konnte. Der Fallschirm T-10 ist nicht steuerbar, und man musste sich vor der Landung an den Gurten rechtzeitig in die Richtung eindrehen, in die man durch den Wind getrieben wurde. Wir hatten bei diesen Sprüngen etwa 5 m/s Bodenwind, die man nicht bremsen kann. Man sollte auf keinen Fall versuchen, wie bei unseren Fallschirmen bei der Landung zu stehen, sondern bei viel Wind empfiehlt sich doch die berühmte Fallschirmjägerrolle. Und das mit vollständiger Gefechtsausrüstung? Das ist problematisch und führt zu Verletzungen. Deshalb wurde mir erklärt, dass sich 3 % bis 5 % der abgesetzten Fallschirmspringer besonders bei Sprüngen mit Ausrüstung durchaus Verletzungen zuziehen können. Das sei als *normal* anzusehen! Oberfähnrich Klaudtky schätzte den T-10 ebenso ein und erlebte nach seinen 1200 Sprüngen sogar die erste Kollision. Seine Landung konnte er nicht in den Stand bringen. Das verhinderte ein Pendeln vor der Landung. Er musste die berühmte Landerolle ausführen. Zum Glück war der Boden sehr weich, und er sprang ja auch ohne Ausrüstung.

An einem der ersten Tage unseres Daseins in der Kaserne erhielten die Missionschefs und Mannschaftsleiter vom Wettkampfleiter Hptm. *Helmut Schlecht* im Offiziersaal der LL-LTS eine Einweisung in den Ablauf der Fallschirmsprungmeisterschaft. Über der Mitte des Präsidiums hing ein mannsgroßes Bild, darauf *Generaloberst Student* in Uniform mit Ritterkreuz und allen weiteren Auszeichnungen. Am Ritterkreuz war deutlich das Hakenkreuz zu erkennen.

Dieser Generaloberst hatte im Auftrage Hitlers alle Einsätze der deutschen Fallschirmjäger geplant und geführt und trägt meiner Meinung nach für 3200 tote Fallschirmjäger auf Kreta mit die Mitverantwortung.

Obendrein wurde sogar die in der Kaserne verlaufende Hauptstraße mit dem Namen des besagten Mannes als Generaloberst-Student-Straße bezeichnet (Kasernenplan in der Informationsschrift *Dein Standort – Altenstadt Oberbayern, Seite 27 von 1990* abgebildet).

Ich wurde dabei sehr nachdenklich und konnte nicht verstehen, dass die hier anwesenden Vertreter der ehemaligen West-Alliierten im Offiziers-, ja Generalrang der USA, Englands, Frankreichs, der Niederlande oder Belgiens das zugelassen haben und keiner daran Anstoß nahm.

Ein paar Tage später fuhren wir zum Stab der Gebirgsjägerdivision nach Mittenwald. Am Eingang zum Stabsgebäude das gleiche Bild. Hier hingen rechts und links des Eingangs die führenden Gebirgsjäger – Generäle der Hitlerarmee – ebenfalls mit Ritterkreuz am Band. Das waren also die Vorbilder der bundesdeutschen Gebirgsjäger? Ich blieb am Eingang etwas länger stehen und schüttelte leicht den Kopf. Da trat ein Oberst der BuWe zu mir und sagte: „Ich kann verstehen, dass das für Sie neu sein wird, aber das waren alles brave Männer und vorbildliche Soldaten!“

Was sollte ich ihm darauf antworten, wenn anwesende Vertreter von Nationen, deren Völker unter Hitler und seinen Generälen geblutet haben, *Stillschweigen bewahren?*

Aus heutiger Sicht kann man ohne Übertreibung feststellen, dass erst nach der Wieder-

Chefs der Missionen der Teilnehmerländer bzw. Beobachter bei der CISM – Meisterschaft im Fallschirmspringen: Ganz rechts OTL Henner Treiber vom Bundesministerium der Verteidigung und Leiter der Deutschen Delegation im CISM; Vierter von links OSL Leutert

vereinigung Deutschlands in der BRD angefangen wurde, die Geschichte der Jahre 1933 bis 1945 aufzuarbeiten. Wenn ich mich recht erinnere, wurden erst in den 1990er-Jahren nach einer politischen Debatte im Bundestag Bilder und Bezeichnungen in den Kasernen der BuWe beseitigt. Wenn man vergleicht: Ein Jugendlicher malt ein Hakenkreuz an die Wand und wird wegen Verherrlichung des Faschismus angeklagt, und in der BuWe wurden die Hitler-Generäle als soldatische Vorbilder der Jugend hingestellt. Unbegreiflich!

Welche Länder nahmen an den CISM-Meisterschaften im Fallschirmspringen teil?
Afrika (Ägypten, Marokko, Libyen, Togo); Europa (Belgien, Dänemark, Finnland, Frankreich, Östrreich, Schweiz, Spanien, Italien, Schweden, Bundesrepublik Deutschland); Asien (Irak, Jordanien, Saudi Arabien, Sultanat Oman, Thailand, Vereinigte Arabische Emirate, Volksrepublik China); Nordamerika (USA); Süd-/Mittelamerika (Brasilien, Panama) – entnommen aus der Informationsschrift.

Außer diesen 24 Mannschaften nahmen die Militärmannschaften aus der UdSSR, ČSSR, aus Polen, Rumänien und Ungarn teil. Diese Mannschaften wurden als Gäste außerhalb der Wertung geführt. Nur wir nahmen als Beobachterdelegation teil.

Man war wahrlich bemüht, uns die Tage so angenehm wie möglich zu machen.

Vor jedem Beginn der Wettkämpfe hatten die Chefs der Missionen die Möglichkeit selbst einen Fallschirmsprung auszuführen, in der Regel aus 3000 m Höhe aus dem Hubschrauber CH-53. Laut meinem Sprungbuch konnte ich dies mit meinem Fallschirm RL-18 dreimal nutzen. Da stiegen selbst Generale mit ein und sprangen 40 bis 50 Sekunden freien Fall, ehe sie ihren Fallschirm öffneten.

Allerdings wurden wir auch mit vielen Dingen konfrontiert, zu denen man der Gastfreundschaft halber einfach verpflichtet war. Wir wurden zum Bürgermeister der Kreisstadt Schongau eingeladen, sowie von einem Oberstleutnant der Schweizer Armee, der sich während eines Arbeitsessens mit den Gäste-Nationen ausschließlich um den Beitritt ihrer Länder zur CISM redlich bemühte. Allerdings hatte jedoch kein Delegationsleiter das Recht und die Befugnis, dazu etwas Verbindliches zu sagen.

Mit dem Vertreter der NVA der DDR gab es zum Beitritt keine Fragen, denn die Wiedervereinigung Deutschlands stand fast so gut wie fest.

Platzaufbau: In der Mitte der Zielkreis und ringsherum die Zelte mit der Packzone für die einzelnen Mannschaften. Im großen Spitzzelt befand sich der Organisationsstab

Am Wochenende kamen zu meiner Überraschung der Kommandeur des LStR-40 Major Seiffert und sein Stellvertreter Ausbildung Oberstleutnant Frank Lippert zu Besuch nach Altenstadt.

In jenen Tagen gab es zwischen uns eine gewisse Spannung, da ich den Kommandeur bezüglich des *Militanten Springens* von Soldaten und Reservisten der BuWe wie auch aus den Streitkräften anderer Länder nicht unterstützte. Dieses Springen hatte vor allem das Ziel, das Fallschirmsprungabzeichen der NVA zu erwerben, das es ja nicht mehr lange geben würde.

Ich konnte das vom menschlichen Standpunkt aus verstehen, doch fehlten dazu die rechtlichen Voraussetzungen, die ja in jenen heiklen Tagen kein Vorgesetzter im KLaSK mehr geben wollte. Weil ich in dieser Angelegenheit nicht gegen bestehende Gesetze verstoßen wollte, sprang Oberstleutnant Dieter Engel auch nicht auf einem Platz und aus einem Flugzeug der NVA, sondern bei der GST in Halle/Oppin. Solange nichts passiert und niemand zu Schaden kommt, kräht kein Hahn darüber. Im anderen Fall hätte das böse Konsequenzen nach sich gezogen.

In der BuWe hatte der Kommandeur der LL-LTS die Erlaubnis, im Dienst stehenden Soldaten mit einem bestimmten Auftrag das Fallschirmspringen zu genehmigen. Selbst bei meiner Abreise legte mir Oberst Quante ans Herz, ein derartiges *Militantes Springen*, das in der BuWe gleichfalls nicht statthaft ist, auch bei uns nicht weiter zu gestatten, auch nicht für Angehörige der BuWe, sprich Fallschirmjäger.

Der Höhepunkt dieser Meisterschaft war der von allen Springern ersehnte *Sprung der Nationen*. Dieses *springerische Spektakel* wurde am Ende jeder CISM- Meisterschaft mit Begeisterung erwartet. Jede Mannschaft und auch die Organisatoren konnten an diesem Ereignis teilnehmen. Insgesamt sprangen bei einem Anflug aus mehreren Hubschraubern 200 Fallschirmspringer aus 4000 m Höhe ab und öffneten ihre Gleiter in gestaffelter Höhe. Ich hätte auch daran teilnehmen können, wäre aber der einzige mit dem Rettungsfallschirm mit Rundkappe vor dem Bauch gewesen. Alle anderen hatten als Rettungsfallschirm gleichfalls einen Gleiter, doch dieser war mit in der Verpackung und wurde auf dem Rücken getragen. Hätte ich den Rettungsfallschirm gebrauchen müssen, wäre ich nie auf dem Platz gelandet.

Ofä. Klaudtky nahm mit seinem TD-3-System teil und vergaß diesen Sprung bis heute nicht. Er sagte mir: „So viele Sprachen habe ich nie wieder bei einem Briefing (Informationsgespräch) gehört, Relativjumps (d.h. im freien Fall Formationen bilden) waren klar verboten worden. Aber das war anscheinend bei allen Springern hinter der Rampe, d.h. nach dem Absprung, vergessen. Es waren eben doch zivile Sportspringer in Uniform. Ich schloss mich ein paar Kanadiern an und ruck, zuck, lag ich das erste Mal in meinem Leben in einer Zehner-Formation und alles fast über den Alpen!"

Am Abend, zur Abschlussfeier der Meisterschaften, waren viele hohe Gäste anwesend, darunter der Kommandeur der FJ-Division, Generalmajor Bernhard, und eine ganze Reihe von Journalisten verschiedener Zeitungen. Ich wurde Generalmajor Bernhard vorgestellt. Er fragte mich, wie ich unter den gegenwärtigen Bedingungen die Zukunft der Fallschirmjäger in der Welt sehe, auch bezüglich einer *schnelle Eingreiftruppe*, und vieles mehr. Ich verwies auf die bei uns seit 1986 aufgestellten Luftsturmeinheiten und antwortete ihm, dass aus meiner Sicht den Fallschirmjägern sowie den luftbeweglichen Einheiten sicher weiterhin die Zukunft gehört.

Zum Abschluss des Gesprächs gab ich ihm mein Sprungabzeichen von meiner Uniform und er knöpfte von seiner Uniform sein Divisionsabzeichen ab und übergab es mir. Danach führte mich Major Gimmerthal zu einem älteren Herrn, der sich als Redakteur der *Rheinischen Zeitung* vorstellte und unbedingt mit mir sprechen wollte.

Und nun kam das, womit ich am wenigsten gerechnet hatte. Er stellte sich in Pose und sprach, ziemlich laut, sinngemäß folgende Sätze: „Herr Oberstleutnant, Sie fühlen sich sauwohl unter uns, aber wenn Sie abends in den Spiegel gucken, muss Ihnen doch das große Kotzen kommen. Schließlich haben Sie doch diesen verruchten Staat der DDR mitgetragen und

Ehrentafel
CISM 1990 Herren

Einzelzielspringen:

1. Wo2	Abdulla	VAE
2. Ofw	Husemann	RFA
3. Zgf	Alic	AUT

Stilspringen:

1. Sgt	Lauer	FRA
2. S/C	Bernachot	FRA
3. Adj	Lubbe	FRA

Einzelkombination:

1. S/C	Bernachot	FRA
2. Adj	Lubbe	FRA
3. Cpt	Philipponnat	FRA

Mannschaftszielspringen:
1. Italien
2. BR Deutschland
3. Vereinigte Arabische Emirate (VAE)

Formationsspringen:
1. Belgien
2. Spanien
3. Marocco

Mannschaftskombination:
1. Frankreich
2. BR Deutschland
3. USA

Gewinner des Wanderpokals
General Francis Pottier:
WOII, Murad Abdulla/VAE
Die Gästeklasse ist nicht aufgeführt.

Ehrentafel
CISM 1990 Damen

Einzelzielspringen:

1. Sgt	Carjuzaa	FRA
2. Ssg	Stearns	USA
3. Mch	Nicolas	FRA

Stilspringen:

1. Ssg	Stearns	USA
2. Sgt	Carjuzaa	FRA
3. Lt	Graetzer	SUI

Einzelkombination:

1. Sgt	Carjuzaa	FRA
2. Ssg	Stearns	USA
3. Lt	Graetzer	SUI

Mannschaftszielspringen:
1. Frankreich
2. USA
3. Thailand

Formationsspringen:
1. Frankreich
2. USA
3. Schweiz

Mannschaftskombination:
1. Frankreich
2. USA
3. Schweiz

Ehrentafel der Sieger CISM 1990 (ohne Gästemannschaften)

Bild aus der Zeitschrift des Heeres von li.: Ofä. Klaudtky, Oberst Quante, OSL Leutert

Verleihung des Fallschirmspringerabzeichen der BW durch Oberst Quante

FALLSCHIRMJÄGER HEUTE —

Am 21. 07. 1990 überreichte Oberstlt Leutert – er untersteht direkt dem Oberkommandierenden der Landstreitkräfte der NVA – an Oberstlt Engel als erstem Soldaten der NATO das Fallschirmspringerabzeichen der NVA mit der Registriernummer 001. Am nächsten Tag verlieh der Schulkommandeur, Oberst Quante, im Rahmen der CISM-Meisterschaft im Fallschirmspringen an Oberstlt Leutert, Maj Seifert (Kdr Luftsturmregiment 20) und OFR Klaudky das Springerabzeichen der Bundeswehr.
Auf dem Bild von links OTL Leutert, OTL Düesberg, Maj Seifert, OTL Engel.

Foto: Schmiederer

12 Der Deutsche Fallschirmjäger 4/90

Ausschnitt aus der Zeitschrift „Der Deutsche Fallschirmjäger“ 4/90

verteidigt. Was haben Sie uns denn dazu zu sagen?“ Sofort waren viele, die es hörten, im großen Saal still und schauten mich aufmerksam an. Ich sammelte mich schnell und antwortete ihm noch lauter: „Ich habe während meiner Dienstzeit in der NVA keinem Menschen ein Haar gekrümmt, sondern genau wie die Soldaten der BuWe meine Pflicht zur Erhaltung des Weltfriedens getan!“ Da fiel er mir ins Wort und sagte zögerlich: „Schreien Sie doch nicht so, ich war schließlich auch Soldat und habe den ganzen Zweiten Weltkrieg mitgemacht!“

Da fiel *ich* ihm ins Wort und entgegnete: „Und da können Sie abends noch in den Spiegel schauen!“ Danach drehte ich mich um, empört über diese Provokation, und ging, jedoch unbewusst, genau auf Oberst Quante zu. Der Reporter lief mir hinterher und sprach: „Herr Oberstleutnant, hier ist meine Karte, ich würde mich gerne in Ruhe mit Ihnen unterhalten!“ Ich beachtete ihn nicht mehr. Er gab die Karte Major Gimmerthal. Oberst Quante sagte zu mir: „Hüten Sie sich vor unseren Journalisten! Das war mehr als unfair von ihm! Sie haben aber gut gekontert!“

Am nächsten Morgen, dem 27. Juli 1990, sind wir mit einer Menge neuer Eindrücke und Erfahrungen über unseren *künftigen Hausherrn, die Bundeswehr*, wieder nach Hause gefahren.

URKUNDE
für
Angehörige ausländischer Streitkräfte
* * * * * * * * * * * * * *

OTL L E U T E R T, Gerhard

hat am Lehrgang für
F a l l s c h i r m s p r i n g e r
vom

17.07. - 27.07.1990
an der

L u f t l a n d e - und L u f t t r a n s p o r t s c h u l e

mit Erfolg teilgenommen.

Schramm
Oberst und Lehrgruppenkommandeur

LUFTLANDE - LUFTTRANSPORTSCHULE
ALTENSTADT 22.07.90

Bescheinigung
über die
Trageberechtigung des Fallschirmspringerabzeichens für
Angehörige ausländischer Streitkräfte

Dem OTL Gerhard Leutert
KdoLaSk
wird nach 4 Fallschirmsprüngen erlaubt,
das Fallschirmspringerabzeichen in Bronze
der deutschen Bundeswehr zu tragen.

Schramm
Oberst

Reg. Nr. LL/LTS

Urkunde und Trageberechtigung für das Fallschirmspringerabzeichen der BuWe

CONSEIL INTERNATIONAL DU SPORT MILITAIRE
INTERNATIONAL MILITARY SPORTS COUNCIL

OTL LEUTERT RFD *a participé au*
participated in

XX. Militärweltmeisterschaft im Fallschirmspringen 1990

A Altenstadt *le* 27. Juli 1990
In *on*

Le Chef de la Délégation,
The Chief of Delegation,

PARTICIPANT
Eingeladene Beobachter

Urkunde für die Teilnahme an den CISM-Meisterschaften (für eingeladene Beobachter)

Tätigkeit nach der Wende in der BRD

Meine kurze Dienstzeit in der Bundeswehr und Entlassung am 31. Dezember 1990

Als ich aus Altenstadt zurückkehrte, hatte sich innerhalb der 14 Tage im Kommando der Landstreitkräfte sehr viel verändert. Es war eine ganz verrückte Zeit, denn keiner wusste, wohin das Schiff, die NVA, nun hinstranden würde. Was soll aus den Berufssoldaten werden, wie wird man sie behandeln, wer wird übernommen?An dieser Stelle muss ich anfügen, dass in dieser Phase des begonnenen Untergangs der NVA die Offiziere der BuWe ganz geschickt handelten. Sie waren wahrhafte Psychologen, haben sich in allen Fragen sehr zurückgehalten, wenig gesagt, und vor allem keinerlei Versprechungen gemacht.

Das Charakteristische an dieser Zeit war obendrein noch, dass fast jeden Tag andere Hiobsbotschaften in die Welt gesetzt wurden. Eine ging anfangs sogar so weit, dass sich der Minister für Abrüstung Eppelmann vorstellen könne, dass die NVA noch Jahre neben der BuWe existieren könnte, wenn es nicht zur Vereinigung, sondern für Jahre zu einer Konföderation beider Staaten, der BRD und der DDR, käme.

Das waren Tage, an denen um vertrauensselige Offiziere der NVA gebuhlt wurde.

Auch dafür habe ich ein persönliches Beispiel, das für diese Zeit eigentlich alles sagt und das ich aus eigenem Erleben schildern kann:

Es war in Altenstadt, als mir ein ehemaliger Oberstleutnant der BuWe vorgestellt wurde. Er hieß, wenn ich mich nach 20 Jahren noch recht erinnere, Kröger. Er war seit seiner Entlassung aus der BuWe in Hamburg bei der dominierenden Zeitung des Springerkonzerns *Die Welt* im Bereich Vertrieb angestellt. Als ich mein Sprungabzeichen überreicht bekam, zeigte mir Herr Kröger am folgenden Tag die neueste Zeitung, in der ich in einem kurzen Kommentar lesen konnte, dass ich in Altenstadt als erster Offizier der NVA das Sprungabzeichen der BuWe erworben hatte. „Sie, Herr Oberstleutnant, stehen in der größten Zeitung Deutschlands *Die Welt*, das würde sich so mancher Offizier der BuWe wünschen.“ Das genügte, um mit mir freundschaftliche Bande zu knüpfen. Einmal sicherten wir ihn am Rande der großen Luke des Hubschraubers gegen Herausfallen, und er freute sich über mich, wenn ich, da ich meist als Letzter sprang, ihm in 3000 m Höhe nach dem Absprung im Fallen noch paar Sekunden zuwinkte. Das festigte unsere Kameradschaft, und wir tauschten unsere Adressen aus.

Es dauerte zu Hause nicht lange, dass er mich anrief und zu einem *Arbeitsessen mit Frau im Schloss Cecilienof* einlud. Kann man das annehmen? Ich noch in Uniform der NVA? Warum nicht, wir lebten in einer Zeit des Umbruchs, und jeder musste selbst wissen, was er zu tun hat. Meine Frau willigte ein, mitzukommen ich sagte zu.

Herr Kröger holte uns ab und wir fuhren gemeinsam in die Gaststätte des Schlosses Cecilienhof. Natürlich brannte ich darauf zu erfahren, warum der Springerkonzern so großzügig ist und uns, ohne Gegenleistung, hier freihält. Seine Antwort: „Wir sind Kameraden, und wenn Sie entlassen werden sollten gibt es auch bei meiner Zeitung *Die Welt* die Möglichkeit, Arbeit zu finden.“ Ich fragte sofort, welche Arbeit ich, der eigentlich nur etwas von Fallschirmen versteht, bei seiner Zeitung tun könnte, außer Abonnenten zu werben?

„Also das wäre das Allerletzte und käme für mich keinesfalls in Frage.“ Und er fuhr fort: „Sie kennen viele Leute, und wenn die NVA neben der BuWe noch eine gewisse

Zeit bestehen bleiben sollte, dann wäre es für unsere Zeitung nicht uninteressant einen Verbindungsmann zum Kommando der Landstreitkräfte zu haben. Auch aus diesem Grunde darf ich Sie und Ihre Gattin im Auftrage der Geschäftsführung des *Axel-Springer-Konzerns* zu einem Besuch in den Verlag nach Hamburg herzlich einladen. Natürlich trägt unsere Zeitung die Kosten für die Reise, den Aufenthalt und die Übernachtung in einem Hotel. Ich würde Sie dann einem Geschäftsführer vorstellen, der Ihnen bei einem Essen im Springerverlag sicher mehr sagen kann. Am Abend besichtigen wir gemeinsam unser Druckhaus, und Ihre Frau kann sich während dieser Zeit in Hamburg das Musical Cats ansehen, was Sie allerdings selbst bezahlen müssten. Aber dazu erhalten Sie ja vom Verlag zweimal Tagesgeld. Die Karten organisiere ich natürlich!"

Nun waren wir beide ohnehin perplex und wussten nicht, was wir dazu sagen sollten. *Verbindungsmann.* Das klang fast nach geheimen Informationen über die NVA! Er spürte mein Grübeln und untermauerte sein Ansinnen damit, dass er versicherte, meine Zusage ziehe keinerlei Konsequenzen bzw. Verpflichtungen nach sich, sondern sei auch als Geste des Zusammenwachsens beider deutscher Staaten zu verstehen.

Wie entscheiden? Er erwartete sicher überaus große Freude in unseren Gesichtern. Was sollte uns schon passieren? Wir willigten ein, obwohl der Termin schon kurzfristig feststand. Natürlich zog uns auch, einmal so richtig Hamburg zu erleben.

Wir fuhren, wie vereinbart, mit unserem WARTBURG in die große Hafenstadt. Die Menschen waren selbst im Straßenverkehr sehr höflich zu uns und ließen uns bei falschem Einordnen schnell und lächelnd in die gewünschte Spur. Wir fanden auch sofort das große Verlagsgebäude. Herr Kröger empfing uns sehr freundlich und führte uns zum Hotel, das sich nur ein paar Schritte vom Verlagsgebäude entfernt befand. Er hatte für meine Frau die Musical-Eintrittskarte dabei, und die Geldfrage wurde zu Beginn unseres Aufenthaltes auch geklärt. Ich erhielt wohl so ungefähr 200 DM Tagesgeld und 50 DM Kilometergeld (zu der Zeit kostete ein Liter Benzin nur 1,06 DM bis 1,09 DM), und ich bezahlte davon die Veranstaltungskarte für wohl 100 DM. Ich konnte jedoch nicht verstehen, warum man derartige Ausgaben ohne jegliche Gegenleistung tätigte.

Zum Mittagessen wurde nur ich eingeladen, meine Frau sollte sich in der Zwischenzeit in der Stadt umsehen. Wir fuhren bis in die oberste Etage des hohen Gebäudes, wo man eine Aussicht über die gesamte Stadt Hamburg hatte. Hier wurde ich einem älteren Herrn vorgestellt, der mich sofort an den provozierenden Redakteur der *Rheinischen Zeitung* erinnerte. Da fielen mir sofort die Worte von Oberst Quante ein: „Seien Sie vorsichtig beim Zusammentreffen mit unserer Journaille!" Aber dem war nicht so. Der ältere Herr war sehr zurückhaltend und erläuterte mir die Bedeutung des Tisches und meines Platzes, den wir eingenommen hatten. Er sagte sinngemäß: „Hier saß zu Lebzeiten Axel Springer jeden Mittag, und hat hier sein Mal eingenommen. Er war ein äußerst erfolgreicher Journalist, der unsere Zeitung *Die Welt* weltberühmt gemacht hat und dem wir alles zu verdanken haben, was wir heute sind." Ich bedankte mich für die Einladung und die Großzügigkeit, die mir und meiner Frau entgegengebracht wurde und wartete, was nun kommen würde. Es kam nichts, außer Höflichkeiten, verbunden mit der Freude über die vollzogenen Veränderungen in der DDR und die von der BRD angestrebte Deutsche Einheit. Das Interessante daran war, dass ich nicht einmal nach meiner persönlichen Meinung gefragt wurde. So zog sich das Gespräch beim Essen hin, ohne dass ich etwas darüber erfuhr, was man von mir eigentlich erwartete oder wollte. Der ältere Herr sprach davon, dass er von Herrn Kröger viel Gutes über mich erfahren hätte. Danach stand er auf, gab mir die Hand und verabschiedete sich. Ich konnte nur noch einmal „Danke" sagen.

Also war das nur eine Prüfung meiner Person über *brauchbar oder nicht.* Mir war es nun eigentlich egal, denn es entstanden für mich aus diesem Besuch keine ernsten Konsequenzen. Ich wäre auch keinerlei Verpflichtung gegen die NVA eingegangen.

Es war für uns beide ein wundersames Erlebnis. Meine Frau sah *Cats*, und ich am Abend den Andruck der Zeitungen *Die Welt* und auch der *Bildzeitung*, was ich auch sehr interessant fand, da ich so etwas noch nie verfolgen konnte.

Unterm Strich waren es für uns zwei ereignisreiche Tage, die uns kein Geld kosteten, ganz im Gegenteil.

Als wir wieder zu Hause waren, begriff ich, warum der Besuch in Hamburg so *nichtssagend* verlaufen war. In der Zwischenzeit hatte die Regierung Kohl auch den letzten Verfechter gegen eine schnelle Deutsche Einheit überzeugt und die Zustimmung dazu auch von Gorbatschow für die Umsetzung erhalten. Deshalb war nun endgültig klar, dass es für die NVA keine Chance geben würde, weiter zu existieren. Der Tag der Einheit war endgültig für den 3. Oktober 1990 festgelegt worden.

Deshalb war ich unversehens auch für *Die Welt* uninteressant geworden und Herr Kröger hat mir beim Abschied in Hamburg noch versprochen, mich bei der Beschaffung von Arbeit zu unterstützen, sollte die NVA aufgelöst werden.

Die ersten Offiziere der Bundeswehr zogen in die Kaserne ein und belegten in unserem Gebäude die obere Etage. Wie konnte es anders sein, sie gehörten zum Bundesnachrichtendienst. Es war ein Kommen und Gehen, und die BuWe nahm mehr und mehr die Geschicke selbst in die Hand. Jetzt stand fest, dass die NVA laut Einigungsvertrag mit Wirkung vom 30. September 1990 aufgelöst wird und alle Berufssoldaten zu diesem Termin entlassen werden, wenn sie sich nicht bewarben, um in der BuWe weiter zu dienen.

Man war bestrebt vor allem Fachoffiziere, die für materielle Mittel im Kommando der Landstreitkräfte Verantwortung trugen, möglichst noch bis zum 31. Dezember 1990 in der BuWe zu halten, damit dieses Kriegsgerät anhand der NVA-Bestandsbücher ordentlich und vollzählig an die BuWe übergeben werden konnte. Das machte erforderlich, noch vor dem 3. Oktober 1990 einen verkürzten Eid auf die Bundesrepublik Deutschlands abzulegen und als Offizier der BuWe neu eingekleidet zu werden. An den Dienstbezügen und auch am Dienstgrad änderte sich vorerst nichts.

Es war im August 1990, als mich der Kommandeur der LL-LTS, Oberst Ulrich Quante, plötzlich im Kommando der Landstreitkräfte besuchte. Die Wache vor der Kaserne rief mich an und teilte mir diese Überraschung mit. Ich holte ihn ab und führte ihn in mein Dienstzimmer. Er war auf dem Weg nach Lehnin zur Kaserne des Luftsturmregiments und stattete mir eine Kurz-Visite ab. Natürlich sahen das auch Offiziere unseres Bereichs und man munkelte anschließend, *Leutert erhält schon hochdekorierten Besuch und wird sicher in die BuWe übernommen.* Aber dem war nicht so. Er teilte mir mit, das LStR besuchen zu wollen und sich mit den Möglichkeiten der eventuellen Übernahme dieser Kaserne als künftige Ausbildungsstätte von Spezialisten bekannt zu machen.

Er hoffte wohl, dort am nahe gelegenen Schießplatz in Lehnin günstige Bedingungen für die kleinen Luftlandepanzer und Kleinkraftwagen KRAKRA vorzufinden.

Über den weiteren Fortbestand der Einheiten unserer Fallschirmjäger konnte er natürlich nichts sagen. Da Generalleutnant Winter (†) noch im Amt und auch anwesend war, rief ich im Vorzimmer bei Genossin Stofä. Rabe an und bat beim Chef um eine kurze Audienz. Er willigte ein und ich führte den Herrn Oberst das erste Mal in seinem Leben zu einem General der NVA.

Nach der Begrüßung setzten wir uns und Oberst Quante berichtete über sein Vorhaben. Mein Chef lobte unsere Fallschirmjägertruppe und brachte zum Ausdruck, dass es schade wäre, wenn man ihr im weiteren Fortbestand keine Chance geben würde.

Aber darüber konnte verständlicherweise der Oberst der BuWe keine Zu- und Absage geben. Das lag in der Hand der großen Politik, auf die wir absolut keinen Einfluss hatten. Über was sollte man sich weiter unterhalten? General Winter lobte mich vor dem Oberst und verwies auf meine ausgezeichneten Spezialkenntnisse auf dem Gebiet des Fallschirmwesens. Damit war der Besuch beendet.

Ja, aber diese kurze Audienz lag mir besonders am Herzen, um meinen Genossen Offizieren den Wind aus den Segeln zu nehmen, da mein Handeln nach persönlicher Eigenmächtigkeit aussah, ohne Wissen des Chefs mit Offizieren der BuWe *getechtelmechtelt* zu haben. In der Dienststelle lief der ungewisse Trott weiter, und keiner wusste so recht, was er mit sich anfangen sollte.

In die Kaserne kamen mehr und mehr Angehörige der BuWe und ein Oberst i.G (im Generalstab) der BuWe namens *Klennert* wurde als Chef des Stabs eingesetzt. Ein Großteil der NVA-Generale war bereits entlassen oder hatte aus den Festlegungen über die Auflösung der NVA schon vor dem 30. September 1990 die Konsequenzen gezogen und ist gegangen. Unser Leiter des Bereichs Operativ, Generalmajor Engelhardt, wurde in das noch bestehende MfNV nach Strausberg berufen.

Anfang September wurde ich zum eingesetzten Chef des Stabs der BuWe gerufen, der mir die Frage stellte, ob ich bereit wäre meinen Dienst bis zum 31. Dezember 1990 fortzusetzen, um eine geordnete Übergabe der gesamten Fallschirmtechnik des LStR und der Fallschirmjägerausbildungsbasis an die BuWe zu gewährleisten. Ich erklärte mich einverstanden, auch mit dem Beigeschmack, einen verkürzten Eid auf die BRD leisten und ab dem 3. Oktober 1990 die Uniform wechseln zu müssen. Ich tat es in erster Linie deshalb, um die mir anvertraute Technik, die immerhin einen Wert von einigen Millionen hatte, mit ruhigem Gewissen der BuWe ordentlich zu übergeben und am Ende nach 36 Dienstjahren nach der neuen Gesetzeslage aus dem militärischen Leben zu scheiden. Das tat persönlich sehr weh, aber es gab keinen anderen Weg als diesen.

Nach meinem Einverständnis übermittelte mir der Bundeswehr-Oberst i.G. Klennert den Wunsch des Kommandeurs der LL-LTS, Oberst Quante, eine Delegation von Fallschirmspezialisten der NVA sollte an einer Prüfertagung für Fallschirme in Altenstadt teilnehmen. Dort sollten wir die Möglichkeit erhalten, unsere Fallschirme bei dieser Tagung den Spezialisten der BuWe vorzustellen. Das war natürlich eine Aufgabe, der ich mich gern stellte, und mir ging sofort durch den Kopf, was bereits Oberst Quante angeführt hatte: „Gelingt es die Fallschirmtechnik zu übernehmen und in die BuWe einzuführen, dann werden auch Spezialisten als Ausbilder an dieser Technik benötigt!“ Hier dachte ich aber am wenigsten an mich, sondern an die jungen Offiziere und Fallschirmwarte/Ausbilder, die damit eine Chance erhielten.

Ich stellte eine Delegation zusammen und wählte die Berufssoldaten aus, die bereit wären, in der BuWe als Fallschirmspezialisten weiterzudienen. An Offizieren erklärten sich bereit: Major Fischer, langjähriger Oberoffz. für Fallschirmdienst im LStR-40, und Hptm. Schneider, Offizier für Fallschirmdienst im FuFuTAB-3 des MB-III. Als Fallschirmwart/Ausbilder erklärten sich bereit:

- vom LStR-40 Stfw. Kunze (†),
- von der FJAB-40 Ofä. Klaudtky, Ofä. Marschall (†), Fä. Sarzinelli und Stfw. Haberland,
- vom KSK-18 der VM Stfä. Friedrich.

Außer meiner Person fuhr Oberstleutnant Richert, OOffz. Spezialausbildung, noch mit, und wir waren demzufolge eine Mannschaft von vier Offizieren, vier Fähnrichen und zwei Stabsfeldwebeln. Für die Fahrt erhielten wir einen Bus, denn jeder brauchte für die Sprungvorführung mindestens eine Sprungausrüstung RS-9/2. In Altenstadt wurden wir vom Kommandeur Oberst Ulrich Quante herzlich begrüßt und ich stellte ihm unsere Delegation vor.

Am folgenden Tag erhielten wir die Möglichkeit, unsere Fallschirmausrüstung vorzustellen. Major Fischer hielt einen Vortrag über den Sprungfallschirm und Hauptmann Schneider über den Rettungsfallschirm. Teilnehmer waren alle Prüfer für Fallschirmtechnik der FJ- Brigaden der BuWe.

Bei der praktischen Vorführung unserer Fallschirme mussten wir leider improvisieren. Es wurde uns verboten, im Hubschrauber CH-53 Aufzugsleinen in jeglicher Art und Weise einzuklinken oder zu befestigen. Nach den Gesetzen der BuWe ist das nur für Fallschirme gestattet, die aus dem Fluggerät (Flugzeug- oder Hubschraubertyp) erprobt wurden und für die von der dafür zuständigen Zulassungsstelle eine schriftliche Bestätigung vorliegt.

Leider ist uns das erst am Tag der Vorführung mitgeteilt worden und ein Kamerad der BuWe hatte das beim Mitflug zu kontrollieren. Nun war guter Rat teuer!

Abspringen mit dem Stabilisator in der Hand war uns doch zu unsicher, denn es durfte auf keinen Fall bei der Fallschirmöffnung etwas schief gehen. Aber unsere Männer waren ja keine Anfänger. Deshalb stimmte ich dem Vorschlag zu, dass Major Fischer, ein Zwei-Meter-Mann, als Absetzer die Aufzugsleinen wenigstens von zwei Springern fest in die Hand nahm und die Leine so den Verpackungssack beim Absprung öffnen konnte und den Stabilisator in gestreckter Weise zur Wirkung brachte. Der Springer fiel entsprechend der Zeiteinstellung am Sprungautomaten fünf Sekunden gleich 100 m im stabilisierten Fall, bis der Sprungautomat die Öffnung des Hauptschirms mit der Entriegelung des Doppelkegelschlosses freigab. Da konnte man von unten keinerlei Unterschiede feststellen.

Das abschließende Gruppenbild zeigt, von rechts beginnend, die Kameraden Haberland (verletzt, darum in zivil), Sarzinelli, Klaudtky, Friedrich, Schneider, Fischer, Oberst Quante, Richert, vier Kameraden der BuWe, Marschall, ein Kamerad der BuWe, Kunze, Leutert und zwei Kameraden der BuWe.

Jedoch musste man sich in dieser Hinsicht ganz auf seine Männer verlassen können. Bei den Vorführungssprüngen aus größerer Sprunghöhe musste umgepackt und nun im freien Fall gesprungen werden. Dadurch konnte das eigentliche Prinzip der automatischen Öffnung und der stabilisierte Fall leider nicht im Gruppensprung gezeigt werden.

Nun erhofften wir, vor allem von denen, die Entscheidungen darüber treffen könnten, dass sie sich über das Gesehene äußern. Bedauerlicherweise geschah das nicht. Man führte stattdessen nach unserer kurzen Vorführung allen anwesenden Prüfern das Absetzen eines Luftlande-Panzers aus der C-160 Transall aus nur 120 m bis150 m Absetzhöhe vor. Aus einer so geringen Höhe hatte ich das noch nie gesehen. Ein kleiner Schirm zog den Panzer aus dem Heck, und während des Auspendelns standen relativ schnell drei Lastenfallschirme, die die Last sauber auf die Erde setzten.

In der BuWe ist aus meiner Kenntnis das Beschaffungsamt für die Einführung von Technik zuständig, darunter auch für Fallschirme. Ich hatte die Gelegenheit, mehrmals mit einem dafür zuständigen Stabsoberfeldwebel, der Name ist mir nach so langer Zeit leider entfallen, ins Gespräch zu kommen. Er sprach nur davon, dass die BuWe einen neuen Fallschirm sucht, jedoch die Frage, wie dieser *Neue* nach seinen Vorstellungen aussehen sollte, konnte er mir nicht beantworten. Auf jeden Fall war es nicht unser Fallschirm. Der war für seine Truppe zu kompliziert.

Dreiteiliger Fallschirm

Ein neuartiges Fallschirmsystem vom Typ T-3F wird derzeit für die Fallschirmjägertruppe der Bundeswehr getestet. Es besteht aus drei miteinander verbundenen Fallschirmen und soll erstmals den Absprung aus Höhen von unter 100 m gestatten. Der bisherige Einzel-Großfallschirm vom Typ T-10 und T-10R (Hauptfallschirm und Reserveschirm) erlaubt nur Sprunghöhen von 200 bis 300 m. „Dabei", so schrieb das BRD-Nachrichtenmagazin „Der Spiegel" am 20. April 1987, „würden die schwebenden Kämpfer zu lange unter Beschuß geraten, ihr Flugzeug zudem durch die oberhalb 100 m wirksame Radarortung gefährdet."
Alle drei Einzelkappen des neuen Systems T-3F haben zusammen eine größere Schirmfläche als ein großer Schirm herkömmlicher Art. Zudem sei, wird behauptet, T-3F technisch einfacher, stabiler und weniger seitenwindempfindlich. Ein Sprecher des Bundeswehrministeriums erklärte dazu: „Der Fallschirmspringer hat im Kriege eine höhere Überlebenschance als mit dem jetzigen System."
Das 1981 der Truppenerprobung übergebene neue System ist in Tausenden von Sprüngen getestet worden, allerdings gab es dabei mindestens ein Todesopfer.
K. H.

Artikel aus der Zeitung „Volksarmee" über den 3-Kappenschirm

Hier spielten doch eine Reihe von Dingen eine Rolle, die die BuWe, aus meiner Sicht, davon abhielt, sich auf unseren Fallschirm überhaupt festzulegen.

Aus dem hier abgebildetem Artikel der Zeitung *Volksarmee* geht hervor, dass die BuWe von 1981 bis 1987 ein eigenes Fallschirmsystem vom *Typ T-3F* entwickelte und erprobte. Wie bei unserem Besuch in Altenstadt berichtet wurde, gab es bei der Truppenerprobung leider auch Tote. Nach den Erzählungen sollen es zwei Springer gewesen sein, was immer sehr bedauerlich ist und letztlich die Einstellung dieser Entwicklung zur Folge hatte.

Vom Grundgedanken her war dieses Herangehen, drei kleinere Fallschirme gleichzeitig zu öffnen und mit diesen zu landen ohne einen Rettungsfallschirm mitzuführen oder diesen bei Luftnot bedienen zu müssen, nicht schlecht gedacht. Öffneten sich nicht alle drei Fallschirme, sondern nur zwei oder nur einer, war das einem Rettungssprung gleichzusetzen ohne Zutun des Fallschirmspringers.

Jedoch kam es auf diese Weise infolge erhöhter Sinkgeschwindigkeit sicher auch zu Verletzungen, aber eben nicht zum Tod. Das Ungewöhnliche dabei ist jedoch, dass der Fallschirmspringer auf die Funktion dieser drei kleinen Fallschirme keinerlei bzw. fast keinen Einfluss hat und über keinen *Rettungsring* – ich meine, über keinen Rettungsfallschirm – verfügt. Deshalb glaubte man aus geringsten Höhen, also 100 m und tiefer, wie wir beim Absetzen der Technik verfolgen konnten, springen zu können, weil der Springer in Luftnot sowieso keine Zeit und Höhe mehr benötigt, um den Rettungsfallschirm auszulösen.

Meine Erfahrungen zu dieser *Troika* ist die, dass es immer problematisch ist, wenn sich zwei oder drei Fallschirmkappen gleichzeitig nebeneinander öffnen sollen, zumal noch bei unkontrollierter Lage des Springers. Auch deshalb hatte unser System RS-9/2 mit der Stabilisierungseinrichtung den Vorteil, dass die Öffnung der tragenden Fallschirmkappe nach einer Stabilisierungszeit von nur einer Sekunde vom Fallschirmspringer nicht mehr negativ beeinflusst werden kann. Deshalb wäre auch ein Sprungeinsatz im Gefecht aus nur 100 m Höhe – ohne Rettungsfallschirm – durchaus möglich. Puppenabwürfe sogar aus nur 40 m Flughöhe der AN-26T mit 280 km/h Absetzgeschwindigkeit erbrachten dazu unter anderem den Nachweis.

In der Anleitung A325/1/303 *Sprungfallschirm RS-9/2* – Beschreibung und Nutzung – Seite 8 sind die Kenngrößen festgelegt, die man von dem Fallschirm technisch erwarten kann:

Technische Kenngrößen des Sprungfallschirms RS-9/2

Stabilisierungszeit in Sekunden	Mindesteinsatzhöhe in Metern	Einsatzgeschwindigkeit in km/h
0	60	150…280
1	60	280…350
1	150	150…350
2	200	100…400
5	400	100…400
10	800	100…400

Natürlich sind diese Kenngrößen nicht für die Fallschirmsprungausbildung gedacht, sondern hier sind als Mindestabsprunghöhen 150 bis 200 m Höhenzugabe festgelegt, um dem Fallschirmspringer bei Luftnot die Zeit von mindestens zwei bis drei Sekunden zur Anwendung des Rettungsfallschirms überhaupt zu ermöglichen. Darum wurde die Mindestabsprunghöhe auf 300 m mit maximal zwei Sekunden Stabilisierungszeit in der Vorschrift *für die Ausbildung* unter Friedensbedingungen festgelegt, und das ist bei einer Havarie schon sehr knapp berechnet. Unter Kriegsbedingungen hingegen herrschen andere Gesetze. Da ist man gezwungen, wenn nötig bis an die technischen Kenngrößen des Fallschirms heranzugehen, um radarmäßig nicht schon beim Absetzen erfasst und bekämpft zu werden. *Das war unsere Philosophie*, die auch die Mehrheit unserer Fallschirmjäger und Aufklärer verstand. Einen weiterer Grund der Nichteinführung in die BuWe war sicher auch, dass unser System RS-9/2 mit Stabilisierungseinrichtung komplizierter und auch teurer war als das T-10-System.

Die Fallschirmtechnik der NVA war jedoch vorhanden und man hätte zumindest das RS-9/2-System unter den Bedingungen des Bundeswehreinsatzes gründlich prüfen und erst danach eine endgültige Entscheidung treffen können. Dazu standen unsere Männer bereit.

Aber dagegen wehrte sich auch der verantwortliche Prüfer und Offizier für Fallschirmtechnik und führte einige Gedanken an, die geklärt werden müssten. Es ging darum, diese Fragen zu klären: Mehr Personal zum Packen, mehr Ausbildungszeit, Änderungen am Gurtzeug zum Mitführen des Gepäcks und vor allem Zulassungsfragen des RS-9/2 für das Absetzflugzeug oder die Hubschrauber der BuWe. Man führte viele Dinge an, aber vergaß dabei stets die Menschen, die weiter mit dem T-10-System springen und sich dabei bedeutend mehr Verletzungen zuzogen als mit unserem System. Leider ging unser Wunsch nicht in Erfüllung und keiner unserer Spezialisten bekam eine Chance, als Ausbilder in der BuWe weiter an unserem System zu arbeiten.

Hier spielten doch politische Erwägungen die entscheidende Rolle. Zum anderen glaube ich, dass der Verlust von Menschen bei der Erprobung des Drei-Kappen-Schirms und der Abbruch der Entwicklung für die Verantwortlichen sicher ein schwerer Schlag war, der sie bewogen haben *könnte,* beim System T-10 und T-10 R der US-Armee zu verbleiben, bis heute, *20 Jahre nach 1990.* Damit hat man, sollte etwas passieren, was möglicherweise auf die Fallschirmtechnik zurückzuführen wäre, keine Probleme mehr. Mit der Übernahme unseres Systems RS-9/2 von der NVA, die kurz vor der Auflösung/Übernahme stand, wären sie jedoch weiter in der Verantwortung geblieben.

Wir fuhren um den 1. Oktober 1990 zurück und waren alle nicht fröhlich gestimmt über das Ergebnis, von dem wir uns wirklich mehr versprochen hatten. In unserer Dienststelle angekommen, beeindruckte uns doch die Menschenleere, denn am 30. September 1990 sind die meisten NVA-Berufssoldaten entlassen worden.

Wir meldeten uns zurück und erhielten eine Felddienstuniform der BuWe, die wir ab dem 3. Oktober 1990 zum Dienst zu tragen hatten. Weitere Uniformausrüstungsgegenstände hatte ich nicht für die noch drei Monate Dienstzeit zu empfangen. Zuvor wurde ich von Oberst Schlegel vereidigt, letzter Stabschef der 1. MSD, der als Oberstleutnant in die BuWe übernommen werden sollte. Einige Offiziere, die den Antrag auf Übernahme gestellt hatten, gingen für längere Zeit auf einen Lehrgang, wohl nach Koblenz oder Köln, darunter OSL Wolfgang Engel. Er war bei uns Leiter der Unterabteilung Planung und bei der BuWe der spätere Kommandant des umstrittenen Truppenübungsplatzes Wittstock – Ruppiner Heide.

Nun begannen Wochen, in denen vieles drunter und drüber ging. Die Fallschirmjägerausbildungsbasis in Burg war führungslos, da auch der Leiter, OSL Graske, mit seinen zwei anderen Offizieren auf eigenen Wunsch entlassen wurde.

Nun kamen auch langsam die wenig sauberen Geschäftemacher von West nach Ost in der Absicht, das *große Geld* zu machen. Sie kauften möglichst alles für 'nen Appel und ein Ei und waren ganz verrückt auf Militärtechnik aller Art. Sie bildeten Gesellschaften mit beschränkter Haftung (GmbH), setzten ehemalige Berufssoldaten als Geschäftsführer ein, ließen sie für alles unterschreiben, versprachen viel, was sie nie halten konnten, und versuchten, aus den Geschäften viel Eigenkapital zu schlagen. Oft stellte sich dann heraus, dass sie gar nicht so reich waren, wie sie sich gaben, und als der Staatsanwalt zugreifen wollte, waren nur noch die verarschten Geschäftsführer da. Und die Herren, die daraus Kapital schlugen, waren über alle Berge.

Das war auch ein Teil der vielgelobten Freiheit, die nun auch bei uns im vollen Maße Einzug hielt. Im Oktober 1990 kam eine Delegation der LL-LTS aus Altenstadt nach Lehnin zur Besichtigung der Kaserne und der Ausbildungsanlagen. Zweck war die detaillierte Prüfung von Möglichkeiten der Übernahme für eine Erweiterung der Ausbildung für die LL-LTS.

Hinten rechts OTL Dieter Engel, Mitte: OTL Leutert

Bei der abschließenden Zusammenkunft nach der Besichtigung der Kaserne im Klubraum des LStR ist dieses Bild entstanden.

Mit der Auflösung der NVA gab es auch keine Fallschirmsprungausbildung mehr. Die BuWe wies an, dass die gesamte Fallschirmausrüstung des LStR und der FJAB der LL-LTS der BuWe zu übergeben ist. Dieser Aufgabe widmete sich der Oberoffizier Fallschirmdienst des LStR, Major Fischer, unterstützt von den noch verbliebenen Fallschirmwarten/Ausbildern.

Im Dezember 1990 nahm ich noch meinen Resturlaub und wurde mit Wirkung vom 31. Dezember 1990 aus der BuWe entlassen (Dankurkunde).

Ab Januar 1991 erhielt ich ein Übergangsgeld auf der Grundlage des Einigungsvertrags, das den klangvollen Namen *Befristete erweiterte Versorgung* trug.

In der Bundesrepublik Deutschland angekommen?

Sollte ich nun glücklich sein und mich frei fühlen, ohne Arbeit und ohne Perspektive? Man war zwar finanziell durch die *befristete erweiterte Versorgung* für das täglich *Notwendige* im Leben abgesichert, da meine Frau jedoch ebenfalls die Arbeit verloren hatte, war das keinesfalls ausreichend und bis zur Rente kein Zustand für die Dauer.

Bereits im Januar oder Februar 1991 erhielt ich Besuch vom Vertriebsleiter der Zeitung *Die Welt* aus Potsdam mit der Aufforderung, bei ihm als *Zeitungswerber* auf *Abonnenten-Basis* einzusteigen. Der junge Mann kam im Auftrag von Herrn *Kröger aus Hamburg* und sollte sich um mich kümmern. Sein Angebot sah so aus: „Ich habe bereits zwei Werber für Abos verpflichtet und dabei große Probleme. Ich benötige dringend einen zuverlässigen Menschen, der diese beiden an die Hand nimmt. Sie haben doch ein Auto, dann können Sie die beiden mitnehmen, und für jeden geworbenen Abonnenten der Zeitung *Die Welt* erhalten Sie 75 DM. Diese müssten Sie sich aber dann untereinander teilen. Ihnen steht natürlich davon der Hauptanteil zu, da Sie ja Ihren eigenen Wagen benutzen.“ Uneingeweihten mag das verlockend klingen, aber wer hatte unmittelbar nach der Wende jeden Monat etwa 35 DM für eine Zeitung übrig, dazu noch ohne Bezug zum Brandenburger Land?

Nun zeigten sich *Kamerad Kröger* und auch der *Springerverlag* von der anderen Seite. Ich nahm diesen *lukrativen Posten* natürlich nicht an und hörte auch von Kamerad Kröger nichts mehr ... und bemühte mich persönlich auch nicht darum.

Ich suchte mir schon im März 1991 eine Beschäftigung und führte im Land Brandenburg im Auftrag der Firma *Brinkmann Bremen* die *Steckzigarette Westpoint* ein. Der Slogan hieß: „Stecken – Schmecken – Sparen."

Das alles ohne festen Arbeitsvertrag, sondern nur so lange man gebraucht wurde, d.h., bis die Ware gelistet und von den Händlern selbst bestellt werden konnte. Hier hatte ich jedoch bis zum Jahresende eine zusätzliche Verdienstmöglichkeit und lernte ein wenig den *freien Handel nach den Gesetzen der BRD* kennen. Innerhalb eines Jahres ist die Mehrheit der kleinen Läden in Konkurs gegangen, weil sich der Bezugspreis vom Großhandel noch heute nach der Menge der bestellten und gelieferten Ware richtet. Je mehr bestellt wurde, umso niedriger wurde der Einkaufspreis. Damit waren die Handelsketten bevorteilt und konnten mit geringen Verkaufspreisen alle kleinen Verkaufsstellen, zu denen man gleich nach der Wende Verkäuferinnen zur Selbständigkeit überredet hatte, preislich weit unterbieten und damit in den Konkurs treiben.

Ab 1991 fand ich eine Teilbeschäftigung bei einer Wachgesellschaft *Securitas* in Potsdam, bei der ich bis 1999 als Kurierfahrer für Banken und Sparkassen und hauptsächlich für die *Märkische Allgemeine Zeitung* die Redaktionen und Geschäftsstellen von Wittstock – Pritzwalk – Perleberg – Wittenberge – Kyritz – Nauen und wieder Potsdam täglich anfuhr. Ich durfte ja nur bis zu 650 DM monatlich ohne Abzug vom

DANKURKUNDE

IM NAMEN DER
BUNDESREPUBLIK DEUTSCHLAND
SPRECHE ICH

HERRN OBERSTLEUTNANT
GERHARD LEUTERT

DANK UND ANERKENNUNG FÜR DIE
ZULETZT BEIM HEERESKOMMANDO OST
GELEISTETEN TREUEN DIENSTE AUS

FÜR DEN BUNDESMINISTER DER VERTEIDIGUNG
DER CHEF DES STABES

Dankurkunde, die mir anlässlich meiner Entlassung am 31.12.1990 überreicht wurde.

Meine Uniform im Museum

Übergangsgeld dazuverdienen und deshalb war das bis zum Eintritt ins Rentenalter 1999 eine für mich relativ selbständige, jedoch zeitlich genau fixierte Beschäftigung; denn von meiner Ankunft hing der Beginn des Andrucks der Zeitung für den folgenden Tag ab. Und in der Wachgesellschaft waren vorrangig ehemalige Berufssoldaten der NVA tätig, angefangen von der Geschäftsführung bis zum letzten Wachmann, Gleichgesinnte, die nun versuchten, sich durch Zuverdienst oder gar Festeinstellung in der neuen freien Gesellschaft durchzuschlagen.

Meine Frau Christa, die vor der Wende im Kreisvorstand des DFD (Demokratischer Frauenbund Deutschlands) tätig war, erhielt glücklicherweise eine Festeinstellung im Amtsgericht Potsdam. Hier arbeitete sie sich nach der Teilnahme an Qualifizierungsmaßnahmen von der Mitarbeiterin der Poststelle bis zur Geschäftsstellenverwalterin im Verwaltungsgericht Potsdam hoch. Wir hatten beide Glück und konnten 1999 noch ohne Abzug in Rente gehen, meine Frau mit 60 und ich mit 63 Jahren.

Unsere beiden Kinder sind nun bereits seit vielen Jahren verheiratet und haben – heutzutage das *Wichtigste – Arbeit*, wie auch ihre Ehepartner. Unsere Tochter studierte von 1978 bis 1981 an der Ingenieurschule für Bauwesen in Berlin, ging danach zu MINOL und ist heute in der Berliner Zentrale bei TOTAL-ELF-Deutschland Baukontrolleur. Unser Sohn ist mit Leib und Seele Berufskraftfahrer, war zu DDR-Zeiten im Fernverkehr tätig und fährt heute bei der BZR (Bau-Zuschlagstoffe-Recycling) in Potsdam Container und Schwerlast. Der Sohn unserer Tochter, Martin, lernte nach der Wende den Beruf eines Kältemonteurs und kontrolliert, baut und repariert im Land Brandenburg Kälteanlagen. Die Tochter unseres Sohnes, Jana, verließ im Jahre 2005 die Schule mit Abitur, erlernte den Beruf einer Justizfachangestellten in Berlin und arbeitet heute in der Staatsanwaltschaft in Potsdam als Geschäftsstellenverwalterin. Sie *hat einen festen Arbeitsvertrag*.

Ich bin stolz auf meine Familie und glücklich, so eine tolle Frau, liebevolle Mutter und für die Enkel natürlich auch Oma für das gemeinsame Leben gefunden zu haben. Sie hielt vor allem in den schwersten Zeiten unseres gemeinsamen Lebens, auch bei wochenlanger Trennung, treu zu mir. Wir verleben heute seit Eintritt ins Rentenalter die schönsten Jahre unseres Lebens.

Deshalb widme ich dieses Buch meiner lieben Frau Christa für ihre nun schon 53 Jahre dauernde treue Wegbegleitung und meinen Kindern und Enkeln zum stetigen Andenken an ihren Vater und Großvater Gerhard Leutert.

Nachbetrachtung

Die ehemaligen Fallschirmjäger und Angehörigen fallschirmspringender Einheiten der NVA schlossen sich nach der Wende zu einem Verband zusammen, der den Namen *Fallschirmjäger-Traditionsverband-Ost e.V.* (FJTV-Ost e.V.) trägt. Diese Vereinigung besteht im Juli 2012 20 Jahre und gliedert sich in gegenwärtig 14 Kameradschaften. Ich habe die Kameradschaft Potsdam mit gegründet, der gegenwärtig 29 Mitglieder angehören. Im Verband sind etwa 400 Mitglieder vereinigt, die sich periodisch zu gemeinsamen Treffen zusammenfinden und bei denen noch heute einige ehemalige Fallschirmjäger/Aufklärer Fallschirmsprünge mit Rundkappen vorführen. Leider ist mir dieses Glück aus gesundheitlichen Gründen nicht mehr beschieden. Zu Ehrenmitgliedern wurden der Schriftsteller Harry Thürk (†), der ehemalige Leiter des Fallschirm- und Rettungsdienstes der LSK/LV, OSL a. D. Horst Schöll, und der ehemalige Verantwortliche für die Laufbahnausbildung *Fallschirmjäger* im Zentralvorstand der GST Heinz Wolf gewählt. Ehrenvorsitzender ist OSL a. D. Gottfried Neis, der sich um die Gründung des Verbands und als langjähriger Verbandsvorsitzender verdient machte.

Jedes Jahr wird ein Verbandstreffen organisiert, und es ist eine Freude alte Kameraden wiederzusehen, mit denen man ein Stück gemeinsamen Weges gegangen ist.

Meine Uniform mit allen Auszeichnungen und Urkunden übergab ich als Leihgabe meinem Freund Oberst a. D. Alfred Bujak für das Privatmuseum *Preußische Traditionen* in Großbeeren. Bujak war über Jahre im Paradestab für die Vorbereitung der jährlichen Paraden der NVA verantwortlich. Er entwickelte dieses Museum unter anderem mit der Aufstellung der Paradefußtruppen in Gestalt von 2000 handbemalten Zinnfiguren als ein Schmuckstück und beliebten Ausflugsort, auch von Kameradschaften der Fallschirmjäger.

Das Fallschirmwerk, ehemals VEB BEWES, hat die Wende überstanden und sich anfangs in eine Kapitalgesellschaft GmbH der Treuhand mit der Bezeichnung SPEKON (Spezialkonfektion) umgewandelt. 1994 wurde der Betrieb privatisiert und in die *YEGIN-Group*, ein türkisches Unternehmen, eingegliedert. SPEKON schaffte den Sprung in die Marktwirtschaft hauptsächlich deshalb, weil man auf einer Palette hochentwickelter Fallschirmtechnik aufbauen konnte. Dazu gehören neben den Truppenfallschirmen natürlich auch die Sport- und Rettungsfallschirme. 1998 – im September – feierte der Betrieb *60 Jahre Fallschirmbau in Seifhennersdorf*, zu der ich und Werner Klinnert mit Ehefrauen sowie viele einstige Trainer und Sportspringer der GST und auch des SC-Dynamo eingeladen wurden. (Siehe Bild Seite 272)

Uns, als einstigen Fallschirmjägern, Aufklärern und Angehörigen des Fallschirm- und Rettungsdienstes der LSK/LV der NVA, freut ganz besonders, dass die von uns in

Museum Preußische Traditionen Großbeeren

Am Treppengitter die Betriebsleitung mit allen geladenen Gästen

Auftrag gegebenen und mit unserer Mitwirkung entstandenen Fallschirme heute noch in vielen Ländern begehrt sind und gesprungen werden. So sind gegenwärtig mit unserem Fallschirm RS-4/3 nach geringfügigen Veränderungen nun unter der Bezeichnung RS-4/4 LA bzw. RS-4/4T diese Länder ausgerüstet: Ungarn, Bulgarien, die VAE (Vereinigten Arabischen Emirate) und Malaysia. Seit 2009 besitzt ihn auch die Armee der Türkei, seit 2010 auch Portugal. In den VAE sind mit dem Einsatz unseres Fallschirms die Verletzungen drastisch zurückgegangen, und bei den Fallschirmjägern gibt es seit dem Einführen des RS-4/4 keine Frakturen mehr.

Das spricht für unseren Fallschirm und überzeugte sicher auch die Türkei. Der Fallschirm verfügt über keine Stabilisierungseinrichtung und kann nur mit Sofortöffnung bis maximal 280 km/h Absetzgeschwindigkeit eingesetzt werden. Er hat keinen Verzögerungssack, sondern die Verpackung ist dem T-10-System angepasst worden. Aus diesem Grund wurde die Fallschirmkappe zusätzlich an der Basis mit einem Netz ausgestattet, um Kappenverformungen zu vermeiden. Dieses Netz ist wegen des Fehlens der Stabilisierungseinrichtung und des Verzögerungssacks nötig geworden. Der Scheitel der Kappe ist mit der Aufzugsleine durch eine 50-kp-feste Sollbruchstelle verbunden. Dadurch wird die Fallschirmkappe beim Absprung bis zur völligen Streckung durch die Fluggeschwindigkeit und durch den Luftschraubenstrahl bis zum Abriss der Sollbruchstelle scharf seitlich angestrahlt. Dadurch können Kappenverformungen auftreten, die jedoch durch dieses Netz verhindert werden.

Mit der BuWe laufen gegenwärtig immer noch Verhandlungen über eine eventuelle Einführung des RS-4/4T bzw. des Fallschirms RS-2000. Diese neue Bezeichnung geht auf das Grundprinzip des Fallschirms RS-9/2 zurück, jedoch ohne die Vorschubvariante, sondern nur mit der Möglichkeit der Kappendrehung in die Windrichtung, die dann auch das Bremsen vor der Landung ermöglicht. Außerdem ist die Fallschirmkappe auf 85 qm vergrößert worden

Der Fallschirm vorn rechts trägt die Bezeichnung RS-4/4T und der links RS-2000. Beide Muster haben eine Kappengröße von 85 Quadratmetern und können bis 170 kg, ohne wesentlich größere Sinkgeschwindigkeit als 5 m/s, belastet werden.

und die Tragfähigkeit des Fallschirms kann auf maximal 170 kg erhöht werden.

Ich bin glücklich darüber, dass die von uns in langjähriger Arbeit und teilweise mit hohem Risiko getragene Fallschirmentwicklung noch heute nach 20 Jahren mit der Einführung dieser Technik in weitere Länder und Armeen Früchte trägt und nicht in die Vergessenheit geraten ist. Eine besondere Freude wäre, wenn sich auch die BuWe für die Einführung dieser Fallschirmtechnik entscheiden könnte. Damit möchte ich keineswegs zur Überheblichkeit neigen, denn letztlich entwickelt sich alles ständig weiter. Wichtig ist und bleibt jedoch, dass die folgenden Weiterentwicklungen auch mit darauf basieren, was wir ab 1964 bis in die 1980er-Jahre hinein begonnen und an Erkenntnissen gewonnen haben. Darauf können die ehemaligen Angehörigen des Fallschirmdienstes und alle, die an der Entwicklung und Erprobung unserer Fallschirmtechnik Anteil hatten, noch heute

Fallschirm RS 4/4T mit 72 Quadratmetern Kappengröße in der Luft, bei dem das Netz um die Basis der Fallschirmkappe gut sichtbar ist.

Der Tonnensprung von Jens Klaudtky

Tandemsprung – Jens Klaudtky mit meiner Enkeltochter Jana

stolz sein. Jens Klaudtky wurde bei SPEKON als Erprobungsspringer eingestellt und konnte sich im Jahre 2009 in Magdeburg sogar als Fallschirmtester und Prüfer selbständig machen. Seine Leidenschaft für das Fallschirmspringen ist nach wie vor ungebrochen. Er hat jetzt schon mehr als 4000 Fallschirmsprünge absolviert.

Auf dem Bild links oben sehen wir einen gewagten Erprobungssprung mit einer schweren Tonne als Last aus großer Absprunghöhe mit Stabilisierung, die den Springer Jens Klaudtky nach der Öffnung seines Gleiters mit einer Gesamtmasse bis 300 kg sicher zur Erde trägt und damit landet.

Ihm als Tandemmaster vertraute ich vor gut einem Jahr sogar meine Enkeltochter Jana für einen Sprung aus 4300 m Absprunghöhe und mit 60 Sekunden stabilisiertem Fall an.

Ich habe in meinen Memoiren nicht nur die guten Seiten aufgeschrieben, sondern aus meiner Sicht und aus eigenem Erleben auch die Schattenseiten genannt. Nun sollte man aus meinen Schilderungen nicht schlussfolgern, dass ich mit den Verhältnissen in der DDR nicht einverstanden war und nicht hinter diesem ersten deutschen Arbeiter-und-Bauern-Staat gestanden hätte. Ich habe diesen Staat eher verteidigungswürdig empfunden, als heute *oft* die Bundesrepublik Deutschland. In der DDR ging es in vielen Fragen gerechter zu, und der Unterschied zwischen ARM und REICH war nicht so gravierend. Das Prinzip *Gleicher Lohn für gleiche Arbeit* wurde durchgesetzt!

Wie sehr ärgere ich mich über die politische Wertung der *Innerdeutschen Grenze.* Stets schiebt man die Teilung Deutschlands und den Mauerbau nur der DDR in die Schuhe. Warum lässt man bei jeder Beurteilung *die eigentlich Verantwortlichen für die Teilung*

Deutschlands, nämlich die West-Alliierten und die UdSSR und die feste Eingebundenheit der beiden deutschen Staaten in die sich seinerzeit feindlich gegenüberstehenden Blöcke NATO und Warschauer Pakt stets außer Acht?

Man stelle sich nur die einfachsten drei Fragen, die die Teilung Deutschlands betreffen:
1. Wer hat Deutschland zuerst wirtschaftlich geteilt? Am *20. Juni 1948 führten die West-Alliierten die Deutsche Mark in Westdeutschland ein und teilten damit Deutschland wirtschaftlich. Die UdSSR wurde davon völlig überrascht.*
2. Welcher Staat wurde zuerst gegründet, um Tatsachen zu schaffen? Am *24. Mai 1949 die BRD* mit dem Ausspruch Konrad Adenauers: „Lieber das halbe Deutschland ganz als das ganze Deutschland halb!" Daraufhin wurde *erst* am *7. Oktober 1949 die DDR* gegründet.
3. Wer trat zuerst in das Bündnis gegen die UdSSR in die NATO ein? Am *5. Mai 1955 die BRD, erst am 14. Mai 1955 wurde der Warschauer Pakt gegründet. Damit war die Teilung Deutschlands fest zementiert.*

So wie die West-Alliierten um die Einbeziehung ihrer Gebietsansprüche in Deutschland in ihrem Machtbereich rangen, tat es die UdSSR, die die Hauptlast des Zweiten Weltkriegs trug, mit Ostdeutschland. Wir hatten jedoch über Jahrzehnte die Reparationen an die UdSSR allein zu zahlen und erhielten, außer der Rohstofflieferung, die wir auch bezahlen mussten, keine so große wirtschaftliche Unterstützung, denn die UdSSR hatte durch die Kriegsfolgen ebenso wie wir zu leiden. Hitlerdeutschland hatte schließlich große Teile des Landes in Schutt und Asche gelegt. Deshalb sollte man der DDR nicht allein die Schuld für die Entwicklung Deutschlands nach dem Zweiten Weltkrieg geben, sie als Unrechtsstaat entwürdigen und alles verteufeln, was in mehr als 40 Jahren schwerer Arbeit und auch mit Entbehrungen von den Menschen geschaffen wurde.

Trotzdem bin auch ich heute glücklich, dass Deutschland wieder vereinigt ist und auch erfreut darüber, was in den zurückliegenden zwanzig Jahren geschaffen wurde. Jedoch haben die arbeitenden Menschen in den neuen Bundesländern langsam verdient, im Lohn- und auch Rentengefüge gleich behandelt zu werden.

Würde man mich heute fragen, ob ich den Weg, den ich in meinem Leben gegangen bin, noch einmal gehen würde, dann würde ich wieder „Ja!" sagen.

Anhang

Absolvierte Fallschirmsprünge:

Es wäre mir nicht möglich gewesen, dieses Buch zeitlich so präzise zu schreiben, wenn ich nicht auf die Eintragungen in meinem Sprungbuch von 1960 bis1990 hätte zurückgreifen können. Darin sind alle meine absolvierten Fallschirmsprünge mit Datum usw. aufgeführt.

Durchgeführte Fallschirmabsprünge — Abschnitt III

Lfd. Nr.	Datum	Art des Sprunges	Nummer des Sprunges	Höhe	Flugzeugtyp	Verzögerung	Windstärke in m	Geschwindigkeit des Flugzeuges	Typ des Fallschirmes	Betrag
15.	30.6.65	Verzög. Spr.	163	1000	AN-2	10	4	120	RL-3/2	15.-
16.	1.07.65	" "	164	1200	AN-2	15	4	120	PD-47	15.-
17.	1.07.65	" "	165	1200	AN-2	15	5	120	PD-47	15.-
18.	2.07.65	Gef. voll. Ausr.	166	300	AN-2	–	4	200	PD-47	10.-
19.	2.07.65	" "	167	300	AN-2	-	5	200	PD-47	10.-
20	21.07.65	" "	168	300	AN-2	-	3	200	PD-47	10.-
21	24.8.65	Zielspr.	169	1000	AN-2	-	4	150	RL-3/2	5.-
22	24.8.65	"	170	1000	AN-2	-	5	150	RL-3/2	5.-
23.	25.8.65	Verzög. Spr.	171	1200	AN-2	15	4	120	RL-3/2	15.-
24.	26.8.65	"bei Nacht"	172	1200	AN-2	15	5	120	PD-47	15.-
25.	28.8.65	-"-	173	1000	AN-2	10	4	120	RL-3/2	15.-
26.	28.8.65	Verzögerung	174	1500	AN-2	20	4	120	PD-47	20.-
27.	28.8.65	-"-	175	1500	AN-2	20	5	120	PD-47	20.-
28.	28.8.65	-"-	176	2000	AN-2	30	4	120	PD-47	20.-

23

Durchgeführte Fallschirmabsprünge 1978 — Abschnitt III

Lfd. Nr.	Datum	Art des Sprunges	Nummer des Sprunges	Höhe	Flugzeugtyp	Verzögerung s/Ö.F.	Windstärke in m	Geschwindigkeit des Flugzeuges	Typ des Fallschirmes	Betrag
29	10.4.	Erp. Spr. Üb.	636	1200	AN-2	15	4	150	RS-912	Nr. 10
30	10.4.	Üb. Spr.	637	1200	AN-2	15	5	150	RS-912	Nr. 10
31	11.4.	Üb. Spr.	638	1000	AN-2	10	5	150	RS-912	Nr. 10
32	11.4.	Erp. Spr.	639	1000	AN-2	5	6	150	RS-912	Nr 10 Kollim.
33	11.4.	Erp. Spr.	640	1000	AN-2	5	5	150	RS-912	Nr 10 Kollimator
34	13.4.	Erp. Spr.	641	1200	AN-2	10	6	150	RS-912	Nr 9 RPG/Gr.
35	13.4.	Üb. Spr.	642	1100	AN-2	10	5	150	RS-912	Nr 9
36	13.4.	Erp. Spr.	643	1500	AN-2	20	4	150	RS-912	Nr 9
37	13.4.	Erp. Spr.	644	800	AN-2	5	5	150	RS-912	Nr 9 minimale Öffn. Verzug
38	13.4.	Erp. Spr.	645	1000	AN-2	5	3	150	RS-912	Nr 9 Neutral. Kollim.
39	13.4.	Erpr. Spr.	646	1200	AN-2	15	6	150	RS-912	Nr 9 FJT
40	04.05.	Üb. Spr.	647	1300	AN-2	10	6	150	RL-10	
41	05.05.	Üb. Spr.	648	1600	AN-2	10	12	150	RL-10	
42	12.05.	Erpr. Spr. O-Kreis	649	800	AN-2	5	8	150	RS-912	Nr. 10

62

Am 10. August 1960 absolvierte ich meinen ersten, am 27. September 1990 meinen letzten, den 1050. Fallschirmsprung.

Von den 1050 Fallschirmsprüngen waren 202 Erprobungssprünge, die ich bei der Entwicklung von Fallschirmen und beim Erproben des Mitführens von Bewaffnung und Ausrüstung am Fallschirm beim Sprung absolvierte. Insgesamt musste ich in Gefahrensituationen sieben Mal den Rettungsfallschirm öffnen.

Mitwirkung bei Fallschirmentwicklungen:

Sprungfallschirme: PD-47 o.K; RS-4 mit seinen nachfolgenden Serien 4/1 bis 4/5; RS-8 und RS-8A mit Stabilisierungseinrichtung; RS-9 mit seinen Serien 9/1 bis 9/3.
Gleiter: RL-10 und RL-10/2 ST mit Stabilisierungseinrichtung; Schulgleiter RL-18.
Rettungsfallschirme: BE-3 D; (mit Erprobungssprüngen) BE-7; BE-8 und BE-8 Serie 2.

Fallschirmtypen mit denen ich gesprungen bin:

Fallschirme der Sowjetarmee: D-1 , D-1/8 , D-3 und D-5 .
Sportfallschirme der RL Serie: RL-1; RL-2 ; RL-3 mit den Serien 3/2; 3/4 und 3/5. RL-8, RL-12/2
Fallschirm der Bundeswehr: T-10
Fallschirm der ČSSR: PTCH-8

Flugzeuge und Hubschrauber aus denen ich gesprungen bin:

Flugzeuge: AN-2, AN-8, AN-12, AN-14 (Bienchen), AN-26T; IL-14 und C-160 Transall.
Hubschrauber: Mi-4, Mi-8T, Mi-8 TB, Mi-14 (über Heck) und CH-53 der BuWe.

Desweiteren sind in diesem Sprungbuch alle Lehrgänge, die der Qualifizierung im Fallschirmdienst dienten, und alle danach erteilten Berechtigungen enthalten.

Beförderungen und Auszeichnungen während meiner Dienstzeit

Beförderungen

1. 7. Oktober 1957 zum Unterleutnant an der Infanterieschule Plauen ernannt
2. 7. Oktober 1959 zum Leutnant im MSR-2
3. 7. Oktober 1961 zum Oberleutnant im FJB-5
4. 7. Oktober 1964 zum Hauptmann im FJB-5
5. 7. Oktober 1968 zum Major in der Verwaltung Ausbildung im MfNV
6. 7. Oktober 1972 zum Oberstleutnant im Bereich Ausbildung im KLaSK.

Auszeichnungen

Die verliehenen Auszeichnungen wurden in den Wehrdienstausweis eingetragen und mit Dienstsiegel und Unterschrift beglaubigt.

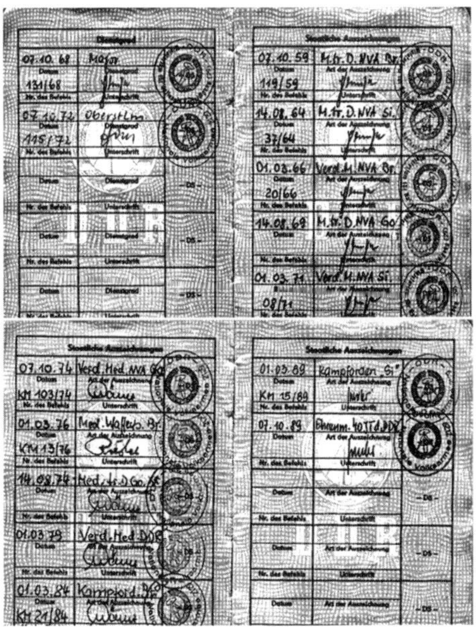

Medaille für Treue Dienste in Bronze
Medaille für Treue Dienste in Silber
Verdienst-Medaille der NVA in Bronze
Medaille für Treue Dienste in Gold
Verdienst-Medaille der NVA in Silber

1974 – Verdienst-Medaille der NVA in Gold
1976 – Medaille-Waffenbrüderschaft in Bronze,
Medaille für Treue Dienste XX Jahre
1979 – Verdienst-Medaille der DDR
1984 – Kampforden in Bronze
1989 – Kampforden in Silber
1989 Ehren-Medaille 40. Jahrestag der DDR

Meine letzte Auszeichnung mit dem Kampforden in Silber, überreicht durch den Stellv.des Chefs der LaSK und Chef des Stabes Generalleutnant Skerra am 01. März 1989

Offiziere des Fallschirmdienstes in den Landstreitkräften von 1960 bis 1990

Offiziere in der Arbeitsgruppe Fallschirmdienst

MfNV bis November 1972

Aufgestellt 1. Dezember 1968 im MfNV in der Verwaltung Ausbildung, bestehend aus drei Offz. und einem ZB. Diese AG wurde ab 1969 in die UA Spezialausbildung integriert.

Leiter der UA war OSL Gerhard Zander. Sie unterstand dem Ltr. der 2. Abt. Oberst Zabelt.

- Leiter der AG. Mj. Gerhard Leutert
- OOffz. Fallschirmausbildung Korv.Kpt. Gerhard Aschekowski
- Offz. f. mat. Planung und Sst. FSA Mj. Werner Klinnert
- Sachbearbeiterin Frau Hannelore Engel

KLaSK bis November 1986

Die UA-Spezialausbildung wurde in den Bereich Ausbildung im KLaSK integriert und dem Stellvertreter des Chefs Ausbildung direkt unterstellt. Leiter dieser UA wurde OSL Egon Gleau (1972/73); OSL Kurt Elsner (1973–74), m.d.F.b.; OSL Werner Koch (1974/1981), danach OSL Dieter Militz (1981/1986).

- Leiter der AG.- FSD OSL Gerhard Leutert 1972–1986, danach bis 1990 OOffz. FSD.
- OOffz. Fallschirmausbildung Fr.Kpt. Gerhard Aschekowski 1972–1980, Entlassung und Selbsttötung.
  Major Horst Graske, 1981–1982, danach bis 1990 Ltr. FJAB-40.
- Offz./OOffz. Planung/Sst. OSL Werner Klinnert 1972–1977, danach Entlassung und zur SLI.
  Hptm./Maj./OSL Heinrich Kowalski 1977–1984, Entlassung aus dem aktiven WD.
  Hptm./Maj. Rolf Schleusner 1982–1986, danach versetzt in den FRD d. KLSK/LV,
  am 31. August 1988 beim F.-Sprung auf dem Flugplatz Laage tödlich verunglückt.

Fallschirmoffiziere im FJB/LStR

Erster Offizier des Fallschirmdienstes

- 1960 bis 1968 Oltn./Hptm. Gerhard Leutert, danach MfNV/KLaSK
- 1968 bis 1978 Ltn. / Oltn. / Hptm. Wolfgang Fründt, danach Uffz.-Schule LSK/LV Ausb.
- 1978 bis 1986 Ltn. / Oltn. / Hptm. Rüdiger Schwerin, danach OHS AMK Prora als Ausb.
- 1986 bis 1990 Hptm./Major Jürgen Fischer.

Zweiter Offizier des Fallschirmdienstes
Ab 1970 bis 1986 wurde im FJB ein 2. Offizier des Fallschirmdienstes bis zur Arbeitsfähigkeit der FJAB-40 eingeführt. Das waren:
- 1970 bis 1977 Ultn./Ltn. / Oltn. / Hptm. Heinrich Kowalski, danach AG-FSD KLaSK
- 1977 bis 1985 Ultn. / Ltn. /Oltn. Bernd Uhelmann, danach FJAB-40

Fallschirmoffiziere an der FJAB
Leiter der FJAB
-1982 bis 1990 Major / OSL. Horst Graske
Stellvertreter des Leiters
- 1982 bis 1989 Ltn. / Oltn. Andreas Lindenberger, danach Entlassung aus aktiv. WD.
- 1989 bis 1990 Hptm. / Major Lutz Steude
Flugleiter
- 1985 bis 1990 Oltn./Hptm. Bernd Uhlemann

Fallschirmoffiziere in den FuFuTAB
FuFuTAB-3
- 1987 bis 1989 Hptm. Lutz Steude
- 1989 bis 1990 Hptm. Andreas Schneider
FuFuTAB-5
- 1987 bis 1990 Oltn./Hptm. Steffen Koch

Verwendete Abkürzungen

AB	Aufklärungsbataillon
AG	Arbeitsgruppe
AMK	ausländische Militärkader
AZ	Ausbildungszentrum
BEWES	Bekleidungswerke Seifhennersdorf
BuWe	Bundeswehr
Ca	Sowjetarmeee
DKS	Doppelkegelschloss
EG	Einsatzgruppe
E-Stelle	Entwicklungsstelle
eVdBA	einheitliches Verzeichnis d. Bewaffnung und Ausrüstung
Fä	Fähnrich
FAZ	Fernaufklärungszug
FJ	Fallschirmjäger
FJB	Fallschirmjägerbataillon
FJAB	Fallschirmjägerausbildungsbasis
FJT	Fallschirmjägertornister
FJTV	Fallschirmjägertraditionsverband
FMK	Flug-Medizinische-Kommission
Frkpt.	Fregattenkapitän
FSA	Fallschirmausbildung
FSBD	Fallschirmsprungbetriebsdienst
FSD	Fallschirmdienst
FRD	Fallschirm-Rettungsdienst
Fw.	Feldwebel
FuFuTAB	Funk-Funktechnisches AB
GST	Gesellschaft für Sport und Technik
GSSD	Gruppe der Sowjetischen Streitkräfte in Deutschland
GWD	Grundwehrdienst
HS	Hubschrauber
Hptm.	Hauptmann
ITA	Ingenieur-Technischer Außenhandel
i.G.	im Generalstab
JG	Jagdgeschwader
KC	Kompaniechef
Kdr.	Kommandeur
KLaSK	Kommando Landstreitkräfte
KLSK/LV	Kommando Luftstreitkräfte/ Luftverteidigung
KptLtn.	Kapitänleutnant
KorvKpt.	Korvettenkapitän
KSK	Kampfschwimmerkommando
KVP	Kasernierte Volkspolizei
LL-LTS	Luftlande-Lufttransportschule
LLT	Luft-Landetruppen
LLR	Luftlanderegiment
LL-Pz.	Luftlandepanzer
LStR	Luftsturmregiment
Ltn.	Leutnant
lMG	leichtes Maschinengewehr
LPG	Landwirtschaftliche Produktionsgenossenschaft
LVD	Luftverteidigungsdivision
MB	Militärbezirk
MfNV	Ministerium für Nationale Verteidigung
MG	Maschinengewehr
Mj.	Major
MSB	Mot.-Schützen Bataillon
MSR	Mot.-Schützen Regiment
MSD	Mot.-Schützen Division

Mpi-KMS	Maschinenpistole Kalaschnikow mit Schulterstütze
MKE	Militärische Körperertüchtigung
NaK	Nachrichtenkompanie
NN	Normal Null über dem Meeresspiegel
Offz.	Offizier
OOffz.	Oberoffizier
Offz-Sch.	Offiziersschüler
OHS	Offiziershochschule
Ofä.	Oberfähnrich
Oltn.	Oberleutnant
Ofw.	Oberfeldwebel
OSL./OTL.	Oberstleutnant NVA oder BuWe
OvD	Offizier vom Dienst
PfL	Prüfstelle für Luftfahrtgerät
PR	Panzerregiment
qm	Quadratmeter
rel. LF	relative Luftfeuchtigkeit
SAF	ständige Arbeitsgemeinschaft Fallschirmtechnik in der DDR
SAZ	Soldat auf Zeit – diente drei Jahre
SANKRA	Sanitätskraftwagen
SLB	Start- und Landebahn
SLI	Staatliche Luftfahrtinspektion
SKDA	Sportkomitee der befreundeten Armeen der Warschauer Vertragsstaaten
sMG	schweres Maschinengewehr
STAN	Stellenplan und Ausrüstungsnachweis

Stfw.	Stabsfeldwebel
Stfä.	Stabsfähnrich
Stofä.	Stabsoberfähnrich
Stgefr.	Stabsgefreiter
SPEKON	Spezialkonfektion
Spez.-Ausb.	Spezialausbildung
TAN	Technisch begründete Arbeitsnormen
THG	Transporthubschraubergeschwader
TS	Transportstaffel
TÜP	Truppenübungsplatz
UA	Unterabteilung
UAZ	Unteroffizier auf Zeit
Uffz.	Unteroffizier
Ufw.	Unterfeldwebel
Ultn.	Unterleutnant
VEG	Volkseigenes Gut
VEB	Volkseigener Betrieb
VM	Volksmarine
VVB	Vereinigung Volkseigener Betriebe
VO	Verbindungsoffizier zur Staatsicherheit
VS	Verbindungsfliegerstaffel
VS-Stelle	Lagerstelle für vertrauliche und geheime Verschlusssachen
VOK	Vereintes Oberkommando
WD	Wehrdienst
ZB	Zivilbeschäftigter in der NVA
ZF	Zugführer
ZLVW	Zeitweiliger Luftverbindungsweg

Abbildungsnachweis

1. Skizzen, Zeichnungen und Urkunden des Autors: S. 39, 43, 57, 64, 66, 70, 77, 80, 107, 117, 118, 119, 120, 139, 152, 177, 180, 187, 190, 191, 195, 210, 213, 216, 223, 225, 228, 239, 247, 257, 259, 269, 278, 279.

2. Kartenausschnitte:

Flugbetriebsvorschrift der LSK/LV der NVA: S. 199, 201, 222, 226, 237

Straßenatlas 90/91 der BRD, Sonderausgabe der ARAG für Besucher aus der DDR S. 93

Top. Karte NVA 1:25.000 S. 217

3. Foto – Nachweis

Armee Rundschau, Gebauer: S. 154, 176, 4 x 182

BEWES/SPEKON: S. S. 54, 92, 2 x 89, 96, 98, 2 x 99, 121, 122, 172, 193, 232, 273, 272

Fliegerrevue: S. 81, 2 x 82, 123, 182, 184, 2 x 227, 230, 232, 234

Foto-Labor FJB/LStR-40: S. 30, 51, 59, 68, 2 x 69, 71, 75, 74, 75, 2 x 78, 79, 83, 86, 87, 92, 93, 94, 3 x 105, 107, 3 x 108, 110, 114, 122, 134, 142, 143, 145, 146, 155, 158, 3 x 164, 2 x 177, 2 x 178, 179, 181, 2 x 196, 2 x 197, 2 x 214, 3 x 218, 2 x 227, 231, 3 x 243, 244, 245

Gutsch, Wolfgang: S. 34, 37, 40, 42, 49

Graske, Horst: S. 150, 2 x 224

Hoda, Fred: 215, 228, 238

Hörmann, Horst: S. 76, 116

Leutert, Gerhard (Foto-Sammlung): S. 17, 24, 27, 43, 44, 45, 53, 55, 58, 61, 62, 97, 101, 109, 113, 115, 117, 123, 132, 137, 153, 157, 170, 171, 180, 189, 193, 194, 205, 207, 209, 219, 220, 230, 231, 233, 235, 236, 235, 239, 246, 269, 271, 273, 274, 274, 280, 283

LL/LTS der BuWe, u.a. auch Zeitungsausschnitte: S. 255, 256, 257, 258, 264, 268

LLBr. 25/26 der BuWe aus Bildband Alios Scherer: S. 252, 253. Handbuch Fallschirmjäger: S. 46, 2 x 47, 68, 3 x 69, 2 x 72, 2 x 103, 113, 160, 162, 2 x 163, 213

Militärbilddienst der NVA, Fröbus: S. 3 x 202, 210, 214

Zum Autor

Gerhard Leutert, 1986/87

Gerhard Leutert wurde 1936 in Schlesien geboren. Nach der Grundschule erlernte er den Beruf eines Landwirts in Reinsberg, Kreis Freiberg in Sachsen.
1954 trat er in die KVP ein, besuchte bis 1957 die Offiziersschulen Döbeln und Plauen, die er mit dem ersten Offiziersdienstgrad der NVA als Unterleutnant erfolgreich beendete. Er gehörte 1960 zu den ersten Offizieren, die mit der Aufstellung eines Fallschirmjägerbataillons in der NVA in Prora auf der Insel Rügen betraut wurden, in der er nach einer Qualifizierung im Fallschirmspringen als Offizier für Fallschirmdienst bis 1968 tätig war. Danach wurde er in das Ministerium für Nationale Verteidigung, ab 1972 in das Kommando der Landstreitkräfte, versetzt und Leiter der Arbeitsgruppe Fallschirmdienst.
Oberstleutnant a. D. Gerhard Leutert war 30 Jahre lang in der NVA für die Fallschirmausbildung und deren Ausrüstung verantwortlich und hat die Entwicklung der Fallschirmtechnik in diesen Jahren mit geprägt. Er absolvierte insgesamt 1050 Fallschirmsprünge, darunter über 200 Erprobungssprünge bei der Entwicklung neuer Fallschirme für die NVA sowie beim Mitführen von Bewaffnung und Ausrüstung beim Fallschirmsprung. Und nicht immer verliefen sie problemlos.

Die Deutsche Nationalbibliothek verzeichnet diese Publikation
in der Deutschen Nationalbibliografie;
detaillierte bibliografische Daten sind
im Internet über http://dnb.d-nb.de abrufbar.

1. Auflage 2012

Steffen GmbH, Mühlenstraße 72, 17098 Friedland, Tel.: (039601) 274-0
www.steffen-verlag.de, info@steffen-verlag.de

Umschlagfotos:
Vorn: Hubert Pardella – „Ein Transportflugzeug AN-2 mit zwei Fallschirmspringern am Fallschirm PD-47, wobei einer der beiden den Rettungsfallschirm BE-3 zusätzlich geöffnet hat"
Hinten: Zeitung Volksarmee, Reporter Uli Jeschke – „Nach dem 1000. Fallschirmabsprung des Autors", von links nach rechts: Fw. Sarzinelli, Stfw. Kunze (†), OSL Leutert, Ufw. d. Res. Prellwitz und Fä. Klaudtky

Redaktionelle Mitarbeit: Günther Ballentin, Dipl.-Journalist, Oberstleutnant der NVA (a. D.)

Herstellung: Steffen GmbH, Friedland, www.steffendruck.com

ISBN 978-3-942477-23-9